AF211979

Arbeiten zur Angewandten Statistik

Band 35

Herausgegeben von

K.-A. Schäffer, Köln · P. Schönfeld, Bonn · W. Wetzel, Kiel

Informationen über die Bände 1-20 sendet Ihnen auf Anfrage gerne der Verlag.

Band 21: D. Fitzner
Adaptive Systeme einfacher kostenoptimaler Stichprobenpläne für die Gut-Schlecht-Prüfung
1979. 309 Seiten. Broschiert DM 58,-
ISBN 3-7908-0219-0

Band 22: W. Kuhlmann
Parameterschätzung von Eingleichungsmodellen im unbeschränkten Parameterraum mittels des Levenberg-Marquardt-Verfahrens
1980. VIII, 124 Seiten. Broschiert DM 38,-
ISBN 3-7908-0224-7

Band 23: G. Tosstorff
Methoden der geometrischen Datenanlyse und ihre Anwendung bei der Untersuchung des Entwicklungsprozesses
1983. 183 Seiten. Broschiert. DM 46,-
ISBN 3-7908-0302-2

Band 24: W. Stangier
Effiziente Schätzung der Wahrscheinlichkeitsdichte durch Kerne
1984. 117 Seiten. Broschiert DM 39,-
ISBN 3-7908-0315-4

Band 25: I. Klein
Das Problem der Auswahl geeigneter Maßnahmen in der deskriptiven Statistik
Eine meßtheoretische Untersuchung
1985. IX, 204 Seiten. Broschiert DM 69,-
ISBN 3-7908-0324-3

Band 26: A. Reimann
Kostenoptimale Inspektionsstrategien für den Fall zweier stochastisch abhängiger Losschlechtanteile
1984. VI, 164 Seiten. Broschiert DM 58,-
ISBN 3-7908-0320-0

Band 27: W. Schneider
Der Kalmanfilter als Instrument zur Diagnose und Schätzung variabler Parameter in ökonometrischen Modellen
1986. XIV, 490 Seiten. Broschiert DM 98,-
ISBN 3-7908-0359-6

Band 28: B. F. Arnold
Minimax-Prüfpläne für die Prozeßkontrolle
1987. VI, 264 Seiten. Broschiert DM 59,-
ISBN 3-7908-0363-4

Band 29: L. Bauer
Inspektionsfehler in der attributiven Qualitätskontrolle
1987. VII, 105 Seiten. Broschiert DM 45,-
ISBN 3-7908-0366-9

Band 30: C. Weihs
Auswirkungen von Fehlern in den Daten auf Parameterschätzungen und Prognosen
1987. XII, 391 Seiten. Broschiert DM 79,-
ISBN 3-7908-0374-X

Band 31: U. Küsters
Hierarchische Mittelwert- und Kovarianzstrukturmodelle mit nichtmetrischen endogenen Variablen
1987. XII, 112 Seiten. Broschiert DM 49,-
ISBN 3-7908-0388-X

Band 32: A. Rafi
Statistische Analyse ökonometrischer Ungleichgewichtsmodelle
1989. IX, 275 Seiten. Broschiert DM 79,-
ISBN 3-7908-0425-8

Band 33: U. Rendtel / H.-J. Lenz
Adaptive Bayes'sche Stichprobensysteme für die Gut-Schlecht-Prüfung
1990. IX, 231 Seiten. Broschiert DM 69,-
ISBN 3-7908-0468-1

Band 34: E. Paparoditis
Vektorautokorrelationen stochastischer Prozesse und die Spezifikation von ARMA-Modellen
1990. X, 171 Seiten. Brosch. DM 65,-
ISBN 3-7908-0517-3

Hans-Eggert Reimers

Analyse kointegrierter Variablen mittels vektorautoregressiver Modelle

Mit 32 Abbildungen

Springer-Verlag Berlin Heidelberg GmbH

Dr. Hans-Eggert Reimers
Deutsche Bundesbank
Ökonometrische Abteilung
Postfach 10 06 02
D-6000 Frankfurt / Main 1

ISSN 0066-5673

CIP-Titelaufnahme der Deutschen Bibliothek
Reimers, Hans-Eggert:
Analyse kointegrierter Variablen mittels vektorautoregressiver
Modelle / Hans-Eggert Reimers. – Heidelberg: Physica-Verl.,
1991
(Arbeiten zur angewandten Statistik; Bd. 35)
ISBN 978-3-7908-0573-4   ISBN 978-3-662-11137-6 (eBook)
DOI 10.1007/978-3-662-11137-6
NE: GT

Meinen Eltern

Vorwort

An dieser Stelle möchte ich mich insbesondere bei Herrn Prof. Dr. Helmut Lütkepohl für seine Ideen und wohlwollende Kritik herzlich bedanken, der jederzeit ein offenes Ohr für meine Probleme hatte. Ohne seine vielfältige und nicht nachlassende Unterstützung wäre die Arbeit nicht in der jetzigen Form entstanden. Herrn Prof. Dr. Gerd Hansen und Herrn Prof. Dr. Wolfgang Wetzel danke ich für ihre anregenden Diskussionen im Seminar des Instituts für Statistik und Ökonometrie. Zu dritt haben sie eine sehr fruchtbare Atmosphäre am Institut geschaffen.

Naturgemäß steht man als Autor in der Dankesschuld weiterer Personen, die das Entstehen der Arbeit hilfreich unterstützt haben. Stellvertretend möchte ich hier zwei meiner Kollegen nennen, die auch auf dem Gebiet der Kointegration arbeiten: Herrn Wolfgang Kohn danke ich für die Unterstützung bei verzwickten Softwareproblemen; Herrn Wolfgang Hauschulz gebührt das Verdienst, das Manuskript sehr sorgfältig durchgesehen und wenig geschickte Formulierungen in eine flüssigere Form gebracht zu haben.

Hans-Eggert Reimers

Frankfurt, im Juli 1991

PS: Dank an Karin, Bernd, Christiane, Ullrich und Renate, die auf ihre Art zum Gelingen dieser Arbeit beitrugen.

Inhaltsverzeichnis

Tabellenverzeichnis

Abbildungsverzeichnis

Kapitel 1

Einleitung

In der graphischen Darstellung vieler ökonomischer Zeitreihen erkennt man, daß die Zeitreihen nicht regelmäßig um einen konstanten Mittelwert schwanken. Viele Zeitreihen besitzen eine Tendenz zum Anstieg, zum Teil auch zum Abstieg, die sich mit großer Beharrlichkeit über viele Jahre erstreckt. In diesen Fällen wird häufig von einem wachsenden bzw. fallenden Trend gesprochen. Davis (1963) spricht beim Trend einer Zeitreihe von einer Eigenschaft des Prozesses, die während des gesamten betrachteten Zeitraumes erhalten bleibt (vgl. Davis (1963), S. 15). Box und Jenkins stellen sich beim Trend eine glatte und langsame Bewegung der Zeitreihe über einen langen Zeitraum vor (vgl. Box & Jenkins (1976), S. 85), während Harvey (1989) auf Prognoseeigenschaften abstellt. Harvey definiert einen geschätzten Trend als den Teil einer Zeitreihe, der bei einer Extrapolation den klarsten Hinweis auf die zukünftige Bewegung einer Zeitreihe angibt (vgl. Harvey (1989), S. 284).

Allen Definitionen ist gemeinsam, daß sie sich auf einen gewissen Zeitraum beziehen. Der Teil einer Zeitreihe, der als Trend bezeichnet wird, ist von der Länge des betrachteten Zeitraumes abhängig. Ein Trend in einer Periode von 15 Jahren kann zum Bestandteil eines Zyklus werden, wenn die Periode auf 60 Jahre oder mehr ausgedehnt wird.

Zur Modellierung des Trends gibt es verschiedene Ansätze. Davis (1963) zählt deterministische und stochastische Ansätze auf (vgl. Davis (1963), S. 15ff). Als deterministische Ansätze nennt der Autor unter anderem polynomiale Trendmodelle. Bei diesen Ansätzen werden loglineare Ansätze eingeschlossen. Weiterhin gibt es logistische Trendmodelle. Als stochastische Ansätze führt Davis die gleitenden Mittelwertansätze auf. Darüberhinaus sind die ARIMA – Modelle zu nennen, die durch das Buch von Box und Jenkins (1976) populär geworden sind und einen stochastischen Trend beinhalten.

In der univariaten Zeitreihenanalyse wird als Ausgangsprozeß ein stationärer stochastischer Prozeß betrachtet. Um diese Prozesse mit empirischen Prozessen kompatibel zu machen, werden Transformationen durchgeführt, die einen stationären Prozeß erzeugen. Zur Erfassung der Trendkomponenten sind Differenzenfilter wichtig. Die Rücktransformation einer stationären

1

Zeitreihe mit Hilfe der Umkehrfunktion des Differenzenfilters erzeugt integrierte Prozesse. Integrierte Prozesse haben statistische Eigenschaften, die sich erheblich von denen der stationären Prozesse unterscheiden. Auf die univariate Betrachtung von nichtstationären Zeitreihen wird im **zweiten** Kapitel eingegangen. In dem Kapitel werden verschiedene Testansätze beschrieben, die die Nichtstationarität einer Zeitreihe überprüfen. Im Vordergrund steht die Darstellung der Grundkonzepte, die sich in der multivariaten Analyse wiederfinden. Zu den Testansätzen werden einzelne Simulationsstudien, die Gütefunktionen der Tests untersuchen, referiert. Am Ende des Kapitels wird die Anwendung dieser Konzepte auf die Interpretation eines Konjunkturzyklus dargestellt. In dem Abschnitt soll die Unzulänglichkeit der univariaten Analyse für multivariate Fragestellungen aufgeführt werden.

Multivariate Analysen sind für die ökonomische Interpretation von mehreren Zeitreihen notwendig. Neben der traditionellen ökonometrischen Analyse hat sich in den letzten Jahren die vektorautoregressive Analyse stark entwickelt. Wie auch in der univariaten Analyse wird in den theoretischen Arbeiten zur Analyse von vektorautoregressiven (VAR-) Modellen bis Mitte der achtziger Jahre in der Regel ein stationärer stochastischer Prozeß unterstellt. Dem nichtstationären Verhalten der Zeitreihen wird meistens dadurch Rechnung getragen, daß eine Stationaritätstransformation von Zeitreihen durchgeführt wird. Während Sargent (1976) die Zeitreihen mit einem deterministischen linearen Trend transformiert, filtern andere Autoren die Zeitreihen mit den ersten Differenzen (vgl. z.B. Hsiao (1979)). Bei der Filterung mit den ersten Differenzen besteht die Gefahr, daß die Zeitreihen überdifferenziert werden (vgl. Lütkepohl (1982)). Gerade die Fälle der Überdifferenzierung haben in letzten Jahren eine große Aufmerksamkeit erzielt. Wenn mehrere Zeitreihen integriert sind, kann es sein, daß es Linearkombinationen der Niveauvariablen gibt, die eine geringere Integrationsordnung besitzen. Die Zeitreihen werden als kointegriert bezeichnet (vgl. Granger (1986); Engle & Granger (1987)). Falls die Zeitreihen kointegriert sind, werden diese Niveaubeziehungen durch die Filterung mit den ersten Differenzen beseitigt.

Im **dritten** Kapitel wird die Charakterisierung von kointegrierten Systemen vorgenommen. Mit einzelnen Charakterisierungen werden die Verbindungen zu ökonometrischen dynamischen Modellen aufgezeigt, so daß die Zusammenhänge zwischen traditionellen ökonometrischen Modellen und multiplen Zeitreihenansätzen deutlicher werden. Wie im univariaten Fall gibt es auch im multivariaten Fall bestimmte Koeffizienten, die besondere Schätzeigenschaften besitzen. Für die kointegrierten Modelle sind eine Reihe von Schätzverfahren vorgeschlagen worden, von denen einige dargestellt werden. Einzelne Schätzverfahren beruhen auf der Methode der Kleinsten-Quadrate, während andere Ansätze nach dem Maximum–Likelihood–Prinzip abgeleitet worden sind. Verschiedene Schätzverfahren werden in einer kleinen Simulationsstudie gegenübergestellt, um herauszufinden, ob eines der Verfahren im Mittel einen wahren Wert besser trifft. Besonderes

Augenmerk wird auf die Sensitivität der Schätzverfahren infolge von Spezifikationsänderungen gelegt.

Die Charakterisierung der kointegrierten Systeme erfolgt unter der Annahme, daß die Anzahl der Kointegrationsbeziehungen bekannt ist. Zur Überprüfung der Existenz von Kointegrationsbeziehungen sind unterschiedliche Teststrategien entwickelt worden, die im **vierten** Kapitel dargestellt werden. Zunächst werden univariate Teststrategien, die auf geschätzten Residuen beruhen, aufgeführt. Anschließend werden multivariate Teststrategien beschrieben. Neben Testverfahren, die auf einer Maximum-Likelihood-Schätzung von kointegrierten Systemen aufbauen, werden Ansätze dargestellt, die univariate Testprinzipien verallgemeinern. Die meisten betrachteten Teststatistiken besitzen asymptotische Verteilungen, die nicht mit traditionellen Verteilungen identisch sind. Für die neuen asymptotischen Verteilungen werden die Prozentpunkte mit Hilfe von Simulationen ermittelt. Im Abschnitt 4.6 des Kapitels werden die Eigenschaften ausgewählter multivariater Kointegrationstests in kleinen Stichproben durch Monte-Carlo-Studien untersucht. In der Analyse werden die asymptotischen Verteilungen unter der Nullhypothese, daß ein Random-Walk-Prozeß vorliegt, überprüft. Weiterhin wird die Güte ausgewählter Tests in bivariaten und trivariaten Modellen verglichen. In allen Simulationsexperimenten werden unterschiedliche Fehlspezifikationsvarianten untersucht.

Im **fünften** Kapitel werden für Parameter der kointegrierten Systeme lineare Hypothesen überprüft, die eine strukturelle Analyse von Systemen ermöglichen sollen. In der Literatur sind verschiedene Verfahren zum Testen von linearen Restriktionen in einem kointegrierten System vorgeschlagen worden. Die linearen Restriktionen beschränken zum Teil nur die Kointegrationsmatrix. Andere Vorschläge beziehen sich auf das gesamte System. Die Vorschläge, die sich auf die Kointegrationsmatrix beziehen, lassen sich gemäß den Identifikationsannahmen im jeweiligen Kointegrationsansatz ordnen. Ist die Kointegrationsmatrix identifiziert, können beliebige lineare Hypothesen überprüft werden (vgl. Abschnitt 5.1). Diese Identifikation der Kointegrationsmatrix ist selten gegeben, so daß verschiedene Testverfahren auf die Kointegrations- und die Ladungsmatrix vorgeschlagen worden sind, mit deren Hilfe eine Interpretation der Kointegrationsvektoren versucht wird (vgl. Abschnitt 5.2).

Eine Ausweitung der Hypothesentests auf das gesamte System wird in Abschnitt 5.3 beschrieben. Im Ansatz von Johansen kompliziert die Nichtidentifikation der Kointegrationsmatrix die Testverfahren. Diese Komplikationen treten nicht auf, wenn die linearen Hypothesen in der autoregressiven Darstellung überprüft werden (vgl. Abschnitt 5.4).

Bei den bisherigen Testverfahren werden Hypothesen zu einem vorgegebenen Signifikanzniveau analysiert. Häufig können die Hypothesen als Nullrestriktionen formuliert werden. Die Überprüfung von Nullrestriktionen kann mittels statistischer Suchverfahren vorgenommen werden. Da es nicht eindeutig ist, in welcher Darstellung Nullrestriktionen überprüft werden sollen, werden statistische Suchverfahren für zwei unterschiedliche Darstellungen aufgezeigt. In einer kleinen Simulationsstudie werden die Leistungsmöglichkeiten dieser Verfahren gegenübergestellt.

Viele Hypothesentests setzen die Identifikation der Kointegrationsvektoren voraus. Ohne eine Identifikation der Kointegrationsvektoren kann eine dynamische Analyse mittels der Impulsantwortfolgen für die autoregressive Darstellung durchgeführt werden. Die Impulsantwortfolgen zeigen die kurz- und langfristige Entwicklung des Systems aufgrund eines Schocks in einer Variablen (vgl. Abschnitt 5.6). Mit der Impulsantwortfolgenanalyse werden Konzepte für stationäre vektorautoregressive Prozesse auf kointegrierte Modelle übertragen.

Die Verallgemeinerung von Konzepten für stationäre Modelle wird auch bei der Bestimmung der Lagordnung der Systeme vorgenommen. Die meisten Schätz- und Testverfahren setzen eine bekannte Lagordnung voraus. In der Praxis ist die Lagordnung eines Systems nicht bekannt, so daß sie geschätzt werden muß. Im 5.7 Abschnitt des Kapitels wird dargestellt, wie die Lagordnung des gesamten Systems mittels traditioneller Likelihoodverhältnistests oder mittels Ordnungskriterien bestimmt werden kann. Die Verfahren werden in einer kleinen Simulationsstudie verglichen.

Die Eigenschaft, daß Zeitreihen kointegriert sind, hat eine große Bedeutung für die Prognose dieser Zeitreihen (vgl. **sechstes** Kapitel). Die Prognosen von geschätzten Modellen, die die Kointegrationsrestriktionen berücksichtigen, sollten kleinere Prognosefehlervarianzen aufweisen, als die Prognosen von Modellen, die in den ersten Differenzen oder in der unrestringierten vektorautoregressiven Form spezifiziert sind (vgl. Yoo (1987); Engle & Yoo (1987)).

Die Prognoseleistungen von geschätzten Modellen sollen ebenfalls anhand einer kleinen Simulationsstudie untersucht werden. Es wird analysiert, wie sich die Spezifikation von Kointegrationsbeziehungen und eine Über- bzw. Unterschätzung der Lagordnung auf die Prognoseleistungen der Systeme in der kurzen und längeren Sicht auswirken. Diesen Prognosen werden Prognosen mit univariaten AR-Modellen in ersten Differenzen gegenübergestellt, da alle Komponenten der Systeme nichtstationär sind.

Neben der Punktprognose ist auch die Bestimmung des Prognoseintervalls wichtig. Die Eigenschaften von Konfidenzintervallschätzungen kleiner Stichproben werden untersucht. Da in der Praxis geschätzte Parameter zur Bestimmung der Prognosen verwendet werden, wird ein Korrekturterm für diesen Fall abgeleitet. In einer Simulationsstudie wird überprüft, ob sich durch diesen Korrekturterm die Approximation der Prognosefehlervarianzen verbessert.

Der empirische Befund, daß viele Zeitreihen nichtstationär sind, hat einen gewissen Einfluß auf die ökonomische Theorienbildung zur Erklärung von Konjunkturzyklen genommen (vgl. **siebtes** Kapitel). In der Theorie der realen Konjunkturzyklen werden Modelle abgeleitet, in denen ein nichtstationärer Prozeß, der als technologischer Prozeß bezeichnet wird, ein treibender Prozeß ist. In dieser Konstruktion können stochastische Schocks in dieser Variable langfristige

4

Effekte auf das System haben. Diese Effekte sollen das System dominieren, so daß Schocks in anderen Systemkomponenten wie z.B. im monetären Sektor Reaktionen hervorrufen, die im Zeitablauf abgebaut werden. Aus dieser Theorie wird ein prozyklisches Verhalten der realen Variablen gefolgert. Diese Implikationen und Hypothesen sollen in einer empirischen Untersuchung für die Bundesrepublik überprüft werden. Im siebten Kapitel wird zunächst das wirtschaftstheoretische Modell kurz beschrieben. Anschließend wird ein vektorautoregressives Modell formuliert, wobei die Anzahl der Kointegrationsbeziehungen mittels statistischer Tests bestimmt wird. Mit dem geschätzten Modell wird eine dynamische Analyse zur Überprüfung der wirtschaftstheoretischen Implikationen durchgeführt. Im **achten** Kapitel werden die Ergebnisse dieser Arbeit zusammengefaßt und ein Ausblick auf weitere Forschungsansätze gegeben.

Der Aufbau der Arbeit und die Beschreibung der einzelnen Kapitel nennt Fragestellungen dieser Arbeit. In der Arbeit soll einerseits die Verbindung zwischen univariater und multivariater Zeitreihenanalyse und anderseits zwischen ökonometrischen dynamischen Ansätzen und multivariater Zeitreihenanalyse verdeutlicht werden. Durch die Modelle mit kointegrierten Variablen werden die Unterschiede zwischen der ökonometrischen und der zeitreihenanalytischen Vorgehensweise verringert (vgl. Granger (1980)). Für die kointegrierten Modelle werden verschiedene Schätzansätze und Testverfahren aufgezeigt, die mit Hilfe von Simulationsstudien verglichen werden. Durch die Simulationsexperimente sollen Eigenschaften der Verfahren in kleinen Stichproben ermittelt werden. Besonderes Augenmerk wird auf eine Fehlspezifikation der Lagordnung und des Kointegrationsranges gelegt, um die Sensitivität der Ergebnisse bezüglich dieser Variationen zu untersuchen.

Im fünften Kapitel werden eine Reihe von Tests zur Überprüfung von linearen Hypothesen beschrieben. Dort wird untersucht, inwiefern die Verallgemeinerung der Ansätze für stationäre Modelle auf kointegrierte Modelle möglich ist und welche Schwierigkeiten bei dieser Vorgehensweise für kointegrierte Modelle erscheinen. In einer empirischen Untersuchung wird die dargestellte Methodik für die reale Konjunkturzyklustheorie angewendet, da in der realen Konjunkturzyklustheorie die Nichtstationarität der Zeitreihen explizit modelliert wird. In der Analyse wird an einem Beispiel die empirische Umsetzung der dargestellten Methodik durchgeführt. Dabei wird auf die Problematik der ökonomischen Interpretation einzelner Koeffizienten eingegangen. Die Interaktion der Variablen des Systems kann mit Hilfe einer Impulsantwortfolgenanalyse abgebildet werden. Sie ermöglicht damit eine ökonomische Interpretation des Systems.

Kapitel 2

Nichtstationarität von univariaten Zeitreihen

2.1 Vorbemerkungen und Definitionen

Es ist unbestritten, daß viele makroökonomische Größen in den westlichen Industriestaaten gewachsen sind. Das Betrachten von geplotteten Zeitreihen vermittelt uns den Eindruck, daß diese Zeitreihen zum Teil trendhaft gestiegen sind. Da die Definition eines Trends [1] vielfältig ist, wird in der Literatur zur univariaten Zeitreihenanalyse nicht der Trend am Anfang definiert, sondern es wird eine Klasse von stochastischen Prozessen ausgewählt, die zeitinvariant ist. Besonders wichtig ist die Klasse der stationären stochastischen Prozesse.

Ein stochastischer Prozeß ist stationär, wenn gilt (vgl. Doob (1953), S.95):

(2.1) $E(x_t) = \nu$ für alle t

und

(2.2) $E((x_t - \nu)(x_{t+h} - \nu)) = \Upsilon_x(h) = \Upsilon_x(-h)$ für alle t und $h = 0, 1, 2, \ldots$.

Dies bedeutet, daß alle x_t den gleichen endlichen Mittelwert ν haben und daß die Kovarianzen $\Upsilon_x(h)$ nicht von t, sondern von der Differenz h zwischen t und $t + h$ abhängen.

In dieser Arbeit werden hauptsächlich autoregressive Prozesse betrachtet. Ein autoregressiver Prozeß der Ordnung p ist:

(2.3) $x_t = \nu + a_1 x_{t-1} + \ldots + a_p x_{t-p} + \epsilon_t$ $t = 0, \pm1, \pm2, \ldots$,

worin ν eine Konstante und ϵ_t weißes Rauschen ist. Für das weiße Rauschen gilt $E(\epsilon_t) = 0$ und

$$E(\epsilon_t \epsilon_s) = \begin{cases} \sigma_\epsilon^2 & s = t \\ 0 & \text{sonst}. \end{cases}$$

Der autoregressive Prozeß ist stabil, wenn die ersten beiden Momente von x_t beschränkt sind und

---

[1] Ein allgemeine Definition des Trends ist von Escribano (1987) vorgeschlagen worden, der als Ursache des Zeittrends wachsende Momente einer Zeitreihe bestimmt.

$$(2.4) \qquad \det(1 - a_1 z - \ldots - a_p z^p) \neq 0 \quad \text{für} \quad |z| \le 1$$

ist, worin z eine komplexe Zahl ist. Es ist bekannt, daß jeder stabile Prozeß auch stationär ist. Doch die Umkehrung gilt nicht. Dies kann anhand eines AR(1)–Prozesses verdeutlicht werden (vgl. Dickey, Bell & Miller (1986), S. 25). Die Varianz eines AR(1) Prozesses ist

$$\text{Var}(x_t) = a_1^{2t} \text{Var}(x_0) + (1 + a_1^2 + \cdots + a_1^{2(t-1)}) \sigma_\epsilon^2,$$

wobei x_0 den Anfangswert des Prozesses bezeichnet. Wenn $|a_1| \ge 1$ ist, hängt die Varianz von t ab und der Prozeß ist nicht stationär. Der Prozeß ist stationär, wenn $|a_1| < 1$ und

$$\text{Var}(x_t) = \text{Var}(x_0)$$

gilt. Im Fall $\text{Var}(x_0) = \frac{\sigma_\epsilon^2}{1-a_1^2}$ ist die Stationaritätsbedingung erfüllt, denn es gilt $\text{Var}(x_t) = \frac{\sigma_\epsilon^2}{1-a_1^2}$ und $\text{Cov}(x_t, x_{t-h}) = a_1^h \frac{\sigma_\epsilon^2}{1-a_1^2}$. Wenn $\text{Var}(x_0) \neq \frac{\sigma_\epsilon^2}{1-a_1^2}$ gilt, dann ist $\text{Var}(x_t)$ keine Konstante, die von t unabhängig ist. Eine Abhängigkeit der Varianz $\text{Var}(x_t)$ von der Varianz des Anfangswertes gilt entsprechend auch für Prozesse höherer AR–Ordnung. Wenn im nachfolgenden von stationären Prozessen gesprochen wird, soll die Stabilitätsbedingung erfüllt sein und sollen konstante Anfangswerte vorliegen.

Wenn eine stationäre Größe x_t aufsummiert wird

$$y_t = \sum_{s=1}^{t} x_t,$$

ergibt sich eine nichtstationäre Größe, deren Verlauf empirisch beobachteten Zeitreihen sehr nahe kommen kann. Deshalb liegt es nahe, trendbehaftete Zeitreihen mit dem Differenzenfilter erster Ordnung zu transformieren, um stationäre Zeitreihen zu erhalten. In einigen Fällen muß der Differenzenfilter mehrmals angewendet werden, bis eine Zeitreihe stationär ist. Daraus ergibt sich folgende Definition (vgl. Engle & Granger (1987)): Eine Zeitreihe x_t ist integriert vom Grade d, wenn eine d-fache Anwendung des Differenzenfilters benötigt wird, um sie in einen stationären Prozeß zu transformieren:

$$(2.5) \qquad (1 - L)^d x_t = u_t \qquad \text{für} \quad t = 1, 2, \ldots,$$

wobei u_t den Mittelwert Null hat und stationär ist. L sei der Lagoperator ($Lx_t = x_{t-1}$). Die Zeitreihe x_t enthält eine Wurzel d-fach auf dem Einheitskreis. Ein einfaches Beispiel für einen integrierten Prozeß erster Ordnung ist der Random–Walk–Prozeß, der mit $d = 1$ und $u_t = \epsilon_t = $ weißes Rauschen in (2.5) erzeugt wird

$$(2.6) \qquad x_t = x_{t-1} + \epsilon_t \qquad \text{bzw.} \quad x_t = \sum_{s=1}^{t} \epsilon_s + x_0.$$

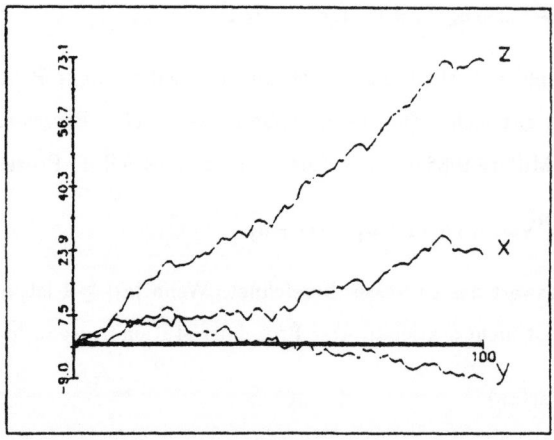

Abbildung 2.1: Stochastische Prozesse

$$y_t = y_{t-1} + \epsilon_{1,t}, \quad x_t = x_{t-1} + \epsilon_{2,t},$$
$$z_t = 0.5 + z_{t-1} + \epsilon_{2,t}.$$

In Abbildung 2.1 sind zwei Random–Walk–Prozesse mit der Startbedingung $x_0 = 0$ und standardnormalverteilten Rauschgrößen geplottet. Durch die Beziehung (2.6) wird deutlich, daß ein einmaliger Schock, d.h. ein Wert von ϵ_t, im Prozeß x_t erhalten bleibt und eine Niveauveränderung zur Folge hat. Der Prozeß hat ein unendliches Gedächtnis. Die Varianz des Random–Walk–Prozesses (2.6) ist (vgl. Granger & Newbold (1986), S. 40f)

$$\text{Var}(x_t) = E\left(\sum_{s=1}^{t} \epsilon_s \sum_{s=1}^{t} \epsilon_s\right) = t\sigma_\epsilon^2$$

und die Kovarianz

$$\text{Cov}(x_t, x_{t-h}) = (t - h)\sigma_\epsilon^2.$$

Hieraus ergibt sich für die Korrelationen zwischen x_t und x_{t-h}

$$\text{corr}(x_t, x_{t-h}) = \frac{(t-h)}{\sqrt{t}\sqrt{t-h}} = \sqrt{\frac{t-h}{t}}.$$

Falls t im Vergleich zu h groß wird, strebt $\text{corr}(x_t, x_{t-h})$ gegen Eins. Ein Random–Walk–Prozeß wird auch als stochastisches Trendmodell bezeichnet.

Häufig wird der Random–Walk–Prozeß mit einem Driftterm ν versehen:

(2.7) $\quad (1 - L)x_t = \nu + \epsilon_t \quad$ für $\quad t = 1, 2, \ldots$.

Dieser Prozeß, von dem ein Beispiel mit $\nu = 0.5$ ebenfalls in Abbildung 2.1 geplottet worden ist, hat neben einer zeitabhängigen Varianz auch einen zeitabhängigen Mittelwert, denn das Auflösen des Prozesses nach x_t ergibt:

8

$$(2.8) \qquad x_t = x_0 + \nu t + \sum_{i=1}^{t} \epsilon_i \qquad \text{für} \quad t = 1, 2, \dots,$$

wobei der Mittelwert $E(x_t) = x_0 + \nu t$ ist. Dieser Prozeß enthält einen Trend im Mittelwert und einen in der Varianz. Mit diesen Beispielen wird deutlich, wie durch eine scheinbar geringe Veränderung im datenerzeugenden Prozeß unterschiedliche Trends generiert werden können.

Um die Folgen eines falschen Trendfilters darzustellen, wird ein differenzenstationärer Prozeß mit Drift unterstellt

$$(2.9) \qquad \Delta x_t = \nu + \phi(L)\epsilon_t,$$

wobei $\phi(L)$ ein Lagpolynom ist. Das Modell (2.9) enthält als Spezialfall den trendstationären Prozeß. Wenn $\nu = \zeta$ und $\phi(L) = (1 - L)\theta(L)$ gesetzt werden kann, wobei $\theta(L)$ ein Lagpolynom ist, dessen Wurzeln außerhalb des Einheitskreises liegen, können die Δ-s gekürzt werden. In diesem Fall ergibt sich

$$(2.10) \qquad x_t = (1 - L)^{-1}\zeta + \theta(L)\epsilon_t = \zeta + \zeta t + \theta(L)\epsilon_t .$$

Es ist einsichtig, daß die Transformation der Gleichung (2.10) mit den ersten Differenzen einen Prozeß erzeugt, der keinen Trend enthält. Die Transformation ist hier trendreduzierend. Wenn von einem Random–Walk–Prozeß mit Driftterm ν der entsprechende lineare deterministische Trend abgezogen wird, enthält der tranformierte Prozeß weiterhin einen stochastischen Trend (vgl. Quah (1988)). Wird hingegen ein trendstationärer Prozeß mit den ersten Differenzen gefiltert, dann kann damit der deterministische Trend beseitigt werden. Gleichzeitig wird eine nicht-invertible Moving–Average–Komponente erzeugt. Die Moving–Average–Komponente enthält eine Einheitswurzel. Der transformierte Prozeß wird durch die Schwingungen der hohen Frequenzen dominiert (vgl. Chan, Hayya & Ord (1977)). [2] Außerdem hat die Existenz von integrierten Zeitreihen Implikationen für die Prognosefehlervarianzen der Prozesse (vgl. Dickey, Bell & Miller (1986), S. 14). Im Fall stationärer Prozesse konvergieren die Prognosefehlervarianzen zu der endlichen Varianz des Prozesses. Im Fall integrierter Zeitreihen konvergieren die Prognosefehlervarianzen mit größerem Prognosehorizont nicht gegen einen endlichen Wert.

Damit wird deutlich, daß eine korrekte Spezifikation des Trendmodells wichtig ist. Im nächsten Abschnitt werden die statistischen Eigenschaften nichtstationären Prozesse im Vergleich zu stationärer Prozessen dargestellt. Aufgrund dieser Eigenschaften werden verschiedene Testprinzipien und die Wirkung von Veränderungen der Modellstruktur aufgeführt. In nichtstationären integrierten Zeitreihen bleiben Schocks unendlich lange erhalten. Wie hoch der Anteil ist, der im Prozeß nicht abgebaut wird, wird in sogenannten Persistenzmaßen erfaßt.

---

[2] Eine detaillierte Analyse der Wirkungen der Fehlspezifikation eines differenzenstationären Prozesses als trend-stationären Prozeß auf verschiedene Teststatistiken nehmen Durlauf & Phillips (1988) vor.

Zu dem Thema "Test auf Einheitswurzeln" sind in den letzten Jahren Überblicksarbeiten von Diebold & Nerlove (1989), Nerlove (1989), Pagan & Wickens (1989) und Kohn (1989) entstanden, auf die die nachfolgenden Ausführungen aufbauen. Am Anfang wird die statistische Theorie von autoregressiven Prozessen mit einer Einheitswurzel dargestellt. In Abschnitt 2.3 werden verschiedene Tests auf Einheitswurzeln aufgeführt. Zunächst werden Tests vorgestellt, die autoregressive Modelle in den Testregressionen unterstellen. Weiterhin werden nichtparametrische Tests auf Einheitswurzeln beschrieben, die allgemeine stationäre Prozesse als Rauschprozeß unterstellen. In Abschnitt 2.3.5 wird die Kritik in der Literatur an den Tests auf Einheitswurzeln dargestellt. In Abschnitt 2.4 wird die Definition von Persistenz angegeben und die Zusammenhänge zwischen verschiedenen Persistenzmaßen aufgeführt. Zum Schluß werden Implikationen der Analyse der Nichtstationaritäten für Konjunkturtheorien genannt.

2.2 Statistische Theorie von AR(1)–Modellen

2.2.1 Konvergenzeigenschaft des KQ–Schätzers für AR(1)–Modelle

Zur Vereinfachung der Darstellung wird ein autoregressiver Prozeß erster Ordnung [AR(1)] mit unabhängig, identisch verteilten Residuen betrachtet. Das Absolutglied wird auf Null gesetzt ($\nu = 0$), so daß sich für (2.3)

$$(2.11) \quad x_t = a_1 x_{t-1} + \epsilon_t = \rho x_{t-1} + \epsilon_t \quad t = 1, \ldots, T \quad x_0 = \text{konstant}$$

ergibt. Folgende Annahmen gelten für (2.11)

$$\epsilon_t \sim i.i.d.(0, \sigma_\epsilon^2), \quad E(\epsilon_t^k) < \infty \quad \text{mit} \quad k \geq 2 \quad \text{und} \quad |\rho| < 1.$$

Der Kleinst-Quadrate-Schätzer von ρ ist

$$(2.12) \quad \hat{\rho}_{KQ} = \left(\sum_{t=1}^{T} x_t x_{t-1} \right) \left(\sum_{t=1}^{T} x_{t-1} x_{t-1} \right)^{-1},$$

für den folgende asymptotische Verteilung abgeleitet werden kann

$$(2.13) \quad \sqrt{T}(\hat{\rho}_{KQ} - \rho) \xrightarrow{d} N(0, \sigma_\epsilon^2(1 - \rho^2)).$$

Die Abkürzung $\xrightarrow{d}$ bezeichnet Konvergenz in Verteilung. Der KQ-Schätzer von ρ ist konsistent und asymptotisch normalverteilt (vgl. Mann & Wald (1943)). Im Fall $\rho = 1$ ändert sich die Grenzverteilung des KQ-Schätzers erheblich. Fuller (1976) zeigt, daß in diesem Fall der KQ-Schätzer schneller konvergiert (vgl. Fuller (1976), S. 366ff)

$$(2.14) \quad (\hat{\rho}_{KQ} - 1) = O(T^{-1}),$$

Tabelle 2.1: Empirische Quantile

c	.01	.025	.05	.10	.90	.95	.975	.99
DF^*	-2.58	-2.23	-1.95	-1.62	0.89	1.28	1.62	2.00
0	-2.557	-2.208	-1.925	-1.605	0.882	1.265	1.655	2.040
1	-2.526	-2.199	-1.882	-1.565	0.867	1.251	1.621	2.019
5	-2.489	-2.140	-1.866	-1.488	0.993·	1.348	1.655	2.027
10	-2.510	-2.145	-1.840	-1.457	1.079	1.420	1.722	2.089
20	-2.495	-2.129	-1.802	-1.423	1.138	1.472	1.784	2.169
50	-2.439	-2.051	-1.759	-1.382	1.180	1.534	1.851	2.235
100	-2.418	-2.039	-1.733	-1.357	1.211	1.583	1.893	2.298
SNV	-2.326	-1.960	-1.645	-1.281	1.281	1.645	1.960	2.326

DF^* : Werte der Dickey–Fuller Statistik. Die Werte sind
Fuller (1976) Tabelle 8.5.2 S. 376 entnommen.
SNV: Werte der Standardnormalverteilung. Die anderen Werte sind
Chan (1988) Tabelle 1 und 2 entnommen.

wobei $O(\cdot)$ das Landauer'sche Symbol ist (vgl. Rohatgi (1976), S. 6). Der KQ-Schätzer wird als superkonsistent bezeichnet, da er mit der Rate T in Verteilung konvergiert. Er konvergiert nicht mehr gegen eine Normalverteilung.

Es ergibt sich für $\rho < 1$ und $\rho = 1$ eine klare Unstetigkeit in den Konvergenzgeschwindigkeiten. Die Unstetigkeit läßt sich mildern, wenn fast integrierte Prozesse betrachtet werden (vgl. Chan (1988); Phillips (1987b)). Ein fast integrierter Prozeß wird definiert als

$$(2.15) \quad x_t = \rho_T^* x_{t-1} + \epsilon_t \quad \text{mit} \quad \rho_T^* = (1 - c/T),$$

wobei c eine Konstante mit $-\infty < c < \infty$ ist. Chan zeigt, daß der KQ–Schätzer $\hat\rho_T^*$ für ρ^* unter bestimmten Regularitätsbedingungen gegen eine Funktion konvergiert (vgl. Chan (1988), S. 858)

$$(2.16) \quad \left(T^{-2} \sum_{t=1}^{T} x_{t-1}^2\right)^{1/2} T(\hat\rho_T^* - \rho_T^*) \xrightarrow{d} L(c),$$

die wie folgt approximiert werden kann:

$$L(c) = \left(\sum_{t=1}^{T-1} \sum_{k=1}^{t} e^{-c(t-k)/T}\epsilon_k\epsilon_{t+1}\right) \Big/ \left(\sum_{t=1}^{T-1} \left(\sum_{k=1}^{t} e^{-c(t-k)/T}\epsilon_k\right)^2\right)^{1/2}.$$

Um einen Eindruck von diesen Verteilungen zu gewinnen, sind in der Tabelle 2.1 die empirischen Quantile für verschiedene Werte von c wiedergegeben worden. Für $c = 0$ erhält Chan die Übereinstimmung mit den tabellierten Werten von Fuller (1976). Für $c = 100$ nähert sich die Verteilung sehr stark einer Normalverteilung.

2.2.2 Ein Exkurs zur Verbindung zwischen Random–Walk– und Wiener–Prozeß

In dem Abschnitt 2.2.1 wird unterstellt, daß für einen Random–Walk–Prozeß gilt

$$x_t = \sum_{s=1}^{t} \epsilon_s + x_0 \quad \text{mit} \quad \epsilon_s \sim i.i.d.(0,1).$$

Aus der Theorie der stochastischen Prozesse ist bekannt, daß der Random–Walk–Prozeß als stetiges Analogon den sogenannten Wiener-Prozeß $W(t)$ hat (vgl. Doob (1953), S. 96ff, S. 392ff). Der Standard-Wiener-Prozeß ist ein zeitstetiger, stochastischer Prozeß $W(t)$ mit $t \geq 0$, für den die Differenz $W(t)-W(0)$ normalverteilt mit $E(W(t)) = 0$ und $\text{Var}(W(t)) = t$ ist und alle nichtüberlappenden Zuwächse $W(t_1) - W(t_0), \cdots, W(t_n) - W(t_{n-1})$ für $0 \leq t_1 \leq t_2 \leq \cdots \leq t_n$ unabhängige Zufallsvariable sind (vgl. Taylor (1982), S. 319). Ausführlicher dargestellt, besitzt der Wiener-Prozeß folgende Eigenschaften (vgl. Arnold (1974), S. 60ff):

- Die Pfade sind mit Wahrscheinlichkeit 1 stetig.

- Der Prozeß ist ein Gauß–Prozeß mit der Kovarianzmatrix $\text{cov}(W(t), W(s)) = \min(t, s)$ d.h. er besitzt für jedes t eine Normalverteilung.

- Wenn W(t) ein Wiener-Prozeß ist, dann ist auch

    - $-W(t)$

    - $cW(t/c^2)$ mit $c > 0$

    - $tW(1/t)$ für $t > 0$

    - $W(t+h) - W(h)$ für h konstant

  ein Wiener-Prozeß.

- Der Prozeß ist nirgends differenzierbar.

Da der Prozeß nicht differenzierbar ist, ist eine spezielle Analysis entwickelt worden. In dieser Theorie der stochastischen Differentialgleichungen können die Differentialgleichungen wieder gelöst werden (vgl. Arnold (1974)). In der Physik wird von einem Prozeß gesprochen, der keine Geschwindigkeit besitzt.

Das Problem, daß der Wiener-Prozeß keine Geschwindigkeit hat, kann durch einen allgemeineren Prozeß behoben werden. Es wird folgender stetige Prozeß unterstellt:

$$dJ_c(t) = cJ_c(t)dt + dW(t),$$

der als Ornstein–Uhlenbeck-Prozeß bezeichnet wird (vgl. Arnold (1974), S. 146ff). Dieser Prozeß hat folgende Lösung:

- $J_c(t) = J_c(0)e^{-ct} + \int_0^t e^{-c(r-s)}W(s)ds$ mit

- $E(J_c(t)) = J_c(0)e^{-ct}$

- $\text{Var}(J_c(t)) = \left(\frac{1}{2}\sigma_0^2/c\right)\left(1 - e^{-2ct}\right)$.

Der Ornstein–Uhlenbeck–Prozeß hat in der Sprache der Physik eine Geschwindigkeit aber keine Beschleunigung, d.h. die zweiten Ableitungen des Prozesses existieren nicht.

Der Zusammenhang zwischen Random–Walk–Prozeß und Wiener–Prozeß gilt nicht nur für unabhängig, identisch verteilte Rauschgrößen. Phillips (1987a) weist darauf hin, daß der Zusammenhang zwischen den Prozessen auch gilt, wenn allgemeinere stationäre Rauschprozesse unterstellt werden. Phillips betrachtet die Partialsummen schwach abhängiger Rauschprozesse $(S_t = \sum \epsilon_s)$

$$x_T(r) = \frac{1}{\sigma\sqrt{T}}S_{\text{int}(Tr)} = \frac{1}{\sigma\sqrt{T}}S_{j-1} \quad \text{für} \quad (j-1)/T \leq r < j/T \quad j = 1,\cdots,T$$

$$x_T(1) = \frac{1}{\sigma\sqrt{T}}S_T\,,$$

wobei int(.) den ganzzahligen Teil einer Zahl bedeutet. Phillips weist darauf hin, daß die Konvergenzeigenschaft

$$x_T \overset{d}{\to} W(t)$$

für unabhängige Rauschprozesse gilt (vgl. Phillips (1987a); für allgemeinere Rauschprozesse Abschnitt 2.3.2). Weiterhin gilt folgender funktionaler zentraler Grenzwertsatz:

$$g(x_T) \overset{d}{\to} g(W(t))\,.$$

Für die Momentenmatrix $\sum x_{t-1}x_{t-1}$ gilt in diesem Fall folgende Konvergenzaussage:

$$T^{-2}\sum x_{t-1}x_{t-1} \overset{d}{\to} \int_0^1 W(t)W(t)dt\,,$$

wobei $W(\cdot)$ der standardisierte Wiener–Prozeß ist. Die Momentenmatrix konvergiert mit der Ordnung T^{-2} gegen eine stochastische Größe. Weiterhin konvergiert $\sum \epsilon_t x_{t-1}$ stochastisch gegen:

$$T^{-1}\sum \epsilon_t x_{t-1} \overset{d}{\to} \frac{1}{2}(W(1)^2 - 1)\,.$$

Gilt nun ein AR(1)–Modell der Form

$$x_t = \rho x_{t-1} + \epsilon_t\,,$$

dann konvergiert der KQ–Schätzer für $\rho = 1$ in Verteilung gegen folgende Funktion

$$(2.17) \quad T(\hat{\rho}_{KQ} - 1) \overset{d}{\to} \frac{\frac{1}{2}W(1)^2 - 1}{\int_0^1 W(t)^2 dt}\,.$$

13

Mit dieser Konvergenzaussage wird deutlich, daß der KQ–Schätzer unter der Nullhypothese, daß $\rho = 1$ ist, mit der Konvergenzgeschwindigkeit T gegen eine stochastische Größe und nicht gegen eine konstante Größe konvergiert. Die Herleitung der stochastischen Größe geht über das Ergebnis (2.14) von Fuller (1976) hinaus.

Wenn die fast integrierten Prozesse analysiert werden, ergibt sich (vgl. Chan (1988))

$$(2.18) \qquad \left(T^{-2} \sum_{t=1}^{T} x_{t-1}^2 \right)^{1/2} T(\hat{\rho}_T^{\star} - \rho_T^{\star}) \xrightarrow{d} L(c) = \frac{\int_0^1 J_c(t) \mathrm{W}(t)}{\left(\int_0^1 J_c(t)^2 dt \right)^{1/2}}$$

wobei $J_c(t)$ ein Ornstein–Uhlenbeck Prozeß ist. Die asymptotische Verteilung in (2.18) beinhaltet (2.17) als Spezialfall, wenn $c = 0$ gesetzt wird.

2.3   Einheitswurzeltests

Im Abschnitt 2.2.1 wurde deutlich, daß sich die statistische Theorie für stationäre und integrierte Prozessen erheblich unterscheidet. Für eine korrekte Inferenz ist die Kenntnis der Integrationseigenschaft eines Prozesses wichtig. Um die Integrationseigenschaft von Zeitreihen zu bestimmen, ist in den letzten Jahren eine Reihe von statistischen Tests entwickelt worden. Die meisten statistischen Tests beschränken sich auf die Frage, ob die Zeitreihe eine Einheitswurzel enthält. Die Grenzverteilungen der Teststatistiken hängen davon ab, welcher erzeugende Prozeß für den Mittelwert unterstellt wird. Bei vielen Testprozeduren wird die Annahme gemacht, daß der Rauschprozeß durch unabhängig, identisch verteilte Innovationen generiert wird (vgl. Abschnitt 2.3.1). Wird diese Annahme aufgegeben, so gibt es verschiedene nichtparametrische Tests (vgl. Abschnitt 2.3.2). Im Abschnitt 2.3.3 wird der Bierens–Test aufgeführt, während im Abschnitt 2.3.4 mögliche Modellerweiterungen dargestellt werden. Im Abschnitt 2.3.5 werden verschiedene Arbeiten zum Gütevergleich von Einheitswurzeltests referiert und Kritikpunkte zu univariaten Teststrategien aufgezählt.

2.3.1   Tests auf Einheitswurzeln vom Dickey–Fuller–Typ

Beim Test auf eine Einheitswurzel wird sehr häufig der Dickey–Fuller–Test angewendet (vgl. Dickey & Fuller (1979)). In der einfachsten Form wird die Nullhypothese

$$H_0 : x_t = x_{t-1} + \epsilon_t \quad \text{mit} \quad \epsilon_t \sim i.i.d. N(0, \sigma_\epsilon^2) \quad \text{und} \quad x_0 = \text{konstant}$$

gegen die Alternativhypothese

$$H_1 : x_t = \rho x_{t-1} + \epsilon_t \quad \text{mit} \quad \epsilon_t \sim i.i.d. N(0, \sigma_\epsilon^2), \quad |\rho| < 1 \quad \text{und} \quad x_0 = \text{konstant}$$

überprüft. Für den Test wird in der Regel die Regression

(2.19) $\Delta x_t = (\rho - 1)x_{t-1} + \epsilon_t$

berechnet, und es wird die "t-Statistik" für $(\rho - 1)$ betrachtet

(2.20) $t_{\hat{\rho}} = \dfrac{\hat{\rho}_{KQ} - 1}{(s^2(\sum_{t=1}^{T} x_{t-1}^2)^{-1})^{1/2}}$,

wobei s^2 der gewöhnliche Varianzschätzer für σ_ϵ^2 ist. Die Verteilung der Teststatistik unter H_0 ist nichtstandard und wurde von Fuller (1976) tabelliert.

Der Dickey–Fuller-Test läßt sich für den Fall eines Absolutgliedes unter der Alternativhypothese erweitern. Sie wird dann zu:

(2.21) $H_1^* : x_t = \nu' + \rho x_{t-1} + \epsilon_t$ mit

$\epsilon_t \sim i.i.d.N(0, \sigma_\epsilon^2)$, $|\rho| < 1$ und $x_0 = $ konstant

bzw.

$x_t - \nu = \rho(x_{t-1} - \nu) + \epsilon_t$,

so daß $\nu' = \nu(1 - \rho)$ gilt. Falls ν bekannt wäre, könnte der Prozeß zentriert werden. Anschließend könnte die Regression (2.19) durchgeführt werden. In der Praxis muß ν geschätzt werden. Obwohl ν' unter der Nullhypothese auf Null gesetzt wird, ändert sich die Grenzverteilung von ρ, wenn die Regressionsgleichung (2.21) berechnet wird. Die Regression mit einem Absolutglied verändert die asymptotische Verteilung der dazugehörigen "t-Statistik". Die Nichtstandardverteilung wurde von Fuller (1976) unter der Nullhypothese $(\nu', \rho) = (0, 1)$ tabelliert.

Darüberhinaus kann unter der Alternativhypothese ein trendstationärer Prozeß formuliert werden:

(2.22) $H_1^{**} : x_t = \nu'' + \zeta't + \rho x_{t-1} + \epsilon_t$

oder

$x_t - \nu - \zeta t = \rho(x_{t-1} - \nu - \zeta(t - 1)) + \epsilon_t$,

so daß $\zeta' = \zeta(1 - \rho)$ und $\nu'' = \nu(1 - \rho) + \rho\zeta$ ist. Auch in diesem Fall ist die Grenzverteilung für ρ nichtstandard, wenn die Regressionsgleichung (2.22) geschätzt wird. Die asymptotische Verteilung für die dazugehörige "t-Statistik" ist von Fuller (1976) tabelliert worden.

Wird die Hypothese $\nu = 0$ unter H_0 aufgegeben, dann zeigen Haldrup und Hylleberg (1989), daß der lineare Trend dominiert. Im allgemeinen Fall mit $\zeta \neq 0$ gilt folgendes Modell

(2.23) $x_t = \rho x_{t-1} + \nu + \zeta t + \epsilon_t$ für $t = 1, \ldots, T$ $\epsilon_t \sim i.i.d.(0, \sigma_\epsilon^2)$,

Die Gleichung (2.23) kann durch Einsetzen der x_t umgeschrieben werden in

$$x_t = \rho^t x_0 + \nu \sum_{j=1}^{t} \rho^{t-j} + \zeta \sum_{j=1}^{t} j\rho^{t-j} + \sum_{j=1}^{t} \epsilon_j \rho^{t-j}.$$

Für $\rho = 1$ folgt daraus:

$$x_t = x_0 + \nu t + \zeta \sum_{j=1}^{t} j + \sum_{j=1}^{t} \epsilon_j = x_0 + \nu t + \zeta \frac{t(t+1)}{2} + \sum_{j=1}^{t} \epsilon_j.$$

Der Erwartungswert $E(\sum_{t=1}^{T} x_t^2)$ lautet

$$
\begin{aligned}
E(\textstyle\sum_{t=1}^{T} x_t^2) = \; & \frac{\zeta^2}{120}(T(T+1)(2T+1)(3T^2+3T-1)) \\
& + (\frac{\zeta^2}{8} + \frac{\zeta\nu}{4})(T^2(T^2+2T+1)) \\
& + (\frac{\nu^2}{6} + \frac{\zeta^2}{24} + \frac{\zeta x_0}{6} + \frac{\zeta\nu}{6})(T(T+1)(2T+1)) \\
& + (\frac{\sigma^2}{2} + x_0\nu + \frac{\zeta x_0}{2})(T(T+1)) \\
& + x_0^2(T).
\end{aligned}
$$

Den einzelnen Parametern können Exponenten von T zugeordnet werden, so daß Aussagen über die Dominanz des deterministischen Trends gemacht werden können. Die fünf Terme besitzen eine abnehmende Konvergenzordnung von T^5 bis T in Wahrscheinlichkeit. Für $\zeta \neq 0$ dominiert der erste Term, d.h. der lineare Trend in den ersten Differenzen bzw. der quadratische Trend in den Niveaus. Im Fall $\zeta = 0$ aber $\nu \neq 0$ dominiert der lineare Trend in den Niveaus den stochastischen Trend.

West (1988) macht darauf aufmerksam, falls die Bedingung $\nu \neq 0$ gilt, daß die t–Statistik für $\hat{\rho}$ aus der Regression $\Delta x_t = \rho x_{t-1} + \nu + \epsilon_t$ asymptotisch normalverteilt ist. Zum gleichen Ergebnis kommen Hylleberg und Mizon (1989a). In einer Simulationsstudie stellen die Autoren dar, daß für kleine Werte des Drifterms z.B. $\nu = 0.001, 0.01$ die Fuller–Tabelle relativ gute Approximationen liefert. Bei großen Drifttermen z.B. $\nu = 10.0$ wird die Normalverteilung brauchbar.

Die bisherigen Aussagen wurden unter der Annahme abgeleitet, daß der erzeugende Prozeß ein Random–Walk–Prozeß ist, d.h. ϵ_t ist weißes Rauschen. In der praktischen Arbeit ist dies kaum anzutreffen, so daß ein allgemeinerer autoregressiver Prozeß AR(p) für ϵ_t unterstellt werden kann. Said & Dickey (1984) erweitern die Klasse der Dynamik der integrierten Prozesse auf endliche ARMA(p, q)–Modelle

(2.24) $\Delta x_t = \epsilon_t$ und $\epsilon_t = a_1\epsilon_{t-1} + \ldots + a_p\epsilon_{t-p} + \bar{\epsilon}_t + b_1\bar{\epsilon}_{t-1} + \ldots + b_q\bar{\epsilon}_{t-q}.$

In der Testprozedur approximieren die Autoren das ARMA(p, q)–Modell der Rauschgrößen durch ein AR(p^*) in den ersten Differenzen der x_t. Dies wird anhand eines ARMA$(1,1)$–Modells dargestellt. Es gilt

$$x_t = \rho x_{t-1} + \epsilon_t \quad \text{mit} \quad \epsilon_t = a_1\epsilon_{t-1} + \bar{\epsilon}_t + b_1\bar{\epsilon}_{t-1},$$

wobei $|a_1|, |b_1| < 1$ sind. Der Rauschprozeß kann geschrieben werden als

$$\epsilon_t - a_1 \epsilon_{t-1} = (1 - b_1 L)\bar{\epsilon}_t$$

$$\bar{\epsilon}_t = \sum_{j=0}^{\infty} (-b_1)^j (\epsilon_{t-j} - a_1 \epsilon_{t-j-1}).$$

Diese Beziehung wird in den erzeugenden Prozeß für x_t eingesetzt, so daß gilt

$$x_t = \rho x_{t-1} + a_1 \epsilon_{t-1} + \bar{\epsilon}_t + b_1 \sum_{j=1}^{\infty} (-b_1)^{j-1} (\epsilon_{t-j} - a_1 \epsilon_{t-j-1})$$

bzw.

$$x_t = \rho x_{t-1} + \bar{\epsilon}_t + (a_1 + b_1)(\epsilon_{t-1} + -b_1 \epsilon_{t-2} + b_1^2 \epsilon_{t-3} - \ldots).$$

Unter $H_0 : \rho = 1$ ergibt sich ein AR(∞)-Prozeß

$$\Delta x_t = (\rho - 1)x_{t-1} + (a_1 + b_1)(\Delta x_{t-1} - b_1 \Delta x_{t-2} + b_1^2 \Delta x_{t-3} - \ldots) + \bar{\epsilon}_t.$$

Da dieser Prozeß unendlich viele Koeffizienten beinhalten kann, gibt es keine wahre endliche AR-Struktur, so daß kaum von einem parametrischen Ansatz gesprochen werden kann. Dieser AR(∞)-Prozeß wird durch einen endlichen AR(p^*)-Prozeß approximiert

$$\Delta x_t = (\rho - 1)x_{t-1} + (a_1 + b_1)(\Delta x_{t-1} - b_1 \Delta x_{t-2} + b_1^2 \Delta x_{t-3} - \ldots)b_1^{p^*-1} \Delta x_{t-p^*} + \bar{\epsilon}_t,$$

und der Test $(\rho - 1) = 0$ wird als erweiterter Dickey-Fuller-Test bezeichnet. Im allgemeinen ARMA(p, q)-Fall kann sich auch ein AR(∞)-Modell ergeben. Das AR(∞)-Modell wird durch ein AR(p^*)-Modell approximiert, wobei $p^* > (p + q)$ ist, so daß dieser Fall bei den parametrischen Einheitswurzeltest aufgeführt wird. Die AR-Ordnung strebt mit zunehmenden Stichprobenumfang ins Unendliche, wobei angenommen wird, daß $T^{-1}(p^*)^3 \to 0$ gilt. Die "t-Statistik" für $(\hat{\rho} - 1)$ des erweiterten Dickey-Fuller-Tests hat die gleiche asymptotische Nichtstandard-Grenzverteilung wie die "t-Statistik" des einfachen Dickey-Fuller-Tests. Eine Verallgemeinerung des Tests für den Fall $\nu \neq 0$ bzw. $\nu \neq 0$ und $\zeta \neq 0$ unter der Alternativhypothese ist möglich.

2.3.2 Nichtparametrische Einheitswurzeltests vom Phillips–Typ

Phillips (1987a) schwächt die Annahme der unabhängig, identisch verteilten Residuen ab und läßt bestimmte Formen der Abhängigkeit zwischen den Rauschgrößen zu. Die statistische Abhängigkeit der Rauschgrößen wird mit Hilfe von α–Mischungsbedingungen formuliert. Phillips (1987a) macht folgende Annahmen über den Rauschprozeß

1. $E(\epsilon_t) = 0$ für alle t

2. $\sup_t E|\epsilon_t|^{\xi+\kappa} < \infty$ für $\xi > 2$ und $\kappa > 0$

3. $\sigma^2 = \lim_{T \to \infty} E(T^{-1} S_T^2)$, $\sigma^2 > 0$, $S_t = \sum_{i=1}^{t} \epsilon_i$

4. $\{\epsilon_t\}$ ist ein starker Mischungsprozeß mit dem Mischungskoeffizienten α_m
$$\sum_{m=1}^{\infty} \alpha_m^{1-\frac{2}{\xi}} < \infty \ .$$

Die Mischungsbedingung läßt eine gewisse zeitliche Korrelation zwischen den Impulsen zu. Impulse, die zeitlich weit voneinander entfernt liegen, sollen fast unkorreliert sein

$$\lim_{s \to \infty} \alpha_m(s) = \lim_{s \to \infty} \sup_s |\text{Cov}(\epsilon_t \epsilon_{t+s}) - E(\epsilon_t) E(\epsilon_{t+s})| = 0 \ .$$

Die Rate, mit der die zeitliche Korrelation verschwindet, beträgt $\alpha_m = O(m^{-\xi^*})$ mit $\xi^* > \xi/(\xi - 2)$. Sie ist eng mit der Bedingung der Momentenexistenz verbunden, die die Wahrscheinlichkeit von Ausreißern beeinflußt. Je schneller die zeitliche Abhängigkeit verschwindet, desto geringer sind die Anforderungen an die Existenz der Ordnung der Momente. Im Falle von stationären Prozessen sind die Prozesse, die die strenge Mischungsbedingung erfüllen, auch ergodisch. Die Ergodizität kann als Konsistenz bestimmter Schätzfunktionen bei abhängigen Zufallsvariablen interpretiert werden (vgl. Schlittgen & Streitberg (1987), S. 145ff). Die schwächere Form der zeitlichen Abhängigkeit (Ergodizität) setzt eine restriktivere Form der zeitlichen Homogenität (Stationarität) voraus (vgl. Spanos (1986), S. 140ff.). Phillips formuliert nun eine Tauschbeziehung zwischen Momentenexistenz der Rauschgrößen und der Mischungsbedingung.

Unter diesen Annahmen sind schwach heterogene Rauschprozesse zugelassen. Weiterhin enthalten diese Rauschprozesse stationäre invertible ARMA(p,q)–Modelle (vgl. Withers (1981)). Auch unter diesen Bedingungen konvergiert der Einheitswurzelprozeß zu einem Standard–Wiener–Prozeß. Denn es gelten folgende Konvergenzbeziehungen (vgl. Phillips (1987a)):

$$T^{-2} \sum_{t=1}^{T} x_{t-1}^2 \xrightarrow{d} \sigma^2 \int_0^1 W(t)^2 dt$$

$$T^{-1} \sum_{t=1}^{T} x_{t-1} \epsilon_t \xrightarrow{d} \frac{\sigma^2}{2} \left(W(1)^2 - \frac{\sigma_\epsilon^2}{\sigma^2} \right) ,$$

wobei $\sigma_\epsilon^2 = \lim_{T \to \infty} T^{-1} \sum E(\epsilon_t^2)$, $\sigma^2 = \lim_{T \to \infty} E(T^{-1} S_T^2)$ und $W(\cdot)$ der Standard–Wiener–Prozeß ist. Mit Hilfe dieser Beziehungen kann dann die Grenzverteilung des KQ–Schätzers für ρ und der entsprechenden "t-Statistik" bestimmt werden

$$(2.25) \quad T(\hat{\rho} - 1) \xrightarrow{d} \frac{1}{2} \left(W(1)^2 - \frac{\sigma_\epsilon^2}{\sigma^2} \right) \Big/ \left(\int_0^1 W(t)^2 dt \right)$$

$$(2.26) \quad t_\rho \xrightarrow{d} \frac{\sigma}{2\sigma_\epsilon} \left(W(1)^2 - \frac{\sigma_\epsilon^2}{\sigma^2} \right) \Big/ \left(\int_0^1 W(t)^2 dt \right)^{1/2} .$$

Man erkennt, daß diese Grenzverteilungen die Verschmutzungsparameter σ^2 und σ_ϵ^2 enthalten. Wird die Annahme gemacht, daß der Rauschprozeß weißes Rauschen ist, dann ist $\sigma = \sigma_\epsilon$. In dem Fall enthält die Beziehung (2.25) die Beziehung (2.17) als Spezialfall. Phillips konstruiert eine Statistik, die keine Verschmutzungsparameter in der asymptotischen Verteilung mehr enthält

$$(2.27) \quad Z_\rho = T(\hat{\rho} - 1) - \frac{1}{2}(S_{Tl}^2 - S_\epsilon^2)/(T^{-1} \sum x_{t-1}^2),$$

wobei

$$S_\epsilon^2 = T^{-1} \sum_{t=1}^{T} \epsilon_t^2 \quad \text{und}$$

$$S_{Tl}^2 = T^{-1} \sum_{t=1}^{T} \epsilon_t^2 + 2T^{-1} \sum_{\tau=1}^{l} \omega_{Tl} \sum_{t=\tau+1}^{T} \epsilon_t \epsilon_{t-\tau}$$

ist. Hier ist l ein Abschneidungsparameter und $\omega_{Tl} = 1 - \frac{\tau}{l+1}$ eine Gewichtsfunktion, die von Newey und West (1985) vorgeschlagen worden ist und aus der Schätzung der Spektraldichte als Bartlett–Gewicht bekannt ist (vgl. Priestley (1981), S. 439f.). Die Gewichtsfunktion vermeidet, daß negative Varianzen ermittelt werden. Dieser modifizierte KQ–Schätzer besitzt die gleiche Grenzverteilung wie der KQ–Schätzer unter der Annahme unabhängig, identisch verteilter Rauschgrößen.

Zum Testen der Hypothese, ob der Prozeß eine Einheitswurzel enthält, schlägt Phillips (1987a) vor, nichtparametrische Tests zu verwenden. Unter der Nullhypothese des einfachen Random–Walk–Prozesses mit $\rho = 1$ gegen $\rho < 1$ erhält er folgende Teststatistik

$$(2.28) \quad Z_{t_\rho} = \left(\sum_{t=1}^{T} x_{t-1}^2 \right)^{1/2} \frac{(\hat{\rho} - 1)}{S_{Tl}} - \frac{S_{Tl}^2 - S_\epsilon^2}{S_{Tl}(T^{-1} \sum x_{t-1}^2)^{1/2}}.$$

Die Grenzverteilung dieser Statistik ist identisch mit der des einfachen Dickey–Fuller–Tests. Die Folgen einer Vernachlässigung z.B. von AR–Parametern werden durch eine Modifikation der Varianzschätzung kompensiert. Von der üblichen Teststatistik werden Korrelationen der näheren Umgebung (vgl. 2. Term der Statistik) abgezogen.

Die Hypothese des differenzenstationären Prozesses gegen einen trendstationären Prozeß wird mit Hilfe einer modifizierten "t–Statistik" durchgeführt (vgl. Phillips & Perron (1988)). Zunächst wird die Regression

$$(2.29) \quad x_t = \nu + \zeta \left(t - \frac{1}{2}T \right) + \rho x_{t-1} + \epsilon_t$$

berechnet. Mit den geschätzten Residuen wird folgende Statistik ermittelt:

$$(2.30) \quad Z(t_{\hat{\rho}}) = \frac{S_\epsilon}{S_{Tl}} t_{\hat{\rho}} - \frac{S_{Tl}^2 - S_\epsilon^2}{2 S_{Tl} M^{1/2}},$$

wobei

$$M = (1 - T^{-2})T^{-2} \sum x_t^2 - 12(T^{-5/2} \sum t x_t)^2 + 12(1 + T^{-1})T^{-5/2} \sum t x_t T^{-3/2} \sum x_t$$
$$- (4 + 6T^{-1} + 2T^{-2})(T^{-3/2} \sum x_t)^2$$
$$= \det(X'X)$$

und $t_{\hat{\rho}}$ der t–Wert der Regression (2.27) für ρ ist. Die nichtparametrischen Einheitswurzeltests werden von Ouliaris, Park und Phillips (1989) auf Fälle mit deterministischem Trend höherer Polynomordnung verallgemeinert.

Haldrup (1990) weist darauf hin, daß die asymptotische Verteilung der "t–Statistik" für das Absolutglied und den linearen Trendterm in der Regressionsgleichung (2.29) inkonsistent sind, wenn unter der Nullhypothese für den erzeugenden Prozeß ein Driftterm ($\nu \neq 0$) unterstellt wird. In diesem Fall wird die Regression mit einem mittelwertbereinigten Trendterm durchgeführt. Die Inkonsistenz verschwindet, wenn auf die Mittelwertbereinigung des Trends verzichtet wird und die Regressionsgleichung

$$(2.31) \quad x_t = \nu + \zeta t + \rho x_{t-1} + \epsilon_t$$

berechnet wird. Der Autor gibt für die "t–Statistik" von ν neue kritische Werte an.

2.3.3   Der Bierens–Test

Den vorgestellten Einheitswurzeltests ist gemeinsam, daß die Random–Walk–Eigenschaft unter der Nullhypothese formuliert wird. Unter der Alternativhypothese wird die I(0)–Eigenschaft postuliert. Ein Vertauschen von Null– und Alternativhypothese nimmt Bierens (1989) vor. Unter der Nullhypothese steht

$$H_0 : x_t = \nu' + \rho x_{t-1} + \epsilon_t \quad \text{mit} \quad |\rho| < 1$$

und unter der Alternativhypothese

$$H_1 : x_t = x_{t-1} + \epsilon_t \,,$$

wobei ϵ_t ein stationärer Prozeß ist. Da der Prozeß unter der Alternativhypothese einen stochastischen Trend enthält, nimmt Bierens an, daß sich dieser so verhält, als ob ein deterministischer linearer Trend existieren würde:

$$x_t = \nu + \zeta t + \epsilon_t \,.$$

Die KQ–Schätzung von ζ

$$\hat{\zeta}_T = \left(\sum_{t=1}^{T} (t - \bar{t})(x_t - \bar{x}) \right) \Big/ \left(\sum_{t=1}^{T} (t - \bar{t}) \right)^2$$

ist die Basis seiner Teststatistik, wobei $\bar{x} = T^{-1} \sum x_t$ usw. ist. Bierens leitet folgende Teststatistik ab:

$$(2.32) \quad S_T = r_T \zeta_T (1 + \xi_T^2) / |\sqrt{T} \xi_T| \,,$$

wobei

$$r_T = ([(T+1)^3 - 3(T+1)^2 + 2(T+1)]/12)^{1/2}$$

und

$$\xi_T = \frac{1}{T} \sum_{t=1}^{T} x_t - \frac{1}{\text{int}(T/2)} \sum_{t=1}^{\text{int}(T/2)} x_t$$

ist. Die Funktion int(.) bezeichnet den ganzzahligen Teil einer Zahl. Unter H_0 konvergiert S_T gegen eine Cauchy-Verteilung, während S_T unter H_1 divergiert.

Die Teststatistik kann auch verwendet werden, wenn unter der Alternativhypothese das Modell

$$H_1' : x_t = x_{t-1} + \mu + \epsilon_t,$$

wobei μ ein Driftterm ist, bzw.

$$H_1'' : x_t = \nu + \zeta t + \epsilon_t.$$

postuliert wird (vgl. Bierens (1989)).

2.3.4 Mögliche Erweiterungen der I(1)–Modelle

In den bisherigen Ausführungen haben wir uns auf den Fall beschränkt, daß die Zeitreihe nur integriert vom Grade Eins ist. Soll ein höherer Integrationsgrad getestet werden, so wäre eine naheliegende Vorgehensweise, die Einheitswurzeltests auf die Reihen anzuwenden, die einmal mit dem Differenzenfilter transformiert worden sind. Sen und Dickey (1987) entwickeln dagegen eigenständige t–Tests und F–Tests für höhere Integrationsgrade und simulieren die Nichtstandardverteilungen dieser Tests. In einer Monte–Carlo Studie haben Dickey und Pantula (1987) festgestellt, daß die Tests eine höhere Güte haben, wenn zunächst die höhere Integrationsordnung getestet wird. Anschließend sollte die geringere Ordnung überprüft werden. Eine analoge Empfehlung gibt Pantula (1989) für die von ihm entwickelten Tests.

In den vorangegangenen Abschnitten hat sich die Analyse vorwiegend auf integrierte Prozesse erster Ordnung beschränkt, wobei ausschließlich ganzzahlige Integrationsordnungen angesprochen worden sind. Diese Beschränkung auf $I(0)$– und $I(1)$–Prozesse deckte eine Unstetigkeit beim Übergang vom stationären zum integrierten AR(1)–Modell im Konvergenzverhalten der Momentenmatrix und der KQ–Schätzer auf. Diese Unstetigkeit konnte durch die Erweiterung auf fast integrierte Prozesse gemildert werden. Ein anderer Weg, die Unstetigkeit des Konvergenzverhaltens zu verringern, besteht darin, die Klasse der Integrationsordnungen d von den natürlichen Zahlen auf reelle Zahlen zu erweitern. Es werden sogenannte fraktionelle integrierte Prozesse betrachtet (vgl. Diebold & Nerlove (1989)). Die Varianz der Partialsumme fraktionell integrierter Prozesse ($S_t = \sum_{s=0}^{t} x_s$) wächst in Abhängigkeit von d

$$\text{Var}(S_T) = O(T^{1+2d}).$$

Aufgrund dieser Eigenschaft wird die Unstetigkeit der Konvergenzeigenschaft der integrierten und der stationären Prozesse relativiert.

Außerdem wurde für die untersuchten Modelle angenommen, daß die Einheitswurzeln nur an der Stelle +1 bzw. bei der Frequenz $\omega = 0$ des Spektrums liegen. Wird diese Annahme aufgegeben, dann können saisonal integrierte Prozesse betrachtet werden (vgl. Hylleberg, Engle, Granger & Yoo (1990)). Ein Beispiel für einen saisonal integrierten Prozeß ist

$$(1 - L^4)x_t = \epsilon_t.$$

Dieser Prozeß hat vier Nullstellen auf dem Einheitskreis, denn es gilt

$$1 - L^4 = (1 - L)(1 + L)(1 - L^2).$$

Saisonale integrierte Prozesse besitzen die "long-memory" Eigenschaft, d.h. ein Schock in ϵ verschwindet nicht. Im Prozeß kann sich der Verlauf des Saisonmusters ändern. Die Varianzen des Prozesses wachsen linear mit t in Abhängigkeit von der Innovationsvarianz.

Eine Kombination von integrierten und saisonal integrierten Prozessen ist möglich. Eine Variable x_t ist mit der Ordnung (d, D) integriert ($x_t \sim I(d, D)$), wenn der Prozeß erst nach der d-fachen Anwendung der ersten Differenzen und der D-fachen Anwendung des saisonalen Differenzenfilters einen stationären, invertiblen Prozeß besitzt. Einen Überblick über verschiedene Teststrategien geben Dolado, Jenkinson und Sosvilla–Rivero (1990), S. 260ff.

Alle betrachteten Modelle besitzen die "long-memory" Eigenschaft, denn sie haben Wurzeln auf dem Einheitskreis. Das dazugehörige autoregressive Polynom ($a^\star(L)$) kann von dem Prozeß abgespalten werden, so daß gilt

$$a(L)x_t = a^\star(L)b(L)x_t = \epsilon_t,$$

bzw. falls ein invertibler Moving–Average–Prozeß als Rauschprozeß angenommen wird

$$a(L)x_t = a^\star(L)b(L)x_t = c(L)\epsilon_t,$$

wobei $a(L)$, $b(L)$ und $c(L)$ Lagpolynome sind. Das Lagpolynom $b(L)$ besitzt keine Einheitswurzeln, und die Polynome $b(L)$ und $c(L)$ haben keinen gemeinsamen Faktor. Die Einheitswurzeln eines integrierten Prozesses sind in $a^\star(L)$ enthalten. Diese Modelle werden als autoregressive-unit-moving-average (ARUMA)-Modelle bezeichnet (vgl. Parzen (1982); Mohr (1985)). In empirischen Arbeiten wird dieser Ansatz so abgewandelt, daß die Wurzeln von $a^\star(L)$ innerhalb eines schmalen Kreisringes um den Einheitskreis liegen (vgl. Mohr (1985)). Mit dem autoregressiven Polynom $a^\star(L)$ wird sowohl das Trend- als auch das saisonale Verhalten einer Zeitreihe modelliert. Da mit dem Polynom $a^\star(L)$ die Nichtstationarität der Zeitreihe abgebildet werden soll, können diese Modelle als die Vorläufer der fast integrierten Prozesse betrachtet werden. Ob eine Zeitreihe durch ein entsprechendes "long-memory" Polynom charakterisiert werden sollte, wird aus dem Verlauf der Autokorrelationsfolge und daraus abgeleiteten Kenngrößen bestimmt (vgl. Mohr (1984), Kapitel 3). Die Klasse der ARUMA-Modelle wird in einer Arbeit zu Prozessen mit Einheitswurzeln als die Modellklasse betrachtet, die in kleinen Stichproben beobachtet werden kann (vgl. Blough (1990)).

Auf die hier aufgeführten Modellerweiterungen soll im Rahmen dieser Arbeit nicht weiter eingegangen werden. Sie werden erwähnt, um mögliche Forschungsrichtungen auf dem Gebiet nichtstationärer univariater Zeitreihen zu benennen.

2.3.5 Kritische Würdigung der Einheitswurzeltests

Da in der empirischen Analyse nicht bekannt ist, ob nur ein AR(1)-Modell als erzeugender Prozeß für x_t vorliegt, wird häufig der erweiterte Dickey-Fuller-Test angewendet. Es besteht die Notwendigkeit, die Lagordnung der zusätzlichen Verzögerungen in den ersten Differenzen zu bestimmen. Said & Dickey (1984) leiten die Konvergenz des KQ-Schätzers unter der Bedingung ab, daß die autoregressiven Terme zwar mit wachsendem T größer werden, aber die Bedingung $\lim_{T \to \infty}(T^{-1}(p^*)^3) \to 0$ erfüllt ist. Aus dieser Bedingung wird die Lagordnungsapproximation $[p^* = \mathrm{int}(T^{1/3})]$ vorgeschlagen. Schwert (1987) verwendet in seiner Simulationsstudie weitere Approximationsprozeduren. Der Autor benutzt $p^* = \mathrm{int}(4(\frac{T}{100})^{1/4})$ und $p^* = \mathrm{int}(12(\frac{T}{100})^{1/4})$. Die Vielfalt, wie Lagordnungen bestimmt werden, legt es nahe, statistische Kriterien zu verwenden, die mit Straffunktionen arbeiten. Eine Möglichkeit wäre es, die Lagordnungen über Ordnungskriterien auswählen zu lassen. Bei den nichtparametrischen Tests besteht ein entsprechendes Problem bei der Bestimmung des Abschneidungsparameters. Perron & Phillips (1988) schlagen $l = \mathrm{int}(T^{1/4})$ vor. Weitere Anhaltspunkte zur Wahl des Abschneidungsparameters nennen sie nicht.

In einer kleinen Simulationsstudie stellen Perron & Phillips ihren nichtparametrischen Test dem erweiterten Dickey-Fuller-Test gegenüber. Es zeigt sich, daß die asymptotische Verteilung ihres Tests schon bei einem Stichprobenumfang von $T = 100$ unter der Nullhypothese relativ gut erreicht wird. Ihr Test besitzt unter der Nullhypothese eine Ablehnungshäufigkeit, die sehr nahe beim vorgegebenen Fehler 1. Art liegt, wenn ein Rauschprozeß mit unabhängig, identisch verteilten Innovationen unterstellt wird. Die Ablehnungshäufigkeit ist nicht von der Wahl des Abschneidungsparameters abhängig. Wird ein Prozeß mit $\rho = 0.85$ simuliert, so erzielt ihr Test eine größere Güte als der Dickey-Fuller-Test. Die Güte des Dickey-Fuller-Tests nimmt mit zunehmender autoregressiver Ordnung ab. Wird nun für den Rauschprozeß ein Moving-Average-Prozeß erster Ordnung mit einem Parameter größer Null verwendet, dann unterschreitet der nichtparametrische Test unter der Nullhypothese den nominalen Fehler 1.

Art. Die Güte des Tests ist gegenüber dem Dickey–Fuller–Test für $\rho = 0.85$ bei größerem Abschneidungsparameter etwas besser. Das Bild ändert sich stark, wenn im MA-Prozeß negative Parameter benutzt werden. Der nichtparametrische Test überschreitet unter der Nullhypothese den nominellen Fehler 1. Art erheblich. Der Dickey–Fuller–Test ist in diesen Fällen mit einer hohen autoregressiven Ordnung sehr viel besser. Aus diesem Grund empfehlen die Autoren, den Dickey–Fuller–Test zu verwenden.

Die Testergebnisse von Phillips und Perron werden von Schwert (1988) in einer etwas umfangreicheren Simulationsstudie mit größeren Stichprobenumfängen bestätigt. Kim und Schmidt (1990) verdeutlichen, daß die erhebliche Verzerrung des Test von Phillips–Perron unter der Nullhypothese nicht von der Wahl der Gewichtsfunktion abhängt. Werden andere Gewichtsfunktionen zur Schätzung der Verschmutzungsparameter verwendet, bleibt die Verzerrung des Phillips–Perron–Tests unter der Nullhypothese bestehen. Eine ähnliche Verzerrung finden die Autoren, wenn sie ein AR(1)-Modell für den Rauschprozeß unterstellen

Die relativ hohe Güte des Dickey–Fuller–Tests bestätigt auch Perron (1989) in seiner Simulationsstudie, in der die Wirkung einer Erhöhung der Beobachtungsfrequenz analysiert wird, d.h. statt Jahresdaten oder Quartalsdaten werden Monats- oder Tagesdaten betrachtet. Während eine Verlängerung des Beobachtungszeitraumes zu einer Erhöhung der Güte führt, muß eine Verkürzung der Beobachtungsintervalle dies nicht bewirken. Die Verkürzung der Beobachtungsintervalle erhöht die Informationen bei höheren Frequenzen, aber die Eigenschaften bei der Nullfrequenz können dadurch verwischt werden.

Die Ergebnisse der Simulationen, die die Güte einzelner Tests untersuchen, deuten an, daß die Tests eine geringe Trennschärfe haben, wenn entschieden werden soll, ob eine Realisation einem Random–Walk–Prozeß oder einem AR(1)-Prozeß mit $\rho = 0.95$ entstammt. Diese Ergebnisse werden durch die Arbeiten zu den fast integrierten Prozessen bestätigt. Die fast integrierten Prozesse können zur Berechnung einer Gütefunktion verwendet werden (vgl. Phillips (1988); Abschnitt 2.2.1). Die simulierten Verteilungsfunktionen einzelner Beispiele von Chan (1988) zeigen die geringen Übergänge zwischen den Funktionen und verdeutlichen die geringe Güte der Tests. Die Trennschärfe wird eher niedriger sein, wenn es um die Entscheidung geht, ob ein trendstationärer oder ein differenzenstationärer Prozeß vorliegt (vgl. Christiano & Eichenbaum (1989)).

Sims (1988) und Sims & Uhlig (1988) äußern Vorbehalte gegenüber den üblichen Einheitswurzeltests, indem sie eine bayesianische Betrachtung des Problems vornehmen. Sims und Uhlig illustrieren ihre Vorbehalte anhand einer Simulationsstudie für den einfachen AR(1)-Fall ohne Drift ($x_t = \rho x_{t-1} + \epsilon_t$). Sie berechnen den KQ-Schätzer für verschiedene Werte von ρ in der Umgebung um Eins und zeichnen die Häufigkeitsverteilung für ρ unter der Bedingung, daß $\hat{\rho} = c$ geschätzt wurde, $f(\rho|\hat{\rho} = c)$, wobei c eine Konstante im Bereich 0.7 bis 1.2 ist. Weiterhin plotten sie die Haufigkeitsverteilung für $\hat{\rho}$ unter der Bedingung, daß $\rho = c$ gegeben ist, $f(\hat{\rho}|\rho = c)$. Die Häufigkeitsverteilung $f(\hat{\rho}|\rho = 1)$ ist linksschief. Es ist sehr viel wahrscheinlicher, einen Wert von $\hat{\rho} < 1$ als einen Wert von $\hat{\rho} > 1$ zu erhalten. Die Häufigkeitsverteilung $f(\rho|\hat{\rho} = 1)$ ist fast symmetrisch. Ein geschätzter Wert von $\hat{\rho} = 1$ kann fast mit gleicher Wahrscheinlichkeit aus einem Prozeß mit $\rho > 1$ oder mit $\rho < 1$ stammen. Weiterhin rechnen sie die implizite a priori Dichte aus, wenn der Dickey-Fuller-Test mit üblichen Signifikanzniveau angewendet wird. Sie zeigen, daß die traditionelle Vorgehensweise beim Dickey-Fuller Test der Einheitswurzel eine hohe a priori Wahrscheinlichkeit gibt. Sims (1988) schlägt vor, auf die Einheitswurzeltests zu verzichten und in den Niveaus zu schätzen oder einen Einheitswurzeltest basierend auf baye-sianischen Überlegungen zu entwickeln. Schotman und van Dijk (1989) stellen so einen Test vor.

Weiterhin ist zu beachten, daß bei den Testformulierungen vom Dickey-Fuller- und Phillips-Typ die Nichtstationarität unter H_0 vorliegt. In der Testtheorie wird üblicherweise aufgrund der Asymmetrie der Testhypothesen die zu interessierende Hypothese unter der Alternativhypothese formuliert. Die Ablehnung einer Nullhypothese erlaubt die Aussage, daß die Nullhypothese mit einer größeren Wahrscheinlichkeit als $(1-\alpha)$ nicht wahr ist (α = Fehler 1. Art). Bei der Annahme von H_0 kann eine vergleichbare Aussage in der Regel nicht gemacht werden. Die umgekehrte Vorgehensweise beim Dickey-Fuller-Test hat somit zur Folge, daß zu häufig Nichtstationarität angenommen wird, obwohl Stationarität vorliegt.

Eine ähnliche Kritik formuliert Bierens und schlägt einen Test für Stationarität unter der Nullhypothese vor (vgl. Abschnitt 2.3.3). Bei einem Gütevergleich zwischen verschiedenen Einheitswurzeltests stellt Kohn (1991) fest, daß der Bierens-Test unter der Nullhypothese mit $\rho = 0.8$ eine Ablehnungshäufigkeit unterhalb des vorgegebenen Signifikanzniveaus hat. Bei $\rho = 1.0$ ist die Ablehnungshäufigkeit nicht signifikant vom Fehler 1. Art verschieden. Die Ergebnisse ändern sich, wenn deterministische Komponenten hinzugefügt werden. In den Fällen besitzt der Test eine höhere Güte. Neben dem Bierens-Test können Testverfahren aus der multiplen Analyse angewendet werden. Zum einen kann der Likelihoodverhältnistest von Johansen (1988) auf univariate Reihen benutzt werden, oder es wird bei der Kointegrationsanalyse auf spezielle Kointegrationsvektoren getestet, die univariate I(0) Prozesse erzeugen (vgl. Kapitel 4).

Weiterhin läßt sich ein differenzenstationärer Prozeß in eine Random-Walk-Komponente τ_t und eine stationäre Komponente c_t zerlegen (unobservable component model):

$$(2.33) \quad x_t = \tau_t + c_t,$$

wobei $\tau_t = \nu + \tau_{t-1} + \epsilon_t$ ist (vgl. Cochrane (1988)). Für c_t gilt $c_t = \theta(L)\epsilon_t$. Blough (1989) stellt in einer Simulationsstudie fest, daß die Nichtstandardverteilung für diese integrierten Pro-zesse bei endlichen Stichproben von dem Varianzverhältnis der Innovationen der stationären und der Random–Walk–Komponente abhängt. Bei sehr kleinen Varianzen der Random–Walk–Komponente ist eine Normalverteilungsapproximation sehr brauchbar. Diese Überlegung macht darauf aufmerksam, daß neben der Feststellung, ob der datenerzeugende Prozeß eine Einheitswurzel enthält, auch die Bedeutung der Random–Walk–Komponente analysiert werden sollte. Diese Fragestellung wird durch die Messung der Persistenz untersucht.

2.4 Messung der Persistenz einer Zeitreihe

Für die Zeitreihe $\{x_t\}$ wird ein differenzenstationärer datenerzeugender Prozeß unterstellt. Von einem Prozeß mit einer Einheitswurzel ist bekannt, daß er ein unendliches Gedächtnis hat. Es soll nun untersucht werden, wie hoch der Anteil eines Schocks ist, der sich in der Zeitreihe fortsetzt, bzw. wie persistent ein Schock ist. Eine formale Definition der Persistenz ($Pers(x_t)$) lautet (vgl. Jaeger & Kunst (1990)):

$$(2.34) \quad \text{Pers}(x_t) = \lim_{i \to \infty} [E(x_{t+i}|\Omega_t^*) - E(x_{t+i}|\Omega_t)],$$

wobei Ω_t die Informationsmenge bis zum Zeitpunkt t bezeichnet. In der Informationsmenge Ω_t^* ist ein Einheitsschock in der Variablen x zum Zeitpunkt t enthalten. Sei

$$(2.35) \quad \Delta x_t = \phi(L)\epsilon_t = (1 + \phi_1 L + \phi_2 L^2 + \ldots)\epsilon_t,$$

dann ist die Veränderung von x_{t+h}:

$$\Delta x_{t+h} = \epsilon_{t+h} + \phi_1 \epsilon_{t+h-1} + \ldots + \phi_h \epsilon_t + \phi_{h+1} \epsilon_{t-1} + \ldots$$

bzw.:

$$x_{t+h} = (1-L)^{-1}(\epsilon_{t+h} + \phi_1 \epsilon_{t+h-1} + \ldots) = \sum_0^{t+h} \epsilon_\tau + \phi_1 \sum_0^{t+h-1} \epsilon_\tau + \ldots + \phi_h \sum_0^t \epsilon_\tau + \ldots.$$

Die Wirkung eines Schocks zum Zeitpunkt t auf die Variable x nach h Schritten ist dann:

$$(2.36) \quad \frac{\partial x_{t+h}}{\partial \epsilon_t} = 1 + \phi_1 + \ldots + \phi_h$$

Für $h \to \infty$ beträgt die Wirkung eines Schocks für das integrierte Modell (2.35) $\phi(1)$. Liegt als datenerzeugender Prozeß ein Random–Walk vor, dann ist $\phi(1) = 1$. Wird ein stationäres Modell unterstellt, verschwindet die Wirkung eines Schocks asymptotisch. Je näher $\phi(1)$ bei Eins liegt, um so gewichtiger ist die Random–Walk–Komponente. In der Tabelle 2.2 ist die Größe der Persistenz für einige Standardmodelle angegeben.

In der Literatur sind verschiedene Maße der Persistenz in einer Zeitreihe vorgeschlagen worden. Als ein Persistenzmaß wurde von Campbell und Mankiw (1987a) und von Watson (1986) die Summe der Moving–Average Terme des Lagpolynoms der ersten Differenzen vorgeschlagen. Aufgrund einer Zerlegung einer differenzenstationären Zeitreihe in eine Random–Walk–

Tabelle 2.2: Größe der Persistenz einiger Standard–Zeitreihenmodelle

Modell	Persistenz bei i	Persistenz bei ∞
$x_t = \epsilon_t$	0 für alle $i > 0$	0
$x_t = \sum_0^\infty \phi_j \epsilon_{t-j}$	ϕ_j	0
$(1-L)x_t = \epsilon_t$	1	1
$(1-L)x_t = \sum_0^\infty \phi_j \epsilon_{t-j}$	$\sum_{j=0}^{i} \phi_j$	$\sum_{j=0}^{\infty} \phi_j$

und eine stationäre Komponente (vgl. 2.33) liegt es nahe, die Varianz der Innovationen der Random–Walk–Komponente $\sigma_{\Delta\tau}^2$ als Persistenzmaß zu verwenden. Die Varianz kann so normiert werden, daß sich $\frac{\sigma_{\Delta\tau}^2}{\sigma_{\Delta x}^2}$ ergibt. Weiterhin läßt sich folgende Beziehung zwischen der Varianz der Random–Walk–Komponente und der Varianz der Moving–Average–Darstellung bestimmen (vgl. Cochrane (1988))

$$\sigma_{\Delta\tau}^2 = (\sum \phi_j)^2 \sigma_\epsilon^2 = |\phi(1)|^2 \sigma_\epsilon^2 = S_{\Delta x}(e^{-i0})\sigma_\epsilon^2 \quad \text{für} \quad \omega = 0\,,$$

wobei $S_{\Delta x}(e^{-i\omega})$ das Spektrum des Prozesses Δx_t bei der Frequenz ω ist. Die Varianz der Innovationen der Random–Walk–Komponente ist gleich dem Spektrum von Δx bei der Frequenz 0. Wird diese Beziehung durch die Varianz des Prozesses in ersten Differenzen $\sigma_{\Delta x}^2 = \sum \phi_j^2 \sigma_\epsilon^2$ dividiert, dann ergibt sich

$$(2.37) \quad \frac{\sigma_{\Delta\tau}^2}{\sigma_{\Delta x}^2} = \frac{(\sum \phi_j)^2 \sigma_\epsilon^2}{\sum \phi_j^2 \sigma_\epsilon^2}$$

$$(2.38) \quad = \frac{(\sum \phi_j)^2}{\sum \phi_j^2}\,.$$

In Gleichung (2.38) zeigt sich, wie die MA-Koeffizienten in dieses Maß eingehen. Die Zerlegung der differenzenstationären Zeitreihe in eine Trendkomponente τ_t und eine zyklische Komponente c_t in (2.33) erlaubt mehrere Annahmen über die Kovarianzen der Innovationen ϵ_t^τ und ϵ_t^c (vgl. Watson (1986)). Die Innovationen können zum einen unkorreliert oder unabhängig sein. Zum anderen können sie korreliert sein. Für die erste Alternative sind die Innovationen der Trendkomponente ϵ_t^τ und der zyklischen Komponente ϵ_t^c mit

$$c_t = \phi^c(L)\epsilon_t^c\,,$$

unkorreliert. Auch ϵ_t^c und ϵ_{t-h}^τ sind für alle h unkorreliert. $\phi^c(L)$ ist ein stationäres Lagpolynom. In diesem Modell sind alle Parameter ökonometrisch identifiziert (vgl. Watson (1986), S. 52f)

$$\phi(L)\epsilon_t = \epsilon^\tau + (1-L)\phi^c(L)\epsilon_t^c\,,$$

so daß $|\phi(1)|^2 \sigma_\epsilon^2 = \sigma_{\epsilon\tau}^2$ gilt. Die Koeffizienten von $\phi^c(L)$ können durch Koeffizientenvergleich bestimmt werden. Das Spektrum von $(1-L)x_t$, $\phi(e^{-i\omega})\phi(e^{i\omega})\sigma_\epsilon^2$, hat ein globales Minimum an

27

der Stelle $\omega = 0$. Falls angenommen werden kann, daß $0 < S_{\Delta\tau}(\omega) < S_{\Delta x}(\omega)$ für alle $\omega \neq 0$ gilt, dann existiert auch eine permanente transitorische Zerlegung von x mit $\text{Var}(\Delta\tau^*) < \delta$ und $\delta > 0$ (vgl. Quah (1990)). Das heißt, x besitzt eine permanente Komponente τ^*, die beliebig geglättet werden kann. Die Varianz von $\Delta\tau^*$ kann beliebig klein werden.

Quah (1990) gibt für Prozesse, die in den ersten Differenzen eine ARMA-Darstellung besitzen, Untergrenzen der Innovationsvarianz der permanenten Komponente an. Hat $\Delta\tau$ eine MA(q)-Darstellung

$$\Delta\tau = \sum_{j=0}^{q} \phi(j)\epsilon^\tau_{t-j}\,,$$

ist die Untergrenze der Varianz der Innovationen ϵ^τ_t

$$\text{Var}(\Delta\tau) \geq (q+1)^{-1} S_{\Delta x}(0)\,.$$

Die Untergrenze ist fallend in der MA-Ordnung q der $\Delta\tau$. Im Fall von AR-Modellen kann die Untergrenze beliebig nahe bei Null liegen. Um dies zu erkennen, wird ein AR(1) für $\Delta\tau$ betrachtet. Da nun $S_{\Delta\tau}(0) = |1 - \phi(1)|^{-2}\text{Var}(\epsilon^\tau) = S_{\Delta x}(0)$ ist, und $\text{Var}(\Delta\tau) = |\frac{1-\phi(1)}{1+\phi(1)}|S_{\Delta x}(0)$ gilt, wird die $\text{Var}(\Delta\tau)$ beliebig klein, falls $\phi(1) \to 1$ strebt. Ein entsprechender Zusammenhang gilt auch für AR-Modelle mit höheren Lagordnungen und für ARMA-Modelle.

Weiterhin können die Innovationen vollständig korreliert sein

$$c_t = \phi^\tau(L)\epsilon^\tau_t\,.$$

Diese Annahme wird bei der Beveridge–Nelson–Zerlegung gemacht (vgl. Beveridge & Nelson (1981)). In diesem Fall existiert eine eineindeutige Abbildung von dem Ausgangsmodell zum Zerlegungsmodell. Alle Parameter sind identifiziert. Aber es gibt keine testbaren Restriktionen. Bei einer Zerlegung einer Zeitreihe in eine Trend- und zyklische Komponente ist es fraglich, ob das unbeobachtbare Komponentenmodell unter dieser Annahme ausreichende Flexibilität besitzt, um alle möglichen dynamischen Verhaltensweisen einer Zeitreihe darzustellen (vgl. Watson (1986), S. 53).

Die dritte Form ist eine Mischform zwischen den beiden vorangegangenen

$$c_t = \phi^c(L)\epsilon^c_t + \phi^\tau(L)\epsilon^\tau_t\,.$$

Das Modell ist nicht identifiziert und kann so nicht geschätzt werden. Als handhabbare Alternativen bleiben die beiden anderen. Mit diesen Ausführungen wird deutlich, welche Annahmen zur Identifikation der Innovationsvarianzen gemacht werden müssen, um eine Zerlegung einer Zeitreihe vornehmen zu können.

Eine empirische Umsetzung besteht darin, einen stochastischen Trend zu schätzen. Die Schätzung des stochastischen Trends kann über langfristige Prognosen von ARIMA-Modellen erfolgen. Die optimale h–Schritt Prognose eines Random-Walk-Prozesses ist der laufende Wert des Prozesses für alle h. Die optimale h–Schritt Prognose der stationären Komponente nähert sich dem unbedingten Mittelwert an und ist Null. Hieraus ergibt sich, daß der laufende Wert der Random-Walk-Komponente für großes h die optimale h-Schritt ARIMA-Prognose ist. Aus diesen Schätzungen kann die Varianz der Random-Walk-Komponente ermittelt werden.

Ein weiterer Vorschlag zur Bestimmung der Persistenz besteht in einem nichtparametrischen Ansatz (vgl. Cochrane (1988)). Die Persistenz wird anhand eines Varianzverhältnisses gemessen

$$V_h = \frac{\frac{1}{h+1}\text{Var}(x_{t+h+1} - x_t)}{\text{Var}(x_{t+1} - x_t)} .$$

Dieses Maß hängt von der Autokorrelationsfolge des Prozesses in ersten Differenzen wie folgt ab

$$(2.39) \quad V_h = 1 + 2\sum_{j=1}^{h}\left(1 - \frac{1}{h+1}\right)\rho_j ,$$

wobei ρ_j die j–te Autokorrelation von Δx_t ist. Sei

$$V = \lim_{h \to \infty} V_h ,$$

dann gilt für einen Random-Walk-Prozeß $V = 1$. Ein trendstationärer Prozeß erzeugt ein $V = 0$. Die Varianz von V kann über die Varianz des Spektrums geschätzt werden, denn V kann als ein Schätzer für das Spektrum interpretiert werden. Der Standardfehler (SF) ist (vgl. Priestley (1981), S. 461f):

$$SF(\hat{V}_h) = \frac{\hat{V}_h}{\sqrt{\frac{3}{4}\frac{T}{h+1}}} .$$

Die Schätzung des Maßes erfordert die Entscheidung über die Größe von h. Cochrane (1988) schlägt vor, nicht nur ein h zu nehmen, sondern eine Folge von verschiedenen h–s zu wählen. In der graphischen Darstellung dieser Sequenz wird dann deutlich, ob das Varianzverhältnis gegen Null strebt.

Die Wichtigkeit der Impulsantwortfolge in diesem Konzept kann an der Abhängigkeit der Persistenzmaße von dieser Folge abgelesen werden. Sei

$$R^2 = 1 - \frac{\text{Var}(e)}{\text{Var}(\Delta x)} ,$$

wobei R^2 das Bestimmtheitsmaß ist, dann gilt

$$(2.40) \quad \phi(1) = \sqrt{\frac{V}{1 - R^2}} .$$

Die Wurzel aus V ist die Untergrenze für $\phi(1)$, da $R^2 \geq 0$ ist. Je besser die differenzierte Zeitreihe prognostiziert werden kann, desto größer ist die Differenz zwischen den beiden Maßen.

29

Aus diesen Zusammenhängen kann eine Schätzung von $\phi(1)$ abgeleitet werden. Das Bestimmtheitsmaß R^2 wird durch das Quadrat der ersten Autokorrelation des Prozesses in ersten Differenzen geschätzt, d.h. $\hat{R}^2 = \hat{\rho}_1^2$, so daß sich für $\phi(1)$ ergibt:

$$\hat{\phi}_h(1) = \sqrt{\frac{\hat{V}_h}{1 - \hat{\rho}_1^2}} \; .$$

Da das R^2 in dieser Form unterschätzt wird, wird so die Differenz zwischen dem Varianzverhältnis und der Summe der Impulsantwortfolgenkoeffizienten überschätzt.

Aus den Gleichungen (2.36), (2.38) und (2.40) erkennt man, daß sich alle Persistenzmaße auf die Summe der Moving–Average–Koeffizienten zurückführen lassen. Ein Nachteil dieser Maße ist, daß theoretisch unendlich viele Perioden zur Berechnung der Maße verwendet werden. Diese Betrachtungsweise stimmt wenig mit dem Ablauf von ökonomischen Geschehnissen überein, da hier endliche dynamische Prozesse von Interesse sind. Häufig ist es informativer, die Impulsantwortfolge zu betrachten. Sie spiegelt die Dynamik des Prozesses besser wider.

2.5 Einige Bemerkungen zu Einheitswurzeltests und Konjunkturzyklus

Die Tests auf eine Einheitswurzel und die Messung der Persistenz sind in vielen Arbeiten auf das reale Bruttosozialprodukt bzw. das reale Buttosozialprodukt pro Kopf angewendet worden, um Einblick in die Art des Konjunkturzyklus zu bekommen (vgl. u.a. Cochrane (1988); Stock & Watson (1986); Perron & Phillips (1987); Campbell & Mankiw (1987a, 1987b)). Es gibt dabei divergierende Vorstellungen über den Konjunkturzyklus. In den meisten Lehrbüchern zur Makroökonomie wird der Konjunkturzyklus als der Verlauf eines Verbundes von mehreren makroökonomischen Variablen wie z.B. Inflation, Arbeitslosigkeit, Wachstum des BSP gesehen. Der Konjunkturzyklus ist ein mehr oder weniger regelmäßiges Auf und Ab der ökonomischen Aktivität um einen Pfad des trendmäßigen Wachstums (vgl. Dornbusch & Fischer (1984)). Als Bestimmungsgründe für das trendmäßige Wachstum werden Bevölkerungswachstum, Kapitalakkumulation, technologisches Wachstum und Ausbildungsverbesserungen genannt. Diese Wachstumsprozesse werden von den konjunkturellen Schwankungen überlagert. Sargent (1987) gibt eine mehr technische Definition aus dem Frequenzbereich. Eine Zeitreihe besitzt einen Konjunkturzyklus, wenn sie einen Zyklus der Periodizität von zwei bis vier Jahren oder ungefähr acht Jahren besitzt. Bei der Auswertung von geschätzen Spektren amerikanischer Zeitreihen hat sich ergeben, daß kaum eine diese Eigenschaft besitzt (vgl. Sargent (1987), S. 279f). Eine ähnliche Evidenz findet Wolters (1990b) im Bruttosozialprodukt für die Bundesrepublik Deutschland. Sargent definiert den Konjunkturzyklus als ein Phänomen von mehreren wichtigen ökonomischen

Variablen, die eine hohe paarweise Kohärenz bei den Frequenzen besitzen, die den Konjunktur-zyklus messen. Auch hier ist das Zuammenwirken von mehreren Variablen wichtig. Es gibt eine Trennung zwischen dem Konjunkturzyklus und dem trendmäßigen Wachstum.

Als eine wichtige Variable zur Bestimmung der konjunkturellen Situation eines Landes wird in der empirischen Wirtschaftforschung das Wachstum des realen Bruttosozialprodukts (BSP) betrachtet. In der keynesianischen Vorstellung werden die Outputschocks als ein Zusammenwir-ken von häufig auftretenden transitorischen konjunkturellen Schwankungen und seltenen perma-nenten Fluktuationen der Kapitalakkumulation interpretiert (vgl. DeLong & Summers (1988)). Die Zeitreihe müßte sich mit einem trendstationären Modell adäquat beschreiben lassen. Sollte der BSP-Prozeß als differenzenstationär identifiziert werden, wird gemäß keynesianischen Vor-stellungen ein kleiner Einfluß des Einheitswurzelprozesses erwartet. Dieser Auffassung wider-sprechen die Vertreter der realen Konjunkturtheorie (Real-business-cycle-theory). Im Sinne der realen Konjunkturtheorie werden die Schwankungen des Outputs als Ergebnisse permanen-ter Schocks interpretiert (vgl. Plosser (1989)). Sollte es wirklich einen hohen Persistenzanteil in ökonomischen Variablen geben, dann hat eine antizyklische Politik eine dauerhafte Wirkung. Einzelne Autoren stellen die Angemessenheit einer antizyklischen Politik angesichts ihrer dau-erhaften Wirkung in Frage (Diebold & Rudebusch (1989)). Denn die Kosten und Gewinne der politischen Aktivität unterscheiden sich bei dauerhaften Effekten erheblich von denen, wenn nur bzw. überwiegend transitorische Bewegungen in die Bewertung eingehen.

In den letzten Jahren wird durch Untersuchungen - ausgehend von einer Arbeit von Nelson und Plosser (1982) - der Eindruck erhärtet, daß sich viele Zeitreihen statt mit einem determi-nistischen Trend besser mit einem stochastischen Trend beschreiben lassen. Wolters (1990a) untersucht das saisonbereinigte Bruttosozialprodukt pro Kopf für die Bundesrepublik von 1961 - 1988 und kann die Hypothese einer Einheitswurzel in dieser Zeitreihe nicht ablehnen. Da sich bei der Schätzung der Persistenzmaße für diese Reihe ungefähr Werte von Eins ergeben, können Schocks im BSP langfristige Wirkungen auf das Niveau besitzen. Dies wird als Evidenz für die reale Konjunkturtheorie interpretiert (vgl. Nelson & Plosser (1982)). Eine entgegenge-setzte Interpretation ist aber ebenfalls möglich, denn West (1988b) konstruiert zum einen ein wirtschaftstheoretisches Modell mit Real-business-cycle-Charakteristika und zum anderen ein Modell mit keynesianischer Charakteristika. In beiden Modellen enthält das Bruttosozialpro-dukt eine Einheitswurzel. Der univariate empirische Befund einer Einheitswurzel kann nicht als Evidenz für das eine oder andere Modell interpretiert werden (vgl. Stock & Watson (1988b)).

Außerdem sollte nach den Definitionen der Konjunkturzyklus ein Prozeß sein, der nach einer endlichen Frist zum Ausgangswert wieder zurückkehrt. Quah (1987) vereinfacht einen Prozeß mit einer Einheitswurzel so, daß die Innovationen nur Werte von +1 und −1 mit der gleichen Wahrscheinlichkeit annehmen können. Dieser Prozeß kehrt mit Wahrscheinlichkeit

31

Eins zum Ausgangswert zurück. Doch benötigt dieser Prozeß mit einer Einheitswurzel durchschnittlich einen unendlichen Zeitraum, bis dieses Ereignis eintritt. Damit ist dieser Prozeß nur beschränkt geeignet, einen Konjunkturzyklus im üblichen Sinne zu beschreiben.

Zusammenfassend wird deutlich, daß nur wenig empirische Evidenz aus univariaten Analysen zur Diskriminierung zwischen theoretischen Ansätzen der Konjunkturerklärung gewonnen werden kann. Eine multiple Fragestellung sollte in multiplen Modellen untersucht werden. Im nächsten Kapitel werden Implikationen der Nichtstationarität von Zeitreihen in vektorautoregressiven Modellen dargestellt.

Kapitel 3

Kointegrierte Modelle

3.1 Einleitung

Empirische Untersuchungen ökonomischer Sachverhalte werden überwiegend mit mehrdimensionalen Prozessen durchgeführt. Die empirische Fragestellung ergibt sich in der Regel aus Gleichgewichtsaussagen der ökonomischen Theorie für ein System. Ein System, das sich im Gleichgewicht befindet, kann durch außenwirtschaftliche Schocks, Bevölkerungswachstum oder Veränderungen der Wertvorstellungen (z.B. Umweltbewußtsein) aus dem Gleichgewichtszustand gebracht werden. Durch unendlich schnelle Reaktionen der Systemkomponenten auf diese Schocks erreicht das System ein neues Gleichgewicht. Dieses System ist quasi ständig in einem Gleichgewicht. Da die Marktteilnehmer in der Realität nicht unendlich schnell reagieren, kann mit diesem Verhalten die Existenz von Ungleichgewichten begründet werden. Häufig gibt es in der Realität Wahrnehmungs–Lags, nicht sofort änderbare Verträge, Anpassungskosten, daraus resultierende rigide Preise oder Transportkosten, die ein sofortiges Anpassen an eine veränderte Marktsituation verhindern (vgl. Campbell & Shiller (1988)). Ist ein System im Ungleichgewicht, kann das System Gewinnmöglichkeiten bieten. Das Gewinnstreben der Marktteilnehmer bewegt sie dazu, die Gewinnmöglichkeiten, die sich aus den Ungleichgewichten ergeben, zu nutzen. Es gibt dann Marktteilnehmer, die z.B. bei regional verschiedenen Preisen ab einer bestimmten Preisdifferenz Transportkosten haben, die es lohnend machen, die Distanz zwischen den Orten zu überwinden, um ihre Güter auch auf dem zweiten Markt anzubieten. Durch ihr Angebot verringern sie die Preisdifferenzen, so daß das Ungleichgewicht abgebaut wird. In eine ähnliche Richtung können Interventionen der Regierung wirken, wenn sie auf die Wünsche der Wähler reagieren.

Ein ökonomisches System, das sich verändert, wird nur selten im Gleichgewicht sein. Es wird aber angenommen, daß es Kräfte gibt, die ein Streben zum Gleichgewicht implizieren. Wächst das System, dann können die Variablen beliebig groß werden, ohne daß sich die Variablen unbegrenzt voneinander entfernen. In solchen Systemen werden die Abweichungen vom Gleichgewicht temporär sein. Die Variablen schwanken um einen Gleichgewichtspfad. Diese Phänomene sollen durch die Beachtung der Nichtstationarität erfaßt werden. Die statistische

Theorie der nichtstationären univariaten Prozesse ist im vorangegangenen Kapitel dargestellt worden. In diesem Kapitel sollen die Implikationen der Nichtstationarität für die Analyse mehrerer Variablen untersucht werden.

Da in vielen Analysen lineare Beziehungen im Vordergrund stehen, werden auch bei der Analyse von mehreren nichtstationären Variablen Linearkombinationen der Variablen betrachtet. Wenn Linearkombinationen von Zeitreihen mit unterschiedlichen Integrationsordnungen untersucht werden, kann gezeigt werden, daß die Linearkombinationen von der Variablen mit der höchsten Integrationsordnung dominiert werden (vgl. Engle & Granger (1987)). Haben alle Zeitreihen die gleiche Integrationsordnung, so wird in der Regel eine Linearkombination dieser Zeitreihen die gleiche Ordnung haben. Falls sich die Zeitreihen ähnlich im Zeitablauf verhalten, dann kann es sein, daß eine Linearkombination existiert, die eine geringere Integrationsordnung besitzt. In diesem Fall spricht man von kointegrierten Zeitreihen (vgl. Engle & Granger(1987)). Die Komponenten eines Vektors x_t sind mit der Ordnung d, b kointegriert ($x_t \sim CI(d,b)$), falls alle Komponenten von x_t mit der Ordnung d integriert sind und ein Vektor $c'(\neq 0)$ existiert, so daß $u_t = cx_t \sim I(d-b)$ ist. Der Vektor c' wird Kointegrationsvektor genannt. In der Abbildung 3.1 sind zwei Beispiele von simulierten kointegrierten Zeitreihen dargestellt worden. Die Kointegrationsbeziehung cx_t, die auch als 'Langfristbeziehung' bezeichnet wird, wird als Gleichgewichtsbeziehung interpretiert (vgl. Engle & Granger (1987)). Gleichgewicht zwischen Variablen soll gelten, wenn ihre Linearkombination gleich Null ist ($cx_t = 0$). Bei dem Konzept der Kointegration werden Abweichungen vom Gleichgewicht zugelassen ($cx_t = u_t$), wobei u_t ein Prozeß mit geringerer Integrationsordnung als die Originalvariablen ist. Sofern nichts anderes angemerkt wird, beschränken wir uns auf den Fall $d = 1$, so daß eine Gleichgewichtslinearkombination stationär ist.

Im nachfolgenden soll die Charakterisierung von Modellen mit kointegrierten Variablen dargestellt werden. Es werden verschiedene Parametrisierungen für das System aufgezeigt. Am Ende des Abschnittes wird der Systemansatz verlassen und ein Modell vorgestellt, das die Kointegrationsbeziehungen betont. Im Abschnitt 3.3 werden verschiedene parametrische Schätzansätze dargestellt. Weiterhin werden halbparametrische Ansätze beschrieben. In einer Simulationsstudie werden die Eigenschaften einzelner Schätzer in kleinen Stichproben verglichen (vgl. Abschnitt 3.4).

3.2 Charakterisierung multivariater Kointegrationsmodelle

In diesem Abschnitt soll die Charakterisierung der Modelle mit kointegrierten Variablen vorgenommen werden. Es wird angenommen, daß K Variablen $(x_{1t}, \ldots, x_{Kt})'$ mit der Ordnung 1 integriert sind. Weiterhin sind die Variablen kointegriert, so daß Cx_t stationär ist und C eine

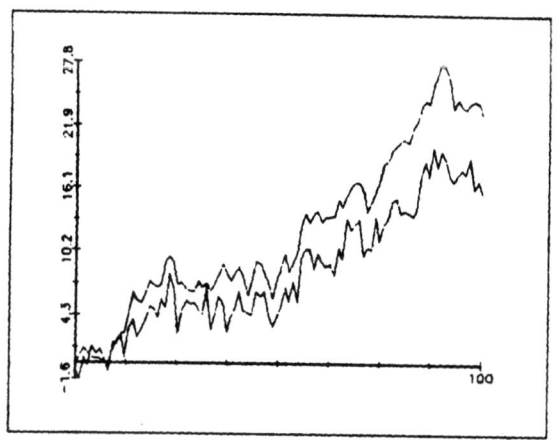

Abbildung 3.1a: Kointegrierter Prozeß

$$x_t = x_{t-1} + \epsilon_{1,t}$$
$$y_t = 0.7x_t + \epsilon_{2,t}.$$

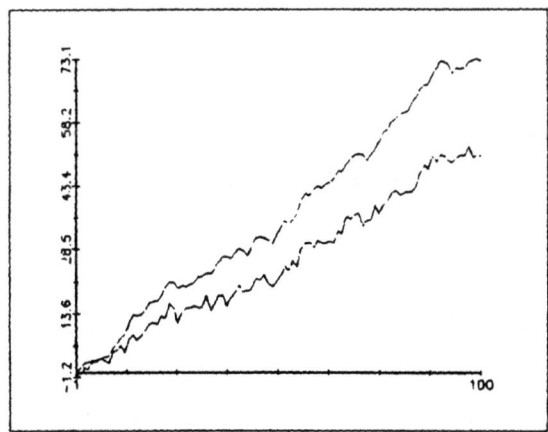

Abbildung 3.1b: Kointegrierter Prozeß mit Drift

$$x_t = 0.5 + x_{t-1} + \epsilon_{1,t}$$
$$y_t = 0.7x_t + \epsilon_{2,t}.$$

35

$(r \times K)$ - Matrix mit Zeilenrang $r \leq K$ ist. Für die Zeitreihen der Variablen wird angenommen, daß sie sich durch einen endlichen autoregressiven Prozeß darstellen lassen

$$(3.1) \qquad (\Pi_0 - \Pi_1 L - \Pi_2 L^2 - \ldots - \Pi_p L^p) x_t = \Pi(L) x_t = \epsilon_t \,,$$

wobei $\Pi_0 = I_K$ ist. Für den Operator L gilt $(L x_t = x_{t-1})$. Hier ist ϵ_t weißes Rauschen mit $E(\epsilon_t) = 0$ und

$$E(\epsilon_s \epsilon_t') = \begin{cases} \Sigma_\epsilon & \text{für} \quad s = t \quad \text{und nicht singulär} \\ 0 & \text{für} \quad s \neq t \,. \end{cases}$$

Zur Vereinfachung wird häufig angenommen, daß $\epsilon_t = 0$ für $t \leq 0$ ist. Die Anfangswerte $x_0, \cdots, x_{-p+1}$ des Systems sind konstant. Für die Matrix $\Pi = \Pi(1) = I - \Pi_1 - \Pi_2 - \ldots - \Pi_p$ gilt, daß sie den Rang r besitzt. Die Matrix Π läßt sich in die Kointegrationsmatrix C und die Ladungsmatrix B als $\Pi = BC$ zerlegen, wobei B eine $(K \times r)$-Matrix mit Rang r ist. Die Zerlegung von Π ist nicht eindeutig, da für jede $(r \times r)$-Matrix H mit Rang r gilt

$$BC = BH^{-1} HC = B^\star C^\star \,.$$

Das charakteristische Polynom

$$\det(\Pi(z)) = \det(I - \Pi_1 z - \Pi_2 z^2 - \ldots - \Pi_p z^p) \,,$$

wobei z eine komplexe Zahl sein kann, besitzt Nullstellen auf dem Einheitskreis und außerhalb des Einheitskreises (vgl. Engle & Granger (1987)). Weiterhin gilt das erweiterte Granger-Repräsentations-Theorem.

- Durch Reparametrisierung der autoregressiven Darstellung (3.1) erhält man die Fehlerkorrekturdarstellung (Error-Correction-Darstellung (ECM))

  $$(3.2) \qquad \Pi^\dagger(L)(1 - L) x_t = -BC x_{t-1} + \epsilon_t = -B z_{t-1} + \epsilon_t \,,$$

  wobei $\Pi^\dagger(L) = I - \Pi_1^\dagger L - \Pi_2^\dagger L^2 - \ldots - \Pi_{p-1}^\dagger L^{p-1}$ mit $\Pi_i^\dagger = -\sum_{j=i+1}^p \Pi_j$ für $i = 1, 2, \ldots, p-1$ und $z_t = C x_t$ ist.

- Häufig ist die Error-Correction-Darstellung mit der Niveauvariablen zur p–ten Verzögerung, die als Johansen–Darstellung bezeichnet werden soll, für die Analyse eines Systems nützlich

  $$(3.3) \qquad \Gamma(L)(1 - L) x_t = -\Pi x_{t-p} + \epsilon_t = -B(C x_{t-p}) + \epsilon_t \,,$$

  wobei $\Gamma(L) = I - \Gamma_1 L - \Gamma_2 L^2 - \ldots - \Gamma_{p-1} L^{p-1}$ und $\Gamma_i = -\sum_{j=0}^i \Pi_j$ für $i = 1, 2, \ldots, p-1$ ist. Die Darstellung (3.3) unterscheidet sich von der Darstellung (3.2) durch die unterschiedliche Summierung der AR–Koeffizienten Π_i.

- Um die Bewley-Darstellung aufzuzeigen, wird die autoregressive Darstellung wie folgt transformiert (vgl. Warne (1990b))

(3.4) $\qquad M(A(L))M^{-1}Mx_t = Q(L)Mx_t = Q(L)\tilde{x}_t = M\epsilon_t \,,$

wobei $M' = [C', S'_k]$ ist. S_k ist eine Selektionsmatrix, die die integrierten Variablen auswählt. Die Selektionsmatrix kann in mathematischen Ableitungen als $S_k = [0 \; I_{K-r}]$ bestimmt werden. Das Matrizenpolynom $Q(L)$ wird für die Dimensionen r und $K - r$ partitioniert

$$Q(L) = \begin{pmatrix} q_{11}(L) & q_{12}(L) \\ q_{21}(L) & q_{22}(L) \end{pmatrix} \,.$$

Die Operatoren $q_{i2}(L)$ mit $i = 1,2$ enthalten Einheitswurzeln, so daß $q_{i2}(L) = (1 - L)\tilde{q}_{i2}$ gilt. Das System, das als Bewley-Darstellung bezeichnet wird, läßt sich schreiben als

(3.5) $\qquad \tilde{Q}(L) \begin{pmatrix} Cx_t \\ \Delta S_k x_t \end{pmatrix} = \begin{pmatrix} q_{11}(L) & \tilde{q}_{12}(L) \\ q_{21}(L) & \tilde{q}_{22}(L) \end{pmatrix} \begin{pmatrix} Cx_t \\ \Delta S_k x_t \end{pmatrix} = M\epsilon_t \,,$

wobei $\Delta = 1 - L$ und $\tilde{Q}_0 = I_K$ ist.

- Die Variablen haben folgende Wold'sche Darstellung

(3.6) $\qquad (1 - L)x_t = \Theta(L)\epsilon_t \,,$

wobei $\Theta(L) = I + \Theta_1 L + \Theta_2 L^2 + \ldots$ ein $(K \times K)$ Matrix-Lagpolynom ist. Das Lagpolynom $\Theta(L)$ kann in die Form $\Theta(1) + (1 - L)\Theta^\star(L)$ umgeschrieben werden, wobei $\Theta_i^\star = -\sum_{j=i+1} \Theta_j$, $i = 0,1,2,\ldots$ ist und alle Wurzeln des charakteristischen Polynoms von $\Theta^\star(L)$ außerhalb des Einheitskreises liegen. Der Rang von $\Theta(1)$ ist $\mathrm{Rg}\Theta(1) = K - r$, und es gilt $C\Theta(1) = 0$.

- Die Common-Trend-Darstellung läßt sich ableiten aus

(3.7) $\qquad (1 - L)x_t = (\Theta(1) + (1 - L)\Theta^\star(L))\epsilon_t \,.$

Durch die Multiplikation der Gleichung (3.7) mit $(1 - L)^{-1}$ ergibt sich für x_t

$$\begin{aligned} x_t &= x_0 + \Theta(1)\sum_{s=1}^{t} \epsilon_s + \Theta^\star(L)\epsilon_t \\ &= x_0 + \Theta(1)\xi_t + \Theta^\star(L)\epsilon_t \quad \text{mit} \quad \xi_t = \xi_{t-1} + \epsilon_t \\ &= x_0 + A\tau_t + \Theta^\star(L)\epsilon_t \quad \text{mit} \quad \tau_t = \tau_{t-1} + \eta_t \,, \end{aligned}$$

wobei A eine $(K \times (K-r))$-Matrix mit dem Rang $K-r$ und $\Theta(1) = AF$ ist (vgl. Stock & Watson (1988a)). In diesem Fall ist F eine $((K-r) \times K)$-Matrix mit dem Rang $K-r$ und τ_t ein $((K-r) \times 1)$-Random-Walk-Vektor mit $\eta_t = F\epsilon_t$. Auf die Abhängigkeiten zwischen η_t und ϵ_t wird in Abschnitt 3.2.2 genauer eingegangen. Der Term $A\tau_t$ wird in dieser Form als die stochastische Trendkomponente bezeichnet. Es wird angenommen, daß $E(\eta_t) = 0$ ist und daß die Innovationen der Trendkomponenten kontemporär unabhängig sind, d.h. $E(\eta_t \eta_t') = \Sigma_\eta = \text{diag}(\sigma_{\eta,1}^2, \ldots, \sigma_{\eta,K-r}^2)$. Aus diesen Beziehungen ergibt sich

$$A\eta = \Theta(1)\epsilon_t \qquad A\Sigma_\eta A' = \Theta(1)\Sigma_\epsilon \Theta(1)'.$$

Das Repräsentationstheorem wird in den Arbeiten von Hylleberg & Mizon (1989b); Engle & Granger (1987); Yoo (1987) und Johansen (1989a) bewiesen.

Die Reparametrisierungen bieten in Verbindung mit verschiedenen Restriktionen unterschiedliche Interpretationsmöglichkeiten für ein System mit kointegrierten Variablen. Die Schwierigkeit des Beweises von der autoregressiven Darstellung (3.1) zu der Wold'schen Darstellung (3.6) besteht in der Invertierung der Matrix Π, die singulär ist. Eine Invertierung wird so vorgenommen, daß zunächst die Einheitswurzeln lokalisiert und aus dem System ausgeklammert werden. Der verbleibende Teil wird invertiert.

Die Annahme, daß alle Komponenten in x_t $I(1)$ sind, vereinfacht die Analyse. Ohne daß wesentliche Aussagen eingeschränkt werden müssen, können auch $I(0)$-Variablen im Modell aufgenommen werden. In dem Fall gibt es Beziehungen, die nur zwischen den stationären Variablen existieren. Außerdem müssen im Modell nicht alle Variablen miteinander kointegriert sein. Zum Beispiel können in einem vierdimensionalen System mit einem Kointegrationsrang $r = 2$ die ersten beiden ($x_{1,t}$, $x_{2,t}$) und die letzten beiden ($x_{3,t}$, $x_{4,t}$) Variablen kointegriert sein.

In den nächsten Abschnitten werden einige Bemerkungen zu der autoregressiven, Error-Correction- und Johansen-Darstellung, die zusammengefaßt als dynamische Darstellungen bezeichnet werden, und zur Common-Trend-Darstellung gemacht.

3.2.1 Bemerkungen zu den dynamischen Darstellungen

Mit Hilfe der autoregressiven Darstellung (3.1) wird die Problematik der Übertragung univariater Zusammenhänge auf den multivariaten Fall erkennbar. Wenn die K Variablen univariat betrachtet werden, besitzen die Zeitreihen laut Voraussetzung jeweils eine Einheitswurzel. Werden die kointegrierten Variablen in einem VAR(p)-System analysiert, so besitzt das charakteristische Polynom $\det(I - \Pi_1 z - \Pi_2 z^2 - \ldots - \Pi_p z^p)$ nicht K, sondern nur $(K-r)$ Nullstellen auf dem Einheitskreis. Die r Kointegrationsbeziehungen ersetzen Wurzeln auf dem Einheitskreis. Gilt z.B. ein VAR(1)-System ($x_t = \Pi_1 x_{t-1} + \epsilon_t$) und ($\Pi = I - \Pi_1$), dann gilt

$$\det(\lambda I_K - \Pi_1) = \det(\mu I_K + BC) = \mu^{K-r} \det(\mu I_r + CB) \quad \text{mit} \quad \mu = \lambda - 1.$$

Die Π–Matrix enthält $(K - r)$ Eigenwerte, die Null sind ($\mu = 0$). Im Kointegrationsfall erzeugt die Filterung des Systems mit dem Operator $(1 - L)$ im Rauschprozeß r Einheitswurzeln. Das System wird überfiltert. Dieser Zusammenhang gilt auch in Systemen höherer Lagordnung.

Weiterhin existiert eine Beziehung zwischen den Koeffizienten der autoregressiven Darstellung und der Koeffizientenmatrix $\Theta(1)$ der Wold'schen Darstellung (vgl. Johansen (1989a)). Mit der Koeffizientenmatrix $\Theta(1)$ kann die Reaktion der Variablen in der Wold'schen Darstellung auf eine Innovation in ϵ bestimmt werden. Sei die Matrix $C_\perp$ ($B_\perp$) so bestimmt, daß sie orthogonal zu C (B) ist, also $CC'_\perp = 0$ ($BB'_\perp = 0$) gilt, dann zeigt Johansen (1989a), S. 12ff, daß

$$(3.8) \qquad \Theta(1) = C'_\perp \left(B'_\perp \Phi C_\perp \right)^{-1} B'_\perp$$

gilt, wobei $\Phi = \sum_{i=1}^{p} i \Pi_i$ ist. $B'_\perp \Phi C_\perp$ hat den Rang $K - r$. Die Matrix $\Theta(1)$ besitzt somit ein Rangdefizit und kann mit Hilfe der autoregressiven Koeffizienten ermittelt werden.

Anhand der Fehlerkorrektur–Darstellung wird die Stationarität der Kointegrationsbeziehungen deutlich (vgl. Lütkepohl (1991), Kapitel 11)

$$\Delta x_t = -BC x_{t-1} + \Pi_1^\dagger \Delta x_{t-1} + \cdots + \Pi_{p-1}^\dagger \Delta x_{t-p+1} + \epsilon_t.$$

Die Beziehung kann umgeschrieben werden als

$$BC x_{t-1} = -\Delta x_t + \Pi_1^\dagger \Delta x_{t-1} + \cdots + \Pi_{p-1}^\dagger \Delta x_{t-p+1} + \epsilon_t.$$

Da auf der rechten Seite der Gleichung nur stationäre Größen stehen, wird die Größe $BC x_{t-1}$ stationär sein. Die Größe bleibt stationär, wenn sie mit $(B'B)^{-1}B'$ multipliziert wird, so daß $C x_{t-1}$ stationär ist.

Die Namensgebung der Fehlerkorrekturmodelle kann anhand eines bivariaten System mit einer Verzögerung in den ersten Differenzen erläutert werden

$$\begin{pmatrix} \Delta x_{1,t} \\ \Delta x_{2,t} \end{pmatrix} = - \begin{pmatrix} b_1 \\ b_2 \end{pmatrix} (c_1 x_{1,t-1} \; c_2 x_{2,t-1}) + \begin{pmatrix} \pi_{11}^\dagger & \pi_{12}^\dagger \\ \pi_{21}^\dagger & \pi_{22}^\dagger \end{pmatrix} \begin{pmatrix} \Delta x_{1,t-1} \\ \Delta x_{2,t-1} \end{pmatrix} - \begin{pmatrix} \epsilon_{1,t} \\ \epsilon_{2,t} \end{pmatrix}.$$

Die Veränderung des Systems wird sowohl von den letzten Veränderungen als auch von der Abweichung des Systems vom 'Gleichgewicht' bestimmt, wenn $\epsilon_t = 0$ ist. Das System korrigiert seine Fehler. Solche Modelle gibt es in der Ökonomie schon länger (vgl. Phillips (1954)). Phillips bezeichnet den Einfluß der kurzfristigen Dynamik als differentiale Kontrolle und die Gleichgewichtsabweichungen als proportionale Kontrolle (vgl. auch Hendry & von Ungern-Sternberg (1981)).

Wird in einem bivariaten Fehlerkorrekturmodell unterstellt, daß $B = (b_1, 0)'$ ist und die erste Variable keinen Einfluß auf die zweite Variable des Systems hat ($\pi_{21}^\dagger = 0$), dann kann das System mit folgender Einzelgleichung

$$\Delta x_{1t} = b_1(c_1 x_{1,t-1} + c_2 x_{2,t-1}) + \pi_{11}^\dagger \Delta x_{1,t-1} + \pi_{12}^\dagger \Delta x_{2,t-1} + \epsilon_{1t}$$

analysiert werden. Wenn dieses System im dynamischen Gleichgewicht ist, d.h. $\Delta x_{1t} = \Delta x_{2t} = g = \text{konstant}$ ist, gilt

$$g = b_1(c_1 x_{1t-1} + c_2 x_{2,t-1}) + \pi_{11}^\dagger g + \pi_{12}^\dagger g \,.$$

Wenn $c_1 \neq 0$ ist, kann diese Gleichung nach x_1 aufgelöst werden. Es ergibt sich

$$x_1 = \tilde{c}_2 x_2 + \underbrace{(b_1^\star)^{-1}(\pi_{11}^\dagger + \pi_{12}^\dagger - 1)g}_{\text{konstant}} \quad \text{mit} \quad \tilde{c}_2 = \frac{-c_2}{c_1} \quad \text{und} \quad b_1^\star = \frac{b_1}{c_1} \,.$$

In diesem Fall kann $\tilde{c}_2$ als Langfristkoeffizient interpretiert werden, denn es gilt $\frac{\partial x_1}{\partial x_2} = \tilde{c}_2$. Für $g = 0$ reduziert sich die Beziehung zur statischen Gleichgewichtsbeziehung. Dies ist ein Beispiel für eine Situation, in der dynamisches und statisches Gleichgewicht voneinander abweichen können.

Mit den Annahmen $(B = (b_1, 0)'$ und $\pi_{21}^\dagger = 0)$ erfolgt eine Einteilung in eine endogene und eine exogene Variable. Das Modell ist ein Spezialfall der allgemeinen dynamischen Modelle (vgl. Hendry, Pagan & Sargan (1984)). In der empirischen Analyse einer Geldnachfrage- und Konsumfunktion wurden diese Modelle häufig verwendet (Davidson et al. (1978); Hendry (1983); Hendry (1987) u.a.), wobei in den Einzelgleichungsschätzungen eine homogene Beziehung zwischen den Niveauvariablen unterstellt wurde. Die Kointegrationsbeziehung ist dann im bivariaten Fall $C = (1\ c_2) = (1, -1)$. In Kointegrationsansätzen wird die Homogenitätsrestriktion ($\tilde{c}_2 = -1$) aufgegeben, so daß Wickens & Breusch (1988) von einem erweiterten Error-Correction-Ansatz sprechen. In neueren Arbeiten von Juselius wird der Systemansatz der Kointegrationsanalyse bis zur Einzelgleichungsanalyse fortgesetzt (Juselius (1989)).

In der Johansen-Darstellung (3.3) ist die Niveauvariable nicht mit der ersten, sondern mit der p-ten Verzögerung im System enthalten. In einigen Arbeiten werden die Γ_i-Koeffizienten der Johansen-Darstellung als Zwischenmultiplikatoren (interim multiplier) und die Π-Koeffizienten als Multiplikatoren interpretiert (vgl. Hylleberg & Mizon (1989b)). Diese Begriffe sind aus der Analyse simultaner Gleichungssysteme bekannt (vgl. Judge et al. (1985), S. 660ff). Die Zwischenmultiplikatoren messen die kumulierte Reaktion der endogenen Variablen nach h Perioden auf eine Änderung der exogenen Variablen. Um diese Terminologie auf die Johansen-Darstellung anwenden zu können, muß eine Einteilung der Variablen in endogene (x_1) und exogene (x_2) Variablen erfolgen. Die Kointegrationsbeziehungen werden nur in den Variablen (x_1) wirksam. In vektorautoregressiven Modellen ist diese Einteilung zwischen den Variablen in der Regel nicht gegeben. Bei den VAR-Modellen werden stattdessen die Reaktionen der Variablen auf Veränderungen in den Innovationen gemessen (Impulsantwortfolgenanalyse, vgl. Abschnitt 5.6).

Die Wahl des Rangs der Π-Matrix macht den Zusammenhang zwischen Stationarität, Kointegration und Stationarität in ersten Differenzen sichtbar: Ist $r = K$, dann ist das System in den Niveaus stationär, und die traditionelle Analyse kann durchgeführt werden. Ist $r = 0$, dann ist das System stationär in ersten Differenzen. Die Variablen müssen zunächst mit $(1 - L)$ gefiltert werden; anschließend kann die traditionelle Analyse für vektorautoregressive Modelle durchgeführt werden. Ist $K > r > 0$, dann besitzt das System r linear unabhängige Kointegrationsbeziehungen. Wird dieses System in den ersten Differenzen analysiert, dann ist das Modell fehlspezifiziert. In dem Modell werden die Niveaueinflüsse vernachlässigt und r Einheitswurzeln im Rauschprozeß erzeugt. Mit dieser Vorgehensweise werden Niedrigfrequenzbeziehungen durch Hochfrequenzbeziehungen ersetzt.

Die Bewley-Darstellung (3.5) ist eine pseudostrukturelle Form des Systems. In der Bewley-Darstellung sind die r Kointegrationsbeziehungen zu erklärende Variablen, die von $K - r$ stochastischen Trends abhängen. Wird für die stochastischen Trends die Annahme gemacht, daß sie die exogenen Variablen sind, d.h. $q_{21} = 0$ gilt, treiben sie das System. In dieser Darstellung wird der transformierte Rauschprozeß ($M\epsilon_t$) betrachtet, so daß Innovationen in den Kointegrationsbeziehungen analysiert werden können (vgl. Bewley, Fisher & Parry (1989)).

Um die Koeffizientenmatrizen der Wold'schen-Darstellung zu berechnen, kann die Bewley-Darstellung verwendet werden (vgl. Warne (1990b)). Warne gibt folgende Beziehung zwischen der Bewley-Darstellung und der Wold'schen Darstellung an

$$\Theta(L) = M^{-1}D(L)Q^{-1}(L)M\,,$$

wobei

$$D(L) = \begin{pmatrix} (1 - L)I_r & 0 \\ 0 & I_{K-r} \end{pmatrix}$$

und $M' = [C', S'_k]$ gilt. Mit dieser Definition läßt sich weiterhin folgende Beziehung zwischen dem autoregressiven Lagpolynom und der Bewley-Parameterisierung finden

$$\Pi(L) = M^{-1}Q(L)\Delta(L)M \quad \text{mit} \quad \Delta(L) = \begin{pmatrix} I_r & 0 \\ 0 & (1 - L)I_{K-r} \end{pmatrix}.$$

Die unterschiedlichen Parametrisierungen zeigen die enge Verbindung zur der Wold'schen Darstellung auf.

Die Selektionsmatrix kann als $S_k = B_\perp$ definiert werden, wobei $B_\perp$ orthogonal zu B ist ($B'_\perp B = 0$) (vgl. Granger (1990)). Durch diese Konstruktion sind die Gleichgewichtsfehler orthogonal zu den Common-Trends. Letztere werden zu exogenen treibenden Prozessen. Mit dieser Definition wird einerseits die Schwierigkeit der Bestimmung einzelner Variablen als gemeinsame Trends umgangen. Anderseits hängt die Matrix $B_\perp$ von der Normierung der Kointegrationsbeziehungen ab.

3.2.2 Bemerkungen zur Common–Trend–Darstellung

Durch die Common–Trend–Darstellung wird die Wechselwirkung zwischen Kointegrationsrang und Anzahl der Common–Trends sichtbar. Die r Kointegrationsbeziehungen ersetzen stochastische Trends in dem System, so daß $K - r$ Common–Trends übrig bleiben, die die Nichtstationarität des Systems ausmachen. Die Common–Trend–Darstellung zerlegt Gleichung (3.6) in eine permanente x_t^p und eine transitorische x_t^s Komponente (vgl. Stock & Watson (1988a))

$$x_t = x_t^p + x_t^s = A\tau_t + \Theta^*(L)\epsilon_t \quad \text{mit} \quad \tau_t = \tau_{t-1} + \eta_t,$$

wobei η_t weißes Rauschen ist und $\eta_t = F\epsilon_t$ gilt. Die Matrix F hat die Dimension $((K - r) \times K)$. Es wird deutlich, daß es im kointegrierten System Innovationen geben kann, die einen permanenten Einfluß haben (η_t), und Innovationen, die nur einen transitorischen Einfluß haben. Wenn sich die transitorische Komponente (x_t^s) durch einen stationären, invertiblen Prozeß ohne deterministische Komponenten darstellen läßt, gilt $\lim_{h\to\infty} E(x_{t+h}^s) \to 0$. Die langfristige Prognose von x_t wird asymptotisch durch die permanente Komponente (x_t^p) dominiert (King et al. (1987), S. 12ff). Die optimale langfristige Prognose von x_t^p kann aus den vergangenen und gegenwärtigen Werten von x_t gewonnen werden und hängt asymptotisch nicht von der Beziehung zwischen den Innovationen der permanenten und der transitorischen Komponente ab.

Wird die Common–Trend–Darstellung mit der Kointegrationmatrix von links multipliziert, ergibt sich (vgl. Warne (1990b), S. 9ff)

$$Cx_t = C(\Theta(1)\xi_t + \Theta^*(L)\epsilon_t) \quad \text{mit} \quad \xi_t = \sum_{s=1}^{t} \epsilon_s.$$

Da die Kointegrationsbeziehungen stationär sind, gilt $C\Theta(1) = 0$. Das Lagpolynom $C\Theta^*(L)\epsilon_t$ ist ein invertibler Vektor–Moving–Average–Prozeß, so daß $\Theta^*(L)$ konvergiert und $\Theta^*(1)$ mindestens den Rang r besitzt.

Bei der Common–Trend–Darstellung ist zu beachten, daß die Parametermatrizen A und F nicht identifiziert sind. In der Literatur sind verschiedene Verfahren zur Identifikation der Matrix A vorgeschlagen worden. Es gilt

$$x_t = A\tau_t + x_0 + \bar{\epsilon}_t \quad \text{Var}(\bar{\epsilon}_t) = \Sigma_{\bar{\epsilon}}$$
$$\tau_t = \tau_{t-1} + \eta_t \quad \text{Var}(\eta_t) = \Sigma_\eta,$$

wobei $\bar{\epsilon}_t$ die transitorischen Innovationen bezeichnet. Die $(K \times (K - r))$ Matrix A ist nicht identifiziert, da für jede $((K - r) \times (K - r))$ Matrix H mit vollem Rang gilt

$$A\tau_t = AHH^{-1}\tau_t = A^*\tau_t^*.$$

Es werden Restriktionen auf Σ_η und A benötigt. Harvey (1989) schlägt folgende Restriktionen vor

$$\text{Var}(\eta_t) = \Sigma_\eta = I_K$$

und

$$\theta_{ij} = 0 \quad \text{für} \quad j > i \quad \text{und} \quad i = 1, \ldots, K - r - 1$$

oder äquivalent: $\text{Var}(\eta_t)$ ist eine Diagonalmatrix und

$$\theta_{ij} = 0 \quad \text{für} \quad j > i \quad \text{und} \quad \theta_{ii} = 1 \quad \text{für} \quad i = 1, \ldots, K - r.$$

Aus diesen Restriktionen folgt, daß die Common-Trends nicht korreliert sind. Daneben wird damit eine rekursive Struktur der Common-Trends vorgegeben, die nicht in jedem Fall begründet werden kann. Mit der rekursiven Struktur wird eine kausale Ordnung zwischen den stochastischen Trends vorgegeben.

Alternativ schlagen King et al. (1987) folgende Vorgehensweise vor: Das Modell enthalte $(K - r)$ gemeinsame Trends, dann sei

$$(3.9) \qquad A = A_0 \vartheta,$$

wobei A_0 eine bekannte $(K \times (K - r))$-Matrix mit Spaltenrang $(K - r)$ ist, die aus der Wirtschaftstheorie bestimmt wird. Sie wird so gewählt, daß $C A_0 = 0$ erfüllt ist. ϑ ist eine unbekannte $((K - r) \times (K - r))$-Matrix. Sei $\vartheta^\star = \vartheta \Sigma_\eta^{1/2}$, dann gilt

$$A \Sigma_\eta A' = A_0 \vartheta^\star \vartheta^{\star\prime} A_0' = \Theta(1) \Sigma_\epsilon \Theta(1)'$$

und

$$\vartheta^\star \vartheta^{\star\prime} = (A_0' A_0)^{-1} A_0' \Theta(1) \Sigma_\epsilon \Theta(1)' A_0 (A_0' A_0)^{-1}.$$

Zur Identifikation von $\vartheta^\star$ werden weitere Restriktionen benötigt. Wenn angenommen wird, daß Σ_η eine Diagonalmatrix ist, verbleiben $(K - r)(K - r - 1)/2$ Parameter zur Berechnung von $\vartheta^\star$. Es ist auch möglich, die Parameter mit Hilfe einer Choleski-Zerlegung und der Bedingung $\vartheta^{\star\prime} \vartheta^\star = I$ zu bestimmen. Im Vergleich zum Ansatz von Harvey können in diesem Fall durch die A_0-Matrix allgemeinere kausale Beziehungen zwischen den Common-Trends modelliert werden, wobei keine Überprüfungsmöglichkeiten der Annahmen in A_0 aufgeführt werden. Die Annahmen werden ohne Tests übernommen.

Falls eine vollständige Identifikation des Modells angestrebt wird, müssen die Korrelationen zwischen transitorischen und permanenten Innovationen identifiziert werden (vgl. King et al. (1987)). Die Identifikation von transitorischen und permanenten Innovationen ist in der univariaten Analyse problematisiert worden (vgl. Abschnitt 2.4). Bei der multivariaten Analyse können zum einen vollständig unkorrelierte zum anderen vollständig korrelierte oder abhängige Innovationen unterstellt werden.

Wird angenommen, daß die Innovationen vollständig unkorreliert sind, dann gilt (vgl. King et al (1987), S. 15ff)

$$E(\bar{\epsilon}_{t-s}\eta_t') = 0 \qquad \text{für alle } s.$$

In diesem Modell sind zwar permanente und transitorische Komponente identifiziert, doch hat eine permanente Innovation nur einen einmaligen Niveaueffekt in x_t. Eine permanente Innovation hat keinen Effekt auf die stationäre Komponente, da sie keine dynamischen Wirkungen besitzt.

Auch bei einer vollständigen Korrelation zwischen den Innovationen wird eine Identifikation des Systems gewährleistet (vgl. King et al. (1987), S. 15). In dem System gibt es nur $(K - r)$ Innovationsprozesse. Die stationäre Komponente besitzt keine eigenständigen Innovationsprozesse, so daß die Flexibilität des Systems eingeschränkt ist. Um eine größere Flexibilität zu erreichen, werden weitere Innovationsprozesse eingeführt, die entweder mit Hilfe einer geeigneten ökonomischen Theorie oder über Meßfehler in den Variablen begründet werden. Für beide Alternativen werden nichtlineare Analysetechniken benötigt, die diese Vorgehensweise unattraktiv machen.

Als dritte Möglichkeit kann eine Korrelation zwischen den Innovationen in der Form

$$(3.10) \quad v_t = \begin{pmatrix} \eta_t \\ \bar{\epsilon}_t \end{pmatrix} = \begin{pmatrix} F \\ \tilde{F} \end{pmatrix} \epsilon_t = F^\dagger \epsilon_t$$

vorgegeben werden, wobei F eine $((K - r) \times K)$-Matrix und $\tilde{F}$ eine $(r \times K)$-Matrix ist. Der Prozeß $\bar{\epsilon}_t$ beinhaltet die transitorischen Innovationen. Die Matrix F wird so gewählt, daß sie die Langfristeffekte des Systems aufnimmt. Dies kann mit Hilfe der $\Theta(1)$-Matrix und weiteren identifizierenden Restriktionen durchgeführt werden. Da $\Theta(1)$ ein Rangdefizit besitzt, kann die Jordan'sche Zerlegung in $H^{-1}JH$ mit den Eigenwerten von $\Theta(1)$ auf der Hauptdiagonalen von J so partitioniert werden, daß gilt

$$(3.11) \quad \Theta(1) = H^1 J_{11} H_1,$$

wobei $H^{-1} = (H^1 \ H^2), H = \begin{pmatrix} H_1 \\ H_2 \end{pmatrix}$ und $J = \begin{pmatrix} J_{11} & 0 \\ 0 & 0 \end{pmatrix}$ gilt. Zur Identifikation werden die Restriktionen $H'H = I$ benutzt. Es wird die Annahme gemacht, daß $\Sigma_\eta = I$ ist. Die Varianzmatrix Σ_ϵ wird in $\Sigma_\epsilon = \Sigma_\epsilon^{1/2}\Sigma_\epsilon^{1/2}$ zerlegt. Aus Gleichung (3.11) wird dann

$$(3.12) \quad \Theta(1) = H^1 \Sigma_\epsilon^{1/2} \Sigma_\epsilon^{-1/2} J_{11} H_1 = AF,$$

wobei $A = H^1 \Sigma_\epsilon^{1/2}$ und $F = \Sigma_\epsilon^{-1/2} J_{11} H_1$ ist. Mit der Bestimmung von F ist auch A bestimmt. In der praktischen Analyse ist die Verwendung von $\Theta(1)\Theta(1)'$ leichter, da in dem Fall nur reelle Eigenwerte auftreten. Nun ist $F = \Sigma_\epsilon^{-1/2}(J_{11}^2)^{1/2}H_1$. Außerdem wird $\tilde{F} = H_2$ gesetzt, so daß sich insgesamt

$$(3.13) \quad F^\dagger = \begin{pmatrix} \Sigma_\epsilon^{-1/2}(J_{11}^2)^{1/2}H_1 \\ H_2 \end{pmatrix}$$

ergibt.

Eine weiterführende Betrachtung nimmt Warne (1990b), S. 12ff vor, um eine Identifikation der permanenten und transitorischen Innovationen durchzuführen. Mit der Identifikation aller Innovationen kann eine Analyse der Beziehung

$$\Delta x_t = \Theta(L)(F^\dagger)^{-1}v_t$$

durchgeführt werden. Der Autor macht die Annahme, daß die permanenten und transitorischen Innovationen unabhängig sind. Die transitorischen Innovationen sind auch untereinander unabhängig. Da $A\eta_t = \Theta(1)\epsilon_t$ gilt, ergibt sich bei vollem Spaltenrang von A

$$\eta_t = (A'A)^{-1}A'\Theta(1)\epsilon_t \,.$$

Soll die Unabhängigkeit zwischen den Innovationen η_t und $\bar\epsilon_t$ gelten, muß

$$E(\eta_t\bar\epsilon_t') = (A'A)^{-1}A'\Theta(1)\Sigma_\epsilon\bar F = 0$$

angenommen werden. Nun wird $\bar F$ so bestimmt, daß es Σ_ϵ^{-1} enthält

$$\bar F = H\Sigma_\epsilon^{-1} \,,$$

wobei H so gewählt wird, daß $Theta(1)H' = 0$ gilt. Diese Bedingung ist erfüllt, wenn beachtet wird, daß $\Theta(1)B = 0$ gilt. Hier wird nun $H = Q_r'B'$ gesetzt, wobei Q_r eine $(r \times r)$–Matrix ist. Für die Varianzen der transitorischen Innovationen gilt:

$$E(\bar\epsilon_t\bar\epsilon_t') = Q_r'B'\Sigma_\epsilon^{-1}E(\epsilon_t\epsilon_t')\Sigma_\epsilon^{1}BQ_r = Q_r'B'\Sigma_\epsilon^{-1}BQ_r = \Sigma_{\bar\epsilon} \,.$$

Weiterhin wird die Annahme gemacht, daß $\Sigma_{\bar\epsilon}$ eine Diagonalmatrix ist. Q_r kann so bestimmt werden, daß sie $B'\Sigma_\epsilon^{-1}B$ diagonalisiert. Dies wird mittels einer Choleski–Zerlegung erreicht. Die Matrix F ist dann vollständig spezifiziert als

$$(3.14) \quad F^\dagger = \begin{pmatrix} (A'A)^{-1}A\Theta(1) \\ Q_r'B'\Sigma_\epsilon^{-1} \end{pmatrix} \,.$$

Diese Beziehung unterscheidet sich von (3.13) in der stärkeren Beachtung von den Innovationen der stationären Komponente und ihrer Wirkungen im Gesamtsystem. Statt der Jordan'schen Zerlegung wird hier die Choleski–Zerlegung verwendet. Weiterhin kann gezeigt werden, daß $\Theta(1)F^{-1} = [A, 0]$ gilt (vgl. Warne (1990b)).

Auch in der Common–Trend–Darstellung ist eine Systemanalyse wie bei den dynamischen Ansätzen durchführbar. Das unterscheidet diese Ansätze vom Phillips–Ansatz. Im Phillips–Ansatz werden die dynamischen Parameter als Verschmutzungsparameter betrachtet, so daß die Analyse der Kointegrationsbeziehung hervorgehoben wird. Der Ansatz von Phillips wird im nächsten Abschnitt ausführlich dargestellt.

3.3 Der Kointegrationsansatz von Phillips

Phillips (1988a, 1989) betont bei seiner Formulierung von Modellen mit kointegrierten Variablen die Kointegrationsbeziehung und vernachlässigt die Dynamik des Modells. Den Vektor x_t partitioniert Phillips in einen $(r \times 1)$-Vektor x_{1t} und in einen $((K - r) \times 1)$-Vektor x_{2t} und unterstellt folgendes Modell (Phillips–Modell)

$$(3.15) \qquad x_{1t} = \bar{C} x_{2t} + \bar{\epsilon}_{1t}$$

$$(3.16) \qquad x_{2t} = x_{2t-1} + \bar{\epsilon}_{2t},$$

wobei $\bar{\epsilon}_t = (\bar{\epsilon}'_{1t}, \bar{\epsilon}'_{2t})'$ ist. Für den Rauschprozeß nimmt der Autor an, daß es ein stationärer, ergodischer Prozeß mit $E(\bar{\epsilon}_t) = 0$ ist, der bestimmte Mischungsbedingungen erfüllt (vgl. Abschnitt 2.3.2). Weiterhin gilt $\bar{\epsilon}_t = \sum_{j=0}^{\infty} \bar{\phi}_j(\theta) \bar{\epsilon}_{t-j}$, wobei $\bar{\epsilon}_t$ weißes Rauschen ist. In diesem Modell wird angenommen, daß keine Kointegrationsbeziehung existiert, die nur zwischen den Variablen aus x_{2t} vorliegt. Das System besitzt somit eine stabile Fehleranpassung, da für die r Variablen in x_{1t} genau r Kointegrationsbeziehungen zwischen x_{1t} und x_{2t} existieren. Die x_{2t} sind unabhängige stochastische Trends und verursachen die Nichtstationarität des Systems. Park (1990) nennt die Koeffizienten $\bar{C}$ reduzierte–Form–Koeffizienten.

Das Phillips-Modell kann als Error–Correction–Modell geschrieben werden

$$(3.17) \qquad (1 - L)x_t = -BC x_{t-1} + v_t,$$

wobei

$$C = (I_r, -\bar{C}), \quad B' = (I_r, O) \quad \text{und} \quad v_t = \begin{pmatrix} I_r & -\bar{C} \\ 0 & I_{K-r} \end{pmatrix} \bar{\epsilon}_t$$

gilt. In diesem Ansatz wird die Ladungsmatrix restringiert und eine Normierung der Kointegrationsmatrix vorgenommen, die Kointegrationsbeziehungen nur zwischen den Variablen $x_{1,t}$ ausschließt. Diese Darstellung (3.17) wird die Dreiecks–ECM–Form genannt (vgl. Phillips (1989)).

Um die Beziehung der Johansen-Darstellung zu der Phillips-Darstellung zu zeigen, wird die Gleichung (3.3) mit $p = 1$ vereinfacht

$$(3.18) \qquad (1 - L)x_t = -B(C x_{t-1}) + \epsilon_t.$$

Für dieses Modell werden die gleichen Parametrisierungsannahmen gemacht wie für (3.17). Es wird

$$C = (I_r, -\bar{C}) \quad \text{und} \quad B' = (I_r, O)$$

unterstellt [1], so daß gilt:

---

[1] Kommentar von Johansen zu der Arbeit von Phillips (1989) auf einem Workshop in Wien (1990).

$$Cx_t = 0 \quad \text{bzw.} \quad x_{1t} = \tilde{C}x_{2t}.$$

Die Beziehung (3.17) lautet in der AR-Darstellung

$$x_t = (I - BC)x_{t-1} + \epsilon_t.$$

Diese Gleichung wird von links mit C multipliziert

$$Cx_t = (C - CBC)x_{t-1} + C\epsilon_t = (I - CB)Cx_{t-1} + C\epsilon_t.$$

Durch rekursives Ersetzen der Cx_{t-j} ergibt sich, falls der Anfangswert von $x_0 = 0$ ist,

$$Cx_t = \sum_{j=0}^{\infty}(I - CB)^j C\epsilon_{t-j}.$$

Wird diese Gleichung in die Beziehung (3.18) eingesetzt, dann ergibt sich

$$(3.19) \quad \Delta x_t = B\sum_{j=1}^{\infty}(I - CB)^j C\epsilon_{t-j} + \epsilon_t = \sum_{j=0}^{\infty}\tilde{\phi}_j(\theta)\epsilon_{t-j},$$

wobei $\tilde{\phi}_j(\theta)$ für $j = 0, 1, \cdots$ ein Lagpolynom ist, das von B und C abhängt. Dies bedeutet, daß die Parameter in (3.18) nicht unabhängig von den Parametern einer Wold-Darstellung (3.19) sind. Phillips vernachlässigt diese Abhängigkeit. Mit $\bar{\epsilon}_t = (\bar{\epsilon}'_{1t}, \bar{\epsilon}'_{2t})' = \sum_{j=0}^{\infty}\tilde{\phi}_j(\theta)\epsilon_{t-j}$ unterstellt er einen beliebigen stationären Rauschprozeß.

Beim Vergleich des Ansatzes von Phillips in (3.15) und (3.16) mit der Bewley-Darstellung (3.5) fällt auf, daß die gemeinsamen Trends als die Variablen x_{2t} identifiziert sind und daß die Kointegrationsmatrix auf $C = (I_r, -\tilde{C})$ normiert ist. Es ist somit bekannt, nach welchen Variablen die Kointegrationsmatrix aufgelöst werden sollte. Ob diese Annahmen in der empirischen Arbeit gemacht werden können, hängt davon ab, in welchem Umfang Wirtschaftstheorie benutzt wird (vgl. Abschnitt 5.2 und 7.3.3).

Der Vorteil in dieser Modellformulierung soll darin liegen, daß die Kointegrationsbeziehung linear in den Parametern ist. Dies vereinfacht die Schätztechnik (vgl. Abschnitt 3.5). Ein weiterer Vorteil ist, daß wirtschaftstheoretische Hypothesen selten Aussagen zu der dynamische Spezifikation in ökonomischen Systmen enthalten. Mit der Unabhängigkeit zwischen der Dynamik, die sich im Rauschprozeß befindet, und der Kointegrationsmatix wird die Kointegrationsanalyse betont.

3.4 Kointegrationsanalyse mit deterministischen Komponenten

Bisher wurde angenommen, daß die Variablen keine deterministischen Komponenten enthalten. Diese Annahme soll nun aufgegeben werden. Es wird unterstellt, daß die K Variablen x_t eine deterministische ($\mu(t)$) und eine stochastische ($x_t^{\star}$) Komponente enthalten (vgl. Escribano (1987))

(3.20) $x_t = \mu(t) + x_t^\star$.

Die deterministische Komponente kann ein Absolutglied, saisonale Dummies oder einen lineraren Trend enthalten. Die Annahme, daß die Variablen integriert mit der Ordnung Eins sind, wird weiterhin unterstellt. Die Variablen sind kointegriert, wenn eine Matrix C existiert, so daß

$$C x_t^\star \sim I(0)$$

gilt. Die Kointegrationseigenschaft bezieht sich nur auf die stochastische Komponente. Eine analoge Definition kann für die deterministische Komponente formuliert werden. Die Variablen sind kotrendbehaftet, wenn eine Matrix C^* existiert, so daß

$$C^* \mu(t) \sim I(0)$$

gilt. Wenn die beiden Eigenschaften gleichzeitig erfüllt sind, dann sind die Variablen deterministisch kointegriert. In diesem Fall gibt es eine Matrix $C^\dagger$, so daß

$$C^\dagger x_t \sim I(0)$$

keinen stochastischen und deterministischen Trend enthält. Eine weitere Charakterisierung der verschiedenen Kointegrationsdefinitionen wird hier nicht vorgenommen (vgl. dazu Escribano (1987)). Stattdessen wird auf die Spezifikation eines Absolutgliedes in der autoregressiven Darstellung (3.1) eingegangen.

Das autoregressive Modell mit Absolutglied lautet

(3.21) $\Pi(L)x_t = \nu + \epsilon_t$.

Die Johansen–Darstellung des Systems ist

(3.22) $\Gamma(L)(1 - L)x_t = \nu - \Pi x_{t-p} + \epsilon_t = \nu - B(C x_{t-p}) + \epsilon_t$.

Die entsprechende Wold'sche Darstellung mit Absolutglied ist

(3.23) $(1 - L)x_t = \delta + \Theta(L)\epsilon_t$.

In der Common–Trend–Darstellung enthalten die Random–Walk–Komponenten einen Driftterm:

$$
\begin{aligned}
x_t &= x_0 + \Theta(1)\xi_t + \Theta^*(L)\epsilon_t \quad \text{mit} \quad \xi_t = \nu + \xi_{t-1} + \epsilon_t \\
&= x_0 + A\tau_t + \Theta^*(L)\epsilon_t \quad \text{mit} \quad \tau_t = \mu + \tau_{t-1} + \eta_t \\
&= x_0 + A\mu t + A\sum \eta_t + \Theta^*(L)\epsilon_t ,
\end{aligned}
$$

wobei die Beziehung

$$A\mu = \Theta(1)\nu$$

48

gilt. Wenn das Absolutglied zum Driftterm wird, enthält das Modell neben einem stochastischen Trend auch einen deterministischen Trend. Wird die Annahme gemacht, daß die Variablen auch deterministisch kointegriert sind, dann ist Cx_t stationär.

Die Hinzunahme eines Absolutgliedes in die Johansen-Darstellung kann verschiedene Bedeutungen in dem Modell haben (vgl. Johansen & Juselius (1990a)). Zum einen kann das Absolutglied die Rolle einer Niveauverschiebung in den Niveauvariablen übernehmen. Zum anderen kann es ein Driftterm in der nichtstationären Komponente des Modells sein, wie aus der Common-Trend-Darstellung deutlich wird. Das Absolutglied setzt sich aus den folgenden Komponenten zusammen (vgl. Juselius (1990))

$$(3.24) \quad \nu = B\delta_0 + B_\perp \delta_1 \,,$$

wobei $\delta_0 = (B'B)^{-1}B'\nu$ das Absolutglied der Niveauvariablen und $\delta_1 = (B'_\perp B_\perp)^{-1}B'_\perp \nu$ der Driftterm ist. Der deterministische Trend in der Common-Trend-Darstellung wird nicht über die Ladungsmatrix B wirksam. Da $\Theta(1)$ die Matrix $B_\perp$ enthält (vgl. (3.8)), die orthogonal zu B ist, beeinflußt ein linearer Trend das System durch diese Matrix. Die Anzahl der deterministischen Trends ist gleich der Anzahl der von Null verschiedenen Koeffizienten im Vektor δ_1. Enthält die nichtstationäre Komponente der Common-Trend-Darstellung einen linearen Trend, dann werden in der Regel alle Variablen einen deterministischen Trend enthalten. Juselius (1990) illustriert anhand eines Beispiels, daß auch Systemkonstellationen existieren können, in denen einzelne Variablen keinen linearen Trend enthalten, obwohl der treibende Prozeß einen deterministischen linearen Trend besitzt. In diesem Fall wird durch die Kointegrationsbeziehung der lineare Trend in einzelnen Variablen beseitigt ($C\nu = 0$).

Im Johansen-Modell besteht die Möglichkeit, das Absolutglied so zu restringieren, daß der entsprechende Prozeß keinen linearen Trend enthält (vgl. Johansen & Juselius (1990a)). Unter der Annahme, daß sich das Absolutglied als $\nu = BC_\nu$ schreiben läßt, wird das Absolutglied so restringiert, daß die Konstanten Niveauverschiebungen in den Niveauvariablen sind. Unter dieser Hypothese wird das Modell (3.22) dann zu

$$(3.25) \quad \Delta x_t = \Gamma_1 \Delta x_{t-1} + \ldots + \Gamma_{p-1} \Delta x_{t-p+1} - BC^* x^*_{t-p} + \epsilon_t \,,$$

worin $C^* = [C, -C_\nu]$ und $x^*_{t-p} = [x'_{t-p}, 1]'$ ist. Durch diese Parametrisierung enthält das Common-Trend-Modell und damit das System keinen linearen Trend.

Wenn nichtsaisonbereinigte Quartalszeitreihen betrachtet werden, kann die Modellierung einer möglichen Saisonfigur mit saisonalen Dummies vorgenommen werden. Die Saisondummies d_{1t}, d_{2t}, d_{3t} werden so konstruiert, daß sie orthogonal zum Absolutglied sind

$$d_{it} = \begin{cases} 3/4 & \text{wenn t zum i-ten Quartal gehört ,} \\ -1/4 & \text{sonst.} \end{cases}$$

Durch diese Konstruktion wird die Bildung von verschiedenen Drifttermen in den Quartalen vermieden.

3.5   Schätzung von kointegrierten Systemen

Aufgrund der verschiedenen Modellansätze und Parametrisierungen sind unterschiedliche Schätz-ansätze entwickelt worden. Zunächst soll die Maximum–Likelihood–Schätzung von Johansen dargestellt werden. Anschließend wird die unrestringierte Kleinst–Quadrate–Schätzung der autoregressiven Form beschrieben. Für die Error–Correction–Darstellung wird eine approximative Schätzung von Ahn & Reinsel sowie ein zweistufiger und ein nichtlinearer Kleinst–Quadrate–Ansatz dargestellt. Weiterhin werden verschiedene Ansätze von Phillips beschrieben. Zum Schluß werden in einer kleinen Simulationsstudie der Ansatz von Johansen und Ansätze von Phillips gegenübergestellt.

3.5.1   Maximum–Likelihood–Schätzung

Eine effiziente Schätzung des Systems von kointegrierten Variablen ist mittels einer Maximum–Likelihood–Prozedur möglich, die von Johansen (1988, 1989a,b) abgeleitet wurde. Ausgangs-punkt seiner Schätzung ist die Darstellung (3.3), die um ein Absolutglied erweitert worden ist:

(3.26) $\Delta x_t = \nu + \Gamma_1 \Delta x_{t-1} + \ldots + \Gamma_{p-1} \Delta x_{t-p+1} - \Pi x_{t-p} + \epsilon_t$.

Es wird angenommen, daß T Zeitreihenbeobachtungen und p Vorstichprobenwerte vorliegen. Sei

$$
\begin{aligned}
x_t &= [x_{1t}, x_{2t}, \ldots, x_{Kt}]', \\
X_{-p} &= [x_{-p+1}, \ldots, x_{T-p}] \\
\Delta x_t &= [x_t - x_{t-1}] \\
\Delta X &= [\Delta x_1, \ldots, \Delta x_T] \\
z_t &= [1, (\Delta x_t)', \ldots, (\Delta x_{t-p+2})']' \\
Z &= [z_0, \ldots, z_{T-1}] \\
\epsilon &= [\epsilon_1, \ldots, \epsilon_T].
\end{aligned}
$$

Die obige Gleichung wird dann kompakt wie folgt geschrieben:

(3.27) $\Delta X = \Gamma Z - \Pi X_{-p} + \epsilon$,

worin $\Gamma = [\nu, \Gamma_1, \ldots, \Gamma_{p-1}]$ ist. Für den Rauschprozeß wird zur Vereinfachung unterstellt, daß ein normalverteilter Prozeß vorliegt ($\epsilon_t \sim i.i.d.n(0, \Sigma_\epsilon)$). Die logarithmierte Likelihoodfunktion lautet dann

$$(3.28) \quad \ln l = -\frac{KT}{2} \ln 2\pi - \frac{T}{2} \ln |\Sigma_\epsilon| - \frac{1}{2} \text{spur} \left((\Delta X - \Gamma Z + \Pi X_{-p})' \Sigma_\epsilon^{-1} (\Delta X - \Gamma Z + \Pi X_{-p}) \right) ,$$

wobei Σ_ϵ die Residuenvarianz des Prozesses bezeichnet. Der ML-Schätzer von Γ ist für ein gegebenes Π :

$$(3.29) \quad \hat{\Gamma}(\Pi) = (\Delta X + \Pi X_{-p}) Z' (ZZ')^{-1} .$$

Dieses Ergebnis wird in die Likelihoodfunktion eingesetzt. Wenn die Proportionalitätskonstante vernachlässigt wird, ergibt sich

$$\ln \bar{l} = -\frac{T}{2} \ln |\Sigma_\epsilon| - \frac{1}{2} \text{spur} \left((R_0 + \Pi R_p)' \Sigma_\epsilon^{-1} (R_0 + \Pi R_p) \right) ,$$

wobei

$$
\begin{aligned}
R_0 &= \Delta X M = \Delta X - \Delta X Z' (ZZ')^{-1} Z \\
R_p &= X_{-p} M = X_{-p} - X_{-p} Z' (ZZ')^{-1} Z
\end{aligned}
$$

und $M = I - Z'(ZZ')^{-1}Z$ eine idempotente Matrix ist. Σ_ϵ wird wie folgt ersetzt

$$(3.30) \quad \hat{\Sigma}_\epsilon = \frac{1}{T} (R_0 + \Pi R_p)(R_0 + \Pi R_p)' .$$

Der ML-Schätzer von B aus $\Pi = BC$ wird für ein gegebenes C bestimmt, indem (3.29) in (3.27) eingesetzt wird, so daß sich ergibt:

$$(3.31) \quad -\hat{B}(C) = \Delta X M X_{-p}' C' [C X_{-p} M X_{-p}' C']^{-1} .$$

Da das Produkt $\Pi = BC$ nicht eindeutig ist, erfordert die ML-Schätzung von C Restriktionen. Johansen (1988) schlägt vor, die Residuenmatrizen

$$S_{ij} = \frac{1}{T} R_i R_j' , \quad \text{für} \quad i, j = 0, p,$$

zu berechnen und ein L so zu wählen, daß $L S_{pp} L' = I$ ist. Es sind die Eigenwerte ($\lambda_1 \geq \ldots \geq \lambda_K$) von $L S_{p0} S_{00}^{-1} S_{0p} L'$ und die dazugehörenden Eigenvektoren $V = (v_1, \ldots, v_K)$ zu betrachten. In diesem Fall sind die Eigenvektoren so normalisiert, daß $V'V = I$ gilt. Es kann gezeigt werden, daß für einen gegebenen Kointegrationsrang r der ML-Schätzer für C

$$(3.32) \quad \hat{C} = (v_1, \ldots, v_r)' L$$

ist. Die maximale logarithmierte Likelihoodfunktion ist

$$\ln l = -\frac{T}{2} \left(\ln |S_{00}| + \sum_{i=1}^{r} \ln(1 - \lambda_i) \right) .$$

Die Kovarianzmatrix der Residuen kann wie folgt geschätzt werden

$$(3.33) \quad \hat{\Sigma}_\epsilon = S_{00} - \hat{B}\hat{B}' .$$

51

Analog zum univariaten Fall hat die Existenz der deterministischen Komponenten und deren Gestalt Einfluß auf die asymptotische Verteilung des Schätzers des Kointegrationsraumes. Der Schätzer des Kointegrationsraumes kann sich aus folgenden Komponenten zusammensetzen (vgl. Johansen (1989a), S. 25ff)

$$\hat{C}_i = b_i C + (\gamma d_i)' + (\kappa f_i)' \quad \text{für} \quad i = 1, \ldots, r,$$

wobei b_i der i-te Zeilenvektor aus einer Normierungsmatrix $b = (CC')^{-1}\hat{C}C'$ ist. γ ist die $(K \times (K - r - 1))$ Koeffizientenmatrix der deterministischen Mittelwertkomponente d_i und κ der $(K \times 1)$ Koeffizientenvektor der deterministischen Trendkomponente f_i. Für die asymptotische Verteilung von $\hat{C}$ gilt

$$(3.34) \quad \begin{pmatrix} T(\gamma'\gamma)^{-1}\gamma' \\ T^{3/2}\kappa' \end{pmatrix}' (b^{-1}\hat{C} - C) \overset{d}{\to} \left(\int_0^1 dV(t)U(t)' \right) \left(\int_0^1 U(t)U(t)'dt \right)^{-1},$$

wobei

$$U(t)_i = \gamma_i \Theta \left(W(t) - \int_0^1 W(t)dt \right) \quad \text{für} \quad i = 1, \cdots, r - 1$$
$$U(t)_i = t - 1/2 \quad \text{für} \quad i = r \quad \text{und}$$
$$V(t) = \left(B'\Sigma_\epsilon^{-1}B \right)^{-1} B'\Sigma_\epsilon^{-1}W(t)$$

ist. Hier ist $\Theta = \Theta(1)$ aus Beziehung (3.8) und $W(t)$ ein standardisierter Wiener–Prozeß. Der ML–Schätzer kann nicht als konsistent bezeichnet werden, da die Verteilungsaussage von der Normalisierung der Kointegrationsmatrix abhängt. Der ML–Schätzer des Kointegrationsraumes konvergiert in Verteilung gegen eine stochastische Größe mit der Konvergenzgeschwindigkeit T. Die Konvergenzgeschwindigkeit ist eine Folge der Nichtstationarität der Variablen, die zu einer schnelleren Konvergenz der Momentenmatrizen führen. Aufgrund der Konvergenzgeschwindigkeit könnte man von "Superkonsistenz" sprechen. Die Komponenten für einen linearen Trend konvergieren mit $T^{3/2}$ noch schneller. Da ein Absolutglied geschätzt wird, sind die stetigen Prozesse mittelwertkorrigiert $\left(W(t) - \int_0^1 W(t)dt\right)$. Der Prozeß $V(t)$ hat die Varianz $\text{Var}(V(t)) = (B'\Sigma_\epsilon^{-1}B)^{-1}$. Für ein festes $U(t)$ wird die asymptotische Verteilung (3.34) zu einer Mischung von Normalverteilungen mit Mittelwert Null und der Varianz

$$\left(\int W_2(t)W_2'(t)dt \right)^{-1} \otimes (B'\Sigma_\epsilon^{-1}B)^{-1},$$

wobei $\otimes$ das Kroneckerprodukt bezeichnet. Die asymptotische Verteilung für den Schätzer der Ladungsmatrix B ist

$$(3.35) \quad \sqrt{T}\text{vec}(\hat{B}b^{-1} - B) \overset{d}{\to} N \left(0, \left((C\Sigma_{pp}C')^{-1} \otimes \Sigma_\epsilon\right) \right),$$

wobei $\text{plim}\,\text{Var}(Cx_{t-p}) = (C\Sigma_{pp}C')$ gilt (vgl. Johansen (1988)). Es wird deutlich, daß der Schätzer von B mit der üblichen Rate $\sqrt{T}$ konvergiert und von der gewählten Normalisierung des Kointegrationsraumes abhängt. Wichtiger ist die asymptotische Verteilung von Π (vgl. Johansen (1989), S. 34), die lautet

$$(3.36) \quad \sqrt{T}\,\text{vec}(\hat{\Pi} - \Pi) \xrightarrow{d} N\left(0, \left(C'(C\Sigma_{pp}C')^{-1}C \otimes \Sigma_\epsilon\right)\right).$$

Zusammengefaßt ergibt sich für $\bar{\Gamma}$ und Π, wobei $\bar{\Gamma}$ nur die Koeffizientenmatrizen $(\Gamma_1, \ldots, \Gamma_{p-1})$ enthält $(\nu = 0)$ und Z um die Zeile der Einsen verringert wurde

$$(3.37) \quad \sqrt{T}\,\text{vec}((\hat{\bar{\Gamma}}, -\hat{\Pi}) - (\bar{\Gamma}, -\Pi)) \xrightarrow{d} N\left(0, \left(\begin{pmatrix} I_{Kp-K} & 0 \\ 0 & C' \end{pmatrix} \Sigma_c^{-1} \begin{pmatrix} I_{Kp-K} & 0 \\ 0 & C \end{pmatrix} \otimes \Sigma_\epsilon\right)\right),$$

wobei

$$\Sigma_c = \text{plim}\frac{1}{T} \begin{pmatrix} ZZ' & ZX'_{-p}C' \\ CX_{-p}Z' & CX_{-p}X'_{-p}C' \end{pmatrix}$$

ist (vgl. Lütkepohl & Reimers (1989)). Die Kovarianzmatrix kann konsistent geschätzt werden, wenn die unbekannten Parameter durch ihre ML–Schätzer ersetzt werden. Für die Residuenvarianz ergibt sich (vgl. Lütkepohl & Reimers (1989)):

$$(3.38) \quad \sqrt{T}\,\text{vech}(\hat{\Sigma}_\epsilon - \Sigma_\epsilon) \xrightarrow{d} N\left(0, 2D_K^+(\Sigma_\epsilon \otimes \Sigma_\epsilon)D_K^{+\prime}\right),$$

wobei $D_K^+ = (D_K'D_K)^{-1}D_K'$ und D_K eine Duplikationsmatrix (vgl. Magnus & Neudecker (1988), S. 48ff) ist. Der Operator vech ordnet die Elemente einer Matrix, die sich auf und unterhalb der Hauptdiagonalen befinden, in einem Spaltenvektor untereinander an.

Die asymptotische Verteilung der geschätzten autoregressiven Parameter kann mit Hilfe der vorangegangenen Verteilungsaussagen hergeleitet werden. Es gelten die folgenden Beziehungen

$$\begin{aligned} \Pi_1 &= I_K + \Gamma_1 \\ \Pi_i &= \Gamma_i - \Gamma_{i-1} \quad \text{für} \quad i = 2, \ldots, p-1 \\ \Pi_p &= -\Pi - \Gamma_{p-1} \end{aligned}$$

oder kompakt

$$\Xi = (\Pi_1, \ldots, \Pi_p) = (\Gamma_1, \ldots, \Gamma_{p-1}, -\Pi)D + J,$$

wobei $J = (I_K, 0, \ldots, 0)$ eine $(K \times Kp)$–Matrix und

$$D = \begin{pmatrix} I_K & -I_K & 0 & \cdots & 0 & 0 \\ 0 & I_K & -I_K & \cdots & 0 & 0 \\ 0 & 0 & I_K & \cdots & 0 & 0 \\ \vdots & \vdots & \vdots & \ddots & \ddots & \vdots \\ 0 & 0 & 0 & \cdots & I_K & -I_K \\ 0 & 0 & 0 & \cdots & 0 & I_K \end{pmatrix}$$

ist. Die asymptotische Verteilung für $\hat{\Xi}$ lautet dann (vgl. Lütkepohl (1991), Kapitel 11)

$$(3.39) \quad \sqrt{T}\mathrm{vec}(\hat{\Xi} - \Xi) \xrightarrow{d} N\left(0, \left(D'\begin{pmatrix} I_{Kp-K} & 0 \\ 0 & C' \end{pmatrix} \Sigma_c^{-1} \begin{pmatrix} I_{Kp-K} & 0 \\ 0 & C \end{pmatrix} D \otimes \Sigma_\epsilon \right)\right).$$

Für $r < K$ ist diese Kovarianzmatrix singulär. Die Berücksichtigung eines Absolutgliedes oder von Saisondummies, die orthogonal zum Absolutglied sind, ändert die Verteilungsaussage nicht, da die Koeffizienten der deterministischen Komponente mindestens so schnell wie die Koeffizienten der Kointegrationsmatrix konvergieren.

3.5.2 Unrestringierte Kleinst–Quadrate–Schätzung

Statt die Rangrestriktion von $rg(\Pi) = r < K$ einzuführen, kann das Modell (3.1) in der unrestringierten Form mit Hilfe der multivariaten Kleinst-Quadrate-Methode geschätzt werden

$$\hat{\Xi}_{KQ} = (\Pi_1, \widehat{\ldots, \Pi_p})_{KQ} = XZ'(ZZ')^{-1},$$

wobei Z die Beobachtungsmatrix mit allen verzögerten endogenen Variablen ist. Aufgrund der schnelleren Konvergenz der Kointegrationsbeziehungen erfolgt die Schätzung der Einheitswurzeln implizit (vgl. Park & Phillips (1989)). Park & Phillips (1989) und Sims, Stock & Watson (1990) verdeutlichen, daß jene Schätzer eine asymptotische Normalverteilung mit singulärer Kovarianzmatrix besitzen, die mit den gewöhnlichen Formeln für stationäre Prozesse berechnet werden können. Sei x_t ein Gauß–Prozeß mit $0 < r < K$, dann werden die autoregressiven Parameter konsistent geschätzt, und es gilt

$$(3.40) \quad \sqrt{T}\mathrm{vec}(\hat{\Xi}_{KQ} - \Xi) \xrightarrow{d} N\left(0, \Sigma_\pi^{co}\right),$$

wobei Σ_π^{co} die Kovarianzmatrix aus (3.39) ist. Diese Kovarianzmatrix kann konsistent geschätzt werden durch

$$\hat{\Sigma}_\pi^{co} = (ZZ')^{-1} \otimes (X - \hat{\Xi}_{KQ}Z)(X - \hat{\Xi}_{KQ}Z)'.$$

Mit diesem Schätzverfahren wird die Nichtstationarität der Variablen ignoriert (vgl. Lütkepohl (1991), Kapitel 11). Bei der Interpretation der daraus abgeleiteten Teststatistiken ist zu berücksichtigen, daß die Kovarianzmatrix singulär sein kann. Außerdem ist zu beachten, daß im VAR(1)-Fall mit $\Pi_1 = I$ Park und Phillips (1988) zeigen, daß $\mathrm{plim}\sqrt{T}(\hat{\Pi}_1 - I) = 0$ ist. In diesem Fall konvergiert $T(\hat{\Pi}_1 - I)$ gegen eine stochastische Größe.

3.5.3 Approximative ML–Schätzung von Ahn & Reinsel

Neben der Johansen–Prozedur soll die approximative Schätzung von Ahn & Reinsel (1989) und Reinsel & Ahn (1988) aufgeführt werden. Ausgangspunkt ist die ECM-Darstellung (3.2). Die unrestringierten KQ–Schätzer des ECM werden als Anfangsschätzung verwendet

$$(3.41) \quad \hat{\Gamma} = \Delta X \begin{pmatrix} X_{-1} \\ Z \end{pmatrix}' \left(\begin{pmatrix} X_{-1} \\ Z \end{pmatrix} \begin{pmatrix} X_{-1} \\ Z \end{pmatrix}' \right)^{-1} ,$$

worin $\hat{\Gamma}$ die geschätzten Koeffizienten $[\Pi, \nu, \Pi_1^\dagger, \ldots, \Pi_{p-1}^\dagger]$ aufnimmt. In der Schätzung wird die Matrix X_{-p} durch die Matrix X_{-1} ersetzt. In der ML-Schätzung von Johansen wird die Berechnung von Π bei bekanntem Kointegrationsrang r gemäß der Formel $\hat{B}\hat{C}$ vorgenommen. Bei Ahn & Reinsel wird eine Partitionierung von $\Pi = [A_1\, A_2]$ durchgeführt, worin A_1 eine $(K \times r)$ - und A_2 eine $(K \times (K-r))$ - Matrix ist. A_1 wird als Anfangsschätzung für die Ladungsmatrix verwendet. Werden die Residuen aus der obigen OLS-Schätzung ermittelt, dann kann mit deren Hilfe die Kovarianzmatrix Σ_ϵ geschätzt werden, die zur Berechnung der Kointegrationsmatrix benötigt wird

$$(3.42) \quad \hat{\tilde{C}} = (A_1' \Sigma_\epsilon^{-1} A_1)^{-1} A_1' \Sigma_\epsilon^{-1} A_2 .$$

Die Kointegrationsmatrix $\hat{C}$ lautet in diesem Fall

$$\hat{C} = [I_r,\, \hat{\tilde{C}}] .$$

Es wird daraus ersichtlich, daß Ahn & Reinsel die gleiche Normalisierung wie Phillips (1989) benutzen. Die Anfangsschätzungen werden in einem approximativen Newton-Raphson-Algorithmus eingesetzt (vgl. Ahn & Reinsel (1988)). Sei $\beta^{(i)} = \mathrm{vec}[\hat{\tilde{C}}', A_1, \nu, \Pi_1^\dagger, \ldots, \Pi_{p-1}^\dagger]$ und $\beta^{(i)}$ eine approximative Lösung der Likelihoodgleichungen beim i-ten Iterationsschritt, dann ist die Newton-Raphson-Beziehung:

$$(3.43) \quad \beta^{(i+1)} = \beta^{(i)} - \left[\frac{\partial^2 l}{\partial\beta\partial\beta'} \right]_{\beta^{(i)}}^{-1} \left[\frac{\partial l}{\partial\beta} \right]_{\beta^{(i)}}' ,$$

worin

$$\frac{\partial^2 l}{\partial\beta\partial\beta'} = (H'(\Sigma_\epsilon^{-1} \otimes \Psi)H)^{-1}$$

und

$$\frac{\partial l}{\partial\beta} = H' \left(I_K \otimes \begin{pmatrix} X_{-1} \\ Z \end{pmatrix}' \right) \mathrm{vec} \left(\Sigma_\epsilon^{-1}\epsilon \right)'$$

ist. Es gilt

$$\Psi = T^{-1} \left(\begin{pmatrix} X_{-1} \\ Z \end{pmatrix} \begin{pmatrix} X_{-1} \\ Z \end{pmatrix}' \right)$$

und

$$H' = \begin{pmatrix} M_{restr.}(I_K \otimes C) & 0 & 0 \\ B' \otimes I_K & 0 & 0 \\ 0 & I_{K(p-1)} & 0 \\ 0 & 0 & I_K \end{pmatrix},$$

worin 0 entsprechend dimensionierte Nullmatrizen sind. $M_{restr.}$ ist eine $((Kr - r^2) \times Kr)$ - Matrix mit $M_{restr.} = I_r \otimes [0_r, I_{K-r}]$. Falls Nullrestriktionen in der Kointegrationsmatrix überprüft werden sollen, ändert sich die $M_{restr.}$ - Matrix entsprechend. Unter der Annahme, daß ihre Normalisierung richtig ist, zeigen Ahn & Reinsel (1989), daß für $\alpha = vec[B, \nu, \Pi_1^\dagger, \ldots, \Pi_{p-1}^\dagger]$ gilt

$$(3.44) \quad \sqrt{T}(\hat{\alpha} - \alpha) \overset{d}{\to} N(0, \Psi^{-1} \otimes \Sigma_\epsilon),$$

worin

$$\Psi = \frac{1}{T} \begin{pmatrix} CX_{-1}X_{-1}'C' & CX_{-1}Z' \\ ZX_{-1}'C' & ZZ' \end{pmatrix}$$

ist. Die Kovarianzmatrix kann konsistent geschätzt werden, wenn C und Σ_ϵ durch konsistente Schätzer ersetzt werden (siehe Ahn & Reinsel (1989), S. 13). Wird das Ergebnis für die Ladungsmatrix $\hat{B} = \hat{A}_1$ mit dem Ergebnis der ML–Schätzung (3.35) verglichen, wird deutlich, daß die Normalisierungsannahme von Ahn & Reinsel für die Kointegrationsmatrix $\hat{C} = [I_r, \hat{\tilde{C}}]$ das Normalverteilungsresultat für die Ladungsmatrix sichert.

3.5.4 Mehrstufiges Verfahren von Engle & Granger (1987)

In der bivariaten Analyse ist das mehrstufige Verfahren von Engle & Granger sehr populär, da es in dem Fall höchstens den Kointegrationsrang ($r = 1$) gibt. Wir beschränken das System auf den Fall ($r = 1$). Weiterhin werden die Koeffizienten der deterministischen Komponenten auf Null gesetzt, so daß sich die asymptotischen Verteilungseigenschaften vereinfachen. In ihrer Arbeit schlagen Engle & Granger (1987) eine Kombination aus einem Test– und Schätzansatz vor. Zunächst überprüfen sie den Integrationsrang der einzelnen Zeitreihen mit verschiedenen Einheitswurzeltests. Einige Einheitswurzeltests sind in Kapitel 2 dargestellt worden. Weitere werden in Abschnitt 4.1 aufgeführt. Kann im multiplen Fall für alle Zeitreihen der gleiche Integrationsgrad, hier $d = 1$, festgestellt werden, erfolgt die Schätzung eines Kointegrationsvektors. Wird angenommen, daß das erste Element des Kointegrationsvektors ($c_1 \neq 0$) ist, dann kann der Kointegrationsvektor so normiert werden, daß gilt

$$(1, -\tilde{C}) = -c_1^{-1}C = (1, -c_2/c_1, \ldots, -c_K/c_1) = (1, -\tilde{c}_2, \ldots, -\tilde{c}_K).$$

Die Kointegrationsbeziehung lautet dann

$$x_{1,t} = \tilde{c}_2 x_{2,t} + \ldots + \tilde{c}_K x_{K,t} + \tilde{\epsilon}_t,$$

wobei $\tilde{\epsilon}_t$ ein stationärer Rauschprozeß ist. Die Koeffizienten dieser Gleichung können durch die Methode der Kleinsten-Quadrate geschätzt werden

$$(3.45) \quad \tilde{\hat{C}}_{KQ} = X_1 X_2' (X_2 X_2')^{-1},$$

wobei

$$X_1 = [x_{1,1}, \ldots, x_{1,T}] \quad \text{und} \quad X_2 = \left[\begin{pmatrix} x_{2,1} \\ \vdots \\ x_{K,1} \end{pmatrix} \cdots \begin{pmatrix} x_{2,T} \\ \vdots \\ x_{K,T} \end{pmatrix} \right]$$

ist. Die Regression (3.45) wird als Kointegrationsregression bezeichnet. In der zweiten Stufe werden die restlichen Parameter der Error-Correction-Darstellung ($\Pi^\dagger = (-B, \Pi_1^\dagger, \ldots, \Pi_{p-1}^\dagger)$) bzw. der Johansen-Darstellung ($\Gamma = (\Gamma_1, \ldots, \Gamma_{p-1}, -B)$) mittels der Methode der Kleinsten-Quadrate unter der Bedingung der Schätzer $\tilde{\hat{C}}_{KQ}$ von C bestimmt

$$(3.46) \quad \hat{\Pi}_{KQ}^\dagger = \Delta X \begin{pmatrix} \tilde{\hat{C}}_{KQ} X_{-1} \\ Z \end{pmatrix}' \left(\begin{pmatrix} \tilde{\hat{C}}_{KQ} X_{-1} \\ Z \end{pmatrix} \begin{pmatrix} \tilde{\hat{C}}_{KQ} X_{-1} \\ Z \end{pmatrix}' \right)^{-1}$$

oder

$$(3.47) \quad \hat{\Gamma}_{KQ} = \Delta X \begin{pmatrix} Z \\ \tilde{\hat{C}}_{KQ} X_{-p} \end{pmatrix}' \left(\begin{pmatrix} Z \\ \tilde{\hat{C}}_{KQ} X_{-p} \end{pmatrix} \begin{pmatrix} Z \\ \tilde{\hat{C}}_{KQ} X_{-p} \end{pmatrix}' \right)^{-1}.$$

Die asymptotische Verteilung des geschätzten Kointegrationsvektors aus (3.45) wird von Park & Phillips (1988) angegeben. Wenn $B = (1, 0, \ldots, 0)'$ ist und keine kurzfristige Dynamik vorhanden ist, gelten folgende Konvergenzsätze für identisch verteiltes weißes Rauschen ϵ_t

$$T^{-2} \sum_{t=1}^{T} x_{2,t} x_{2,t}' = \int_0^1 W_2(t) W_2'(t) dt$$

$$T^{-1} \sum_{t=1}^{T} x_{2,t} \epsilon_{1,t}' = \int_0^1 W_2(t) dW_1'(t) + \Sigma_{21},$$

wobei $W(t) = (W_1'(t), W_2'(t))'$ ein Wiener Prozeß ist und $\Sigma_{21} = E(\epsilon_{2,t} \epsilon_{1,t}')$ ist (Beweis: Park & Phillips (1988)). Es ergibt sich für den Schätzer aus (3.45) folgende asymptotische Verteilung

$$(3.48) \quad T \text{vec}(\tilde{\hat{C}}_{KQ} - \tilde{C}) \xrightarrow{d} \left(\int_0^1 dW_1(t) W_2'(t) + \Sigma_{12} \right) \left(\int_0^1 W_2(t) W_2'(t) dt \right)^{-1},$$

(Beweis Phillips (1989)). Dieser Schätzer ist superkonsistent, da der Schätzer mit T in Verteilung konvergiert. Ein ähnliches Ergebnis erhält Stock (1987). Aber dieser KQ-Schätzer besitzt eine Verzerrung zweiten Grades Σ_{12} in der Verteilung. Nur wenn $\Sigma_{12} = 0$ ist, also wenn x_2 nicht nur schwach sondern streng exogen ist, verschwindet die Verzerrung. In dem Fall ist die asymptotische Eigenschaft des KQ–Schätzers mit der Verteilungseigenschaft des entsprechend normalisierten ML–Schätzers von Johansen identisch, falls keine deterministischen Komponenten spezifiziert worden sind. Da die Superkonsistenzeigenschaft auch gilt, wenn im System kurzfristige Dynamik vorliegt, kann die asymptotische Verteilung der Dynamik angegeben werden. Der Schätzer $(\hat{\Gamma}_{KQ})$ in (3.47) für (Γ) besitzt die gleiche asymptotische Verteilung wie die ML–Schätzer von Johansen

$$(3.49) \quad \sqrt{T}\mathrm{vec}\left((\hat{\Gamma}_{1,KQ},\ldots,\hat{\Gamma}_{p-1,KQ}, -\hat{B}_{KQ}\hat{C}_{KQ}) - (\Gamma_1,\ldots,\Gamma_{p-1}, -\Pi)\right) \overset{d}{\to} N\left(0,(\Sigma^{co})\right),$$

wobei Σ^{co} die Kovarianzmatrix aus (3.37) ist. Im Gegensatz zur ML–Schätzung muß bei dem mehrstufigen Verfahren bekannt sein, daß es eine Variable in der Kointegrationsbeziehung gibt, die einen Koeffizienten $c_1 \neq 0$ besitzt. Diese Variable wird als abhängige Variable in der Kointegrationregression benutzt. Kann die Annahme gemacht werden, daß $B = (b_1, 0, \ldots, 0)$ gilt, dann kann eine Einzelgleichungsanalyse auf der zweiten Stufe durchgeführt werden.

Eine Verallgemeinerung des mehrstufigen Verfahrens von Engle & Granger auf den Fall $(r > 1)$ ändert die asymptotischen Verteilungsaussage von Phillips in (3.48) nicht, wenn vorausgesetzt werden kann, daß es r Variablen in dem System gibt, die Koeffizienten $c_{ii} \neq 0$ besitzen und untereinander nicht kointegriert sind. Das System wird so geschrieben, daß die r Variablen zuerst in x_t stehen. Im Sinne der Kointegrationsmatrix von Johansen wird damit ein Rang von r für die ersten r Spalten der Kointegrationsmatrix unterstellt.

3.5.5 Nichtlinearer Ansatz von Stock (1987)

Bei der mehrstufigen Schätzung der Parameter werden superkonsistente Schätzer für den Kointegrationsvektor erzielt. Stock (1987) weist darauf hin, daß die Engle–Granger–Schätzer für die Kointegrationsmatrix nicht effizient sind, da die Dynamik des Systems nicht beachtet wird. Stock schlägt für $r = 1$ deshalb die Schätzung folgender Regressionsgleichung vor

$$(3.50) \quad \Delta x_{1,t} = \delta_1 x_{1,t-1} + \delta_2 x_{2,t-1} + \ldots + \delta_K x_{K,t-1} + \sum_{i=1}^{p-1} \Pi_{1,i}^{\dagger}\Delta x_{t-i} + \epsilon_t.$$

Die Schätzung erfolgt mit der Methode der Kleinsten–Quadrate. Dieser Ansatz wird nichtlinear genannt, da die Kointegrationsparameter eine nichtlineare Kombination der δ_i sind. Die Schätzung der Kointegrationsparameter lautet

$$\hat{b}_1 = \hat{\delta}_1$$
$$\hat{c}_i = \frac{-\hat{\delta}_i}{\hat{\delta}_1} \quad \text{für} \quad i = 2,\ldots,p.$$

Die Schätzer aus (3.50) besitzen im Systemzusammenhang folgende asymptotische Verteilung

$$(3.51) \quad \sqrt{T}\mathrm{vec}\left(\left(\hat{\Pi}_{1,St}^{\dagger},\ldots,\hat{\Pi}_{p-1,St}^{\dagger}, -\hat{\delta}_{St}\right) - \left(\Pi_1^{\dagger},\ldots,\Pi_{p-1}^{\dagger}, -\delta\right)\right) \overset{d}{\to} N\left(0,(\Sigma_{St})\right),$$

58

wobei

$$\Sigma_{St} = \left(\left(\begin{array}{cc} I_{Kp-K} & 0 \\ 0 & C' \end{array} \right) \Sigma_{st}^{-1} \left(\begin{array}{cc} I_{Kp-K} & 0 \\ 0 & C \end{array} \right) \otimes \Sigma_\epsilon \right)$$

und

$$\Sigma_{st} = \operatorname{plim} \frac{1}{T} \left(\begin{array}{cc} ZZ' & ZX'_{-1}C' \\ CX_{-1}Z' & CX_{-1}X'_{-1}C' \end{array} \right)$$

sind. Die Kovarianzmatrix aus (3.51) unterscheidet sich von der Kovarianzmatrix aus (3.37) nur durch die Niveauvariable (x_{t-1}), die hier mit der ersten Verzögerung aufgenommen worden ist. Die größere Differenz der Schätzansätze liegt in der Schätzung der Kointegrationsbeziehungen.

3.5.6 Halbparametrische Ansätze für die Phillips–Darstellung

3.5.6.1 Der Ansatz von Phillips mit unabhängig, identisch verteilten Rauschgrößen

Wie in Abschnitt 3.3 dargestellt, macht Phillips die Annahme, daß der Rauschprozeß unabhängig von den Parametern der Kointegrationsbeziehungen ist. Bei der Analyse stehen die Kointegrationsbeziehungen im Vordergrund, und es wird kein Ansatz zur Schätzung aller Parameter eines Systems mit kointegrierten Variablen angestrebt.

Das Ausgangsmodell von Phillips in der ECM–Form ist:

$$\Delta x_t = -\Pi x_{t-1} + v_t,$$

wobei

$$\Pi = BC, \quad B = \left(\begin{array}{c} I \\ 0 \end{array} \right), \quad C = (I, -\tilde{C}) \quad \text{und} \quad v_t = \left(\begin{array}{cc} I_r & -\tilde{C} \\ 0 & I_{K-r} \end{array} \right) \tilde{\epsilon}_t$$

ist. Um die Ergebnisse einfacher darzustellen, macht Phillips (1989) zunächst die Annahme, daß der Rauschprozeß einer Normalverteilung folgt ($\tilde{\epsilon}_t = \epsilon_t \sim i.i.d.n(0, \Sigma)$) mit Σ positiv definit. Die Kovarianzmatrix der v_t ist hier $\check{\Sigma}$. Die logarithmierte Likelihoodfunktion lautet dann bis auf eine Konstante

$$(3.52) \quad \ln l(\tilde{C}, \check{\Sigma}) = -\frac{T}{2} \ln |\check{\Sigma}| - \frac{1}{2} \sum (\Delta x_t + \Pi x_{t-1})' \check{\Sigma}^{-1} (\Delta x_t + \Pi x_{t-1}).$$

Sei $\check{\Sigma}_{11.2} = \check{\Sigma}_{11} - \check{\Sigma}_{12} \check{\Sigma}_{22}^{-1} \check{\Sigma}_{21}$, dann kann $\ln l(\tilde{C}, \check{\Sigma})$ in die Summe einer bedingten log–Likelihood

$$(3.53) \quad -\frac{T}{2} \ln |\check{\Sigma}_{11.2}| - \frac{1}{2} \sum (x_{1t} - \tilde{C} x_{2t} - \check{\Sigma}_{12} \check{\Sigma}_{22}^{-1} \Delta x_{2t})' \check{\Sigma}_{11.2}^{-1} (x_{1t} - \tilde{C} x_{2t} - \check{\Sigma}_{12} \check{\Sigma}_{22}^{-1} \Delta x_{2t})$$

und der Randlikelihood

$$(3.54) \quad -\frac{T}{2} \ln |\check{\Sigma}_{22}| - \frac{1}{2} \sum \Delta x'_{2t} \check{\Sigma}_{22}^{-1} \Delta x_{2t}$$

umgeschrieben werden. Es wird deutlich, daß die Kointegrationsmatrix nicht von der Rand-likelihood abhängt. Unter den gemachten Annahmen, d.h. der Kointegrationsrang r und die Ladungsmatrix B sind bekannt, entspricht die ML–Schätzung einer KQ–Schätzung folgender Gleichung

$$(3.55) \quad x_{1t} = \check{C} x_{2t-1} + (\check{\Sigma}_{12} \check{\Sigma}_{22}^{-1}) \Delta x_{2t} + v_{1.2t}$$

mit $v_{1.2t} = v_{1t} - (\check{\Sigma}_{12} \check{\Sigma}_{22}^{-1}) v_{2t}$. In diesem Fall sind die beiden Rauschprozesse $v_{1.2t}$ und v_{2t} unkorreliert. Folgende Konvergenzzusammenhänge gelten nun (vgl. Phillips (1989)), falls die einzelnen Beobachtungen in Matrizen zusammengefaßt werden (z.B. $V_{1.2} = (v_{1.2,1}, \ldots, v_{1.2,T})$),

$$T^{-2} X_2 Q X_2' = T^{-2} X_2 X_2' - T^{-2} (T^{-1} X_2 \Delta X_2') \left(T^{-1} \Delta X_2 \Delta X_2' \right)^{-1} (T^{-1} \Delta X_2 X_2')$$

$$\overset{d}{\to} \int_0^1 W_2(t) W_2'(t) dt$$

und

$$T^{-1} V_{1.2} Q X_2' = T^{-1} V_{1.2} X_2 - T^{-2} (T^{-1} V_{1.2} \Delta X_2') \left(T^{-1} \Delta X_2 \Delta X_2' \right)^{-1} (T^{-1} \Delta X_2 X_2')$$

$$\overset{d}{\to} \int_0^1 dW_{1.2}(t) W_2'(t) dt$$

wobei $W_{1.2}(t) = W_1(t) - \check{\Sigma}_{12} \check{\Sigma}_{22}^{-1} W_2(t)$ ist. Dieser Prozeß ist unabhängig von $W_2(t)$. Nun ergibt sich bei einer KQ–Schätzung der Gleichung (3.55) als ML–Schätzer

$$\hat{\check{C}} = \check{C} + (V_{1.2}' Q x_2)(x_2' Q x_2)^{-1}$$

folgende Konvergenzaussage

$$(3.56) \quad T \mathrm{vec}(\hat{\check{C}} - \check{C}) \overset{d}{\to} \left(\int_0^1 dW_{1.2}(t) W_2'(t) \right) \left(\int_0^1 W_2(t) W_2'(t) dt \right)^{-1}.$$

(Beweis Phillips (1989)). Auch in diesem Fall wird ein superkonsistenter Schätzer abgeleitet, der gegen eine stochastische Größe konvergiert. Aber der Schätzer besitzt keine Verzerrung zweiter Ordnung wie der Schätzer von Engle & Granger. Die Residuen der ersten Gleichung sind so transformiert, daß sie von den restlichen Residuen unabhängig sind. Mit dieser Vor-gehensweise werden asymptotisch unabhängige Wiener–Prozesse erzeugt, so daß nicht $W_1(t)$ sondern $W_{1.2}(t)$ in (3.56) erscheint. Der Prozeß ist unabhängig von $W_2(t)$. Ein entsprechendes Ergebnis erhält Johansen (1989), S. 53ff für seinen ML–Schätzer der Kointegrationsmatrix (vgl. Abschnitt 3.5.1). Bei der Johansen–Prozedur wird eine andere Normierung des Schätzers der Kointegrationsmatrix vorgenommen und die Korrelation zwischen den Rauschprozessen über die Konzentrierung der Likelihoodfunktion herausgefiltert. Für ein festes $\int_0^1 W_2(t) W_2'(t) dt$ wird die asymptotische Verteilung (3.56) zu einer Normalverteilung, so daß Phillips bei der Verteilung (3.56) von einer gemischten Normalverteilung spricht.

3.5.6.2 Der Ansatz von Phillips für allgemeinere Rauschgrößen

Wird die Unabhängigkeitsannahme des Rauschprozesses aufgegeben und ein stationärer, ergodischer Prozeß zugelassen, dann können folgende Matrizen des Rauschprozesses definiert werden:

$$\Omega = \Sigma + \Lambda + \Lambda'$$
$$\Sigma = E(\tilde{\epsilon}_t \tilde{\epsilon}_t')$$
$$\Lambda = \sum_{j=1}^{\infty} E(\tilde{\epsilon}_t \tilde{\epsilon}_{t-j}')$$
$$\Delta = \Sigma + \Lambda.$$

Der Rauschprozeß $\tilde{\epsilon}_t$ hat eine stetige spektrale Dichte mit $\Omega = 2\pi f_{\epsilon\epsilon}(0)$. Unter diesen Annahmen hat der Schätzer der Kointegrationsmatrix mit der Methode der Kleinsten-Quadrate folgende asymptotische Verteilungseigenschaft

$$T\text{vec}(\hat{C}_{KQ} - C) \overset{d}{\to} \left(\int_0^1 dW_1(t)W_2'(t) + \Delta_{12} \right) \left(\int_0^1 W_2(t)W_2'(t) \right)^{-1}.$$

Der Schätzer ist superkonsistent, aber besitzt eine Verzerrung zweiten Grades, die die gleichzeitige Σ_{12} und verzögerte Korrelation Λ_{12} der Rauschprozesse enthält, wobei die Matrizen Σ und Λ in vier Untermatrizen partitioniert worden sind. Die Dimensionen ergeben sich aus der Partitionierung von x_t in $(r \times 1)\, x_{1t}$ und $((K-r) \times 1)\, x_{2t}$. Dies verallgemeinert die Verteilungsaussage (3.48) für den KQ-Schätzer der ersten Stufe des Engle–Granger–Verfahrens. Park & Phillips (1988) schlagen eine nichtparametrische Bias-Korrektur vor. Die Verzerrung zweiter Ordnung kann geschätzt werden, wenn der Rauschprozeß konsistent geschätzt wird. Zur Schätzung der Residuen wird die Kointegrationsregression und die Eigenschaft benutzt, daß unter der Nullhypothese die Quelle der Nichtstationarität die Variablen x_{2t} sind

$$\hat{\epsilon}_1 = X_1 - \hat{C}_{KQ} X_2$$
$$\hat{\epsilon}_2 = \Delta X_2.$$

Die geschätzten Residuen werden zu einem Rauschprozeß zusammengefaßt ($\hat{\epsilon}_t = (\hat{\epsilon}_{1,t}', \hat{\epsilon}_{2,t}')'$). Mit den geschätzten Residuen wird eine konsistente Schätzung der Matrizen Ω und Δ durchgeführt

$$(3.57) \quad \hat{\Omega} = T^{-1} \sum_{t=1}^{T} \hat{\epsilon}_t \hat{\epsilon}_t' + T^{-1} \sum_{s=1}^{l} w(l,s) \sum_{t=s+1}^{T} (\hat{\epsilon}_{t-s} \hat{\epsilon}_t' + \hat{\epsilon}_t \hat{\epsilon}_{t-s}')$$

und

$$(3.58) \quad \hat{\Delta} = T^{-1} \sum_{t=1}^{T} \hat{\epsilon}_t \hat{\epsilon}_t' + T^{-1} \sum_{s=1}^{l} \omega(l,s) \sum_{t=s+1}^{T} \hat{\epsilon}_{t-s} \hat{\epsilon}_t',$$

wobei l ein Abschneidungsparameter und $w(l,s)$ ein geeignetes Gewichtungsschema ist. Ein Gewichtungsschema wird zur Schätzung der Varianzen benutzt, um das Auftreten von negativen Varianzen zu verhindern. Analog zum univariaten Vorgehen wird häufig das Gewichtsschema von Bartlett verwendet $\left(\omega(l,s) = 1 - \frac{s}{l+1}\right)$. Die Matrizen Ω und Δ werden entsprechend der Dimension von x_1 und x_2 in vier Untermatrizen partitioniert. Der Bias korrigierte Schätzer $\hat{C}_{BK_0}$ für die Kointegrationsmatrix lautet dann

$$\hat{C}_{BK_0} = \left(X_1 X_2' - T\hat{\Delta}_{12}\right) (X_2 X_2')^{-1}.$$

Dieser Schätzer enthält keine asymptotische Verzerrung zweiter Ordnung, da eine Bias–Korrektur mit $T\hat{\Delta}_{12}$ vorgenommen wird.

Bei diesem Ansatz wird noch die Annahme gemacht, daß die Variablen x_2 exogen zu x_1 sind. Wird diese Annahme aufgegeben, dann verdeutlicht die Likelihoodanalyse des Phillips-Modells (vgl. (3.53)), welche Modifikation vorgenommen werden könnte (vgl. Phillips & Hansen (1990)). Die Schätzung der Residuenmatrizen erfolgt analog zur der Vorgehensweise, die bei der Bias-Korrektur verwendet worden ist, mit den Beziehungen (3.57) und (3.58). Die abhängige Variable wird wie folgt modifiziert

$$x_{1,t}^{\star} = x_{1,t} - \hat{\Omega}_{12}\hat{\Omega}_{22}^{-1}\Delta x_{2,t}.$$

Zur Schätzung der Kointegrationsparameter wird die Methode der Kleinsten–Quadrate angewendet. Die Regression

$$(3.59) \quad \hat{C}_{mod} = \left(\sum x_{1,t}^{\star} x_{2,t}' - T\left(\hat{J}_1 \hat{\Delta}_2'\right)\right) \left(\sum x_{2t} x_{2t}'\right)^{-1}$$

wird modifizierter Bias-korrigierter Ansatz genannt, wobei

$$\hat{J}_1 = [I_r, \; -\hat{\Omega}_{12}\hat{\Omega}_{22}^{-1}]$$

ist. Dieser Schätzer konvergiert gegen

$$(3.60) \quad T\text{vec}(\hat{C}_{mod} - \bar{C}) \overset{d}{\to} \left(\int_0^1 dW_{1.2}(t)W_2'(t)\right) \left(\int_0^1 W_2(t)W_2'(t)dt\right)^{-1}.$$

Der Schätzer (3.59) ist superkonsistent und besitzt keine Verzerrung zweiten Grades. Für ein festes $\int_0^1 W_2(t)W_2'(t)dt$ kann die aysmptotische Verteilung als eine Normalverteilung identifiziert werden.

In den bisherigen Ausführungen wurde eine deterministische Komponente eher am Rande betrachtet, wobei eine Erweiterung der dargestellten Ansätze um eine deterministische Komponente möglich ist (vgl. Phillips & Hansen (1990)). Eine deterministische Komponente kann als Niveauverschiebung in den Kointegrationsbeziehungen oder als Driftkomponente im treibenden nichtstationären Prozeß enthalten sein. Da sich durch diese Verallgemeinerung die Schätztechniken und die Verteilungsaussagen für die Schätzer der Kointegrationsmatrix nicht wesentlich ändern, wird im nächsten Abschnitt ein Schätzansatz von Park aufgeführt (vgl. Ogaki & Park (1989); Park (1990)).

3.5.6.3 Der Ansatz von Park

Bei dem Ansatz von Park wird eine Filterung der integrierten Variablen mit stationären Größen durchgeführt, wobei die Transformationsmatrizen über eine sogenannte kanonische Korrelationsanalyse bestimmt werden (vgl. Ogaki & Park (1989); Park (1990)). Der Schätzansatz soll für den Fall mit $r = 1$ dargestellt werden. Bei der Darstellung wird die deterministische Komponente stärker berücksichtigt. Es gelte das folgende Modell

$$(3.61) \quad x_{1,t} = \nu^c + \zeta^c t + c_2^{x\prime} x_{2,t} + \epsilon_t^c$$

$$(3.62) \quad x_{2,t} = \zeta_2 + x_{2,t-1} + \epsilon_{2,t}.$$

Die erste Gleichung ist die Kointegrationsgleichung. Für die restlichen $K - 1$ Variablen gelte die zweite Gleichung. Der Rauschprozeß sei schwach ergodisch (vgl. Abschnitt 2.3). Hier wird unterstellt, daß die Variablen deterministisch kointegriert sind, d.h. der Koeffizient des Trendterms wird in diesem Fall Null ($\zeta^c = \zeta_1 - c_2^{x\prime} \zeta_2 = 0$). Das Modell reduziert sich dann zu

$$(3.63) \quad x_{1,t} = \nu^c + c_2^{x\prime} x_{2,t} + \epsilon_t^c$$

$$(3.64) \quad x_{2,t} = \zeta_2 + x_{2,t-1} + \epsilon_{2,t}.$$

Eine effiziente Schätzung wird durch eine kanonische Korrelationsanalyse erreicht (vgl. Ogaki & Park (1989)). Im ersten Schritt werden die Rauschprozesse ϵ^c und ϵ_2 berechnet. Dies kann mit Hilfe der KQ-Schätzung der Gleichungen (3.63) und (3.64) erzielt werden. Wird dann $\epsilon_t = (\epsilon_t^c, \epsilon_{2,t})$ definiert, können die Residuenmatrizen mit den Gleichungen (3.57) und (3.58) geschätzt werden. Die Matrizen Ω und Δ sind entsprechend der Dimension von x_1 und x_2 in vier Untermatrizen partitioniert. Nun wird eine Filterung mit stationären Größen durchgeführt, indem folgende neuen Variablen berechnet werden

$$x_{1,t}^* = x_{1,t} - \left(\hat{c}_2^x \hat{\Delta}_2^\prime \hat{\Sigma}^{-1} + \left(0, \hat{\Omega}_{12} \hat{\Omega}_{22}^{-1} \right) \right) \hat{\epsilon}_t$$
$$x_{2,t}^* = x_{2,t} - \hat{\Delta}_2^\prime \hat{\Sigma}^{-1} \hat{\epsilon}_t,$$

wobei $\Delta_2 = [\Delta_{21}, \Delta_{22}]^\prime$ ist. Mit dem zweiten Term in der Gleichung für $x_{1,t}^*$ wird eine Biaskorrektur vorgenommen, währen der dritte Term die Unabhängigkeit zwischen den zwei Komponenten des Rauschprozesses erzeugt. Bei dieser Filterung werden sowohl die zu erklärenden Variablen x_{1t} als auch die erklärenden Variablen x_{2t} gefiltert, während im Ansatz (3.59) nur die x_{1t} transformiert werden. Die Ansätze unterscheiden sich in der unterschiedlichen Bestimmung des Bias-Terms. Um Schätzer für $C = (\nu^c, c_2^x)^\prime$ zu erhalten, wird $z_t = (1, x_{2,t}^*)$ erstellt. Mit diesen Variablen wird eine KQ-Schätzung durchgeführt

$$\hat{C} = \left(\sum z_t z_t^\prime \right)^{-1} \sum z_t x_{1,t}^{*\prime}.$$

Für die Schätzer dieses zweistufigen Verfahrens kann eine asymptotische Verteilung abgeleitet werden. Es kann bewiesen werden, daß $\hat{C}$ unter der Nullhypothese der Kointegration die folgende Verteilung besitzt

$$(3.65) \quad T\mathrm{vec}(\hat{C} - C) \xrightarrow{d} N\left(0, \Omega_{11.2}\mathrm{plim}\left(T^{-2}\sum z_t z_t'\right)^{-1}\right)$$

$$(3.66) \qquad\qquad = N\left(0, \Omega_{11.2}\left(\int_0^1 W_2(t)W_2'(t)dt\right)^{-1}\right)$$

wobei dies eine gemischte Normalverteilung ist, die vom Grenzprozeß von $z_t z_t'$ abhängt. Es gilt $T^{-2}\sum z_t z_{t'} \xrightarrow{d} \int W_2(t)W_2'(t)dt$. Außerdem gilt $\Omega_{11.2} = \Omega_{11} - \Omega_{12}\Omega_{22}^{-1}\Omega_{21}$. Die Diagonalelemente können als Schätzer für die Varianz der Parameter benutzt werden.

In der obigen Analyse wurde die Möglichkeit einer Korrelation zwischen den Residuen für die Schätzung der ersten Stufe nicht berücksichtigt. Dieser Mangel kann mit dem Ansatz der scheinbar unkorrelierten Regression (SUR) behoben werden (vgl. Ogaki & Park (1989)).

3.6 Simulationsstudie zu den Schätzeigenschaften

In einer kleinen Simulationsstudie sollen die Eigenschaften des ML–Schätzers von Johansen, des Kointegrationsvektorschätzers von Engle & Granger und des nichtparametrischen Kointegrationsvektorschätzers von Phillips & Hansen in kleinen Stichproben untersucht werden. Als Simulationsmodelle wird zum einen ein Modell in der autoregressiven Form und zum anderen ein Modell in der Phillips–Form genommen. Die Simulation soll keine umfaßende Studie zu den Eigenschaften der Schätzer in kleinen Stichproben sein, sondern sie soll an einem Beispiel die Präzision der Schätzer und die Verteilungen der Schätzer illustrieren.

3.6.1 Simulationen zur Johansen–Darstellung

Das erste vorgegebene Modell lautet (Modell A):

$$(3.67) \quad \Delta x_t = \begin{pmatrix} 0.0 \\ 0.0 \end{pmatrix} + \begin{pmatrix} -0.4 & 0.2 \\ 0.0 & -0.6 \end{pmatrix}\Delta x_{t-1} - \begin{pmatrix} 1.0 \\ 0.8 \end{pmatrix}\begin{pmatrix} -1.0 & 2.0 \end{pmatrix}x_{t-2} + \begin{pmatrix} \epsilon_{1t} \\ \epsilon_{2t} \end{pmatrix}$$

oder

$$x_t = \begin{pmatrix} 0.0 \\ 0.0 \end{pmatrix} + \begin{pmatrix} 0.6 & 0.2 \\ 0.0 & 0.4 \end{pmatrix}x_{t-1} + \begin{pmatrix} 1.4 & -2.2 \\ 0.8 & -1.0 \end{pmatrix}x_{t-2} + \begin{pmatrix} \epsilon_{1t} \\ \epsilon_{2t} \end{pmatrix}.$$

Die Wurzeln des autoregressiven Polynoms lauten $\lambda_1 = 1.0$, $\lambda_2 = 0.78$ und $\lambda_{3/4} = -.392 \pm .551i$. Um Hinweise auf die Wirkung eines veränderten Absolutgliedes auf die Schätzungen der anderen Parameter zu erhalten, wird das Modell mit Absolutgliedern $\nu \neq 0$ vorgegeben (Modell B)

$$(3.68) \quad x_t = \begin{pmatrix} 1.0 \\ 0.5 \end{pmatrix} + \begin{pmatrix} 0.6 & 0.2 \\ 0.0 & 0.4 \end{pmatrix}x_{t-1} + \begin{pmatrix} 1.4 & -2.2 \\ 0.8 & -1.0 \end{pmatrix}x_{t-2} + \begin{pmatrix} \epsilon_{1t} \\ \epsilon_{2t} \end{pmatrix}.$$

In der Simulation werden 50 Vorstichprobenwerte und $T = 104$ Stichprobenwerte gezogen. Als Anfangsbedingung wird $x_{-50} = x_{-51} = 0$ gesetzt. Die Anfangsbedingung ist willkürlich und bleibt, da die Zeitreihen per Konstruktion nichtstationär (integriert vom Grade 1) sind, im Prozeß erhalten. Die Nichtstationarität macht auch die Entscheidung über die Anzahl der Vorstichprobenwerte problematisch, da diese im Prozeß nicht abgebaut werden (der Prozeß hat ein unendliches Gedächtnis). Da der Prozeß auch stationäre Komponenten enthält, sollten trotzdem Vorstichprobenwerte gezogen werden. Das Modell wird mit den Lagordnungen $p = 1, 2, 3, 4$ geschätzt, so daß ein Stichprobenumfang von $T = 100$ vorliegt. Es werden 1000 Replikationen erzeugt.

Zunächst werden Modelle mit dem ML-Ansatz von Johansen (vgl. Abschnitt 3.5.1) geschätzt, wobei ein Absolutglied in der Schätzung aufgenommen worden ist. Die Ergebnisse der Simulation sind für $p = 2$ und $r = 1$ in der Tabelle 3.1 zusammengestellt. In der ersten Spalte sind die einzelnen Parameter aufgeführt, wobei die Elemente der Matrizen entsprechend dem vec-Operator angeordnet sind, der die Spalten einer Matrix untereinander schreibt.

Mittelwert und Standardfehler der Elementschätzung befinden sich in der nächsten Spalte. In der Kopfzeile stehen die Prozentpunkte und in der nächsten Zeile die dazugehörigen Quantile einer Standardnormalverteilung. Die 1000 Werte des jeweiligen Elements werden mit ihrem Mittelwert und Standardfehler normiert. Im Inneren der Tabelle sind die zu den Prozentpunkten gehörenden Ordnungsstatistiken eingetragen. Im ersten Teil der Tabelle 3.1 sind die Ergebnisse mit vorgegebenen Absolutgliedern gleich Null und im zweiten Teil die mit den Absolutgliedern ungleich Null aufgeführt. In der letzten Spalte ist der χ^2-Wert eines nichtparametrischen χ^2-Anpassungstests aufgeführt, mit dem die Hypothese einer Normalverteilung der Schätzer überprüft werden soll.

Bei der Berechnung der Teststatistik werden zunächst $M = 25$ Klassen vorgegeben. Um die Klassenbreite zu bestimmen, wird die Differenz zwischen größter und kleinster Ordnungsstatistik betrachtet und durch 25 dividiert. Die Klassenbreite wird für alle Klassen gleich gesetzt. Als χ^2-Anpassungstests wird die Statistik

$$g = \sum_{m=1}^{M} \frac{(N_m - np_m^0)^2}{np_m^0}$$

berechnet, wobei n die Anzahl der Replikationen, p_m^0 die Wahrscheinlichkeit der m-ten Klasse unter der Nullhypothese und N_m die empirische Besetzungszahl der m-ten Klasse bezeichnet. Eine Klasse, die eine Besetzungszahl von weniger als 10 hat, wird mit der nächsten Klasse zusammengefaßt, so daß sich bei der Berechnung der Teststatistik eventuell eine geringere Anzahl von Klassen ergibt. Die Teststatisik g hat unter der Nullhypothese eine χ^2-Verteilung. Außerdem werden mit Hilfe der empirischen Verteilung Mittelwert und Varianz der Normalverteilung unter der Nullhypothese geschätzt, so daß zwei weitere Freiheitsgrade verloren gehen.

Tabelle 3.1: ML–Schätzung der Koeffizienten für T = 100 mit der Lagordnung $p = 2$ und dem Kointegrationsrang $r = 1$, empirische Verteilung der normierten Größe

‡	Mittel-wert†	0.01	0.025	0.05	0.10	0.50	0.90	0.95	0.975	0.99	χ^2
		-2.326	-1.960	-1.645	-1.282	0.0	1.282	1.645	1.960	2.326	
		Modell A mit $\nu_1 = 0.$ und $\nu_2 = 0.$									
C_1	-0.4925 (.0575)	-2.958	-2.303	-1.762	-1.370	.111	1.154	1.364	1.619	1.991	**48.9**
	0.9851 (.1146)	-1.997	-1.636	-1.372	-1.169	-.100	1.392	1.772	2.300	2.778	**68.1**
B_1	2.0361 (.2711)	-2.395	-2.085	-1.611	-1.299	.004	1.287	1.599	1.983	2.262	13.2
	1.6711 (.1659)	-2.104	-1.876	-1.640	-1.251	-.020	1.337	1.719	2.074	2.389	25.4
Π	-0.9885 (.0510)	-2.140	-1.919	-1.632	-1.264	-.029	1.267	1.657	1.991	2.532	11.1
	-0.8152 (.0508)	-2.858	-2.186	-1.663	-1.304	.058	1.214	1.500	1.724	1.968	15.2
	1.9770 (.1012)	-2.472	-1.982	-1.667	-1.297	.039	1.294	1.587	1.852	2.100	14.2
	1.6303 (.0999)	-2.022	-1.705	-1.506	-1.203	-.056	1.282	1.669	2.178	2.832	**29.6**
Γ	-0.4087 (.0523)	-2.476	-2.047	-1.671	-1.275	-.009	1.195	1.574	1.903	2.336	16.1
	0.0134 (.0515)	-2.383	-1.936	-1.610	-1.258	-.029	1.294	1.621	2.049	2.498	21.3
	0.2104 (.0868)	-2.236	-1.928	-1.682	-1.272	-.004	1.265	1.646	1.962	2.272	17.5
	-0.6143 (.0861)	-2.353	-1.994	-1.705	-1.277	.001	1.251	1.679	1.908	2.371	**28.3**
ν	-0.0039 (.2489)	-2.969	-2.048	-1.518	-1.065	-.030	1.119	1.599	2.089	2.753	**89.7**
	0.0006 (.2229)	-2.929	-2.208	-1.600	-1.082	-.022	1.067	1.601	2.238	2.664	**93.3**
		Modell B mit $\nu_1 = 1.0$ und $\nu_2 = 0.5$									
C_1	-0.4928 (.0578)	-2.842	-2.397	-1.750	-1.381	.097	1.155	1.400	1.633	2.019	**60.3**
	0.9856 (.1153)	-2.023	-1.663	-1.394	-1.162	-.091	1.379	1.746	2.345	2.745	**78.0**
B_1	2.0360 (.2715)	-2.395	-2.085	-1.604	-1.301	.009	1.279	1.598	1.953	2.278	13.0
	1.6712 (.1654)	-2.109	-1.877	-1.651	-1.251	-.021	1.342	1.688	2.085	2.409	**27.7**
Π	-0.9889 (.0513)	-2.257	-1.852	-1.620	-1.271	-.026	1.299	1.664	1.981	2.427	**32.8**
	-0.8156 (.0503)	-2.812	-2.141	-1.629	-1.304	.054	1.179	1.526	1.713	2.041	**27.1**
	1.9779 (.1023)	-2.476	-1.994	-1.671	-1.318	.038	1.265	1.595	1.825	2.192	22.6
	1.6313 (.1001)	-2.036	-1.744	-1.513	-1.191	-.054	1.300	1.650	2.148	2.800	**31.3**
Γ	-0.4084 (.0523)	-2.485	-2.015	-1.665	-1.258	-.008	1.212	1.585	1.875	2.305	**20.1**
	0.0137 (.0520)	-2.422	-2.029	-1.562	-1.254	-.027	1.322	1.642	1.976	2.487	15.9
	0.2099 (.0869)	-2.430	-1.894	-1.671	-1.282	-.005	1.284	1.656	1.944	2.272	20.0
	-0.6147 (.0867)	-2.310	-1.979	-1.741	-1.245	-.020	1.277	1.670	1.880	2.285	16.5
ν	1.0078 (.3573)	-3.143	-2.294	-1.684	-1.160	.063	1.077	1.450	1.945	2.582	**60.6**
	0.4819 (.3067)	-2.695	-1.973	-1.552	-1.183	-.033	1.124	1.479	2.159	2.902	**55.2**

‡ : geschätzte Parameter in der Reihenfolge des vec–Operators,

† : Standardfehler in Klammern,

fettgedruckte χ^2–Werte: signifikant auf dem 5% Niveau.

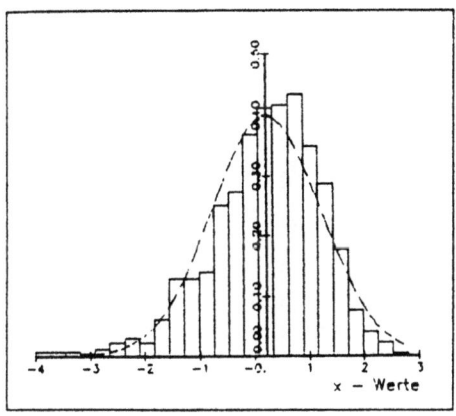

Abb. 3.2a: $\hat{c}_1$, $\nu = 0$

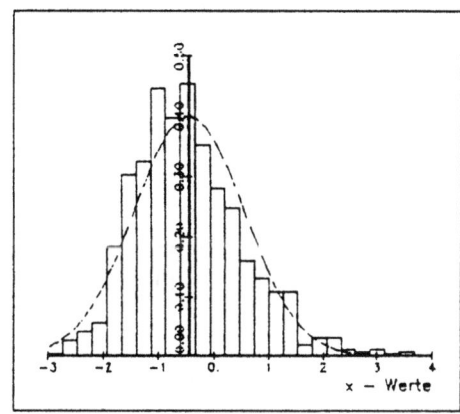

Abb. 3.2b: $\hat{c}_2$, $\nu = 0$

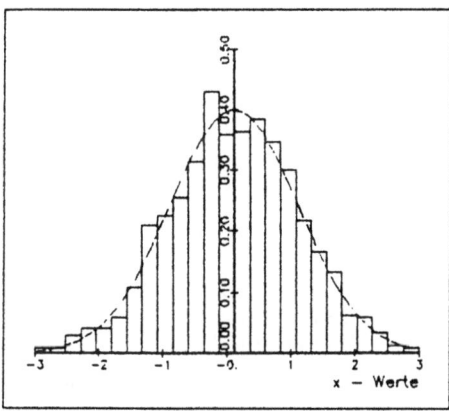

Abb. 3.2c: $\hat{b}_1$, $\nu = 0$

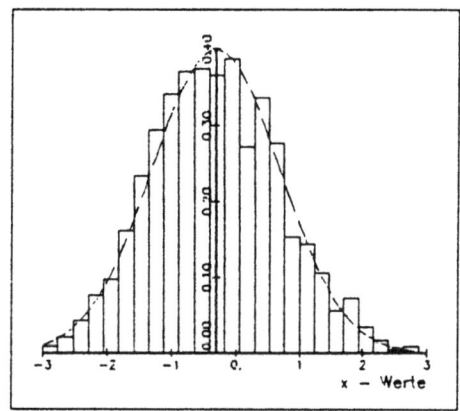

Abb. 3.2d: $\hat{b}_2$, $\nu = 0$

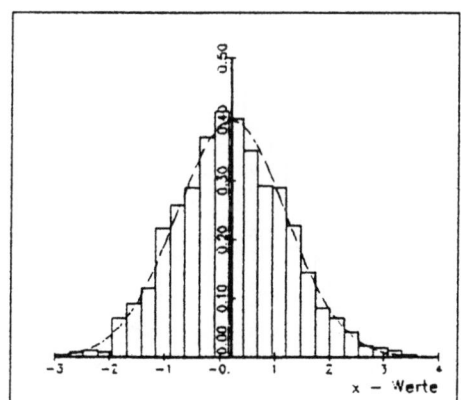

Abb. 3.2e: $\hat{\Pi}_{11}$, $\nu = 0$

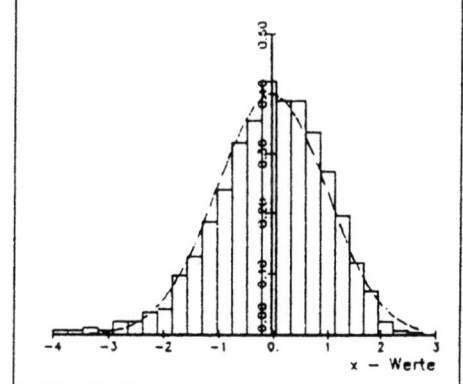

Abb. 3.2f: $\hat{\Pi}_{21}$, $\nu = 0$

Abbildung 3.2: Histogramme von ML–geschätzten Koeffizienten (Modell A).

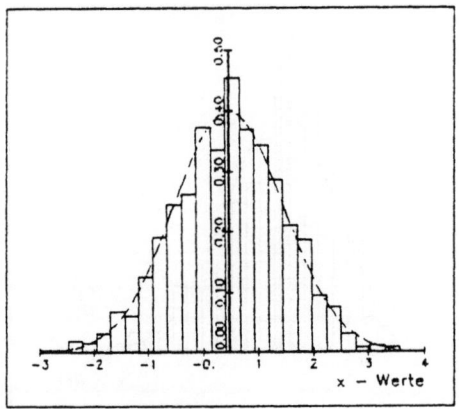

Abb. 3.2g: $\hat{\Pi}_{12}$, $\nu = 0$

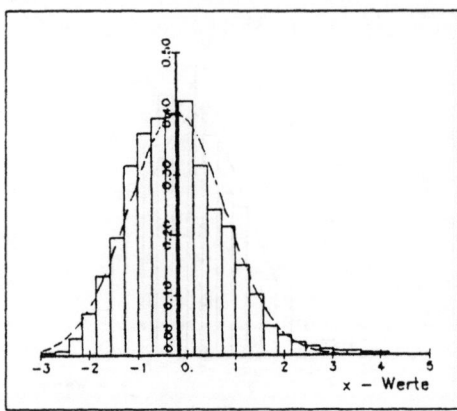

Abb. 3.2h: $\hat{\Pi}_{22}$, $\nu = 0$

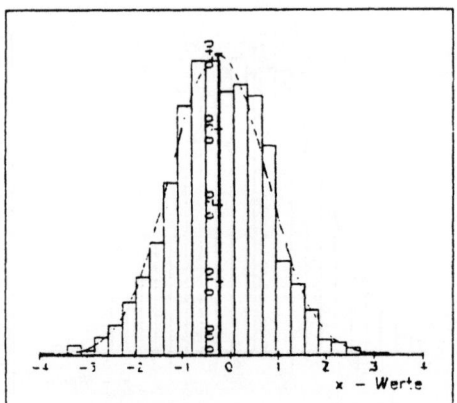

Abb. 3.2i: $\hat{\Gamma}_{11}$, $\nu = 0$

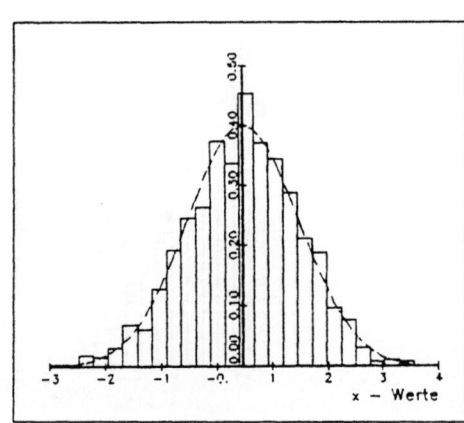

Abb. 3.2j: $\hat{\Gamma}_{21}$, $\nu = 0$

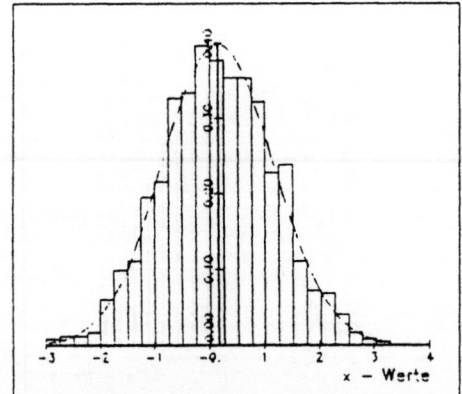

Abb. 3.2k: $\hat{\Gamma}_{12}$, $\nu = 0$

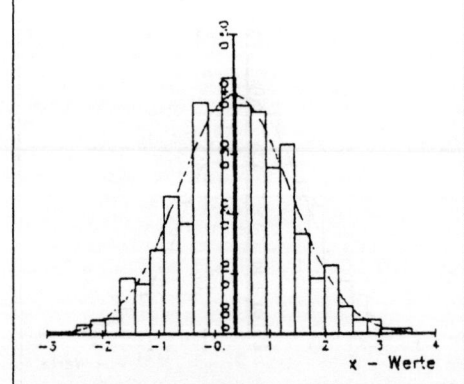

Abb. 3.2l: $\hat{\Gamma}_{22}$, $\nu = 0$

Abbildung 3.2: Histogramme von ML-geschätzten Koeffizienten (Modell A).

Da in der Schätzung die Normierung der Kointegrationsmatrix aus der Johansen–Prozedur übernommen worden ist, erstaunt es nicht, daß die Durchschnittswerte für C wenig mit den vorgegebenen übereinstimmen. Es wird aber deutlich, daß im Durchschnitt die Parameter im Verhältnis $(1 : -2)$ geschätzt worden sind. Eine Nähe zur Normalverteilung ist nicht erkennbar.

In der Abbildung 3.2a und 3.2b wird das Histogramm der normierten Kointegrationskoeffizienten für 25 Klassen gezeichnet, wobei außerdem die Dichte einer Standardnormalverteilung in der Abbildung 3.2 und 3.3 aufgenommen worden ist, um die Abweichungen zur Normalverteilung zu verdeutlichen. Bei einem entsprechenden χ^2–Anpassungstest wird die Nullhypothese der Normalverteilung klar verworfen. Die Elemente der Ladungsmatrix sind aufgrund der Normierung weit von den vorgegebenen Werten entfernt. Die Verteilungen der Schätzer von B liegen näher an einer Normalverteilung (vgl. Abbildung 3.2c, 3.2d). Die Nullhypothese der Normalverteilung kann mit einem Anpassungstest nicht verworfen werden.

Das Produkt des Ladungsvektors und des Kointegrationsvektors ergibt die Π–Matrix, die schon bei diesem Stichprobenumfang im Durchschnitt relativ präzise geschätzt wird. Die Übereinstimmung mit einer Normalverteilung gilt gemäß dem Anpassungstest nicht für den Koeffizienten π_{22} (vgl. Abbildung 3.2e–h). Der Stichprobenumfang von $T = 100$ ist anscheinend noch nicht ausreichend, um auf jeden Fall die asymptotischen Verteilungsergebnisse zu reproduzieren. Die Γ–Matrix wird im Mittel gut geschätzt und deren Schätzer scheinen normalverteilt zu sein (vgl. Abbildung 3.2i–l). Die Absolutglieder werden sehr nahe bei Null geschätzt, doch deckt sich die Verteilung der Schätzer kaum mit einer Normalverteilung, so daß die hohen χ^2–Werte nicht erstaunen. Dies stimmt mit den asymptotischen Ergebnissen überein (vgl. Abschnitt 3.5.1).

Werden in der Simulation Absolutglieder von ungleich Null vorgegeben ($\nu_1 = 1.0$, $\nu_2 = .5$, Modell B), dann scheint dies einen geringen Einfluß auf die Schätzung der dynamischen Parameter zu haben. Die empirische Verteilung der Elemente der Vektoren und Matrizen ändert sich dadurch kaum. Dieser Befund wird durch die Histogramme der geschätzten Koeffizienten unterstützt. Das Histogramm eines Koeffizienten unterscheidet sich nicht wesentlich von entsprechendem Histogramm des Modells A (vgl. Abbildung 3.3). Dies mag in der höheren Konvergenzgeschwindigkeit des Absolutgliedes liegen, das bei integrierten Zeitreihen einen deterministischen Trend implizieren kann.

Im zweiten Teil des Simulationsexperiments soll untersucht werden, wie sich die Schätzung des Kointegrationsvektors ändert, wenn die Lagordnung variiert wird. In diesem Simulationsteil wird der Kointegrationsvektor so normiert, daß $C = (1, -c_2/c_1) = (1, -\tilde{c})$ gilt. Die Ergebnisse der ML–Schätzung des Kointegrationsvektors sind in der Tabelle 3.2 aufgeführt. Es wird deutlich, daß eine zu geringe Wahl der Lagordnung in diesem Beispiel zu einer Unterschätzung des Kointegrationsparameters führt. Wird die wahre Lagordnung spezifiziert, dann wird der Parameter sehr präzise geschätzt. Die Varianz der Schätzung reduziert sich erheblich im Vergleich

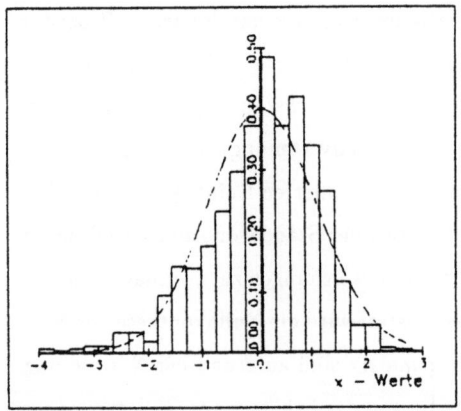

Abb. 3.3a: $\hat{c}_1$, $\nu \neq 0$

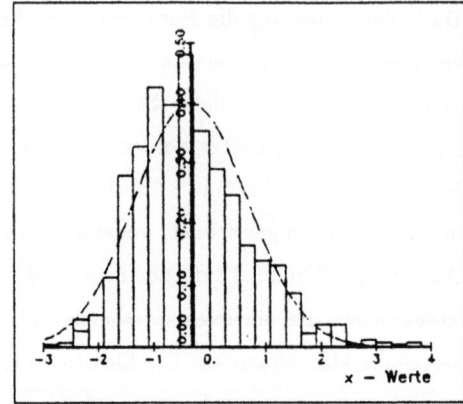

Abb. 3.3b: $\hat{c}_2$, $\nu \neq 0$

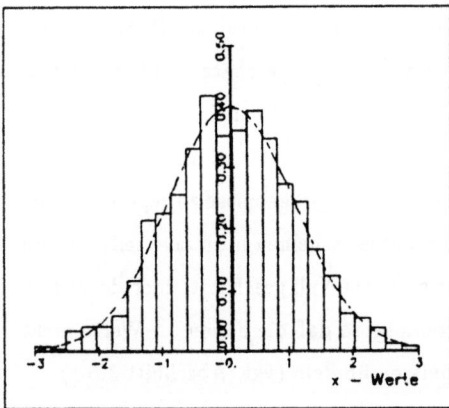

Abb. 3.3c: $\hat{b}_1$, $\nu \neq 0$

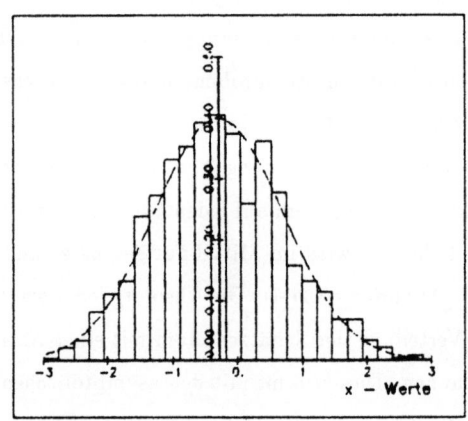

Abb. 3.3d: $\hat{b}_2$, $\nu \neq 0$

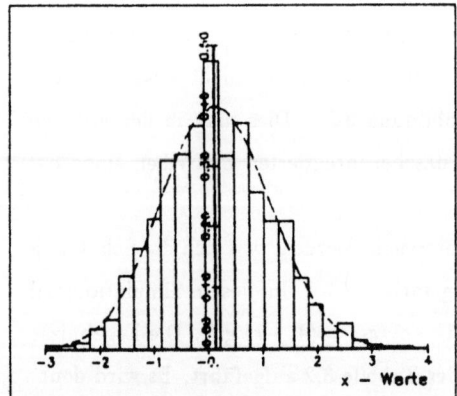

Abb. 3.3e: $\hat{\Pi}_{11}$, $\nu \neq 0$

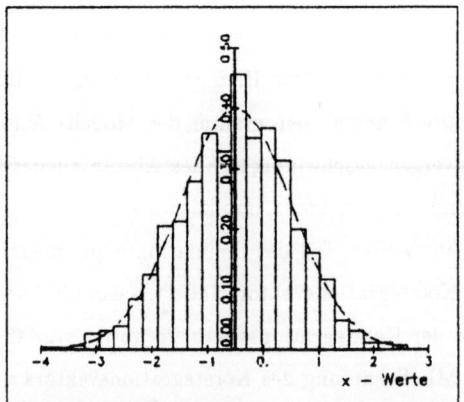

Abb. 3.3f: $\hat{\Pi}_{21}$, $\nu \neq 0$

Abbildung 3.3: Histogramme von ML-geschätzten Koeffizienten mit $\nu_1 = 1.0$, $\nu_2 = .5$ (Modell B).

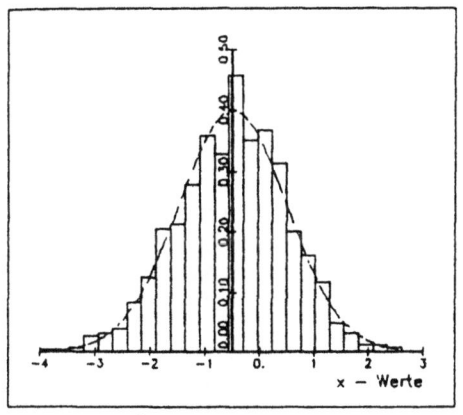

Abb. 3.3g: $\hat{\Pi}_{12}$, $\nu \neq 0$

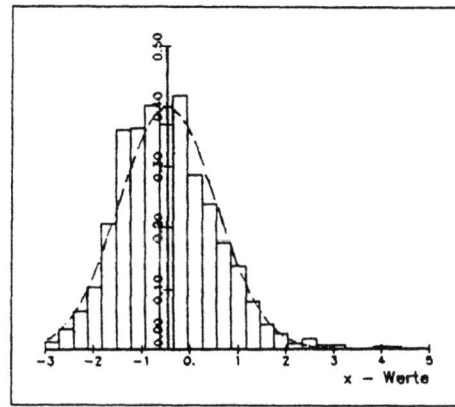

Abb. 3.3h: $\hat{\Pi}_{22}$, $\nu \neq 0$

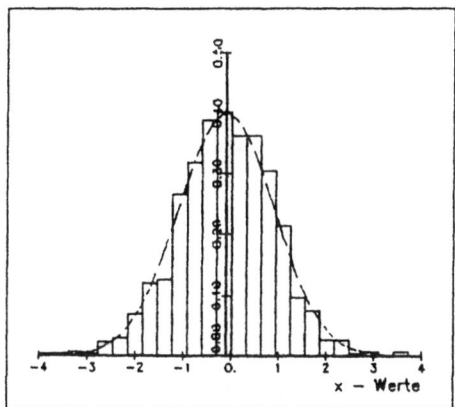

Abb. 3.3i: $\hat{\Gamma}_{11}$, $\nu \neq 0$

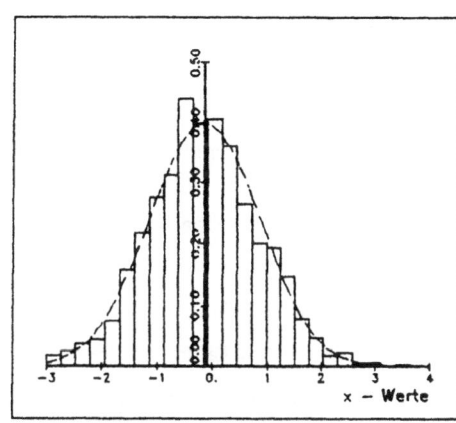

Abb. 3.3j: $\hat{\Gamma}_{21}$, $\nu \neq 0$

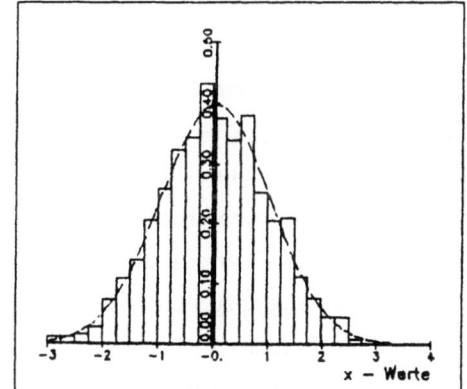

Abb. 3.3k: $\hat{\Gamma}_{12}$, $\nu \neq 0$

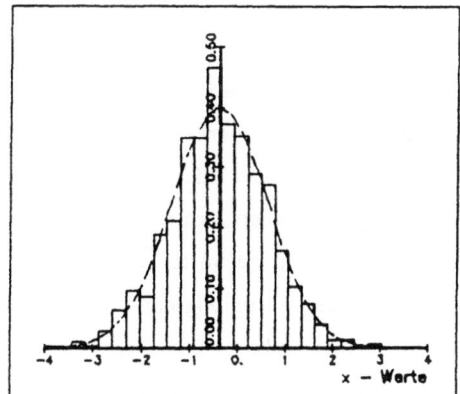

Abb. 3.3l: $\hat{\Gamma}_{22}$, $\nu \neq 0$

Abbildung 3.3: Histogramme von ML-geschätzten Koeffizienten mit $\nu_1 = 1.0$, $\nu_2 = .5$ (Modell B).

Tabelle 3.2: ML–Schätzung der Kointegrationskoeffizienten für T = 100 bei verschiedenen Lagordnungen, empirische Verteilung der normierten Größe

Lag	Mittel-wert[†]	0.01	0.025	0.05	0.10	0.50	0.90	0.95	0.975	0.99	χ^2
		Modell A mit $\nu_1 = 0.$ und $\nu_2 = 0.$									
1	1.9699 (.0392)	-4.008	-3.055	-2.525	-1.974	-.643	0.250	0.524	0.881	1.568	**474.**
2	1.9999 (.0115)	-2.706	-2.139	-1.657	-1.127	-.002	1.111	1.582	2.181	2.781	**71.1**
3	1.9999 (.0121)	-2.664	-2.095	-1.618	-1.130	.007	1.083	1.643	2.060	2.621	**74.5**
4	2.0000 (.0127)	-2.936	-1.997	-1.568	-1.076	.020	1.060	1.549	2.062	2.668	**89.4**
		Modell B mit $\nu_1 = 1.0$ und $\nu_2 = 0.5$									
1	1.9907 (.0263)	-4.472	-2.729	-2.094	-1.431	-.243	0.608	0.995	1.411	2.006	**205.**
2	2.0001 (.0061)	-3.067	-2.257	-1.547	-1.052	.019	1.084	1.623	2.086	2.969	**102.**
3	2.0000 (.0063)	-2.838	-2.312	-1.653	-1.077	.022	1.072	1.559	2.087	2.729	**91.**
4	1.9999 (.0065)	-3.223	-2.276	-1.644	-1.056	.017	1.093	1.563	1.923	2.675	**96.**
		Modell A mit $\nu_1 = 10.$ und $\nu_2 = 10.$									
1	2.0001 (.0031)	-2.377	-1.919	-1.554	-1.164	-.020	1.294	1.716	2.104	2.694	**35.4**
2	2.0000 (.0007)	-2.266	-1.953	-1.601	-1.292	-.028	1.286	1.644	1.918	2.235	17.4
3	2.0000 (.0007)	-2.342	-1.984	-1.589	-1.277	-.029	1.288	1.581	1.944	2.181	17.7
4	2.0000 (.0007)	-2.323	-1.962	-1.598	-1.292	-.033	1.238	1.580	1.903	2.164	10.7

† : Standardfehler in Klammern, fettgedruckte χ^2–Werte: signifikant auf dem 5% Niveau.

zur Schätzung mit $p = 1$. Eine Überschätzung der Lagordnung verändert die Ergebnisse kaum. Die empirischen Verteilungen der Schätzer für $p = 2, 3, 4$ sind fast symmetrisch (vgl. Abbildung 3.4a, 3.4b). Hier werden nur die Histogramme für $p = 1$ und $p = 2$ dargestellt, da sich die Histogramme für $p = 3, 4$ kaum von dem für $p = 2$ unterscheiden.

In diesem Beispiel zeigt sich, daß die Erhöhung der Lagordnung einen geringen Einfluß auf die Schätzung des Kointegrationsparameters hat. In allen Fällen wird die Hypothese einer Normalverteilung der Kointegrationskoeffizientenschätzer abgelehnt.

Wird ein Absolutglied von $\nu \neq 0$ spezifiziert, dann wird der Parameter noch präziser geschätzt (vgl. zweiten Teil der Tabelle 3.2). Die Varianz der Schätzer reduziert sich. Die Normalverteilungshypothese wird wiederum verworfen (vgl. auch Abbildung 3.4c, 3.4d). Für dieses Simulationsexperiment werden die Absolutglieder in (3.68) auf $\nu_1 = \nu_2 = 10.0$ gesetzt. Die Varianz der Schätzer reduziert sich weiter, und die empirische Verteilung der normierten Schätzer für $p = 2$ nähert sich einer Normalverteilung an. Mit dem χ^2-Anpassungstests kann diese Hypothese nicht verworfen werden (siehe Abbildung 3.4e, 3.4f). Hier scheint sich eine Verbindung zu den Verteilungsergebnissen der univariaten Betrachtung anzudeuten, denn die "t–Statistik" einer Dickey–Fuller–Regression konvergiert gegen eine Normalverteilung, wenn ein Driftterm ungleich Null im Modell enthalten ist (vgl. Abschnitt 2.3.1). Es bleibt aber eine gewisse Sensitivität der Verteilung der ML–Schätzung aufgrund einer zu geringen Lagordnungsspezifikation erhalten, denn im Fall $p = 1$ wird die Normalverteilungshypothese abgelehnt.

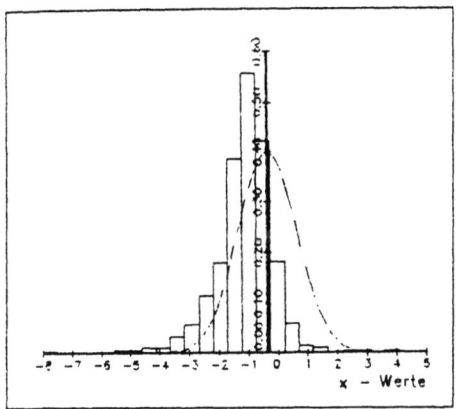

Abb. 3.4a: $\hat{\tilde{c}}$, $p = 1$, $\nu = 0$

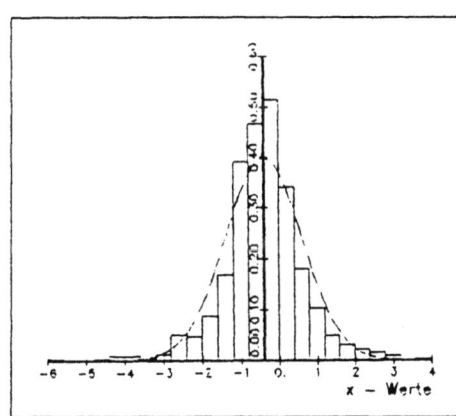

Abb. 3.4b: $\hat{\tilde{c}}$, $p = 2$, $\nu = 0$

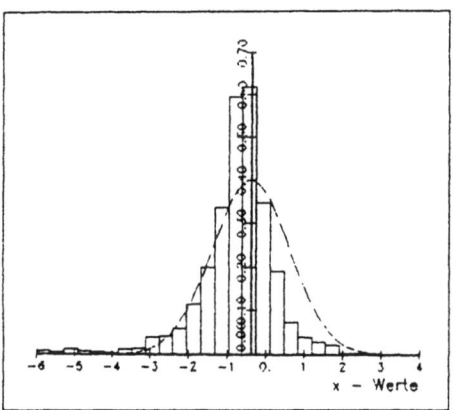

Abb. 3.4c: $\hat{\tilde{c}}$, $p = 1$, $\nu_1 = 1.$, $\nu_2 = .5$

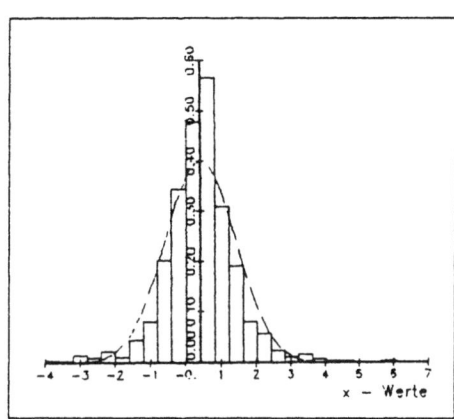

Abb. 3.4d: $\hat{\tilde{c}}$, $p = 2$, $\nu_1 = 1.$, $\nu_2 = .5$

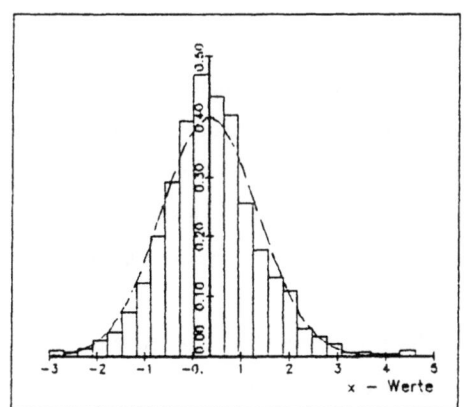

Abb. 3.4e: $\hat{\tilde{c}}$, $p = 1$, $\nu = 10$.

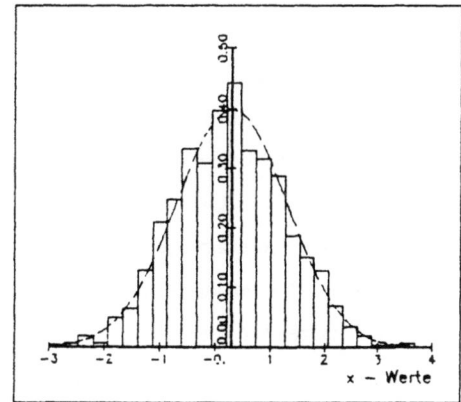

Abb. 3.4f: $\hat{\tilde{c}}$, $p = 2$, $\nu = 10$.

Abbildung 3.4: Histogramme vom ML–geschätzten Kointegrationskoeffizienten.

In der Tabelle 3.3 sind die Ergebnisse der verschiedenen Kleinst–Quadrate–Schätzansätze dargestellt. Auch bei diesen Ansätzen wird in der Schätzgleichung ein Absolutglied spezifiziert. Bei den beiden Ansätzen von Phillips & Hansen wird der Abschneidungsparameter der Bartlett–Gewichte variiert. Für das Modell A weicht die durchschnittliche Punktschätzung des Kointegrationsparameters vom vorgegebenen Wert deutlich ab. Der wahre Wert wird häufig unterschätzt. Durch die Bias–Korrektur kann keine Verbesserung der Ergebnisse erzielt werden. Die Abweichungen der Schätzer zum wahren Wert werden mit steigendem Abschneidungsparameter größer. Da die Vorgabe eines VAR–Modells eine unendliche MA–Komponente impliziert, wenn eine zu geringe Lagordnung gewählt wird, wird durch einen größeren Abschneidungsparameter mehr von der stationären Komponente erfaßt. Mit der Bias–Korrektur soll eine Verzerrung bei der Schätzung einer Trendkomponente verringert werden, wobei in diesem Fall die stationäre Komponente ein zu großes Gewicht erhält. Dies führt zu den schlechteren Schätzergebnissen mit zunehmendem Abschneidungsparameter. Es zeigt sich, daß der modifizierte Bias-korrigierte Schätzer genauer schätzt (kleinere Standardabweichungen der Schätzer) als der nur Bias–korrigierte Schätzer. In allen Fällen gibt es klare Abweichungen der empirischen Verteilung der Schätzer zu einer Normalverteilung. Dies wird durch die Größenordnung der Teststatistik vom Anpassungstests verdeutlicht. Die empirischen Verteilungen sind rechtssteil (vgl. Abbildung 3.5a–e). Ein sehr großer Kointegrationswert wird selten geschätzt. Dieses Ergebnis gilt für alle vorgegebenen Abschneidungsparameter.

Durch die Vorgabe eines Absolutgliedes sind die Abweichungen zum wahren Wert deutlich kleiner. Die Varianz der Schätzer reduziert sich. Die empirischen Verteilungen bleiben rechtssteil (vgl. Abbildung 3.5f–h) und sind nicht normalverteilt. In allen Fällen erreichen diese Schätzansätze nicht die Ergebnisse eines normierten Johansen–Schätzers.

Für diese Schätzer werden auch die Modelle mit $\nu_1 = \nu_2 = 10$ simuliert. Der Kointegrationsparameter wird in diesem Fall von allen Schätzverfahren im Durchschnitt sehr präzise geschätzt. Die Varianz der Schätzung steigt mit zunehmendem Abschneidungsparameter. In diesem Fall ändern sich die empirischen Verteilungen und sind nun symmetrisch (vgl. Abbildung 3.5i–k), und die Hypothese einer Normalverteilung der Schätzer kann für alle Verfahren nicht abgelehnt werden. Die Form und das Gewicht der deterministischen Komponente scheinen einen Einfluß auf die Verteilung der Kointegrationskoeffizientenschätzer zu haben. Dieser Zusammenhang wurde auch beim ML–Schätzer entdeckt.

Da die Schätzer für eine allgemeinere Klasse von Modellen spezifiziert worden sind und im ersten Simulationsexperiment eine VAR–Modellstruktur gewählt worden ist, die bei der Verarbeitung der dynamischen Struktur den Ansatz von Johansen bevorteilt, wird im zweiten Simulationsexperiment die entsprechende Modellklasse von Phillips unterstellt.

Tabelle 3.3: Schätzung des Kointegrationsparameters für T = 100 mit verschiedenen nichtparametrischen Ansätzen, empirische Verteilung der normierten Größe

	Mittel-wert†	0.01	0.025	0.05	0.10	0.50	0.90	0.95	0.975	0.99	χ^2
		Modell A mit $\nu_1 = 0.$ und $\nu_2 = 0.$									
l^*		Bias-korrigierter Schätzer									
0	1.9194 (.0750)	-3.308	-2.673	-2.003	-1.266	0.172	1.080	1.261	1.409	1.605	**110.**
2	1.8591 (.1153)	-3.369	-2.718	-2.096	-1.284	0.248	1.007	1.130	1.214	1.359	**186.**
4	1.7695 (.1790)	-3.205	-2.746	-2.124	-1.325	0.267	0.965	1.091	1.168	1.269	**316.**
6	1.6648 (.2538)	-3.383	-2.779	-2.085	-1.330	0.286	0.969	1.082	1.150	1.272	**262.**
10	1.4446 (.4099)	-3.389	-2.719	-2.010	-1.274	0.257	0.994	1.107	1.196	1.267	**198.**
		modifizierter Bias-korrigierter Schätzer									
2	1.8981 (.0871)	-3.262	-2.550	-2.012	-1.306	0.208	1.046	1.200	1.368	1.488	**127.**
4	1.8500 (.1204)	-3.320	-2.599	-1.984	-1.375	0.220	1.025	1.162	1.229	1.398	**150.**
6	1.7897 (.1650)	-3.332	-2.681	-2.014	-1.400	0.249	1.000	1.116	1.203	1.336	**250.**
10	1.6545 (.2707)	-3.395	-2.553	-1.983	-1.327	0.250	0.997	1.127	1.228	1.298	**168.**
		Modell B mit $\nu_1 = 1.0$ und $\nu_2 = 0.5$									
		Bias-korrigierter Schätzer									
0	1.9758 (.0456)	-3.575	-2.564	-1.937	-1.141	0.156	1.023	1.306	1.489	1.704	**141.**
2	1.9600 (.0583)	-3.908	-2.756	-1.876	-1.057	0.207	0.919	1.070	1.229	1.366	**261.**
4	1.9380 (.0826)	-4.478	-2.592	-1.992	-0.969	0.268	0.756	0.942	1.079	1.208	**481.**
6	1.9136 (.1150)	-4.565	-2.551	-1.920	-1.007	0.275	0.722	0.907	1.063	1.383	**491.**
10	1.8663 (.1962)	-4.314	-2.453	-1.807	-0.937	0.220	0.726	0.980	1.335	1.812	**384.**
		modifizierter Bias-korrigierter Schätzer									
2	1.9730 (.0465)	-3.589	-2.652	-1.884	-1.124	0.156	0.983	1.270	1.446	1.626	**146.**
4	1.9631 (.0571)	-4.140	-2.531	-1.815	-1.114	0.203	0.896	1.069	1.294	1.436	**229.**
6	1.9512 (.0762)	-4.185	-2.883	-1.707	-1.000	0.228	0.734	0.951	1.074	1.361	**476.**
10	1.9277 (.1307)	-3.892	-2.882	-1.593	-0.885	0.210	0.654	0.832	1.146	1.644	**386.**
		Modell B mit $\nu_1 = 10.$ und $\nu_2 = 10.$									
		Bias-korrigierter Schätzer									
0	2.000 (.0049)	-2.244	-1.962	-1.648	-1.294	0.005	1.226	1.675	2.022	2.355	13.7
2	2.000 (.0048)	-2.247	-2.013	-1.778	-1.342	0.011	1.277	1.636	1.950	2.264	14.5
4	1.999 (.0053)	-2.383	-2.045	-1.717	-1.298	0.016	1.271	1.585	1.899	2.208	18.5
6	1.999 (.0068)	-2.248	-1.992	-1.659	-1.281	-0.017	1.333	1.686	1.918	2.345	15.8
10	1.998 (.0123)	-2.242	-1.861	-1.627	-1.255	-0.015	1.295	1.708	1.998	2.362	22.0
		modifizierter Bias-korrigierter Schätzer									
2	2.000 (.0048)	-2.306	-1.999	-1.701	-1.322	0.021	1.267	1.610	1.996	2.275	12.1
4	2.000 (.0048)	-2.406	-1.963	-1.743	-1.316	0.017	1.268	1.656	1.932	2.278	13.3
6	2.000 (.0050)	-2.434	-1.989	-1.682	-1.330	0.037	1.270	1.606	1.915	2.186	16.7
10	1.999 (.0068)	-2.291	-2.008	-1.568	-1.291	-0.027	1.343	1.650	1.969	2.294	17.5

† : Standardfehler in Klammern,
fettgedruckte χ^2-Werte: signifikant auf dem 5% Niveau,
l^*: Abschneidungsparameter der Bartlett-Gewichte.

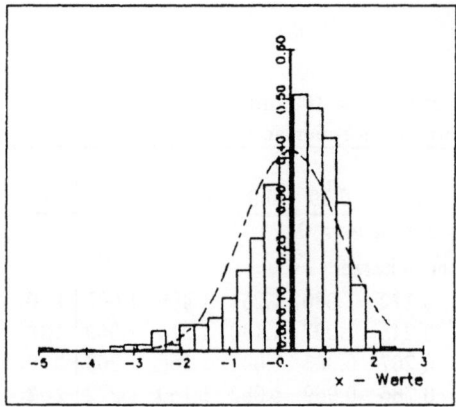

Abb. 3.5a: $\hat{\tilde{c}}$, Engle–Granger, $\nu = 0$

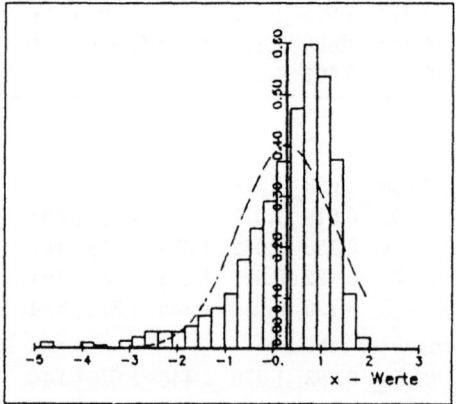

Abb. 3.5b: $\hat{\tilde{c}}$, Bias-kor. Ansatz, $l = 2$, $\nu = 0$

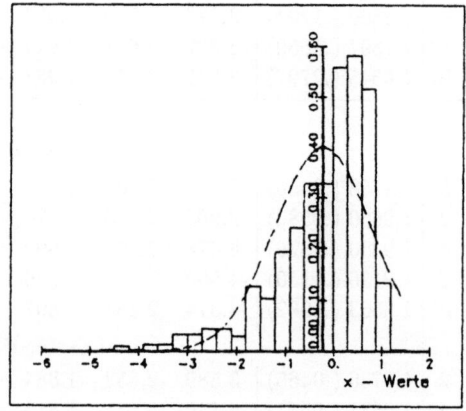

Abb. 3.5c: $\hat{\tilde{c}}$, Bias-kor. Ansatz, $l = 6$, $\nu = 0$

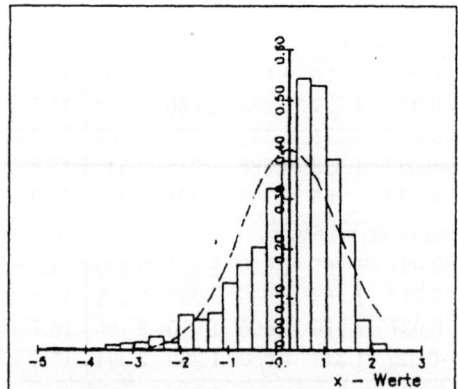

Abb. 3.5d: $\hat{\tilde{c}}$, mod. Ansatz, $l = 2$, $\nu = 0$

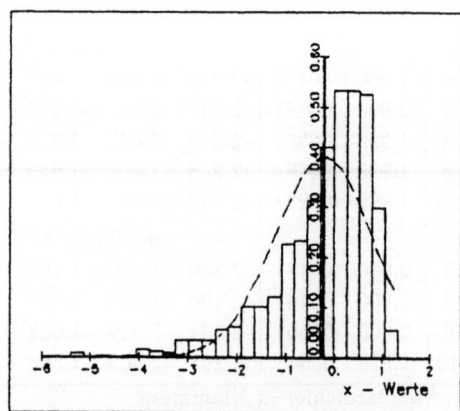

Abb. 3.5e: $\hat{\tilde{c}}$, mod. Ansatz, $l = 6$, $\nu = 0$

Abbildung 3.5: Histogramme vom KQ–geschätzten Kointegrationskoeffizienten (Modell A).

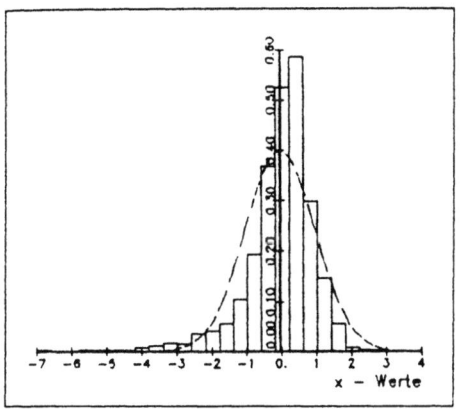

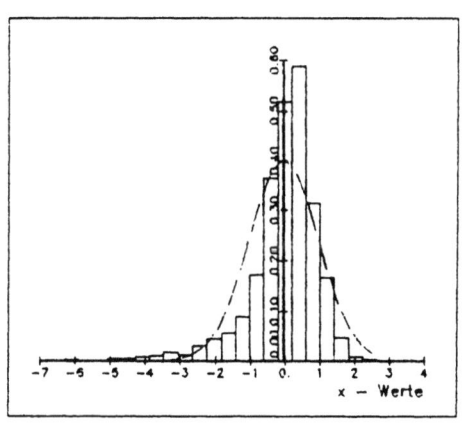

Abb. 3.5f: $\hat{\hat{c}}$, Engle–Granger, $\nu \neq 0$

Abb. 3.5g: $\hat{\hat{c}}$, Bias-kor. Ansatz, $l = 4$, $\nu \neq 0$

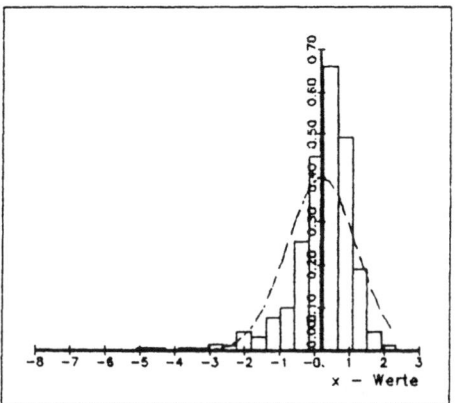

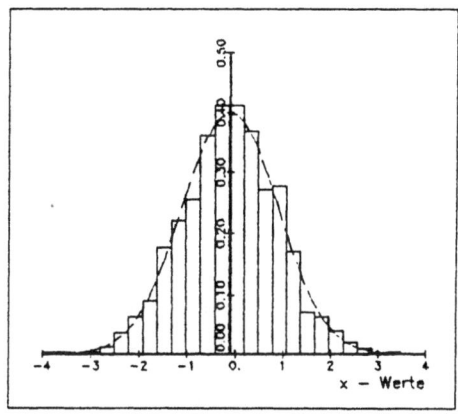

Abb. 3.5h: $\hat{\hat{c}}$, mod. Ansatz, $l = 4$, $\nu \neq 0$

Abb. 3.5i: $\hat{\hat{c}}$, Engle–Granger, $\nu = 10$.

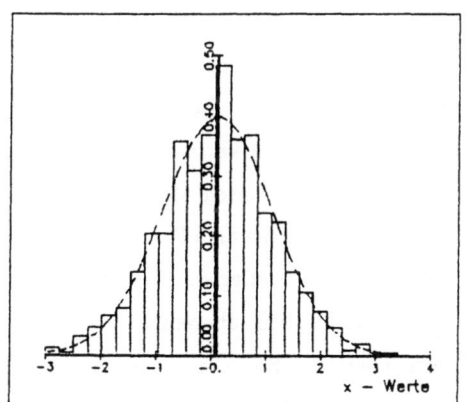

Abb. 3.5j: $\hat{\hat{c}}$, Bias-kor. Ansatz, $l = 4$, $\nu = 10$.

Abb. 3.5k: $\hat{\hat{c}}$, mod. Ansatz, $l = 4$, $\nu = 10$.

Abbildung 3.5: Histogramme vom KQ–geschätzten Kointegrationskoeffizienten (Modell B).

3.6.2 Simulationen von Modellen der Phillips–Darstellung

Im zweiten Simulationsabschnitt werden Modelle in der Phillips–Darstellung simuliert, die aus der Arbeit von Phillips & Hansen (1990) entnommen worden sind (Modell C)

$$x_{1t} = \bar{c}_2 x_{2t} + \nu_1 + \epsilon_{1,t}$$
$$x_{2t} = x_{2t-1} + \epsilon_{2,t},$$

wobei

$$\epsilon_t = \eta_t + \phi\eta_{t-1} \quad \text{mit} \quad \epsilon_t = (\epsilon_{1,t}, \epsilon_{2,t})'$$

ist und $\eta \sim i.i.d.(0, \Sigma)$ verteilt ist. Die Parameter sind

$$\bar{c}_2 = 2; \quad \nu_1 = 0.0; \quad \phi = \begin{pmatrix} 0.3 & -0.4 \\ \phi_{21} & 0.6 \end{pmatrix} \quad \text{mit} \quad \phi_{21} = 0.0, 0.8$$

und

$$\Sigma = \begin{pmatrix} 1.0 & \sigma_{12} \\ \sigma_{21} & 1.0 \end{pmatrix} \quad \text{mit} \quad \sigma_{12} = \sigma_{21} = 0.0, -0.4, 0.4.$$

Auch bei diesem Simulationsexperiment werden alle vorgegebenen Schätzansätze miteinander verglichen. Der Anfangswert wird auf $x_0 = 0$ festgelegt. Da der ML–Schätzer von Johansen Vorstichprobenwerte benötigt und eine stationäre Komponente unterstellt wird, werden 54 Vorstichprobenwerte gezogen. Zur Schätzung werden $T = 100$ Werte verwendet. Die Ergebnisse der Punktschätzung sind in der Tabelle 3.4 zusammengestellt worden. In diesem Experiment schwankt die durchschnittliche Schätzung des Johansen–Ansatzes um den wahren Wert. Die Schätzungen sind sehr präzise.

Die Kleinst–Quadrate–Ansätze sind in diesem Experiment ähnlich präzise. Es ist erstaunlich, wie gut der Engle–Granger–Ansatz schätzt (siehe Tabelle 3.4 zweiter Block). Die Ergebnisse der halbparametrischen Ansätze stehen im dritten und vierten Block der Tabelle 3.4. Es wird ersichtlich, daß sich durch einen größeren Abschneidungsparameter die Varianz der Schätzung erhöht. In allen Fällen weist der modifizierte Ansatz geringere Varianzen als der nur Bias-korrigierte Schätzer auf. Besonders im Fall hoher Abhängigkeit der stationären Parameter ($\phi_{21} = 0.8$ und $\sigma_{12} = -0.4$) sind die Schätzer dem Engle–Granger–Schätzer überlegen. Diese Ergebnisse stimmen weitgehend mit den Ergebnissen von Phillips & Hansen (1990) überein.

Im bisherigen Teil des Simulationsexperiments sind normalverteilte Rauschprozesse unterstellt worden. Da die nichtparametrischen Kleinst–Quadrate–Schätzer die Normalverteilungsannahme nicht ausdrücklich voraussetzen, werden nun unabhängig, identisch verteilte Rauschprozesse

Tabelle 3.4: Schätzung des Kointegrationsparameters für T = 100 für verschiedene Modelle der Phillips-Darstellung (Modell C)

Lag	$\phi_{21} = 0.0$			$\phi_{21} = 0.8$		
---	$\sigma_{12} = 0.0$	$\sigma_{12} = 0.4$	$\sigma_{12} = -0.4$	$\sigma_{12} = 0.0$	$\sigma_{12} = 0.4$	$\sigma_{12} = -0.4$
	ML-Schätzung von Johansen					
1	1.9939	1.9947	1.9938	1.9998	1.9984	1.9985
	(.0286)	(.0259)	(.0272)	(.0280)	(.0178)	(.0367)
2	2.0093	2.0077	2.0057	2.0056	2.0040	2.0022
	(.0328)	(.0324)	(.0278)	(.0320)	(.0228)	(.0397)
3	1.9961	1.9968	1.9956	2.0002	1.9988	2.0020
	(.0315)	(.0287)	(.0325)	(.0312)	(.0197)	(.0712)
4	2.0039	2.0042	2.0033	2.0016	2.0003	2.0026
	(.0378)	(.0426)	(.0317)	(.0322)	(.0218)	(.0622)
	Engle–Granger–Kointegrationsvektorschätzung					
	1.9879	1.9967	1.9794	1.9814	1.9814	1.9656
	(.0293)	(.0250)	(.0326)	(.0302)	(.0201)	(.0426)
l^*	Bias-korrigierter Schätzer von Phillips & Hansen					
2	1.9889	1.9855	1.9894	1.9573	1.9639	1.9408
	(.0323)	(.0293)	(.0327)	(.0434)	(.0342)	(.0575)
4	1.9912	1.9974	2.0001	1.9368	1.9423	1.9201
	(.0427)	(.0407)	(.0429)	(.0600)	(.0503)	(.0766)
6	1.9940	1.9701	2.0109	1.9186	1.9230	1.9026
	(.0600)	(.0565)	(.0609)	(.0785)	(.0665)	(.0995)
10	2.0005	1.9577	2.0335	1.8884	1.8897	1.8767
	(.1059)	(.0936)	(.1065)	(.1186)	(.0993)	(.1557)
	modifizierter, Bias-korrigierter Schätzer von Phillips & Hansen					
2	1.9966	1.9873	2.0035	1.9730	1.9739	1.9679
	(.0292)	(.0274)	(.0294)	(.0347)	(.0271)	(.0437)
4	2.0093	1.9834	2.0308	1.9681	1.9621	1.9739
	(.0355)	(.0335)	(.0417)	(.0407)	(.0356)	(.0482)
6	2.0215	1.9801	2.0570	1.9638	1.9512	1.9809
	(.0417)	(.0435)	(.0609)	(.0497)	(.0460	(.0599)
10	2.0443	1.9746	2.1052	1.9567	1.9322	1.9947
	(.0810)	(.0694)	(.1025)	(.0737)	(.0697)	(.1019)

l^*: Abschneidungsparameter der Bartlett-Gewichte.

unterstellt. Für die ML-Schätzung von Johansen ist zu vermuten, daß die Annahme der Normalverteilung des Rauschprozesses durch die Annahme unabhängig, identisch verteilter Innovationen ersetzt werden kann, ohne daß sich die Verteilungsergebnisse für die Schätzer ändern. In dem Fall müßten die asymptotischen Ergebnisse der ML-Schätzung erhalten bleiben. Um Hinweise für diese Vermutungen zu erhalten, wird das Simulationsexperiment für das Phillips-Modell mit $\phi = 0.8$ weitergeführt (Modell D) und verschiedene Verteilungen für die Rauschprozesse angenommen. Es werden folgende Rauschprozesse unterstellt:

- multivariate t-Verteilung mit einer Kovarianzmatrix I und 5 Freiheitsgraden: $\epsilon_t \sim t(I, 5)$,

- multivariate t–Verteilung mit einer Kovarianzmatrix I und 3 Freiheitsgrade: $\epsilon_t \sim t(I, 3)$,

- Rechteckverteilung: $\epsilon_t \sim U[-2, 2]$,

- gemischte Verteilungen, so daß $\epsilon_t \sim a_1 N(0, I) + (1 - a_1) N(0, \Sigma)$ mit $\Sigma = \begin{pmatrix} 1.0 & 0.8 \\ 0.8 & 1.0 \end{pmatrix}$, wobei a_1 die Wahrscheinlichkeit angibt, mit der eine Rauschgröße aus der ersten Verteilung kommt. Die Wahrscheinlichkeit beträgt: $a_1 = 0.25, 0.5$.

- gemischte Verteilungen, so daß $\epsilon_t \sim a_1 N(0, I) + (1 - a_1) N(0, \Sigma)$ mit $\Sigma = \begin{pmatrix} 1.0 & -0.8 \\ -0.8 & 1.0 \end{pmatrix}$, mit der Wahrscheinlichkeit $a_1 = 0.5$, daß eine Rauschgröße aus der ersten Verteilung kommt.

Wie in den vorangegangenen Experimenten werden ebenfalls 54 Vorstichprobenwerte gezogen und ein Stichprobenumfang von $T = 100$ zur Schätzung verwendet.

Die Ergebnisse dieses Experiments sind in der Tabelle 3.5 zusammengestellt. Die ML–Schätzungen sind über alle Rauschprozeßvariationen im Durchschnitt sehr präzise. Die Schätzer verändern sich bei einer Verlängerung der Lagordnung kaum. Der Engle–Granger–Schätzer unterschätzt im Durchschnitt den wahren Wert. Werden die nichtparametrischen Schätzer verwendet, so wird auch hier der wahre Wert unterschätzt. Mit zunehmendem Abschneidungsparameter erhöht sich der Abstand zum wahren Wert und steigt der Standardfehler der Schätzung erheblich. In allen Fällen werden mit dem modifizierten Ansatz bessere Ergebnisse erzielt als mit dem Bias–korrigierten Ansatz. Die nichtparametrischen Ergebnisse erreichen selten die Ergebnisse des Engle–Granger–Schätzers. Nur bei der letzten Verteilung schätzt der modifizierte Ansatz in Durchschnitt präziser als der Engle–Granger–Ansatz.

3.6.3 Zusammenfassung der Simulationsergebnisse

Insgesamt betrachtet wird bei dem Bias–korrigierten und modifizierten Ansatz eine Sensitivität der Schätzergebnisse aufgrund einer Variation des Abschneidungsparameters deutlich. Häufig erweist sich bei diesen Simulationsexperimenten keine Korrektur als besser. Zusammengefaßt zeigt sich eine gewisse Überlegenheit des normierten ML–Ansatzes von Johansen zur Schätzung des Kointegrationsvektors. Der Ansatz erreicht auch bei Modellen, die für nichtparametrische Ansätze besonders geeignet sind, im Durchschnitt sehr gute Schätzergebnisse.

Tabelle 3.5: Schätzung des Kointegrationsparameters für T = 100 für verschiedene
Verteilungen der Rauschprozesse (Modell D)

Lag	t(5)	t(3)	U(-2,2)	mi 0.25 $\sigma_{12} = 0.8$	mi 0.50 $\sigma_{12} = 0.8$	mi 0.50 $\sigma_{12} = -0.8$
			ML–Schätzung von Johansen			
1	1.9974	1.9998	1.9984	1.9981	1.9976	1.9988
	(.0274)	(.0261)	(.0270)	(.0140)	(.0176)	(.0345)
2	2.0031	2.0040	2.0049	2.0037	2.0044	2.0023
	(.0307)	(.0294)	(.0316)	(.0175)	(.0272)	(.0373)
3	1.9974	2.0008	1.9994	1.9989	1.9987	1.9997
	(.0304)	(.0288)	(.0309)	(.0158)	(.0192)	(.0385)
4	2.0000	2.0021	2.0014	2.0004	2.0008	2.0005
	(.0347)	(.0302)	(.0321)	(.0171)	(.0217)	(.0410)
			Engle–Granger–Kointegrationsvektorschätzung			
	1.9794	1.9815	1.9804	1.9901	1.9877	1.9669
	(.0303)	(.0283)	(.0287)	(.0172)	(.0194)	(.0408)
l^*			Bias-korrigierter Schätzer von Phillips & Hansen			
2	1.9536	1.9568	1.9551	1.9655	1.9640	1.9428
	(.0469)	(.0409)	(.0438)	(.0315)	(.0335)	(.0553)
4	1.9314	1.9346	1.9331	1.9435	1.9426	1.9213
	(.0663)	(.0589)	(.0622)	(.0477)	(.0505)	(.0754)
6	1.9116	1.9146	1.9140	1.9240	1.9232	1.9022
	(.0874)	(.0800)	(.0816)	(.0631)	(.0675)	(.0994)
10	1.8779	1.8817	1.8832	1.8910	1.8898	1.8716
	(.1353)	(.1285)	(.1243)	(.0921)	(.1022)	(.1543)
			modifizierter, Bias-korrigierter Schätzer von Phillips & Hansen			
2	1.9702	1.9731	1.9718	1.9740	1.9741	1.9686
	(.0356)	(.0323)	(.0340)	(.0260)	(.0263)	(.0406)
4	1.9637	1.9673	1.9665	1.9598	1.9626	1.9740
	(.0435)	(.0402)	(.0408)	(.0362)	(.0352)	(.0462)
6	1.9576	1.9616	1.9623	1.9472	1.9521	1.9794
	(.0558)	(.0526)	(.0504)	(.0463)	(.0447)	(.0595)
10	1.9470	1.9526	1.9562	1.9254	1.9337	1.9893
	(.0901)	(.0875)	(.0769)	(.0668)	(.0660)	(.0995)

l^*: Abschneidungsparameter der Bartlett–Gewichte.

Die Abkehr von der Normalverteilungshypothese und die Annahme von identisch verteilten Rauschgrößen verändert die Rangfolge der Schätzansätze nicht. Bei den Verfahren wird eine Abhängigkeit der empirischen Verteilung des Kointegrationsparameters von der Größe der Driftkomponente deutlich. Wenn ein großer Wert ($\nu = 10$) vorgegeben wird, folgen die Schätzer einer Normalverteilung. Zum Schluß soll noch einmal auf die begrenzte Aussagefähigkeit der Ergebnisse hingewiesen werden, da nur wenige Parameterkonstellationen und nur bivariate Prozesse untersucht worden sind.

Kapitel 4

Kointegrationstests

Im vorangegangenen Kapitel wurde die Charakterisierung von kointegrierten Systemen dargestellt und verschiedene Schätzmethoden für kointegrierte Systeme oder Kointegrationsbeziehungen aufgeführt. Bei der Analyse wurde ein bekannter Kointegrationsrang r unterstellt. In
empirischen Arbeiten ist der Kointegrationsrang nicht bekannt und muß ermittelt werden. Zum
Teil wird der Kointegrationsrang aus der Wirtschaftstheorie abgeleitet. Auch in diesem Fall
muß die Restriktion empirisch überprüft werden. Zur Bestimmung des Kointegrationsranges
wurden unterschiedliche Teststrategien entwickelt. Die ersten empirischen Arbeiten zur Koin-
tegrationsranganalyse beschränken sich auf den bivariaten Fall. Dann gibt es nur eine mögliche
Kointegrationsbeziehung. In den Arbeiten werden auf geschätzten Residuen basierende Tests
durchgeführt. Diese Tests sollen zunächst aufgezählt werden. Anschließend werden Likelihoodverhältnistests von Johansen vorgestellt, die den Maximum–Likelihood– (ML–)Ansatz benutzen.
In Verbindung mit dem ML–Ansatz werden Testprozeduren vorgeschlagen, die den Kointegrationsrang so auswählen, daß ein Ordnungskriterium für diesen Kointegrationsrang minimal wird.
Weiterhin wird der Test–Ansatz von Ahn & Reinsel und eine Modifikation für kleine Stichproben genannt. Die Ansätze von Stock & Watson, die eine multivariate Verallgemeinerung
des Dickey–Fuller–Tests sind, werden anschließend dargestellt. Als nichtparametrische Prozedur wird eine Hauptkomponentenanalyse vom Spektrum des stochastischen Prozesses, die von
Phillips & Ouliaris vorgeschlagen wird, beschrieben. Am Ende des Kapitels werden die Eigenschaften ausgewählter multivariater Kointegrationstests unter der Nullhypothese in kleinen
Stichproben untersucht. Weiterhin wird die Güte der Tests in kleinen Stichproben für bivariate
und trivariate Modelle analysiert.

4.1 Tests einer einfachen Kointegrationsbeziehung

In diesen Testansätzen wird die Hypothese überprüft, ob es eine Kointegrationsbeziehung zwischen zwei oder allgemeiner zwischen K Variablen $[x_t = (x_{1t}, \cdots, x_{Kt})']$ gibt. Für diese Tests
wird unterstellt, daß alle Komponenten in (x_t) nichtstationär $(x_t \sim I(1))$ sind (vgl. Engle &

Granger (1987)). Diese Hypothese wird in der Regel mit Einheitswurzeltests überprüft (vgl. Abschnitt 2.3). Dann wird eine Kointegrationsregression

$$(4.1) \qquad x_{1,t} = \tilde{c}_2 x_{2,t} + \ldots + \tilde{c}_K x_{K,t} + \epsilon_t$$

durchgeführt. Bei dieser Regression wird unterstellt, daß der Kointegrationsparameter c_1 im allgemeinen Kointegrationsvektor C ungleich Null ist. Der Kointegrationsvektor wird für die erste Variable auf 1 normiert. Mit Hilfe der Kointegrationsregression werden die Residuen ϵ_t geschätzt

$$\hat{\epsilon}_t = x_{1,t} - \hat{\tilde{c}}_2 x_{2,t} - \ldots - \hat{\tilde{c}}_K x_{K,t} \, .$$

Anschließend wird getestet, ob der Residuenprozeß $\{\hat{\epsilon}_t\}$ eine Einheitswurzel enthält. Unter der Nullhypothese

H_0 : keine Kointegration

ist der Residuenprozeß nichtstationär ($\epsilon_t \sim I(1)$). Verschiedene Einheitswurzeltests können zur Überprüfung der Integrationsordnung angewendet werden. Für diese Fragestellung sind unter anderem folgende Tests vorgeschlagen worden:

1. Durbin–Watson–Wert der Kointegrationsregression (KoDW)

2. Fullers ρ–Test (DF(ρ)) (siehe Kapitel 2)

3. Dickey–Fuller–Test (DF–t) (siehe Kapitel 2)

4. Augmented Dickey–Fuller–Test (ADF–t) (siehe Kapitel 2)

5. Phillips Z_ρ–Test (siehe Kapitel 2)

6. Phillips Z_t–Test (siehe Kapitel 2)

7. Varianzverhältnistest (P_u)

8. Multivariater Trace–Test (P_z)

Die meisten Tests (2-6) sind in der univariaten Betrachtung als Einheitswurzeltests vorgestellt worden. Die fehlenden Tests sollen hier kurz beschrieben werden. Der Durbin–Watson–Wert der Kointegrationsregression

$$(4.2) \qquad KoDW = \frac{\sum_{t=2}^{T}(\hat{\epsilon}_t - \hat{\epsilon}_{t-1})^2}{\sum_{t=1}^{T}\hat{\epsilon}_t^2}$$

strebt unter der Nullhypothese, daß keine Kointegration existiert, d.h. es gibt eine Einheitswurzel im Residuenprozeß, gegen Null. Denn im Nenner wird die Varianz eines nichtstationären Prozesses und im Zähler die Varianz eines stationären Prozesses berechnet. Die kritischen Werte sind von Engle & Granger (1987), S. 269f tabelliert worden. Die kritischen Werte sind sowohl von der Anzahl der Variablen in x_t als auch von der dynamischen Struktur des datenerzeugenden Prozesses von x_t unter der Nullhypothese abhängig. Die kritischen Werte sind unter der Annahme, daß keine dynamische Struktur vorliegt, bestimmt worden.

Beim Varianzverhältnistest wird ausgenutzt, daß eine Kointegrationsbeziehung die Variabilität des Prozesses reduziert. Der Varianzverhältnistest wird wie folgt bestimmt (vgl. Phillips & Ouliaris (1990), S. 171)

$$(4.3) \qquad P_u = T\hat{\Omega}_{11.2}/(T^{-1} \sum_{1}^{T} \hat{\epsilon}_t^2),$$

wobei

$$\hat{\Omega}_{11.2} = \hat{\Omega}_{11} - \hat{\Omega}_{12}\hat{\Omega}_{22}^{-1}\hat{\Omega}_{21}$$

$$\hat{\Omega} = T^{-1} \sum_{1}^{T} \hat{\xi}_t \hat{\xi}_t' + T^{-1} \sum_{s=1}^{l} \omega_{s,l} \sum_{t=s+1}^{T} (\hat{\xi}_t \hat{\xi}_{t-s}' + \hat{\xi}_{t-s}\hat{\xi}_t')$$

$$\omega_{s,l} = 1 - \frac{s}{l+1}$$

ist. Die $\hat{\xi}_t$ werden mit der Regressionsgleichung

$$x_t = Fx_{t-1} + \xi_t$$

berechnet und $\hat{\epsilon}_t$ aus der Kointegrationsregression (4.1) bestimmt. Die Matrix F hat die Dimension $(K \times K)$. Die Matrix Ω beinhaltet die gleichzeitige und die serielle Korrelation der Residuen (vgl. Abschnitt 3.5.6.2). Sie wird geeignet partitioniert, um $\Omega_{11.2}$ zu bestimmen. Der Varianzverhältnistest (4.3) mißt das Verhältnis der Varianz der Kointegrationsregression zu der direkt geschätzten Stichprobenvarianz ($T\hat{\Omega}_{11.2}$). Dieser Test verwendet die Normierung des Kointegrationsvektors aus der Kointegrationsregression. Der Wert der Teststatistik ändert sich in der Regel mit der Wahl der Normierungsvariable, d.h. in der Kointegrationsregression wird statt $x_{1,t}$ z.B. die Variable $x_{2,t}$ als abhängige Variable betrachtet. Dieser Nachteil wird sich in einer bivariaten Analyse ohne deterministische Komponente nicht auswirken, aber in einem mehrdimensionalen Fall kann der Nachteil bedeutend werden. Keine Normierung der Kointegrationsbeziehung wird beim multivariaten Trace–Test durchgeführt (vgl. Phillips & Ouliaris (1990), S. 171f). Der Test wird wie folgt berechnet

$$P_z = T\text{spur}(\hat{\Omega}M_{zz}^{-1}) \quad \text{mit} \quad M_{zz} = T^{-1} \sum x_t x_t'.$$

Die direkte Schätzung der Stichprobenvarianz ist $T\hat{\Omega}$, während M_{zz} die Kointegrationsvarianzmatrix beeinflußt. Die asymptotischen Verteilungen dieser beiden Teststatistiken sind nichtstandard und sind von Phillips und Ouliaris tabelliert worden (vgl. Phillips & Ouliaris (1990),

S. 189ff). Die kritischen Werte der Teststatistiken sind von der Anzahl der Variablen in x_t abhängig.

Phillips und Ouliaris (1990) zeigen, daß die asymptotischen Verteilungen der letzten vier Einheitswurzeltests keine Verschmutzungsparameter enthalten. Die asymptotischen Verteilungen der ersten beiden Tests sind unter der Annahme allgemeiner Residuenprozesse noch von den Parametern dieser Prozesse abhängig. Kann die Annahme unabhängig, identisch verteilter Residuen ($i.i.d.(0,\Sigma)$) gerechtfertigt werden, dann sind auch die asymptotischen Verteilungen dieser Tests frei von Verschmutzungsparametern. Die asymptotische Verteilung des Augmented Dickey-Fuller-Tests beinhaltet keine Verschmutzungsparameter, falls die Ordnung mit $p = o(T^{1/3})$ gegen Null strebt. Da Z_ρ, P_u und P_z mit der Rate T unter der Hypothese der Kointegration divergieren, können diese Tests eine größere Güte als die anderen haben.

Alle Teststatistiken konvergieren gegen eine veränderte Verteilung, wenn in der Kointegrationsregression ein Absolutglied oder ein deterministischer Trend aufgenommen wird. Auch diese Verteilungen sind tabelliert worden. Die Abhängigkeit der kritischen Werte von der Dimension von x_t bleibt erhalten.

In der bivariaten Analyse wird häufig der Dickey-Fuller-t (DF-t)-Test angewendet. Ein Nachteil des DF-t-Tests soll für ein bivariates Error-Correction-Modell (ECM) erläutert werden (vgl. Kremers, Ericsson & Dolado (1989)). Es wird angenommen, daß das folgende Modell gelte

$$\Delta x_{1,t} = \gamma \Delta x_{2,t} + b(x_1 - c_2 x_2)_{t-1} + \epsilon_t$$

$$\Delta x_{2,t} = u_t$$

$$\begin{pmatrix} \epsilon_t \\ u_t \end{pmatrix} \sim i.i.d.n \left(\begin{pmatrix} 0 \\ 0 \end{pmatrix}, \begin{pmatrix} \sigma_\epsilon^2 & 0 \\ 0 & \sigma_u^2 \end{pmatrix} \right).$$

Es werden die Annahmen gemacht, daß $C = (1, c_2) = (1, -1)$ bekannt ist und $0 \leq \gamma \leq 1$, $-1 \leq b \leq 0$ und $\sigma_u > \sigma_\epsilon$ gilt. Es existiert folgende Beziehung zwischen ECM und Dickey-Fuller-Testregression, wenn auf beiden Seiten der ECM-Beziehung $\Delta x_{2,t}$ subtrahiert wird

$$\Delta(x_1 - x_2)_t = (\gamma - 1)\Delta x_{2,t} + b(x_1 - x_2)_{t-1} + \epsilon_t = b(x_1 - x_2)_{t-1} + (\gamma - 1)\Delta x_{2,t} + \epsilon_t$$

bzw.

$$\Delta z_t = b z_{t-1} + e_t \quad \text{mit} \quad z_t = x_{1,t} - x_{2,t} \quad \text{und} \quad e_t = (\gamma - 1)\Delta x_{2,t} + \epsilon_t.$$

Die letzte Beziehung wird mit der Methode der Kleinsten-Quadrate geschätzt. Es ist offensichtlich, daß in der Dickey-Fuller-Testregression die Informationen von $\Delta x_{2,t}$ ignoriert werden, wenn $\gamma \neq 1$ gilt.

Das Verhalten der DF-t-Statistik unter der Alternativhypothese (Kointegration) kann wie folgt dargestellt werden

$$\hat{b}_{DF} = \left(\sum z_{t-1}^2 \right)^{-1} \left(\sum z_{t-1} \Delta z_t \right)$$

$$\hat{b}_{DF} = b + \left(\sum z_{t-1}^2\right)^{-1} \left(\sum z_{t-1}e_t\right).$$

Daraus folgt, daß

(4.4) $\sqrt{T}(\hat{b}_{DF} - b) \xrightarrow{d} N(0, \sigma_e^2 V(z_t)^{-1})$

gilt, wobei $\sigma_e^2 = E(e_t^2) = (\gamma - 1)^2 \sigma_u^2 + \sigma_\epsilon^2$ und $V(z_t)$ die Varianz von z_t ist. Die DF-t-Statistik ist

(4.5) $t_{DF} = \left(\sum z_{t-1}^2\right)^{-1/2} \left(\sum z_{t-1}e_t\right)/\hat{\sigma}_e$,

wobei $\hat{\sigma}_e^2$ die geschätzte Residuenvarianz bezeichnet. Damit ein t-Test des b-Koeffizienten im ECM betrachtet werden kann, werden die Parameter wie folgt geschätzt

$$\begin{pmatrix} \hat{\gamma} \\ \hat{b} \end{pmatrix} = \begin{pmatrix} \sum \Delta x_{2,t}^2 & \sum \Delta x_{2,t}z_{t-1} \\ \sum z_{t-1}\Delta x_{2,t} & \sum z_{t-1}^2 \end{pmatrix}^{-1} \begin{pmatrix} \sum \Delta x_{2,t}\Delta x_{1,t} \\ \sum z_{t-1}\Delta x_{1,t} \end{pmatrix}.$$

Die asymptotische Verteilung der Kleinst-Quadrate-Schätzer lautet

$$\sqrt{T}\left(\begin{pmatrix} \hat{\gamma} \\ \hat{b} \end{pmatrix} - \begin{pmatrix} \gamma \\ b \end{pmatrix}\right) \xrightarrow{d} N\left(0, \sigma_\epsilon^2 \begin{pmatrix} V(\Delta x_{2,t})^{-1} & 0 \\ 0 & V(z_t)^{-1} \end{pmatrix}\right).$$

Es kann gezeigt werden, daß

(4.6) $\sqrt{T}(\hat{b}_{ECM} - b) \xrightarrow{d} N(0, \sigma_\epsilon^2 V(z_t)^{-1})$

gilt. Für die entsprechenden t-Statistiken von (4.4) und (4.6) ergibt sich approximativ

$$t_{ECM} \sim \frac{\sigma_e}{\sigma_\epsilon} t_{DF} >> t_{DF},$$

wobei $\sigma_e^2 = (\gamma - 1)^2 V(\Delta x_{1,t}) + \sigma_\epsilon^2 \geq \sigma_\epsilon^2$ ist.

Die DF-t-Teststatistik (4.5) hängt von b und T ab und ist invariant gegenüber Änderungen von σ_e^2. Für kleine Werte von b bei festem T wird die DF-t-Statistik eine geringere Güte haben, wenn σ_e^2 groß ist und die Größe von σ_e^2 besonders von σ_u^2 bestimmt wird. Anders als der DF-t-Test berücksichtigt der ECM-Ansatz die Information von $\gamma \Delta x_{2,t}$. Diese Information wird auch in multivariaten Testprozeduren verarbeitet.

In Gleichung (4.1) wird die Kointegrationsregression für den K-dimensionalen Fall aufgestellt. Die aufgeführten Tests können in der Regel nur angewendet werden, um die Hypothese $H_0 : r = 0$ (keine Kointegration) gegen $H_1 : r > 0$ bzw. $r = 1$ (Kointegration) zu testen. In diesen Fällen hängt die asymptotische Verteilung der Teststatistiken von der Anzahl der Common-Trends ab (vgl. Yoo (1987); Hansen (1990)). In einer kleinen Monte-Carlo-Studie verdeutlicht Hansen (1990), wie die Güte der Tests mit zunehmender Anzahl der Variablen in einem System abnimmt. Alle Teststatistiken sind nicht geeignet, in einem mehrdimensionalen System auf einen Kointegrationsrang $r > 1$ zu testen. Teststrategien, die für diese Analyse geeignet sind, werden in den nächsten Abschnitten dargestellt.

4.2 Kointegrationstest basierend auf einer Maximum–Likelihood–Schätzung

Der Maximum-Likelihood-Schätzansatz (vgl. Abschnitt 3.5.1) bietet die Formulierung eines Likelihoodverhältnistests an (vgl. Johansen (1988, 1989a,b)). Das Maximum der logarithmierten Likelihoodfunktion ist unter der Hypothese eines Kointegrationsranges $r = r_0$ und bekannter Lagordnung p gleich

$$-\frac{T}{2}\ln|S_{00}| - \frac{T}{2}\sum_{i=1}^{r_0}\ln(1 - \hat{\lambda}_i),$$

wobei S_{00} die geschätzte Residuenvarianz des Systems für $r = 0$ und T der Stichprobenumfang ist. $\hat{\lambda}_i$ sind die geschätzten Eigenwerte der Beziehung $|S_{pp}\lambda - S_{p0}S_{00}^{-1}S_{0p}| = 0$ (vgl. Symbolik Abschnitt 3.5.1). Wenn das System ohne Kointegrationsrangrestriktion ($r = K$) geschätzt wird, worin K die Dimension des Prozesses bezeichnet, ist die logarithmierte Likelihoodfunktion gleich

$$-\frac{T}{2}\ln|S_{00}| - \frac{T}{2}\sum_{i=1}^{K}\ln(1 - \hat{\lambda}_i).$$

Für die Nullhypothese

$$H_0 : r = r_0 \qquad \text{gegen} \qquad H_1 : r > r_0$$

ergibt sich folgendes Likelihoodverhältnis (Johansen Trace–Test)

$$(4.7) \qquad -2\ln Q = -T\sum_{i=r_0+1}^{K}\ln(1 - \hat{\lambda}_i),$$

bzw. für die Nullhypothese $H_0 : r = r_0$ gegen $H_1 : r = r_0 + 1$ ergibt sich der Test (max. Eigenwerttest)

$$(4.8) \qquad -2\ln Q^\star = -T\ln(1 - \hat{\lambda}_{r_0+1}).$$

Die Teststatistik $-2\ln Q$ kann für kleine $\hat{\lambda}_i$ durch $-2\ln Q \simeq \sum_{i=r_0+1}^{K}T\hat{\lambda}_i$ approximiert werden. Johansen (1988) zeigt, daß die Teststatistik $-2\ln Q$ unter der Nullhypothese, falls keine deterministischen Komponenten im Modell enthalten sind, in Verteilung gegen

$$\text{spur}\left(\int_0^1 dW(t)W(t)' \left(\int_0^1 W(t)W(t)'dt\right)^{-1}\int_0^1 W(t)dW(t)'\right)$$

konvergiert, wobei $W(t)$ ein $(K - r)$-dimensionaler Wiener-Prozeß ist. Die asymptotischen Verteilungen beider Teststatistiken sind nichtstandard, und kritische Werte, die von der Spezifikation eines Absolutgliedes abhängen, sind von Johansen & Juselius (1990a) tabelliert worden. Die kritischen Werte hängen von der Dimension des Prozesses x_t ab. Im Fall $K = 1$ ist die asymptotische Verteilung des Likelihoodtests das Quadrat der asymptotischen Verteilung des Dickey-Fuller-t-Tests.

Bei der empirischen Anwendung wird in der Regel schrittweise die Anzahl der Kointegrationsbeziehungen und damit der Common–Trends getestet. Bei dieser Vorgehensweise kann beim Likelihoodverhältnistest das nominelle Testniveau überschritten werden, da bei jedem Testschritt
ein Fehler erster Art begangen wird. Außerdem weist Johansen (1991) darauf hin, daß sich unter
der Nullhypothese die asymptotische Verteilung ändert, wenn sequentiell von $H_0 : r = K - 1$
bis auf $H_0 : r = 0$ getestet wird. Um den Fehler erster Art zu kontrollieren, empfiehlt er mit
$H_0 : r = 0$ zu beginnen (vgl. Johansen (1991)).

Beim Likelihoodverhältnistest ist anzumerken, daß eine gesonderte Überprüfung der I(1)–
Eigenschaft der einzelnen Komponenten in x_t nicht notwendig ist. Beim Test $H_0 : r \leq K -$
1 gegen $H_1 : r = K$ wird ein entsprechender Test durchgeführt. Wird die Nullhypothese
verworfen, dann sind alle Variablen stationär. Wenn die Nullhypothese nicht verworfen wird,
gibt es nichtstationäre Komponenten in x_t.

Aufbauend auf dem ML–Ansatz von Johansen kann die Kointegrationsrangrestriktion auch
mit Hilfe von Ordnungskriterien überprüft werden. Bei dieser Prozedur wird der Wert einer
Zielfunktion bestimmt, der unter anderem von r und p abhängt. Als Zielfunktion kann das
Ordnungskriterium von Hannan & Quinn (HQ) (vgl. Judge et al. (1985))

$$HQ(r,p) = \ln | \hat{\Sigma}_{r,p} | + \frac{2m \ln(\ln(T))}{T} \, ,$$

von Schwarz (SC)

$$SC(r,p) = \ln | \hat{\Sigma}_{r,p} | + \frac{m \ln(T)}{T}$$

und von Akaike (AIC)

$$AIC(r,p) = \ln | \hat{\Sigma}_{r,p} | + \frac{2m}{T}$$

verwendet werden, wobei $\hat{\Sigma}_{r,p}$ die ML–geschätzte Residuenvarianz des Prozesses bezeichnet und
m die Anzahl der frei geschätzten Parameter in einem kointegrierten System angibt. Die Straf-
funktion der Ordnungskriterien ist von m abhängig, wobei

(4.9) $m = K^2(p - 1) + 2Kr - r^2$

gilt, da r^2 Restriktionen bei der ML–Schätzung zu berücksichtigen sind. Beim Kointegrationstest mit Ordnungskriterien werden bei vorgegebener Lagordnung für das System von $r = 0$ bis
$r = K$ Maximum–Likelihood–Schätzer berechnet und in die Zielfunktion eingesetzt. Der Kointegrationsrang wird so gewählt, daß die Zielfunktion für den Wert r ihr Minimum erreicht.
Diese Prozedur kann so verallgemeinert werden, daß die Lagordnung bis zu einem festen maximalen Wert p_{max} variiert wird. In diesem Fall werden die Parameter r und p so geschätzt,
daß die Zielfunktion für diese Werte ihr Minimum über alle möglichen Kombinationen erzielt

hat. Nun werden Lagordnung und Kointegrationsrang simultan bestimmt. Auf die Schätzung der Lagordnung eines kointegrierten Systems wird in Kapitel 5 ausführlicher eingegangen.

Der Ansatz von Ahn & Reinsel (1989) bietet auch die Möglichkeit einen Likelihoodverhältnistest abzuleiten, der äquivalent zum Johansen Trace–Test ist. Sie verwenden ihren approximativen ML–Schätzer und geben für den Kointegrationsrangtest folgenden Likelihoodverhältnistest an (Reinsel & Ahn (1988), S. 4ff). Unter der Nullhypothese $H_0 : r \leq r_0$ gegen $H_1 : r = K$ erhalten sie die Teststatistik

$$(4.10) \quad -2\ln \bar{Q} = -T\ln(\det \hat{\Sigma}_\epsilon / \det \hat{\Sigma}_{r_0}),$$

worin $\hat{\Sigma}_\epsilon$ die geschätzte Residuenvarianz der unrestringierten Kleinst–Quadrat–Schätzung und $\hat{\Sigma}_{r_0}$ die der approximativen ML–Schätzung unter H_0 ist. Diese Teststatistik kann durch $-2\ln \bar{Q} \simeq \sum_{i=r_0+1}^{K} T\hat{\lambda}_i$ approximiert werden, so daß dieser Test mit dem Johansen Trace–Test äquivalent ist. Die Teststatistik $-2\ln \bar{Q}$ hat eine Nichtstandard–Grenzverteilung, die von der Berücksichtigung der Absolutglieder abhängt. Sie ist mit der Grenzverteilung für den Trace–Test von Johansen identisch. Die tabellierten kritischen Werte stimmen fast überein.

In kleinen Stichproben schlagen Ahn & Reinsel folgende Modifikation ihrer Testgröße vor

$$-[(T - Kp)/T]\ln \bar{Q} = -(T - Kp)\ln(\det \hat{\Sigma}_\epsilon / \det \hat{\Sigma}_{r_0}).$$

Diese Modifikation kann entsprechend auf die Likelihoodverhältnistests von Johansen übertragen werden

$$(4.11) \quad -2\ln \bar{Q} = -(T - Kp) \sum_{i=r_0+1}^{K} \ln(1 - \hat{\lambda}_i),$$

bzw.

$$(4.12) \quad -2\ln \bar{Q}^* = -(T - Kp)\ln(1 - \hat{\lambda}_{r_0+1}).$$

Die Teststatistik (4.11) wird im folgenden als modifizierter Johansen–Trace–Test bezeichnet. Die Modifikation sollte eine Anpassung der asymptotischen Verteilung der Teststatistik an der in kleinen Stichproben ermöglichen.

4.3 Common–Trend–Tests von Stock und Watson

Stock & Watson (1988a) verallgemeinern in einer anderen Form als Johansen den Dickey–Fuller–Test für die multivariate Fragestellung. Ihre Schätz– und Testprozedur beginnt mit der Common–Trend–Darstellung für kointegrierte Systeme

$$x_t = x_0 + A\tau_t + \Theta^*(L)\epsilon_t \quad \text{mit} \quad \tau_t = \tau_{t-1} + \eta_t,$$

wobei A eine $(K \times (K - r))$-Matrix mit dem Rang $K - r$ und $\Theta^*(L)\epsilon_t$ ein stationärer Prozeß ist (vgl. Abschnitt 3.2 und 3.2.2). In diesem Fall ist τ_t ein $((K - r) \times 1)$-Random-Walk-Vektor mit $\eta_t = F\epsilon_t$, wobei F eine $((K - r) \times K)$-Matrix mit dem Rang $K - r$ ist. Bei der vorgeschlagenen Testprozedur nehmen sie unter H_0 an, daß es $K - r$ stochastische Trends gibt. Unter H_1 existieren höchstens $K - r - 1$ stochastische Trends. In der Beschreibung der Testprozedur beschränken wir uns zunächst auf den Fall, daß der Rauschprozeß unabhängig, identisch verteilt ist und einen Mittelwert von Null enthält ($\epsilon_t \sim i.i.d.(0, \Sigma)$).

In der Testprozedur soll die Anzahl der stochastischen Trends überprüft werden, so daß die stochastischen Trends ermittelt werden müssen. Da in einem kointegrierten System r Linearkombinationen stationär sind, sind $K - r$ Linearkombinationen, die orthogonal zu den ersten Linearkombinationen sind, nichtstationär. Mit einer Transformationsmatrix D, die die Dimension $((K - r) \times K)$ besitzt, können die stochastischen Trends bestimmt werden

$$\tau_t = Dx_t .$$

Granger schlägt vor die Matrix $D = B_\perp$ zu verwenden, wobei $B_\perp$ orthogonal zu der Ladungsmatrix B einer ML-Schätzung ist (vgl. Abschnitt 3.2.2). Stock und Watson (1988a) wählen eine andere Vorgehensweise, um D zu bestimmen. Die Autoren ermitteln die Hauptkomponenten von x_t

$$Q' \left(T^{-1} \sum_{t=1}^{T} (x_t - \bar{x})(x_t - \bar{x})' \right) Q = Q'SQ = \operatorname{diag}(l_1, \cdots, l_K) ,$$

wobei $\bar{x} = T^{-1} \sum x_t$ ist und $(l_1, \cdots, l_K)$ die Eigenwerte von S sind, die der Größe nach geordnet sind ($l_1 > \cdots > l_K$). Hier ist Q eine orthogonale Matrix, die die entsprechenden Eigenvektoren von S aufnimmt $[Q = (q_1, \cdots, q_K)]$. Die Eigenvektoren, die zu den r kleinsten Eigenwerten gehören, schätzen die Kointegrationsbeziehungen. Mit den restlichen $K - r$ Linearkombinationen, die mit den größten Eigenwerten korrespondieren, werden die Common-Trends geschätzt

$$\tau_t = Dx_t = [q_1, \cdots, q_{K-r}]'x_t .$$

Die $(K - r)$ Random-Walks können geschrieben werden als

(4.13) $\tau_t = \Phi\tau_{t-1} + \tilde{\epsilon}_t ,$

wobei $\tilde{\epsilon}_t$ eine stationäre Komponente ist. Die Φ-Matrix wird mit der Methode der Kleinsten-Quadrate geschätzt

$$\hat{\Phi} = \left(\sum \tau_t \tau_{t-1}' \right) \left(\sum \tau_{t-1} \tau_{t-1}' \right)^{-1} ,$$

deren Eigenwerte $\hat{\lambda}_i$ unter der Nullhypothese gegen Eins konvergieren. Bei diesem Test wird nun $H_0 : \lambda_1 = \ldots = \lambda_{K-r} = 1$ gegen $H_1 : \lambda_1 = \ldots = \lambda_{K-r-1} = 1 \wedge \lambda_{K-r} < 1$ überprüft, d.h. es wird der kleinste Eigenwert betrachtet. Stock und Watson (1988a) zeigen, daß $T(\hat{\Phi} - I_{K-r})$ gegen eine Nichtstandard-Verteilung konvergiert

$$T(\hat{\Phi} - I_{K-r}) \xrightarrow{d} \int_0^1 dW(t)W(t)' \left(\int_0^1 W(t)W(t)'dt \right)^{-1},$$

wobei $W(t)$ ein Wiener-Prozeß ist. Da die Eigenwerte λ_i von Φ eine stetige Funktion von Φ sind, verwenden sie als Teststatistik

(4.14) $\hat{q}_{K-r} = T(\text{real}(\hat{\lambda}_{K-r}) - 1),$

wobei $\text{real}(\hat{\lambda}_{K-r})$ der reelle Teil des kleinsten Eigenwertes der Matrix Φ ist. Allgemeiner kann die Nullhypothese $H_0 : \lambda_1 = \ldots = \lambda_{K-m} = \ldots = \lambda_{K-r} = 1$ gegen die Alternative $H_1 : \lambda_1 = \ldots = \lambda_{K-(m+1)} = 1 \wedge \lambda_{K-m} < 1 \ldots \lambda_{K-r} < 1$ mit der Teststatistik

(4.15) $\hat{q}_m = T(\text{real}(\hat{\lambda}_m) - 1)$

getestet werden, wobei $\text{real}(\hat{\lambda}_m)$ der reelle Teil des m kleinsten Eigenwertes der Matrix Φ ist. Die Verteilung der Teststatistik (4.15) wurde von Stock und Watson tabelliert. Die kritischen Werte des Tests hängen nicht nur von der Dimension des Prozesses x_t ab, sondern auch von der Anzahl der Common-Trends, die unter der Nullhypothese unterstellt wird.

Die Annahme der unabhängig, identisch verteilten Rauschgrößen verallgemeinern die Autoren. Sie nehmen zum einen an, daß die Rauschgrößen durch einen autoregressiven Prozeß erzeugt werden. Zum anderen unterstellen sie, daß der Rauschprozeß ein stationärer, ergodischer Prozeß ist. Zunächst soll der Fall mit einem autoregressiven Prozeß dargestellt werden. Im allgemeinen ist der autoregressive Prozeß nicht bekannt und muß geschätzt werden. Deshalb wird für die ersten Differenzen der stochastischen Trends ein endliches AR-Modell angepaßt

$$\Gamma(L)\Delta\tau_t = \epsilon_t \quad \text{mit} \quad \Gamma_0 = I.$$

Mit dem geschätzten Lagpolynom $\hat{\Gamma}(L)$ werden die stochastischen Trends gefiltert

$$\bar{\tau}_t = \hat{\Gamma}(L)\tau_t.$$

Zur Ermittlung einer Teststatistik werden die Eigenwerte der Matrix

$$\hat{\bar{\Phi}} = \left(\sum \bar{\tau}_t \bar{\tau}'_{t-1} \right) \left(\sum \bar{\tau}_{t-1} \bar{\tau}'_{t-1} \right)^{-1}$$

berechnet. Die Teststatistik lautet für den m kleinsten Eigenwert

(4.16) $\hat{\bar{q}}_m = T(\text{real}(\hat{\bar{\lambda}}_m) - 1).$

Sie hat die gleiche asymptotische Verteilung wie (4.15). Diese Testprozedur mit der Teststatistik (4.16) wird im nachfolgenden als Stock & Watson - Ansatz mit AR-Korrektur bezeichnet.

Im zweiten Fall werden allgemeinere Rauschprozesse unterstellt. Für allgemeinere Rausch-prozesse verwenden sie eine nichtparametrische Korrektur, die von Phillips & Durlauf (1986)

vorgeschlagen wurde. Da die ϵ_t stationär sind und die τ_t integriert sind, verursacht die Korrelation zwischen diesen Prozessen keine Reduktion der Konvergenzrate der Teststatistik (4.15) (vgl. Stock & Watson (1988a)). Die Korrelation führt zu einer Verzerrung zweiter Ordnung, die durch eine entsprechende Modifikation der Teststatistik heraustransformiert werden kann. Dafür werden Residuen

$$(4.17) \quad \hat{\epsilon}_t = \hat{\tau}_t - \hat{\bar{\Phi}}\hat{\tau}_{t-1}$$

berechnet. Mit den Residuen wird dann eine Korrekturmatrix $\hat{M}$ geschätzt

$$(4.18) \quad \hat{M} = T^{-1} \sum_{j=1}^{l} \omega(j,l) \sum_{t=j+1}^{T} \hat{\epsilon}_{t-j}\hat{\epsilon}'_t,$$

wobei $\omega(j,l) = 1 - \frac{j}{l+1}$ die Gewichtsfunktion von Bartlett und l ein Abschneidungsparameter ist. Die Schätzung von Φ lautet dann

$$(4.19) \quad \hat{\bar{\Phi}} = \left(\sum \hat{\tau}_t\hat{\tau}'_{t-1} - T\hat{M}' \right) \left(\sum \hat{\tau}_{t-1}\hat{\tau}'_{t-1} \right)^{-1}.$$

Die asymptotische Verteilung der kleinsten Eigenwerte von $\hat{\bar{\Phi}}$ ist mit der asymptotischen Verteilung von (4.15) identisch. Diese Testprozedur wird Stock & Watson – Ansatz mit einer Varianzmodifikation genannt. In beiden Testprozeduren sind Einheitswurzeltests für die Komponenten von x_t nicht notwendig. Die Tests von Stock & Watson lassen sich auf Prozesse mit Absolutglied und/oder Driftterm verallgemeinern. In diesen Fällen werden die deterministischen Komponenten in der Random–Walk–Komponente geschätzt (vgl. Stock & Watson (1988a))

$$\hat{\tau}_t^\nu = \tau_t - \frac{1}{T} \sum \tau_t \quad \text{bzw.} \quad \hat{\tau}_t^t = \tau_t - a_0 - a_1 t.$$

Mit den bereinigten Zeitreihen wird dann eine Testprozedur durchgeführt. Für die drei Fälle haben Stock & Watson die asymptotischen Verteilungen tabelliert.

Der Ansatz von Stock & Watson mit der AR–Korrektur und die Prozedur von Johansen unterscheiden sich in der Behandlung der kurzfristigen Dynamik in einem System. Sie können als Systemansätze charakterisiert werden. Einen anderen Weg gehen Phillips und Ouliaris. Sie identifizieren keine Dynamik, sondern nutzen eine Eigenschaft des Spektrums aus. Phillips & Ouliaris (1988) schlagen eine Hauptkomponentenanalyse des Spektrums bei der Frequenz Null vor. Die Entscheidung über die Anzahl der Kointegrationbeziehungen erfolgt mittels Konfidenzintervallgrenzen, wobei sich eine Unbestimmtheitsregion ergibt. Diese Testprozedur wird im nächsten Abschnitt erläutert.

4.4 Kointegrationstest von Phillips & Ouliaris

Im Ansatz von Phillips & Ouliaris (1988) wird die Eigenschaft ausgenutzt, daß das Spektrum bei der Frequenz Null für kointegrierte Systeme Null ist. Unter der Nullhypothese, daß keine Kointegrationsbeziehung existiert, gelte das autoregressive Modell

(4.20) $\quad x_t = G x_{t-1} + \epsilon_t$

mit $G = I_K$. Die Varianz des Rauschprozesses ϵ_t ist

$$\Omega = 2\pi f_{\epsilon\epsilon}(0) = E(\epsilon_0 \epsilon_0') + \sum_{j=1}^{\infty} (\epsilon_0 \epsilon_j' + \epsilon_j \epsilon_0'),$$

wobei $f_{\epsilon\epsilon}(0)$ das Spektrum bei der Frequenz Null ist. Wenn $r = 0$ gilt, dann hat Ω vollen Rang. Unter der Alternativhypothese gilt, daß das System (4.20) mit einem Vektor $C \neq 0$ kointegriert ist. Die Kointegrationsbeziehungen ersetzen Einheitswurzeln (vgl. Abschnitt 3.2.1), so daß bestimmte Linearkombinationen des Rauschprozesses ϵ_t Einheitswurzeln enthalten

$$C \epsilon_t = C x_t - C x_{t-1} = v_t - v_{t-1},$$

denn $C x_t = v_t$ ist stationär. Anders ausgedrückt, die Filterung des Prozesses (4.20) mit den ersten Differenzen erzeugt r Einheitswurzeln im Rauschprozeß. Dies bedeutet, daß die unter dieser Bedingung berechnete Varianzmatrix Ω singulär ist. Dann enthält Ω r latente Wurzeln, die Null sind. Der Kointegrationsrangtest der Autoren besteht in der Bestimmung des Ranges von Ω. Da das Spektrum in der Nähe der Nullfrequenz flach verlaufen soll, wird ein geglätteter Schätzer des Spektrums verwendet (vgl. Phillips & Ouliaris (1988), S.210f)

$$S_{Tl} = 2\pi \hat{f}_{\epsilon\epsilon}(0).$$

Die Autoren verwenden bei der direkten Schätzung des Spektrums das Daniell–Fenster als Glättungsschätzer, da sie ein flaches Verhalten des Spektrums bei der Frequenz Null unterstellen (vgl. Phillips & Ouliaris (1988), S. 211; bzw. Ouliaris, Park & Phillips (1989), S. 12)

$$\hat{f}_{\epsilon\epsilon}(0) = \frac{1}{l} \sum_{\omega=1}^{l} |F(\omega)|^2,$$

wobei l der Abschneidungsparameter des Daniell–Fensters und $F(\omega)$ das Periodogramm bezeichnet. Sei $\Omega_0 = E(\epsilon_t \epsilon_t')$, dann kann eine Matrix $P = \Omega_0^{-1/2} \Omega \Omega_0^{-1/2}$ berechnet werden. Die Matrix Ω_0 wird durch

$$\hat{\Omega}_0 = T^{-1} \sum_{1}^{T} \hat{\epsilon}_t \hat{\epsilon}_t' \quad \text{mit} \quad \hat{\epsilon}_t = \Delta x_t$$

geschätzt, so daß

$$\hat{P} = \hat{\Omega}_0^{-1/2} S_{Tl} \hat{\Omega}_0^{-1/2}$$

ist. In der Berechnung wird

(4.21) $\quad \hat{\epsilon}_t = x_t - x_{t-1}$

verwendet.

In der Analyse werden nun mittels der Hauptkomponentenmethode die Eigenwerte $\lambda_1 > \lambda_2 > \ldots > \lambda_K$ von P und $\hat{\lambda}_1 \geq \hat{\lambda}_2 \geq \ldots \geq \hat{\lambda}_K$ von $\hat{P}$ betrachtet. Es wird $H_0 : \hat{\lambda}_K > 0$ gegen $H_1 : \hat{\lambda}_K = 0$ getestet. Aus der Hauptkomponentenanalyse ist bekannt, daß folgende asymptotische Verteilungssaussage gilt (vgl. Muirhead (1982), S. 415ff)

$$l^{1/2} \frac{(\hat{\lambda}_K - \lambda_K)}{\lambda_K} \xrightarrow{d} N(0,1) \quad \text{für} \quad l \to \infty \, .$$

Es läßt sich folgender Test ableiten

$$\lambda_K \leq \frac{\lambda_K}{1 - z_{1-\alpha}/\sqrt{l}} \simeq \hat{\lambda}_K + \frac{z_{1-\alpha} \hat{\lambda}_K}{l^{1/2}} \, ,$$

wobei $z_{1-\alpha}$ das $(1 - \alpha)$-Quantil der Normalverteilung ist. Dieser Test ist wenig brauchbar, da unter der Hypothese der Kointegration $\lambda_K = 0$ ist. In der empirischen Anaylse wird nie ein $\hat{\lambda}_K = 0$ geschätzt. Dies gilt auch für den Test der zusammengesetzten Hypothese, daß mehrere Wurzeln gleich Null sind. Phillips & Ouliaris (1988) schlagen deshalb die Berechnung folgender Konfidenzobergrenze

$$(4.22) \quad \frac{\sum_{j=K-r}^{K} \lambda_j}{\sum_{j=1}^{K} \lambda_j} \leq \frac{\sum_{j=K-r}^{K} \hat{\lambda}_j}{\sum_{j=1}^{K} \hat{\lambda}_j} + z_\alpha D / l^{1/2} \, ,$$

die mit der Summe aller Wurzeln normiert wird und folgender Konfidenzuntergrenze

$$(4.23) \quad \frac{\sum_{j=K-r}^{K} \hat{\lambda}_j}{\sum_{j=1}^{K} \hat{\lambda}_j} - z_\alpha D / l^{1/2} \leq \frac{\sum_{j=K-r}^{K} \lambda_j}{\sum_{j=1}^{K} \lambda_j}$$

vor, wobei

$$(4.24) \quad D = \frac{\left(\left(\sum_{j=K-r}^{K} \hat{\lambda}_j \right)^2 \left(\sum_{j=1}^{K-r-1} \hat{\lambda}_j^2 \right) + \left(\sum_{j=1}^{K-r-1} \hat{\lambda}_j \right)^2 \left(\sum_{j=K-r}^{K} \hat{\lambda}_j^2 \right) \right)^{1/2}}{\left(\sum_{j=1}^{K} \hat{\lambda}_j \right)^2}$$

gilt. Als Testentscheidung empfehlen die Autoren, die Nullhypothese (keine Kointegration) abzulehnen, wenn die obere Konfidenzgrenze kleiner als $0.10/K$ ist und die Nullhypothese anzunehmen, wenn die untere Konfidenzgrenze größer als $0.10/K$ ist (vgl. Phillips & Ouliaris (1988), S. 224). Aufgrund dieser Entscheidungsregel gibt es eine Unbestimmtheitsregion. Ein Nachteil dieses Tests ist, daß die kritischen Werte nicht aus einer Verteilungsaussage abgeleitet werden, sondern ad hoc bestimmt werden. Die Autoren führen eine kleine Simulationsstudie durch, um den Einfluß unterschiedlicher Rauschprozesse auf die kritischen Werte der Teststatistik zu zeigen. Sie weisen darauf hin, daß der Test sehr konservativ ist.

Der Ansatz kann durch Verwendung eines Driftterms ν in der Ausgangsgleichung erweitert werden. Falls das System unter H_0 kointegriert ist, wird angenommen, daß die Variablen stochastisch kointegriert sind. Diese Erweiterung verändert die Vorgehensweise in der Form, daß in der Gleichung (4.21) $\Delta x_t - \overline{\Delta x_t}$ benutzt wird. Dadurch wird der Driftterm in (4.20) herausgefiltert.

4.5 Die Güte der multivariaten Tests von Johansen und Stock & Watson

Die Testprozeduren von Johansen und Stock & Watson stellen eine Verallgemeinerung der univariaten Einheitswurzeltests dar. Während die Ansätze von Stock & Watson den Dickey–Fuller–t-Test als Spezialfall enthalten, enthält der Johansen–Trace–Test das Quadrat des Dickey-Fuller–t-Tests. Beide Teststatistiken involvieren die asymptotische Verteilung des stochastischen Trends, so daß die Ableitung der Gütefunktion des Johansen–Tests entsprechend auf eine Gütefunktion des Stock & Watson–Ansatzes übertragen werden könnte. Bei der Ableitung der Gütefunktion werden ähnlich wie im univariaten Fall fast integrierte Prozesse betrachtet, die von Phillips (1988b) eingeführt worden sind.

Beim Likelihoodverhältnistest von Johansen wird die Nullhypothese

$$H_0 : \Pi = BC \quad \text{bzw. der Kointegrationsrang } r = r_0$$

getestet. Johansen (1989c) definiert als Alternativhypothese

$$H_T : \Pi_T = BC + \frac{B_1 C_1}{T},$$

wobei B_1 eine $(K \times s)$-Matrix und C_1 eine $(s \times K)$-Matrix ist. Der Ausdruck $B_1 C_1 / T$ verschwindet für $T \to \infty$, beeinflußt aber das nichtstationäre Verhalten, so daß von fast integrierten Prozessen gesprochen wird (vgl. Phillips (1988b)). Die Johansen-Darstellung des kointegrierten Systems ist

$$\Delta x_t = \sum \Gamma_i \Delta x_{t-i} + \Pi x_{t-p} + \epsilon_t.$$

Dies wird umgeschrieben in

$$(4.25) \quad -\Pi x_t + \Psi \Delta x_t + \Pi^*(L)\Delta^2 x_t = \epsilon_t,$$

wobei $\Psi = \sum i \Gamma_i$ und $\Pi^*(L)$ ein Lagpolynom der Ordnung $p-2$ ist. Der Prozeß x_t kann nun in einen stationären und einen nichtstationären Teil zerlegt werden

$$(4.26) \quad x_t = C' \varrho_t + C'_\perp \tau_t,$$

wobei $\varrho_t = (CC')^{-1}Cx_t$ und $\tau_t = (C_\perp C'_\perp)^{-1}C_\perp x_t$ gilt. Die Matrix $C_\perp$ ist orthogonal zu C ($CC'_\perp = 0$). τ_t enthält unter der Alternativhypothese die fast integrierte Komponente. In der Gleichung (4.25) wird x_t durch (4.26) ersetzt. Dann wird sie von links mit $(B'_\perp T^{-1/2})$ multipliziert und integriert. Dabei ist zu beachten, daß $B'_\perp \Pi_T = B'_\perp(BC + B_1 C_1 T^{-1}) = B'_\perp B_1 C_1 T^{-1}$ ist. Es ergibt sich

$$-B'_\perp B_1 C_1 C'_\perp \sum \frac{\tau_t}{\sqrt{T}} + B'_\perp \Psi C'_\perp \frac{\tau_t}{\sqrt{T}} + B'_\perp \Pi^*(L)\Delta \frac{\tau_t}{\sqrt{T}} = \frac{B'_\perp}{\sqrt{T}} \sum \epsilon_t.$$

Der Prozeß konvergiert in Verteilung gegen folgende Differentialgleichung

$$-bc' \int_0^t J(u)du + J(t) = W(t),$$

wobei $b = B_\perp' B_1$ und $c = C_\perp C_1'$ gilt. Die Lösung dieser Differentialgleichung ist ein $(K - r)$ dimensionaler Ohrnstein–Uhlenbeck–Prozeß (vgl. Abschnitt 2.2.2)

$$J(t) = \int_0^t \exp(ab'(t - u))dW(t).$$

Die Likelihood–Teststatistik $-2\ln Q$ konvergiert unter der Alternativhypothese in Verteilung gegen

$$\mathrm{spur} \left(\int dJ(t)J'(t) \left(\int J(t)J'(t)dt \right)^{-1} \int J(t)dJ'(t) \right),$$

wobei $J(t)$ ein Ohnstein–Uhlenbeck–Prozeß ist. Durch eine Monte–Carlo–Studie verdeutlicht Johansen (1989c): Je größer die Dimension des Prozesses, desto geringer ist die Güte des Tests. Je mehr sich ein neuer Kointegrationsvektor von den bisherigen Kointegrationsvektoren unterscheidet, desto besser kann der Kointegrationsvektor erkannt werden. Die Verschiedenheit kann durch den Winkel zwischen Kointegrationsvektor und Ladungsvektor ausgedrückt werden.

4.6 Simulationsstudie zu ausgewählten Kointegrationstests

In kleinen Simulationsstudien werden die Eigenschaften multivariater Kointegrationstests in kleinen Stichproben unter der Nullhypothese, daß keine Kointegrationsbeziehung vorliegt, untersucht. Anschließend wird die Güte der Tests für bivariate und trivariate Modelle analysiert.

4.6.1 Simulationsaufbau zur Verteilung unter der Nullhypothese (Experiment 1)

In diesem Simulationsexperiment werden Eigenschaften der asymptotischen Verteilungen der Teststatistiken von einzelnen Testprozeduren in kleinen Stichproben unter der Nullhypothese, daß keine Kointegrationsbeziehung im System existiert, untersucht. Für diese Analyse wird ein dreidimensionaler Random–Walk–Prozeß simuliert. Als Rauschprozeß werden pseudo–normalverteilte Zufallsgrößen gezogen ($\epsilon_t \sim i.i.d.n(0, I)$). Es werden Stichprobenumfänge von $T = 50, 100, 200$ erzeugt, ohne daß bei jedem Stichprobenumfang neue Zufallszahlen verwendet werden. Die Stichproben sind nicht unabhängig. In den Testprozeduren werden Lagordnungen bis maximal $p_{max} = 5$ betrachtet, so daß 5 Vorstichprobenwerte benötigt werden. Der Anfangswert wird auf $x_{-5} = 0$ gesetzt. In dieser Simulation wird ein Driftterm von $\nu = 0$ unterstellt. Es werden 1000 Replikationen des Modells erzeugt. Diese Simulationsstudie wird im nachfolgenden Experiment 1 genannt.

Folgende Testprozeduren werden analysiert:

- Likelihoodverhältnistest von Johansen (Trace–Test) mit der Lagordnung $p = 1, 2, 3, 4, 5$,

- Ordnungskriterium AIC, HQ und SC für vorgegebene Lagordnung $p = 1, 2, 3, 4, 5$,

- Ordnungskriterium AIC, HQ und SC für eine Lagordnung von 1 bis 5,

- AR–korrigierter Ansatz von Stock & Watson, AR–Ordnung $p = 0, 1, 2, 3$,

- modifizierter Ansatz von Stock & Watson, Abschneidungsparameter des Bartlett–Gewichts $l = 1, 3, 5, 9$,

- Phillips–Ouliaris–Test, Abschneidungsparameter des Daniell–Fensters $l = 2, 4, 6$.

Bei den ersten drei Testprozeduren wird ein Absolutglied mitgeschätzt. Für die Ansätze von Stock & Watson wird eine Trendbereinigung in dem geschätzten Random-Walk-Prozeß vorgenommen, während bei der letzten Testprozedur eine Mittelwertbereinigung in den ersten Differenzen durchgeführt wird. Für alle Testprozeduren sind die gleichen Prozesse simuliert worden. Die Programme sind mit dem Programmpaket GAUSS erstellt worden.

4.6.2 Simulationsergebnisse der Tests zum Experiment 1

Likelihoodverhältnistest von Johansen (Tabelle 4.1)

Die Ergebnisse des Simulationsexperiments für den multivariaten Likelihoodverhältnistest (Trace-Test) von Johansen sind in der Tabelle 4.1 zusammengestellt. Bei einem Stichprobenumfang von $T = 50$ wird das nominelle Testniveau für die Nullhypothesen $H_0 : r = 2$ und $H_0 : r = 1$ deutlich unterschritten. Hier wird jede Hypothese unabhängig von anderen Testentscheidungen überprüft. Bei dem Test $H_0 : r = 0$ ist das tatsächliche Signifikanzniveau an der oberen 95%-igen Konfidenzintervallgrenze, wenn die wahre Lagordnung gewählt wird. Das Konfidenzintervall wird mit Hilfe von Ordnungsstatistiken geschätzt (vgl. Rohatgi (1984)). Im Fall $\alpha = 2.5\%$ und 1000 Replikationen sind die 15. und die 35. Ordnungsstatistik zu betrachten bzw. kann die Ablehnungsrate zwischen 1.5% und 3.5% liegen. Im Fall $\alpha = 5\% [10\%]$ ist das Konfidenzintervall (3.6%, 6.4%) [bzw. (8.1%, 11.9%)]. Wird die Lagordnung sukzessive erhöht, dann steigen die Prozentpunkte der Ablehnungen erheblich an. Eine hohe Lagordnung führt zu einer Ablehnung der Nullhypothese (keine Kointegration). Es ist nicht offensichtlich, warum die Anhebung der Lagordnung bei unabhängigen Random-Walk-Prozessen zu signifikanten Beziehungen zwischen den Varianzen führt. Ein analoges Ergebnis für den Johansen-trace-Test findet

Tabelle 4.1: Likelihoodverhältnistest von Johansen. Häufigkeiten der abgelehnten Null-hypothese für verschiedene Lagordnungen bei unterschiedlichen Stichprobenumfängen

		T = 50				T = 100				T = 200			
H_0	α	2.5	5	10	50	2.5	5	10	50	2.5	5	10	50
	Lag					Johansen Trace–Test							
$r = 2$	1	.0	.0	.3	24.1	.0	.1	.4	21.7	.1	.2	.6	24.4
	2	.0	.0	.5	25.2	.0	.1	.3	22.4	.1	.1	.8	23.7
	3	.0	.2	1.1	29.3	.0	.0	.2	23.6	.1	.2	1.0	24.7
	4	.0	.2	1.2	30.0	.0	.0	.2	25.4	.0	.1	.5	24.2
	5	.3	.8	1.9	31.5	.1	.1	.5	26.5	.0	.1	.5	24.4
$r = 1$	1	.2	.4	1.5	28.7	.1	.3	1.2	27.9	.4	.8	1.5	26.8
	2	.1	.6	3.3	32.3	.4	.5	1.7	31.7	.4	1.1	2.1	28.5
	3	.5	2.4	5.2	39.4	.2	.5	2.3	33.3	.4	1.3	2.5	28.5
	4	1.5	2.7	6.6	46.5	.3	.5	2.6	37.1	.6	1.3	3.1	29.4
	5	2.0	4.7	10.3	52.9	.3	1.0	4.1	39.2	.5	1.3	3.7	32.5
$r = 0$	1	3.3	6.4	13.9	57.2	2.4	6.4	13.5	54.9	2.5	5.7	11.1	52.3
	2	6.2	11.0	19.7	65.6	4.2	7.4	15.0	58.8	3.4	6.5	12.6	55.5
	3	10.2	16.7	27.5	72.1	6.0	10.0	17.6	61.6	4.2	7.4	13.9	56.1
	4	16.0	24.3	35.9	79.6	6.5	12.1	19.7	65.5	4.9	8.7	16.1	58.1
	5	23.0	33.0	44.8	84.9	8.3	16.6	25.0	70.3	6.1	9.1	16.2	60.7
					Modifizierter Johansen Trace–Test								
$r = 2$	1	.0	.0	.0	21.4	.0	.0	.4	20.1	.1	.2	.6	23.3
	2	.0	.0	.2	21.0	.0	.0	.2	20.1	.1	.1	.8	22.2
	3	.0	.0	.1	20.2	.0	.0	.1	20.0	.1	.1	.6	22.8
	4	.0	.0	.1	20.0	.0	.0	.0	20.7	.0	.1	.2	21.6
	5	.0	.0	.3	18.4	.0	.1	.2	20.2	.0	.1	.3	20.9
$r = 1$	1	.1	.2	.6	23.3	.1	.3	1.0	25.2	.3	.7	1.4	25.6
	2	.0	.0	.8	22.5	.2	.4	.9	25.7	.3	.7	1.5	25.5
	3	.1	.1	1.2	22.3	.1	.2	.9	24.6	.3	.6	1.9	24.6
	4	.1	.1	1.1	21.2	.0	.3	.6	23.3	.2	.7	2.1	24.4
	5	.1	.2	1.1	20.6	.1	.3	.8	24.8	.3	.5	2.0	24.9
$r = 0$	1	1.7	4.0	8.8	49.7	1.6	4.9	10.7	50.8	1.9	5.3	10.6	50.4
	2	1.7	4.3	8.7	48.4	2.7	5.2	10.9	51.1	2.7	5.0	10.6	52.0
	3	2.3	4.3	8.8	44.8	2.2	5.5	10.0	49.1	2.9	5.3	10.9	50.9
	4	1.5	4.3	9.2	45.9	1.5	4.1	9.2	49.1	3.6	5.9	10.6	50.6
	5	2.2	4.0	7.9	42.7	1.8	4.2	10.7	48.0	3.4	6.2	9.6	49.4

α: Signifikanzniveau in Prozent, Experiment 1 mit 1000 Wiederholungen.

Gregory (1990) in seiner Simulationstudie für bivariate Modelle unter der Nullhypothese. Dieser Effekt verringert sich, wenn der Stichprobenumfang auf $T = 100$ oder $T = 200$ erhöht wird.

Der Anstieg der Ablehnungshäufigkeiten der Nullhypothese kann in diesem Experiment durch die Verwendung der Modifikation für kleine Stichproben (4.11) deutlich reduziert werden (siehe untere Hälfte der Tabelle 4.1). Die Ablehungshäufigkeiten liegen für alle Stichprobenumfänge in dem jeweiligen 95%-igen Konfidenzintervall.

Ordnungskriterien (Tabelle 4.2)

Die Ergebnisse der Kointegrationsrangtests mit verschiedenen Ordnungskriterien sind in der Tabelle 4.2 zusammengestellt. Bei einem Stichprobenumfang von $T = 50$ fällt das AIC in 15.9% der Fälle die richtige Entscheidung, wenn die wahre Lagordnung vorgegeben wird. Wird die Lagordnung sukzessive erhöht, dann sinkt dieser Anteil bis auf 4.2%. Auch die anderen beiden Kriterien sind mit zunehmender Lagordnung weniger erfolgreich. Dieser Effekt ist auch beim Johansen Trace–Test beobachtet worden. Mit der wahren Lagordnung trifft das SC in 90.4% der Fälle richtige Entscheidungen. Wenn der kleinste Kriteriumswert über alle Kombinationen von Lagordnungen $p = 1, \ldots, 5$ und Kointegrationsrängen gesucht wird, d.h. wenn eine simultane Entscheidung über Lagordnung und Kointegrationsrang erfolgt, trifft das AIC in 13.9 % der Fälle, das HQ in 48.1% und das SC in 90.4% der Fälle die richtige Entscheidung. Diese Ergebnisse sind mit der Wirkungsweise der Kriterien vereinbar, denn für eine vorgegebene Lagordnung $p = p_0$ schätzen die Kriterien wie folgt ein r:

$$\hat{r}(\mathrm{SC}|p = p_0) \leq \hat{r}(\mathrm{AIC}|p = p_0), \quad \text{wenn } T \geq 8,$$

$$\hat{r}(\mathrm{SC}|p = p_0) \leq \hat{r}(\mathrm{HQ}|p = p_0) \quad \text{für alle } T,$$

$$\hat{r}(\mathrm{HQ}|p = p_0) \leq \hat{r}(\mathrm{AIC}|p = p_0), \quad \text{wenn } T \geq 16.$$

Die geschätzte Residuenvarianz nimmt mit zunehmenden r ab. Gilt z.B. $\mathrm{AIC}(r,p) = c_r + b_r$ und $\mathrm{SC}(r,p) = c_r + a_r$, wobei $c_r = \Sigma_{r,p}$, $b_r = (2K^2(p-1) + 4Kr - 2r^2)/T$ und $a_r = (K^2(p-1) + 2Kr - r^2)\ln T/T$, kann folgende Ungleichung gebildet werden:

$$
\begin{aligned}
2(2K - 2r - 1)/T &= 2(K^2(p-1) + 2K(r+1) - (r+1)^2)/T \\
&\quad -2(K^2(p-1) + 2Kr - r^2)/T \\
&= b_{r+1} - b_r \leq a_{r+1} - a_r \\
&= (K^2(p-1) + 2K(r+1) - (r+1)^2)\ln T/T \\
&\quad -(K^2(p-1) + 2Kr - r^2)\ln T/T = (2K - 2r - 1)\ln T/T.
\end{aligned}
$$

Die Ungleichung ist erfüllt, wenn $2 \leq \ln T$ bzw. $e^2 \leq T$ oder $T \geq 8$ gilt. Mit Hilfe eines Hilfssatzes in Lütkepohl (1991), Kapitel 4.3 kann die obige Behauptung bewiesen werden. Die anderen beiden Ungleichungen können analog gezeigt werden. Entsprechende Beziehungen für das simultane Schätzproblem sind nicht so leicht zu gewinnen, da in dem Fall nichtlineare Beziehungen zu berücksichtigen sind. Mit Hilfe der Tabelle 4.2 wird deutlich, daß das AIC und das HQ eine beträchtliche Verzerrung gegen die Nullhypothese besitzen. Als Nebenprodukt der

Tabelle 4.2: Ordnungskriterien. Häufigkeiten der Kointegrationsrangzuordnungen für verschiedene Lagordnungen bei unterschiedlichen Stichprobenumfängen

T	Lag	Lag*	AIC 0	AIC 1	AIC 2	AIC 3	HQ 0	HQ 1	HQ 2	HQ 3	SC 0	SC 1	SC 2	SC 3
		r	0	1	2	3	0	1	2	3	0	1	2	3
50	1		15.9	32.2	27.7	24.2	48.9	31.7	11.3	8.1	90.4	8.8	0.6	.2
	2		12.7	31.0	30.5	25.8	39.4	36.3	13.7	10.6	85.2	12.2	1.6	1.0
	3		8.8	26.9	34.2	30.1	33.9	35.6	17.7	12.8	77.9	17.2	3.0	1.9
	4		5.3	24.4	37.2	33.1	26.6	34.8	23.5	15.1	70.2	21.9	4.8	3.1
	5		4.2	20.1	40.4	35.3	20.6	33.0	27.7	18.7	60.2	26.9	8.2	4.7
		1	13.9	27.5	23.6	20.9	48.1	30.8	11.1	8.1	90.4	8.8	0.6	0.2
		2	0.3	1.9	2.7	2.3	0.1	1.0	0.3	0.2	0.0	0.0	0.0	0.0
		3	0.2	0.9	1.1	1.0	0.1	0.2	0.0	0.0	0.0	0.0	0.0	0.0
		4	0.2	0.5	0.7	0.6	0.0	0.0	0.0	0.0	0.0	0.0	0.0	0.0
		5	0.0	0.2	0.5	1.0	0.0	0.0	0.0	0.0	0.0	0.0	0.0	0.0
100	1		18.9	31.0	27.8	22.3	65.4	24.3	6.7	3.6	96.0	3.9	0.1	0.0
	2		15.2	31.2	30.0	23.6	61.8	25.4	8.8	4.0	94.8	4.7	0.3	0.2
	3		13.3	29.1	31.8	25.8	60.6	26.4	8.9	4.1	93.8	5.7	0.3	0.2
	4		11.0	27.8	34.1	27.1	55.2	28.7	10.6	5.5	94.1	5.6	0.2	0.1
	5		9.0	27.1	35.7	28.2	50.0	30.2	12.4	7.4	91.7	7.4	0.7	0.2
		1	17.4	28.7	24.9	20.3	65.3	24.3	6.7	3.6	96.0	3.9	0.1	0.0
		2	0.9	2.4	2.1	1.3	0.1	0.0	0.0	0.0	0.0	0.0	0.0	0.0
		3	0.0	0.3	0.3	0.7	0.0	0.0	0.0	0.0	0.0	0.0	0.0	0.0
		4	0.0	0.3	0.1	0.2	0.0	0.0	0.0	0.0	0.0	0.0	0.0	0.0
		5	0.0	0.0	0.0	0.1	0.0	0.0	0.0	0.0	0.0	0.0	0.0	0.0
200	1		19.2	30.9	27.2	22.7	77.4	17.3	3.4	1.9	99.5	0.5	0.0	0.0
	2		17.2	29.9	29.0	23.9	77.0	17.7	3.2	2.1	98.7	1.2	0.1	0.0
	3		18.5	31.1	29.1	24.0	74.8	18.7	3.4	3.1	99.1	0.8	0.1	0.0
	4		14.6	30.5	30.0	24.9	72.0	20.3	4.5	3.2	98.6	1.3	0.1	0.0
	5		13.9	29.6	32.1	24.4	71.5	20.3	4.8	3.4	98.7	1.2	0.1	0.0
		1	17.6	28.8	26.1	21.8	77.4	17.3	3.4	1.9	99.5	0.5	0.0	0.0
		2	1.1	1.2	1.4	1.0	0.1	0.0	0.0	0.0	0.0	0.0	0.0	0.0
		3	0.1	0.3	0.4	0.2	0.0	0.0	0.0	0.0	0.0	0.0	0.0	0.0
		4	0.0	0.0	0.0	0.0	0.0	0.0	0.0	0.0	0.0	0.0	0.0	0.0
		5	0.0	0.0	0.0	0.0	0.0	0.0	0.0	0.0	0.0	0.0	0.0	0.0

Lag*: Minimum der Ordnungskriterien über alle Lagordnungen. Experiment 1.

Untersuchung wird erkennbar, daß die richtige Lagordnung vom AIC in 85.9% der Fälle, vom HQ in 98.1% und vom SC in 100 % der Fälle ausgewählt wird (dazu ausführlicher: vgl. Abschnitt 5.7).

Bei einem Stichprobenumfang von $T = 100$ erhöht sich der Anteil der richtigen Wahl des Kointegrationsranges beim AIC nur unwesentlich auf 18.9%, während der Anteil beim HQ 65.3% und beim SC 96.0% beträgt. In diesem Fall reduziert sich der Anteil beim AIC mit zunehmender Lagordnung kontinuierlich. Die Entscheidungen des HQ sind etwas stabiler. Noch stabiler sind die Anteile beim SC. Bei der Bestimmung der richtigen Lagordnung ist das AIC in 91.3% der

Fälle das HQ in 99.9% und das SC in 100.0% der Fälle erfolgreich. Bei einem Stichprobenumfang von $T = 200$ ändern sich die Kointegrationsrangentscheidungen der Kriterien nicht mit der Variation der Lagordnung. Insgesamt beträgt der Anteil der richtigen Entscheidungen beim AIC 17.6%, beim HQ 77.4% und beim SC 99.5%. Die guten Ergebnisse des SC können zum Teil damit erklärt werden, daß bei diesem Simulationsaufbau das restriktivste Modell das richtige Modell ist.

Stock & Watson – Ansätze (Tabelle 4.3, 4.4)

Die Tests von Stock & Watson restringieren schrittweise die Anzahl der Common–Trends unter der Nullhypothese. Bei dieser Untersuchung wird eine lineare Trendbereinigung der Random–Walk–Komponente vorgenommen ($\tilde{\tau}_t = \tau_t - \beta_0 - \beta_1 t$). Da die ersten Simulationsergebnisse so stark von den asymptotischen Verteilungsresultaten abwichen, wird zunächst die Verteilung der Teststatistik für die Stichprobenumfänge von $T = 50, 100, 200$ und 400 im ein–, zwei– und dreidimensionalen Fall simuliert. Für den m–dimensionalen Fall ($m = 1, 2, 3$) werden m unabhängige Random–Walk–Prozesse mit pseudo–normalverteilten Rauschprozessen $\epsilon_t \sim i.i.d.n(0, I)$ erzeugt. Hier werden 5000 Replikationen berechnet. Die Ergebnisse sind in Tabelle 4.3 aufgeführt. Es wird deutlich, daß im dreidimensionalen Fall die kritischen Werte für den Test $H_0 : r = 0$ gegen $H_1 : r = 1$ bei einem Stichprobenumfang von $T = 50$ die asymptotischen Werte, die in der Tabelle 4.3 im letzten Block stehen, nicht erreichen. Auch bei einem Stichprobenumfang von $T = 200$ überdeckt das ermittelte 95%–ige Konfidenzintervall des dritten Eigenwerts die asymptotischen Werte nicht. Entsprechend gering ist die Ablehnungshäufigkeit bei der Überprüfung des nominellen Signifikanzniveaus mit den asymptotischen Werten. Die Abweichungen sind bei den ein– und zweidimensionalen Prozessen nicht so stark wie im dreidimensionalen Fall. Die geringe Ablehnungshäufigkeit des Stock–Watson–Ansatzes stellt auch Gregory (1990) im bivariaten Fall fest.

Wird die Nullhypothese mit den kritischen Werten für kleine Stichproben die überprüft, um die Sensitivität der Testprozedur aufgrund der dynamischen Filterung zu analysieren, ergeben sich die Ergebnisse in Tabelle 4.4. Ohne eine dynamische Filterung sind die Ablehnungshäufigkeiten sehr nah an den nominellen Werten. Wird eine AR–Korrektur vorgenommen, wobei die Lagordnung von 1 bis 3 reicht, reduziert sich die Ablehungshäufigkeit bei $T = 50$ für $r = 0$ mit zunehmender Lagordnung. Ein entsprechender Effekt wurde auch beim Augmented Dickey–Fuller–Test festgestellt, bei dem eine hohe Lagordnung die Annahmehäufigkeit der Einheitswurzel im Prozeß erhöht (Hansen (1988)). Für $r = 1$ und $r = 2$ ergeben sich ähnliche Effekt. Bei einem Stichprobenumfang von $T = 200$ reduziert sich dieser Effekt. Die Sensitivität der Ablehnungshäufigkeit aufgrund von Parameteränderungen ist bei der nichtparametrischen Korrektur nicht so eindeutig.

Tabelle 4.3: Kritische Werte des Common–Trend–Tests von Stock und Watson in kleinen Stichproben

Eigenwerte		eindimensional 1		zweidimensional 1		2	
T	α	q^τ	KIU; KIO	q^τ	KIU ; KIO	q^τ	KIU; KIO
50	2.5	-22.31	-23.14; -21.64	-15.57	-16.09; -15.07	-28.90	-29.73; -28.00
	5	-19.51	-20.17; -18.97	-13.81	-14.25; -13.53	-26.08	-26.61; -25.59
	10	-16.75	-17.15; -16.38	-12.23	-12.38; -12.00	-23.04	-23.37; -22.62
100	2.5	-23.92	-24.56; -23.27	-16.26	-16.85; -15.83	-31.82	-32.52; -31.12
	5	-20.91	-21.60; -20.44	-14.50	-14.84; -14.14	-28.50	-29.13; -27.99
	10	-17.58	-18.10; -17.18	-12.55	-12.82; -12.28	-25.06	-25.51; -24.48
200	2.5	-24.41	-25.56; -23.55	-16.33	-17.09; -15.77	-32.82	-33.96; -32.18
	5	-21.14	-22.00; -20.57	-14.54	-14.89; -14.23	-29.64	-30.14; -29.03
	10	-17.80	-18.33; -17.41	-12.53	-12.73; -12.31	-25.93	-26.36; -25.37
400	2.5	-24.52	-25.32; -23.64	-16.66	-17.16; -16.04	-33.87	-35.03; -32.68
	5	-21.40	-21.98; -20.62	-14.74	-14.99; -14.31	-30.29	-30.90; -29.51
	10	-17.68	-18.18; -17.26	-12.59	-12.85; -12.28	-26.08	-26.58; -25.61
∞	2.5	-24.8		-16.8		-34.6	
	5	-21.7		-14.9		-30.8	
	10	-18.2		-12.9		-26.7	

Eigenwerte		dreidimensional 1		2		3	
T	α	q^τ	KIU; KIO	q^τ	KIU ; KIO	q^τ	KIU; KIO
50	2.5	-12.82	-13.15; -12.47	-21.45	-22.01; -21.05	-34.74	-35.51; -34.11
	5	-11.65	-11.88; -11.39	-19.51	-19.88; -19.51	-31.97	-32.55; -31.47
	10	-10.18	-10.37; -9.96	-17.32	-17.62; -17.07	-29.11	-29.51; -28.63
100	2.5	-13.21	-13.48; -12.86	-23.22	-23.59; -22.59	-38.29	-39.16; -35.83
	5	-11.86	-12.11; -11.64	-20.91	-21.35; -20.57	-35.18	-35.83; -34.66
	10	-10.48	-10.69; -10.32	-18.49	-18.85; -18.13	-31.54	-32.03; -31.01
200	2.5	-13.63	-13.87; -13.37	-23.72	-24.14; -23.05	-40.58	-41.65; -39.72
	5	-12.11	-12.37; -11.86	-21.29	-21.62; -20.99	-36.73	-37.28; -36.08
	10	-10.80	-11.06; -10.61	-18.95	-19.29; -18.61	-33.02	-33.48; -32.35
400	2.5	-13.62	-14.04; -13.18	-24.49	-25.20; -24.01	-42.84	-43.81; -41.53
	5	-12.26	-12.52; -11.90	-22.10	-22.54; -21.73	-38.45	-39.32; -37.63
	10	-10.62	-10.83; -10.44	-19.57	-19.93; -19.25	-34.04	-34.62; -33.51
∞	2.5	-13.4		-24.3		-43.5	
	5	-12.1		-22.1		-39.0	
	10	-10.7		-19.5		-34.6	

KIU: 95%-ige Konfidenzintervalluntergrenze, KIO: 95%-ige Konfidenzintervallobergrenze
∞: Kritische Werte wurden Stock & Watson (1988a), S. 1105, der Tabelle 3 entnommen.

Tabelle 4.4: Häufigkeiten der Stock und Watson Ansätze für verschiedene Stichprobenumfänge, kritische Werte für kleine Stichproben.

H_0	α Lag	T = 50			T = 100			T = 200		
		2.5	5	10	2.5	5	10	2.5	5	. 0
					AR - Korrektur					
r=0	0	2.6	5.0	10.9	2.5	4.4	8.9	2.1	4.5	9.0
	1	.0	.3	1.4	.4	1.6	4.3	1.3	2.7	6.0
	2	.0	.0	.2	.0	.2	1.1	.4	1.1	3.7
	3	.0	.0	.0	.0	.0	.3	.1	.4	2.7
r=1	0	2.8	6.2	11.3	1.8	4.2	9.4	3.1	5.7	12.0
	1	0.6	2.0	5.2	0.8	2.7	6.2	2.1	4.1	9.3
	2	0.0	0.5	1.6	0.4	0.9	3.6	1.4	3.1	7.1
	3	0.0	0.1	0.5	0.1	0.3	2.2	1.0	2.3	5.5
r=2	0	3.1	5.4	10.1	2.7	5.2	10.9	2.3	4.4	9.4
	1	1.1	2.5	8.2	2.1	4.0	8.1	2.4	5.2	8.7
	2	0.4	0.9	3.7	1.2	3.4	6.4	2.0	4.2	8.0
	3	0.0	0.6	2.2	0.4	2.3	6.1	2.6	3.9	7.1
	l^{τ}				Varianzmodifikation					
r=0	1	2.9	5.7	12.9	2.7	5.5	10.8	2.5	5.4	10.4
	3	2.0	4.1	8.8	2.7	5.8	11.4	2.8	7.1	11.9
	5	1.7	2.9	7.0	2.0	4.7	9.1	2.8	6.2	11.8
	9	.5	1.3	3.5	1.5	2.7	5.2	2.1	4.4	10.5
r=1	1	3.9	7.2	14.2	2.5	5.3	10.2	3.3	6.6	12.3
	3	4.1	8.4	15.6	2.7	6.2	11.9	4.0	7.6	13.1
	5	2.5	5.0	11.9	3.1	6.6	13.3	4.7	8.6	13.6
	9	0.8	2.0	5.1	1.9	4.5	10.7	4.7	8.5	15.5
r=2	1	3.7	6.3	13.2	3.7	5.8	11.6	2.5	5.5	10.2
	3	4.4	8.5	16.9	4.4	7.5	14.0	2.7	6.7	11.4
	5	4.4	8.2	19.0	5.1	7.9	14.8	3.6	8.2	12.5
	9	2.5	4.9	11.3	4.7	9.2	16.5	4.1	8.9	14.1

l^{τ}: Abschneidungsparameter der Bartlett–Gewichte,
α: Signifikanzniveau in Prozent, Experiment 1.

Hier wird die Korrekturmatrix mit Bartlett-Gewichten geschätzt, deren Abschneidungsparameter die Werte $l = 1, 3, 5, 9$ annehmen. Bei einem Stichprobenumfang von $T = 50$ nimmt die Ablehnungshäufigkeit mit zunehmendem Abschneidungsparameter für $r = 0$ ab. Erst bei $T = 200$ sind die Resultate stabil. Für $r = 2$ ergeben sich Ablehnungshäufigkeiten, die über dem 95%–igen Konfidenzintervall liegen. Die Ergebnisse verdeutlichen, daß die Verteilung der Teststatistik auch auf die Schätzung einer Korrektur sensitiv reagiert.

Phillips–Ouliaris–Test (Tabelle 4.5)

Zum Schluß werden die Eigenschaften des Phillips–Ouliaris–Tests in kleinen Stichproben untersucht. Ergänzend zu dem Vorschlag der Autoren wird die ad hoc Spezifikation der Konfidenzintervallober- und –untergrenze für die Werte mit $0.2/K$ und $0.3/K$ bestimmt. Bei der

Tabelle 4.5: Kointegrationstest von Phillips & Ouliaris für verschiedene Stichprobenumfänge

Kritischer Wert H_0	l^*	T = 50			T = 100			T = 200		
		0.1/K	0.2/K	0.3/K	0.1/K	0.2/K	0.3/K	0.1/K	0.2/K	0.3/K
		kleiner als Konfidenzintervallobergrenze								
r=0	2	100.0	100.0	100.0	100.0	100.0	100.0	100.0	100.0	100.0
	4	2.2	9.4	19.3	3.1	9.7	19.8	2.7	10.9	20.9
	6	.0	.2	1.7	.0	.8	2.8	.0	0.6	3.8
r=1	2	4.6	9.4	14.4	3.8	7.8	13.2	5.6	10.3	13.9
	4	.0	.0	.0	.0	.0	.0	.0	.0	.0
	6	.0	.0	.0	.0	.0	.0	.0	.0	.0
	l^*	größer als Konfidenzintervalluntergrenze								
r=0	2	0.0	0.0	0.0	0.0	0.0	0.0	0.0	0.0	0.0
	4	4.3	0.3	0.0	3.9	0.1	0.0	4.3	0.0	0.0
	6	63.6	14.6	0.8	59.7	13.7	0.6	56.4	10.6	0.2
r=1	2	1.3	0.0	0.0	1.2	0.0	0.0	0.8	0.1	0.0
	4	94.5	81.8	67.4	93.7	80.1	64.0	93.3	79.0	61.2
	6	100.0	99.9	99.1	100.0	99.7	98.5	100.0	99.8	98.0

l^*: Abschneidungsparameter des Daniell–Fensters. Experiment 1.

direkten Schätzung des Spektrums wird das Daniell–Fenster mit den Abschneidungsparameterwerten $l = 2, 4, 6$ verwendet. Die Simulationsergebnisse verdeutlichen eine hohe Sensitivität aufgrund der Ausweitung des Daniell–Fensters (vgl. Tabelle 4.5). Gemäß der Empfehlung der Autoren, die Nullhypothese abzulehnen, wenn die obere Konfidenzgrenze kleiner als $0.10/K$ ist, wird bei diesem Experiment für $T = 50$ mit $l = 2$ eine 100%–ige Ablehnung erzielt. Mit $l = 4$ wird für diese Grenze eine Ablehungshäufigkeit von 2.2% erreicht. Nur in 4.3% der Fälle wird die Nullhypothese, daß keine Kointegration vorliegt, angenommen. Der Unbestimmtheitsanteil ist somit sehr hoch. Die übliche Größe eines Fehlers 1. Art von 5% wird bei $l = 6$ deutlich unterschritten. Die Abhängigkeit der Testergebnisse vom Abschneidungsparameter nimmt mit zunehmendem Stichprobenumfang nicht ab. Die Resultate bleiben für alle Stichprobenumfänge erhalten.

4.6.3 Vergleich der Güte von Kointegrationstests

Im Abschnitt 4.6.2 wurden die Eigenschaften der Testprozeduren in kleinen Stichproben unter der Nullhypothese, daß Random–Walk–Prozesse vorliegen, untersucht. Jetzt wird die Güte der Tests analysiert. Zunächst wird eine Simulationsstudie für bivariate Prozesse durchgeführt. Daran schließt sich ein Simulationsexperiment für trivariate Modelle an.

4.6.3.1 Simulationsaufbau für bivariate Modelle mit einem Kointegrationsrang (Experiment 2)

Für die Analyse in diesem Abschnitt werden bivariate Modelle mit einem Kointegrationsrang $r = 1$ erzeugt. Da die Bestimmung eines Simulationsmodells der Kritik unterliegt, daß die Ergebnisse von der angegebenen Parameterwahl abhängig sind und bei anderen Parametern sehr verschiedene Ergebnisse erzielt werden können, wird nicht nur ein bestimmtes Modell ausgesucht. Hier wird ein möglichst weiter Teil des Parameterraumes der Johansen-Darstellung duchlaufen, wobei ein Kointegrationsrang von $r = 1$ vorgegeben wird und der freie Eigenwert der autoregressiven Darstellung kontrolliert wird. Das Modell lautet:

$$\Delta x_t = \nu - \Pi x_{t-1} + \epsilon_t = \nu - BC x_{t-1} + \epsilon_t$$

bzw. in der autoregressiven Form

$$x_t = \nu + (I_2 - \Pi)x_{t-1} + \epsilon_t = \nu + A_1 x_{t-1} + \epsilon_t \,.$$

Zur Vereinfachung wird $\nu = 0$ gesetzt. Die Wurzeln des charakteristischen Polynoms der autoregressiven Matrix A_1 werden wie folgt bestimmt

$$|\lambda I_2 - A_1| = 0 \,.$$

Es gilt

$$(\lambda - a_{11})(\lambda - a_{22}) - a_{21}a_{12} = \lambda^2 - (a_{11} + a_{22})\lambda + a_{11}a_{22} - a_{21}a_{12} \,.$$

Da $Rg(\Pi) = 1$ gesetzt ist, ist eine Wurzel $\lambda_1 = 1$. Weiterhin gilt unter der Kointegrationsrestriktion $\Pi = BC$

$$1 - a_{11} = b_1 c_1, \quad -a_{12} = b_1 c_2, \quad -a_{21} = b_2 c_1 \quad \text{und} \quad 1 - a_{22} = b_2 c_2 \,,$$

so daß

$$\lambda_2^2 - (1 - b_1 c_1)(1 - b_2 c_2)\lambda_2 + 1 - b_2 c_2 - b_1 c_1 = 0$$

ist oder

$$(1 - \lambda_2)^2 - b_2 c_2 (1 - \lambda_2) = (1 - \lambda_2)b_1 c_1$$

bzw.

$$1 - \lambda_2 - b_2 c_2 = b_1 c_1 \quad \text{mit} \quad |\lambda_2| \leq 1$$

gilt. Dann ergibt sich die Parameterrestriktion

$$b_1 = \frac{1 - \lambda_2 - b_2 c_2}{c_1} \quad \text{mit} \quad c_1 \neq 0 \,.$$

Folgende Parameterkonstellationen werden gewählt, wobei auch verschiedene Werte für ein Absolutglied berücksichtigt werden:

$$\lambda_2 = 0.5, 0.6, 0.7, 0.8, 0.9$$

$$c_1 = 0.05, 0.10, 0.15, \ldots, 0.5$$

$$c_2 = -0.3, -0.1, 0.1, 0.3$$

$$b_2 = 0.2$$

$$\nu_1 = 0.2$$

$$\nu_2 = -0.4, -0.2, 0.0, 0.2, 0.4$$

$$\sigma_{12} = \sigma_{21} = -0.8, -0.4, 0.0, 0.4, 0.8,$$

so daß sich für die 5 unterschiedlichen Kovarianzmatrizen 1000 verschiedene Modelle ergeben. Für die drei Stichprobenumfänge $T = 50$, 100, 200 werden jeweils ein bivariater normalverteilter Rauschprozeß mit Mittelwert 0 und der Varianz Σ gezogen. Außerdem wird ein Vorstichprobenumfang von $T = 55$ und $x_{-55} = 0$ gesetzt, da für einzelne Prozeduren Vorstichprobenwerte in der Schätzung benötigt werden. Die maximale Lagordnung wird auf $p_{max} = 5$ festgelegt, um Effekte einer Fehlspezifikation der Lagordnung zu untersuchen. Dieser Simulationsaufbau wird als Experiment 2 bezeichnet.

4.6.3.2 Simulationsergebnisse im bivariaten Fall

Likelihoodverhältnistest von Johansen (Tabelle 4.6) Die Ergebnisse der Simulation für den Test H_0 : $r = 0$ sind in der Tabelle 4.6 zusammengestellt. Im Innern der Tabelle 4.6 sind für die Lagordnungen $p = 1, 2, 3, 4$ die Häufigkeiten der Ablehnungen bei vorgegebenem Signifikanzniveau von $\alpha = 2.5\%$, 5%, 10% aufgeführt. Bei einem Stichprobenumfang von $T = 50$ wird deutlich, daß eine zunehmende Lagordnung zu einer Verringerung der Ablehnungshäufigkeiten führt. Auf dem 5% Testniveau reduziert sich die Ablehnungsrate bei $\sigma_{12} = 0.0$ von 45.5% auf 27.5%. Dieser Abfall der Ablehnungshäufigkeiten ist auch bei einem Stichprobenumfang von $T = 100$ zu beobachten. Bei $T = 200$ bleiben die Häufigkeiten trotz der Lagordnungsvariation stabil. Es wird deutlich, daß die Teststatistik sensitiv auf die Änderung der Kovarianzen des Rauschprozesses reagiert. Die besten Ergebnisse werden mit einer hohen negativen Korrelation erreicht.

Die Ergebnisse des modifizierten Likelihoodverhältnistests sind in der unteren Hälfte der Tabelle 4.6 aufgeführt. Durch die Modifikation ergeben sich bei einer höheren Lagordnung zum Teil deutlich geringere Ablehnungshäufigkeiten für einen Stichprobenumfang von $T = 50$. In einigen Fällen liegt die Ablehnungshäufigkeit unter dem nominellen Signifikanzniveau des Tests. Auch bei einem Stichprobenumfang von $T = 100$ tritt dieser Effekt auf. Erst bei einem Stich–

Tabelle 4.6: Likelihoodverhältnistest von Johansen. Ablehnungshäufigkeiten
Nullhypothese H_0 $r = 0$

$\sigma_{12} = \sigma_{21}$	Lag	T = 50			T = 100			T = 200		
α		2.5	5	10	2.5	5	10	2.5	5	10
		Johansen Trace–Test								
0.0	1	39.5	45.5	57.6	61.4	64.3	70.6	92.3	93.1	95.8
	2	34.4	40.9	48.7	55.6	60.2	66.5	92.0	92.6	96.0
	3	14.9	25.0	39.7	34.5	41.8	51.5	86.1	90.7	93.8
	4	13.7	27.5	45.1	20.5	26.7	38.6	89.5	93.3	99.8
0.8	1	50.3	54.7	62.1	60.1	64.2	69.2	88.0	88.6	90.3
	2	30.1	34.7	42.1	50.7	55.0	60.7	87.3	88.6	91.0
	3	16.1	22.7	31.6	39.1	42.8	48.8	85.0	87.9	90.3
	4	9.4	21.0	38.7	18.6	26.2	36.6	87.1	89.0	96.4
0.4	1	35.6	40.9	49.4	49.9	53.7	60.1	87.3	89.9	92.7
	2	21.4	24.3	30.1	30.2	37.1	45.5	87.5	89.5	92.8
	3	10.1	14.1	19.5	18.0	20.5	24.7	83.0	87.5	91.1
	4	0.0	1.8	16.4	2.0	5.6	12.3	88.3	91.0	97.4
-0.4	1	54.0	58.7	68.1	72.4	77.5	82.4	93.5	94.5	96.7
	2	27.7	53.7	61.9	63.6	72.5	81.2	93.2	94.8	96.9
	3	13.5	21.1	31.4	48.3	57.5	64.2	90.3	93.2	95.7
	4	10.0	27.7	52.7	16.9	31.5	44.7	94.0	95.1	97.2
-0.8	1	71.0	75.1	80.3	86.3	88.1	91.0	96.3	96.9	97.8
	2	55.5	59.6	64.4	84.7	88.5	92.2	96.1	96.9	98.0
	3	31.6	45.0	63.5	75.6	80.1	85.4	94.5	96.1	97.4
	4	28.9	45.6	81.9	60.1	67.0	86.2	96.1	97.1	98.5
		Modifizierter Johansen Trace–Test								
0.0	1	35.8	43.1	54.9	60.3	63.3	69.4	92.3	93.1	95.5
	2	30.0	35.5	43.8	52.3	59.2	64.1	91.9	92.6	96.0
	3	6.1	12.2	26.1	31.2	37.3	46.3	85.0	89.0	93.4
	4	1.6	5.6	21.4	16.0	21.4	31.0	88.8	91.6	97.4
0.8	1	49.0	53.1	60.7	59.3	62.8	69.5	87.9	88.6	90.0
	2	26.2	30.6	37.6	49.1	52.9	59.1	87.2	88.5	89.9
	3	7.8	13.3	22.9	37.2	40.2	46.6	84.7	87.1	89.8
	4	0.0	1.8	17.1	13.1	19.1	30.5	86.8	88.2	93.4
0.4	1	33.6	37.6	48.5	49.2	52.6	59.6	86.9	89.6	92.5
	2	18.1	21.5	26.0	28.5	34.1	42.3	86.5	89.3	91.9
	3	5.1	9.2	14.4	16.1	18.9	23.0	81.5	86.0	90.3
	4	0.0	0.0	0.1	1.3	2.2	7.8	86.7	89.4	96.0
-0.4	1	49.2	56.3	65.4	71.6	76.8	81.7	93.4	94.4	96.6
	2	22.9	28.4	37.2	59.5	68.9	79.3	92.9	94.5	96.6
	3	6.5	12.0	22.0	43.3	51.5	62.0	89.8	92.5	95.3
	4	0.2	2.0	21.2	9.2	18.0	37.8	92.4	94.7	96.6
-0.8	1	70.1	73.1	79.3	85.4	87.8	90.8	96.2	96.9	97.7
	2	50.1	56.2	60.6	82.7	86.8	91.4	95.7	96.6	97.8
	3	16.4	25.3	46.6	72.6	77.6	83.1	93.9	95.7	97.3
	4	3.9	16.1	35.9	57.2	60.9	70.5	94.9	96.8	98.2

α : Signifikanzniveau in Prozent, Experiment 2.

107

probenumfang von $T = 200$ werden Ergebnisse erzielt, die relativ unabhängig von der Wahl der Lagordnung sind. Aus diesen Ergebnissen kann gefolgert werden, daß eine sorgfältige Bestimmung der Lagordnung beim Johansen–Trace–Test vorgenommen werden muß.

Ordnungskriterien (Tabelle 4.7, 4.8, 4.9) Für die Ordnungskriterien werden die Ergebnisse vom Simulationsexperiment 2 in den Tabellen 4.7, 4.8 und 4.9 aufgeführt. Bei einem Stichprobenumfang von $T = 50$ ist die Entscheidungshäufigkeit für den wahren Kointegrationsrang abhängig von der Wahl der Lagordnung. Die Häufigkeiten reduzieren sich nicht monoton mit zunehmender Lagordnung. Z.B. schwankt die Häufigkeit des SC bei $\sigma_{12} = 0.0$ zwischen 50.5% und 65.0%. Nur in wenigen Fällen wird durch die Wahl einer zu hohen Lagordnung die richtige Entscheidungshäufigkeit verbessert. Ein stabileres Bild ergibt sich für die Häufigkeiten bei einer simultanen Bestimmung von r und p. Bei dieser Testprozedur sind die Anteile für den wahren Kointegrationsrang häufig genau so hoch wie das Maximum der richtigen Entscheidungen, das aus den Anteilen bei vorgegebener Lagordnung bestimmt wird. Die simultane Bestimmung von r und p ist nicht nachteilig für die Schätzung des Kointegrationsranges, da die Lagordnung in diesem Experiment sehr gut geschätzt wird. Die Unterschiede zwischen den Entscheidungen der Ordnungskriterien sind wesentlich geringer als bei dem Experiment 1 mit den Random–Walk–Prozessen.

Mit der Erhöhung des Stichprobenumfangs nimmt der Anteil der richtigen Entscheidungen zu. Die Schwankungen der Häufigkeiten aufgrund der Steigerung der Lagordnung sinken etwas. Mit zunehmender Lagordnung wählt das SC häufiger die restringierteste Form ($r = 0$). Wenn die Suche des Optimums über alle Lagordnungen durchgeführt wird, dann wird in dieser Prozedur das Maximum der richtigen Entscheidungshäufigkeiten bei vorgegebener Lagordnung erreicht. Bei einem Stichprobenumfang von $T = 200$ verändern sich die Kriterienentscheidungen trotz der Kovarianzvariationen wenig. In allen Situationen wird die Lagordnung über alle Möglichkeiten in 99% der Fälle richtig getroffen.

Beim Vergleich der Kriterien zeigt sich (vgl. Tabelle 4.10), daß das SC am häufigsten den höchsten Anteil an richtigen Entscheidungen erreicht hat, wenn die Lagordnungen vorgegeben werden. Insgesamt gibt es 60 mögliche Fälle (60 = 4 Lagordnungen × 5 Kovarianzen × 3 Stichprobenumfänge). Da in zwei Fällen das beste Ergebnis von zwei Ordnungskriterien gleichzeitig ermittelt worden ist, ergeben sich 62 Zählungen.

Wird eine simultane Bestimmung von r und p vorgenommen (Lag unbekannt), dann erzielt das SC–Kriterium am häufigsten die besten Ergebnisse. Bei der Bewertung der Ergebnisse sollte beachtet werden, daß das AIC–Kriterium unter der Nullhypothese, daß ein Random–Walk–Prozeß vorliegt, erheblich verzerrt ist (vgl. Abschnitt 4.6.2). Aufgrund dieser Ergebnisse kann eine Testprozedur mit dem SC–Kriterium in der Zielfunktion empfohlen werden.

Tabelle 4.7: Ordnungskriterien Häufigkeiten für verschiedene Lagordnungen beim Stichprobenumfang T = 50

$\sigma_{12}=\sigma_{21}$ Kointegrationsrang r	Lag	Lag*	AIC 0	1	2	HQ 0	1	2	SC 0	1	2
0.0	1		0.7	60.6	38.7	11.1	64.5	24.4	30.4	65.0	4.6
	2		4.6	56.7	38.7	17.0	57.1	25.9	42.4	50.5	7.1
	3		0.0	60.4	39.6	4.5	71.8	23.7	35.2	57.7	7.1
	4		1.0	59.7	39.3	8.3	56.5	35.2	28.1	55.8	16.1
		1	0.7	60.6	38.7	11.1	64.5	24.4	30.4	65.0	4.6
		2	0.0	0.0	0.0	0.0	0.0	0.0	0.0	0.0	0.0
		3	0.0	0.0	0.0	0.0	0.0	0.0	0.0	0.0	0.0
		4	0.0	0.0	0.0	0.0	0.0	0.0	0.0	0.0	0.0
0.8	1		7.2	57.8	35.0	15.5	64.4	20.1	31.0	66.6	2.4
	2		15.8	49.8	34.4	29.2	51.1	19.7	50.2	47.2	2.6
	3		9.9	56.1	34.0	17.7	58.4	23.9	54.2	36.2	9.6
	4		1.8	62.3	35.9	6.9	63.3	29.8	22.1	63.3	14.6
		1	7.2	57.8	35.0	15.5	64.4	20.1	31.0	66.6	2.4
		2	0.0	0.0	0.0	0.0	0.0	0.0	0.0	0.0	0.0
		3	0.0	0.0	0.0	0.0	0.0	0.0	0.0	0.0	0.0
		4	0.0	0.0	0.0	0.0	0.0	0.0	0.0	0.0	0.0
0.4	1		7.4	69.2	23.4	22.1	61.3	16.6	39.3	58.0	2.7
	2		18.8	60.4	20.8	35.7	50.3	14.0	60.6	36.5	2.9
	3		13.5	57.3	29.2	36.4	45.5	18.1	69.4	28.2	2.4
	4		0.9	66.9	32.2	6.3	67.3	26.4	40.2	51.3	8.6
		1	7.4	69.2	23.4	22.1	61.3	16.6	39.3	58.0	2.7
		2	0.0	0.0	0.0	0.0	0.0	0.0	0.0	0.0	0.0
		3	0.0	0.0	0.0	0.0	0.0	0.0	0.0	0.0	0.0
		4	0.0	0.0	0.0	0.0	0.0	0.0	0.0	0.0	0.0
-0.4	1		0.0	70.5	29.5	5.3	71.2	23.5	21.9	72.8	5.3
	2		1.1	68.2	30.7	16.9	62.2	20.9	46.6	46.4	7.0
	3		0.0	64.3	35.7	0.8	67.4	31.8	48.4	39.9	11.7
	4		0.4	59.7	39.9	1.7	63.8	34.5	9.0	71.1	19.9
		1	0.0	70.5	29.5	5.3	71.2	23.5	21.9	72.8	5.3
		2	0.0	0.0	0.0	0.0	0.0	0.0	0.0	0.0	0.0
		3	0.0	0.0	0.0	0.0	0.0	0.0	0.0	0.0	0.0
		4	0.0	0.0	0.0	0.0	0.0	0.0	0.0	0.0	0.0
-0.8	1		0.0	59.9	40.1	3.1	67.0	29.9	14.4	81.3	4.3
	2		0.9	58.5	40.6	9.6	58.9	31.5	28.3	61.4	10.3
	3		0.0	58.0	42.0	1.2	61.2	37.6	18.3	59.6	22.1
	4		0.5	58.1	41.4	2.1	57.4	40.5	8.4	67.0	24.6
		1	0.0	59.9	40.1	3.1	67.0	29.9	14.4	81.3	4.3
		2	0.0	0.0	0.0	0.0	0.0	0.0	0.0	0.0	0.0
		3	0.0	0.0	0.0	0.0	0.0	0.0	0.0	0.0	0.0
		4	0.0	0.0	0.0	0.0	0.0	0.0	0.0	0.0	0.0

Lag*: Minimierung der Ordnungskriterien über alle Lagordnungen, Experiment 2.

Tabelle 4.8: Ordnungskriterien. Häufigkeiten für verschiedene Lagordnungen beim Stichprobenumfang T = 100

Kointegrationsrang r			AIC			HQ			SC		
$\sigma_{12} = \sigma_{21}$	Lag	Lag*	0	1	2	0	1	2	0	1	2
0.0	1		7.8	73.2	19.0	15.9	77.6	6.5	28.1	71.3	0.6
	2		7.2	74.9	17.9	16.8	75.8	7.4	30.8	66.7	2.5
	3		10.7	69.1	20.2	23.4	67.5	9.1	44.7	50.2	5.1
	4		4.9	70.1	25.0	22.9	63.2	13.9	58.7	35.9	5.4
		1	7.8	73.2	18.6	15.9	77.6	6.5	28.1	71.3	0.6
		2	0.0	0.0	0.0	0.0	0.0	0.0	0.0	0.0	0.0
		3	0.0	0.0	0.4	0.0	0.0	0.0	0.0	0.0	0.0
		4	0.0	0.0	0.0	0.0	0.0	0.0	0.0	0.0	0.0
0.8	1		9.3	76.8	13.9	18.2	76.0	5.8	30.3	69.5	0.2
	2		10.5	74.2	15.3	21.4	70.4	8.2	36.2	61.8	2.0
	3		14.0	70.5	15.5	27.9	61.8	10.3	46.9	48.4	4.7
	4		3.4	81.3	15.3	24.0	66.2	9.8	60.1	37.7	2.2
		1	9.3	76.8	13.9	18.2	76.0	5.8	30.3	69.5	0.2
		2	0.0	0.0	0.0	0.0	0.0	0.0	0.0	0.0	0.0
		3	0.0	0.0	0.0	0.0	0.0	0.0	0.0	0.0	0.0
		4	0.0	0.0	0.0	0.0	0.0	0.0	0.0	0.0	0.0
0.4	1		5.7	78.4	15.9	22.2	71.4	6.4	38.0	61.9	0.1
	2		12.4	72.4	15.2	33.8	60.6	5.6	51.8	48.1	0.1
	3		23.1	63.0	13.9	53.8	40.3	5.9	73.7	24.2	2.1
	4		2.5	81.5	16.0	55.5	37.6	6.9	86.0	13.7	0.3
		1	5.7	78.4	15.9	22.2	71.4	6.4	38.0	61.9	0.1
		2	0.0	0.0	0.0	0.0	0.0	0.0	0.0	0.0	0.0
		3	0.0	0.0	0.0	0.0	0.0	0.0	0.0	0.0	0.0
		4	0.0	0.0	0.0	0.0	0.0	0.0	0.0	0.0	0.0
-0.4	1		0.4	75.0	24.6	5.3	83.1	11.6	15.9	81.3	2.8
	2		0.0	75.4	24.6	3.4	81.6	15.0	16.4	79.3	4.3
	3		1.3	72.2	26.5	9.6	72.2	18.2	34.0	55.9	10.1
	4		0.4	74.0	25.6	11.4	70.5	18.1	49.4	47.8	2.8
		1	0.4	75.0	24.6	5.3	83.1	11.6	15.9	81.3	2.8
		2	0.0	0.0	0.0	0.0	0.0	0.0	0.0	0.0	0.0
		3	0.0	0.0	0.0	0.0	0.0	0.0	0.0	0.0	0.0
		4	0.0	0.0	0.0	0.0	0.0	0.0	0.0	0.0	0.0
-0.8	1		0.0	72.0	28.0	2.5	82.2	15.3	8.2	87.7	4.1
	2		0.0	69.2	30.8	1.9	77.1	21.0	7.1	83.8	9.1
	3		0.4	66.2	33.4	4.2	70.9	24.9	13.6	69.4	17.0
	4		0.0	69.6	30.4	3.1	74.3	22.6	23.5	66.6	9.9
		1	0.0	72.0	28.0	2.5	82.2	15.3	8.2	87.7	4.1
		2	0.0	0.0	0.0	0.0	0.0	0.0	0.0	0.0	0.0
		3	0.0	0.0	0.0	0.0	0.0	0.0	0.0	0.0	0.0
		4	0.0	0.0	0.0	0.0	0.0	0.0	0.0	0.0	0.0

Lag*: Minimierung der Ordnungskriterien über alle Lagordnungen, Experiment 2.

110

Tabelle 4.9: Ordnungskriterien. Häufigkeiten für verschiedene Lagordnungen beim Stichprobenumfang T = 200

$\sigma_{12} = \sigma_{21}$	Lag	Lag*	AIC 0	1	2	HQ 0	1	2	SC 0	1	2
Kointegrationsrang r											
0.0	1		0.0	79.6	20.4	0.0	86.4	13.6	5.9	92.5	1.6
	2		0.0	79.5	20.5	0.0	82.6	17.4	6.0	92.3	1.7
	3		0.0	79.1	20.9	0.0	82.8	17.2	7.5	90.8	1.7
	4		0.0	79.3	20.7	0.0	83.3	16.7	4.0	92.1	3.9
		1	0.0	79.6	20.4	0.0	86.4	13.6	5.9	92.5	1.6
		2	0.0	0.0	0.0	0.0	0.0	0.0	0.0	0.0	0.0
		3	0.0	0.0	0.0	0.0	0.0	0.0	0.0	0.0	0.0
		4	0.0	0.0	0.0	0.0	0.0	0.0	0.0	0.0	0.0
0.8	1		0.0	82.7	17.3	0.0	87.7	12.3	10.5	88.5	1.0
	2		0.0	82.8	17.2	0.0	85.6	14.4	11.5	87.6	0.9
	3		0.0	82.8	17.2	0.0	86.5	13.5	11.0	88.4	0.6
	4		0.0	82.7	17.2	0.0	85.9	14.1	9.3	90.1	0.6
		1	0.0	82.7	17.3	0.0	87.7	12.3	10.5	88.5	1.0
		2	0.0	0.0	0.0	0.0	0.0	0.0	0.0	0.0	0.0
		3	0.0	0.0	0.0	0.0	0.0	0.0	0.0	0.0	0.0
		4	0.0	0.0	0.0	0.0	0.0	0.0	0.0	0.0	0.0
0.4	1		0.0	81.3	18.7	0.0	88.3	11.7	9.8	90.0	0.2
	2		0.0	81.2	18.8	0.0	85.7	14.3	10.4	89.5	0.1
	3		0.0	81.4	18.6	0.0	86.2	13.8	11.0	89.0	0.0
	4		0.0	81.2	18.8	0.0	85.1	14.9	5.1	94.3	0.6
		1	0.0	81.3	18.7	0.0	88.3	11.7	9.8	90.0	0.2
		2	0.0	0.0	0.0	0.0	0.0	0.0	0.0	0.0	0.0
		3	0.0	0.0	0.0	0.0	0.0	0.0	0.0	0.0	0.0
		4	0.0	0.0	0.0	0.0	0.0	0.0	0.0	0.0	0.0
-0.4	1		0.0	79.1	20.9	0.0	86.5	13.5	5.1	93.2	1.7
	2		0.0	79.2	20.8	0.0	83.5	16.5	5.3	93.3	1.4
	3		0.0	78.8	21.2	0.0	83.6	16.4	6.3	91.6	2.1
	4		0.0	79.2	20.8	0.0	83.5	16.5	4.9	94.0	1.1
		1	0.0	79.1	20.9	0.0	86.5	13.5	5.1	93.2	1.7
		2	0.0	0.0	0.0	0.0	0.0	0.0	0.0	0.0	0.0
		3	0.0	0.0	0.0	0.0	0.0	0.0	0.0	0.0	0.0
		4	0.0	0.0	0.0	0.0	0.0	0.0	0.0	0.0	0.0
-0.8	1		0.0	78.1	21.9	0.0	83.3	16.7	3.0	93.7	3.3
	2		0.0	78.5	21.3	0.0	82.0	18.0	3.0	94.4	2.6
	3		0.0	78.7	21.5	0.0	83.1	16.9	3.4	93.1	3.5
	4		0.0	78.9	21.1	0.0	83.2	16.8	2.8	95.5	1.7
		1	0.0	78.1	21.9	0.0	83.3	16.7	3.0	93.7	3.3
		2	0.0	0.0	0.0	0.0	0.0	0.0	0.0	0.0	0.0
		3	0.0	0.0	0.0	0.0	0.0	0.0	0.0	0.0	0.0
		4	0.0	0.0	0.0	0.0	0.0	0.0	0.0	0.0	0.0

Lag*: Minimierung der Ordnungskriterien über alle Lagordnungen, Experiment 2.

Tabelle 4.10: Anzahl der besten Ergebnisse der jeweiligen Ordnungskriterien

T	Lag vorgegeben			Lag unbekannt		
	AIC	HQ	SC	AIC	HQ	SC
50	5	8	8	1	0	4
100	12	7	2	2	2	1
200	0	0	20	0	0	5
	17	15	30	3	2	10

Stock & Watson – Ansatz (Tabelle 4.11) Bei den Ansätzen von Stock & Watson werden trendbereinigte Random–Walk–Komponenten analysiert. Da die Verteilungen der Teststatistik für kleine Stichproben sehr stark von den entsprechenden asymptotischen Verteilungen abweichen, werden die kritischen Werte für den Test $H_0 : r = 0$ der Tabelle 4.3 entnommen. In dieser Untersuchung wird am Anfang keine dynamische Anpassung vorgenommen. Weiterhin wird eine AR–Korrektur mit dem Lag $p = 1, 2, 3$ und eine Modifikation mit geschätzten Autokovarianzen (genannt Varianzmodifikation) durchgeführt. Bei dem Ansatz mit der Varianzmodifikation werden Bartlett–Gewichte benutzt, wobei die Abschneidungsparameter $l = 1, 3, 5, 9$ gewählt werden.

Die Ergebnisse der Ansätze von Stock & Watson sind in der Tabelle 4.11 zusammengestellt. Jeder Block der im Simulationsexperiment festgesetzten Kovarianzen enthält im ersten Teil die Testergebnisse des Ansatzes der AR–Korrektur und im zweiten Teil die Ergebnisse des Ansatzes der Varianzmodifikation. Bei einem Stichprobenumfang von $T = 50$ ergeben sich überraschende Ergebnisse. Die Ablehnungshäufigkeit der Nullhypothese liegt unterhalb des nominellen Testniveaus für alle Fälle und bei beiden Ansätzen. Erst bei $T = 100$ liegt die Ablehnungshäufigkeit deutlich über dem nominellen Signifikanzniveau, wenn keine Korrektur vorgenommen wird. Mit zunehmender AR–Lagordnung nimmt die Güte des Tests ab.

Mit dem Ansatz der Varianzmodifikation bleibt die Ablehnungshäufigkeit trotz Abschneidungsparametervariationen stabiler. Bei einem Stichprobenumfang von $T = 200$ werden die besten Ergebnisse mit der AR–Korrektur häufig bei einer Lagordnung von $p = 3$ erreicht. Hier ist aber zu beachten, daß unabhängige Rauschprozesse im Simulationsexperiment genommen worden sind, so daß einige Effekte nicht nur auf die Stichprobenlänge, sondern auch auf den Rauschprozeß zurückgeführt werden können. In diesem Fall ist die Güte des Ansatzes mit der Varianzmodifikation in der Regel schlechter.

Gregory (1990) findet eine höhere Güte des Stock & Watson Ansatzes bei $T = 50$ in seinem Experiment, so daß dieses Ergebnis simulationsmodellabhängig zu sein scheint. Mit seinen Ergebnissen bestätigt sich aber die Anfälligkeit der Testprozedur mit AR–Korrektur aufgrund einer Lagordnungsvariation. Die Güte nimmt auch bei seinen Simulationen mit größerer Lagordnung deutlich ab.

Tabelle 4.11: Ablehnungshäufigkeiten der Stock und Watson Ansätze, ($\bar{r}_t = \tau_t - \beta_0 - \beta_1 t$)

			T = 50			T = 100			T = 200		
		α	2.5	5	10	2.5	5	10	2.5	5	10
$\sigma_{12} = \sigma_{21}$	Lag	l^*									
0.0	0		.0	7.5	17.5	36.5	42.5	46.5	60.5	64.5	67.5
	1		2.0	2.0	3.0	24.5	31.0	40.0	67.5	71.5	72.5
	2		.0	.0	.0	2.5	8.5	16.5	61.0	64.0	73.5
	3		.0	.0	.0	4.5	7.5	13.5	65.5	74.0	78.0
		1	.0	7.0	15.5	34.5	40.0	43.0	61.0	64.0	67.5
		3	6.5	9.5	20.0	33.0	37.5	41.5	59.0	62.5	67.5
		5	1.5	9.0	19.0	35.5	40.5	44.5	59.0	60.5	68.0
		9	.0	.0	.0	35.5	41.0	44.0	55.5	60.5	65.5
0.8	0		.5	7.0	14.0	33.0	42.0	43.5	57.0	62.0	64.5
	1		1.0	2.5	3.0	14.0	19.0	30.5	66.5	72.0	74.5
	2		.0	.0	.5	4.5	5.5	7.5	64.0	66.5	79.5
	3		.0	.0	.0	3.0	5.0	9.0	66.5	79.0	82.0
		1	.0	4.5	11.0	25.5	29.0	37.5	59.0	61.5	64.5
		3	3.5	8.0	14.5	24.5	32.0	40.5	60.0	62.0	65.0
		5	3.5	7.0	18.5	32.5	40.5	43.5	60.5	62.5	65.5
		9	.0	.0	.0	39.5	41.5	43.5	50.5	52.0	56.5
0.4	0		3.5	8.5	19.5	38.0	43.5	51.0	67.5	70.0	72.0
	1		2.0	2.0	2.5	13.5	25.0	31.0	70.5	75.0	78.0
	2		.0	.0	1.5	3.0	4.0	5.5	63.0	71.0	79.5
	3		.0	.0	.0	1.0	2.5	5.5	64.5	79.0	81.0
		1	.0	6.5	15.5	35.5	40.0	44.0	68.5	71.0	72.5
		3	5.5	13.0	20.5	32.5	40.5	45.5	68.5	71.0	72.0
		5	6.0	10.5	21.0	38.5	43.0	50.5	69.0	70.5	72.0
		9	.0	.0	5.5	40.0	43.5	51.5	63.5	66.5	68.0
-0.4	0		1.5	7.0	18.0	35.0	41.0	44.0	60.5	61.5	62.0
	1		1.0	1.0	2.0	14.0	20.5	31.0	68.5	70.0	70.5
	2		.0	.0	.5	2.5	4.5	5.5	65.0	66.5	75.5
	3		.0	.0	.0	1.0	4.0	7.5	72.5	81.5	85.0
		1	.0	7.0	15.0	28.0	33.5	40.5	60.0	61.5	62.0
		3	6.0	12.0	20.5	27.5	33.0	40.5	59.5	61.0	62.0
		5	4.5	10.0	21.5	32.0	40.0	44.0	59.5	60.5	63.0
		9	.0	.0	.0	38.5	40.5	44.0	55.0	55.5	58.5
-0.8	0		.0	5.5	13.0	26.0	30.0	39.0	51.5	52.5	54.0
	1		2.0	2.0	2.5	17.0	24.5	30.0	70.0	71.5	73.0
	2		.0	.0	.5	5.0	6.0	8.5	74.5	76.5	80.5
	3		.0	.0	.0	2.5	3.5	9.5	79.0	85.0	87.5
		1	.0	4.0	10.0	26.0	27.0	29.5	51.5	52.0	54.0
		3	3.0	7.0	14.0	25.0	27.0	28.0	51.0	51.5	54.5
		5	2.0	7.0	18.5	26.5	29.0	34.0	51.0	51.5	55.0
		9	.0	.0	.0	30.0	36.0	41.0	38.0	48.5	51.5

l^*: Abschneidungsparameter der Bartlett-Gewichte.

α : Signifikanzniveau in Prozent, Experiment 2.

113

Tabelle 4.12: Ablehnungshäufigkeiten mit den Konfidenzintervallobergrenzen von Phillips & Ouliaris

Kritischer Wert $\sigma_{12} = \sigma_{21}$	l^*	T = 50			T = 100			T = 200		
		0.1/K	0.2/K	0.3/K	0.1/K	0.2/K	0.3/K	0.1/K	0.2/K	0.3/K
0.0	2	22.0	37.5	55.5	53.5	71.6	78.6	94.0	100.0	100.0
	4	1.0	11.5	27.0	0.0	14.5	27.0	39.0	62.0	73.5
	6	0.0	0.0	1.0	0.0	7.5	17.5	17.0	47.0	62.0
0.8	2	13.0	25.0	43.5	31.0	47.5	55.8	91.2	98.5	100.0
	4	0.0	5.0	13.0	0.0	8.0	19.0	45.5	68.5	79.0
	6	0.0	0.0	0.5	0.0	8.5	21.5	32.0	60.5	68.5
0.4	2	18.5	31.5	42.5	6.0	11.4	14.0	91.5	98.5	99.50
	4	0.0	6.0	12.5	2.0	8.0	15.0	26.5	62.5	72.5
	6	0.0	0.0	0.0	.0	3.5	10.5	19.0	49.5	64.5
-0.4	2	16.0	29.5	48.0	39.0	56.0	70.0	94.1	100.0	100.0
	4	0.0	6.0	14.0	1.0	7.5	16.5	48.5	72.0	84.0
	6	0.0	0.0	0.0	0.0	4.5	13.0	29.0	60.0	74.5
-0.8	2	11.5	30.5	51.5	80.0	86.7	90.0	98.0	100.0	100.0
	4	0.0	5.0	17.0	0.0	9.5	28.0	66.0	83.0	88.0
	6	0.0	0.0	1.5	0.0	13.0	33.0	42.0	71.5	82.0

l^*: Abschneidungsparameter des Daniell–Fensters, Experiment 2.

Phillips–Ouliaris–Tests (Tabelle 4.12) Zum Schluß wird die Güte des Phillips-Ouliaris-Tests überprüft. Die direkte Schätzung des Spektrums wird mit Hilfe des Daniell–Fensters durchgeführt, wobei für den Abschneidungsparameter die Werte $l = 2, 4, 6$ benutzt werden. Bei diesem Ansatz wird eine Mittelwertbereinigung in den ersten Differenzen der Zeitreihen vorgenommen (Schätzung der Driftkomponente).

Die Ergebnisse sind in der Tabelle 4.12 für die Konfidenzintervallobergrenze aufgeführt. Bei einem Stichprobenumfang von $T = 50$ wird eine Sensitivität der Ablehnungshäufigkeiten aufgrund der Variation des Abschneidungsparameters deutlich. Wenn diese Ergebnisse mit den Ergebnissen des Simulationsexperiments 1 verglichen werden, übersteigt die Ablehnungshäufigkeit selten die kleinen Stichprobenwerte der Random–Walk–Prozesse. Die Güte des Tests ist in diesen Fällen geringer als das geschätzte Testniveau. Dieses Resultat ändert sich erst bei einem Stichprobenumfang von $T = 200$. Weiterhin bleibt die hohe Sensitivität der Güte aufgrund der Variation in l erhalten. Auch zeigt sich eine Abhängigkeit der Testergebnisse von der vorgegebenen Kovarianz im Experiment. Die besten Resultate werden im Fall $\sigma_{12} = -0.8$ erreicht.

Überblick über die Testergebnisse Um einen Überblick über die Leistungsfähigkeit der verschiedenen Kointegrationsteststrategien zu erhalten, sind die Ergebnisse der verschiedenen

Tests in der Tabelle 4.13 für den Fall unkorrelierter Rauschgrößen und einem Signifikanzniveau $\alpha = 5\%$ zusammengestellt worden. Bei einem Stichprobenumfang von $T = 50$ und $T = 100$ sind die Ordnungskriterien den anderen Testansätzen überlegen. Die Festlegung auf ein festes Signifikanzniveau von $\alpha = 0.05$ scheint eine zu hohe Hürde zu sein. Bei einem geringen Informationsstand scheinen die Informationskriterien eine bessere Informationsverarbeitung durchzuführen. Bei einem Stichprobenumfang von $T = 200$ sind die Likelihoodansätze besser als das Ordnungskriterium AIC und HQ. Das SC-Kriterium kann in diesem Fall mit den anderen Teststrategien konkurrieren.

Tabelle 4.13: Ablehnungshäufigkeiten für Testprozeduren bei $\Sigma = I_2$

T	Johansen trace–Test	modifizierter trace–Test	AIC	HQ	SC	Stock/Watson AR–Korrektur	Stock/Watson Varianzmod.
50	45.5	43.1	60.6	71.8	65.0	7.5	9.5
100	64.3	63.3	74.9	77.6	71.3	42.5	41.0
200	93.3	93.1	79.6	86.4	92.5	74.0	64.0

Experiment 2.

Tabelle 4.14: Anzahl der besten Ergebnisse ausgewählter Teststrategien, $\alpha = .10$

T	Lag vorgegeben				Lag unbekannt			
	mod. Joh. Trace–Test	Ord.Kr. HQ	Ord.Kr. SC	St.Wa. AR–K.	mod. Joh. Trace–Test	Ord.Kr. HQ	Ord.Kr. SC	St.Wa. AR–K.
50	0	13	8	0	0	1	4	0
100	3	17	0	0	1	4	0	0
200	20	0	0	0	5	0	0	0
	23	30	8	0	6	5	4	0

Experiment 2.

Zum Schluß wird eine Tabelle mit den Erfolgen der Testprozeduren aufgestellt. Bei diesem Vergleich wird der modifizierte Johansen Trace-Test (mod. Joh. Trace–Test), die Testprozeduren mit den Ordnungskriterien HQ und SC sowie der AR-Korrektur Stock-Watson-Test (St.Wa. AR-K.) erfaßt. Ein Test ist erfolgreich, wenn die Testprozedur die höchste Güte für diese Parameterkonstellation erzielt hat. Bei dieser Aufstellung wird für die Testprozeduren ein Signifikanzniveau von $\alpha = 10\%$ vorgegeben, da mit dem SC-Kriterium bei einem Stichprobenumfang von $T = 50$ unter der Nullhypothese dieses Testniveau erreicht worden ist (vgl. Tabelle 4.2). Nun gibt es zum einen den Fall, daß eine Lagordnung vorgegeben wird, zum anderen den Fall, daß die höchste Güte über alle betrachteten Lagordnungen verglichen wird. Die Tabelle 4.14 verdeutlicht, daß bei diesem Simulationsexperiment bei $T = 50$ die Testprozeduren mit Ordnungskriterien am besten sind. Bei einem größeren Stichprobenumfang erreicht der modifizierte Trace-Test bessere Ergebnisse, wobei beachtet werden muß, daß das SC-Kriterium bei $T = 200$ ein geringeres Testniveau als $\alpha = 10\%$ besitzt. Durch diese Zusammenstellung wird deutlich, daß mit dem Ansatz von Stock & Watson kein bestes Ergebnis erzielt wird. Die anderen Ansätze sind dem Ansatz von Stock & Watson bei diesem Simulationsexperiment überlegen.

Bei der Beurteilung der Güteergebnisse muß die Modellabhängigkeit beachtet werden, da keine Dynamik vorgegeben worden ist. Häufig wird die Kointegrationsanalyse in höherdimensionalen Systemen vorgenommen. Im nächsten Abschnitt werden trivariate Systeme betrachtet. Da der Ansatz von Phillips & Ouliaris so stark vom Spezifikationsparameter abhängt, wird im trivariaten Fall auf diesen Ansatz verzichtet.

4.6.3.3 Simulationsexperiment für trivariate Modelle (Experiment 3)

Ausgangspunkt dieser Simulation ist die Bestimmung eines Grundmodells durch die Schätzung eines Modells für drei Zinssätze der Bundesrepublik Deutschland. Es werden Einmonatsrenditen, Dreimonatsrenditen und Renditen für einjährige Staatsanleihen betrachtet. Es wird ein Modell mit $p = 2$ und $r = 2$ geschätzt. In diesem Modell ($x_t = \nu + \Gamma_1 \Delta x_{t-1} - \Pi x_{t-2} + \epsilon_t$) wird das Gewicht des zweiten Kointegrationsvektors wie folgt geändert $\Pi = BDC$ mit

$$D = \begin{pmatrix} 1 & 0 \\ 0 & d \end{pmatrix} \quad d = 2, 1, 0.5, 0.2, 0.0.$$

Es ergeben sich fünf verschiedene Modelle, die in der autoregressiven Form mit den Wurzeln des dazugehörigen autoregressiven Polynoms dargestellt sind.

Modell 1 mit $d = 2$:

$$x_t = \nu + \begin{pmatrix} -0.04 & 1.23 & 0.21 \\ -0.25 & 1.68 & 0.11 \\ 0.04 & 0.22 & 1.04 \end{pmatrix} x_{t-1} + \begin{pmatrix} 0.1752 & -0.5362 & -0.2230 \\ 0.1676 & -0.7162 & 0.0382 \\ 0.0440 & -0.1418 & -0.2514 \end{pmatrix} x_{t-2} + \epsilon_t$$

mit $\lambda_1 = 1.0$, $\lambda_{2,3} = .566 \pm 0.333i$; $\lambda_4 = .533$; $\lambda_5 = .183$; $\lambda_6 = -.172$,

Modell 2 mit $d = 1$:

$$x_t = \nu + \begin{pmatrix} -0.04 & 1.23 & 0.21 \\ -0.25 & 1.68 & 0.11 \\ 0.04 & 0.22 & 1.04 \end{pmatrix} x_{t-1} + \begin{pmatrix} 0.1764 & -0.5047 & -0.0548 \\ 0.1696 & -0.6637 & -0.0212 \\ 0.0412 & -0.2153 & -0.1604 \end{pmatrix} x_{t-2} + \epsilon_t$$

mit $\lambda_1 = 1.0$, $\lambda_2 = .749$; $\lambda_3 = .534$; $\lambda_4 = .383$; $\lambda_5 = .192$; $\lambda_6 = -.177$,

Modell 3 mit $d = 0.5$:

$$x_t = \nu + \begin{pmatrix} -0.04 & 1.23 & 0.21 \\ -0.25 & 1.68 & 0.11 \\ 0.04 & 0.22 & 1.04 \end{pmatrix} x_{t-1} + \begin{pmatrix} 0.1770 & -0.48895 & -0.0788 \\ 0.1706 & -0.63745 & -0.0612 \\ 0.0398 & -0.25205 & -0.1044 \end{pmatrix} x_{t-2} + \epsilon_{t'}$$

mit $\lambda_1 = 1.0$, $\lambda_2 = .901$; $\lambda_{3,4} = .432 \pm 0.022i$; $\lambda_5 = .096$; $\lambda_6 = -.181$,

Modell 4 mit $d = 0.2$:

$$x_t = \nu + \begin{pmatrix} -0.04 & 1.23 & 0.21 \\ -0.25 & 1.68 & 0.11 \\ 0.04 & 0.22 & 1.04 \end{pmatrix} x_{t-1} + \begin{pmatrix} 0.17736 & -0.4795 & -0.09272 \\ 0.17120 & -0.6217 & -0.08440 \\ 0.03896 & -0.2741 & -0.07192 \end{pmatrix} x_{t-2} + \epsilon_t$$

mit $\lambda_1 = 1.0$, $\lambda_2 = .962$; $\lambda_{3,4} = .426 \pm 0.042i$; $\lambda_5 = .049$; $\lambda_6 = -.184$,

Modell 5 mit $d = 0.0$:

$$x_t = \nu + \begin{pmatrix} -0.04 & 1.23 & 0.21 \\ -0.25 & 1.68 & 0.11 \\ 0.04 & 0.22 & 1.04 \end{pmatrix} x_{t-1} + \begin{pmatrix} 0.1776 & -0.4732 & -0.1022 \\ 0.1716 & -0.6112 & -0.1002 \\ 0.0384 & -0.2888 & -0.0498 \end{pmatrix} x_{t-2} + \epsilon_t$$

mit $\lambda_1 = 1.0$, $\lambda_2 = 1.0$; $\lambda_{3,4} = .423 \pm 0.047i$; $\lambda_5 = .021$; $\lambda_6 = -.187$.

In allen Modellen werden folgende Absolutglieder benutzt $\nu = (-0.0782, -0.0322, 0.0528)'$. In diesem Simulationsexperiment (Experiment 3) werden 55 Vorstichprobenwerte verwendet und als Anfangsbedingung $x_{-55} = x_{-54} = 0$ gesetzt (Bemerkung zu den Vorstichprobenwerten siehe Abschnitt 3.6.1). Es wird pseudo–normalverteiltes weißes Rauschen erzeugt ($\epsilon_t \sim i.i.d.n(0, I)$), wobei für die Schätzung ein Stichprobenumfang von $T = 100$ verwendet wird. Fünf Beobachtungen gehen von den Vorstichprobenwerten verloren, da Modelle bis zu einer Lagordnung von $p = 5$ geschätzt werden.

Die Eigenwerte des charakteristischen Polynoms werden mit aufgeführt. Im Fall eines Modells, das stationär in ersten Differenzen ist, wären drei Wurzeln gleich Eins ($\bar\lambda_{1,2,3} = 1$). Die Kointegrationsvektoren ziehen quasi Wurzeln vom Einheitskreis weg, so daß ein Hinweis auf die Stärke einer Kointegrationsbeziehung in der Entfernung der Wurzeln zum Einheitskreis gesehen werden kann. Es wird deutlich, wie sich die zweitgrößte Wurzel λ_2 mit kleinerem d der Eins nähert.

Die Likelihoodverhältnistests erzielen für den Test $H_0 : r = 0$ auf dem 5% Signifikanzniveau bei wahrer Spezifikation eine Ablehnungsrate von über 98% (vgl. Tabelle 4.15). Für $d = 0.0$ kann eine Überprüfung des nominellen Signifikanzniveaus beim Testen von $r = 1$ vorgenommen werden. Bei diesem Experiment liegen die Ablehnungshäufigkeiten des Johansen Trace–Tests zum Teil außerhalb des 95%-igen Konfidenzintervalls. Sie steigen bei einer Erhöhung der Lagordnung nicht stark an (vgl. Abschnitt 4.6.2). Für $r = 2$ sind die Ablehnungshäufigkeiten unter 2% auf dem 10% Signifikanzniveau. Der Likelihoodverhältnistest von Johansen erreicht für das Modell mit $d = 2.0$ beim Test $r = 1$ eine hohe Güte, wenn die wahre Lagordnung ($p = 2$) gewählt wird.

Wird die Lagordnung auf $p = 3, 4$ erhöht, reduziert sich die Güte des Tests. Eine Vernachlässigung der Dynamik ($p = 1$) reduziert ebenfalls die Güte des Tests.

Mit dem modifizierten Trace–Tests von Johansen ($p = 2$) wird für das Modell $d = 0.0$ beim Test $r = 1$ eine Ablehnungshäufigkeit entsprechend dem nominellen Testniveau erzielt. Bei diesem Experiment fällt die Ablehnungsquote mit zunehmender Lagordnung und liegt für

Tabelle 4.15: Kointegrationsrangtest von Johansen für $T = 100$

		Johansen Trace–Test						modifizierter Trace–Test					
	H_0	$r = 2$		$r = 1$		$r = 0$		$r = 2$		$r = 1$		$r = 0$	
	α	5	10	5	10	5	10	5	10	5	10	5	10
d	p												
0.0	1	.4	1.0	6.4	10.7	100.0	100.0	.3	.9	5.6	9.6	100.0	100.0
	2	.6	1.6	6.4	12.2	99.5	100.0	.5	1.3	4.2	9.7	98.5	99.8
	3	.7	1.9	5.3	13.0	92.6	96.7	.2	1.0	2.8	7.6	83.3	92.6
	4	.6	1.7	7.0	13.6	80.4	90.0	.3	1.1	3.0	7.3	61.1	75.6
	5	.8	1.8	6.6	13.8	68.7	80.5	.2	.9	2.2	6.1	40.2	57.3
0.2	1	.5	2.1	8.2	14.9	100.0	100.0	.3	1.7	6.9	13.6	100.0	100.0
	2	.5	1.8	8.5	16.4	99.5	99.9	.3	1.5	5.6	12.6	99.0	99.8
	3	.7	1.9	8.7	16.4	92.8	97.0	.4	.9	4.0	10.8	85.6	92.8
	4	.8	2.0	7.6	17.4	82.0	91.1	.5	1.1	2.9	7.8	65.0	78.0
	5	1.0	2.0	8.1	16.9	71.9	82.2	.5	1.1	2.4	6.6	44.4	61.7
0.5	1	1.4	4.2	16.0	25.4	100.0	100.0	1.1	3.4	14.4	23.0	100.0	100.0
	2	1.6	4.9	17.2	27.8	99.8	100.0	1.1	3.3	13.0	22.4	99.2	100.0
	3	1.9	5.3	16.1	26.7	94.9	98.2	1.0	2.9	8.8	19.4	89.2	94.9
	4	1.5	3.8	14.8	26.1	86.7	93.4	.5	2.1	5.9	15.1	71.1	83.6
	5	1.7	5.2	11.7	24.6	77.0	86.4	1.0	1.7	4.3	10.5	51.5	67.6
1.0	1	3.0	6.1	37.5	53.8	100.0	100.0	2.9	5.4	33.2	50.6	100.0	100.0
	2	4.4	9.5	44.9	63.4	100.0	100.0	3.3	7.6	37.2	55.0	99.9	100.0
	3	3.5	8.5	38.3	52.9	98.5	99.8	2.4	6.1	27.1	42.7	95.8	98.5
	4	3.3	8.3	31.0	49.4	93.3	96.9	1.5	5.1	17.2	31.4	83.0	91.7
	5	2.8	7.1	24.5	40.7	86.5	93.2	1.1	3.5	10.1	22.1	63.6	78.0
2.0	1	2.5	7.1	88.2	95.8	100.0	100.0	2.0	6.6	86.2	94.4	100.0	100.0
	2	6.1	11.4	97.3	99.0	100.0	100.0	5.3	9.8	95.3	98.7	100.0	100.0
	3	6.1	11.4	85.8	93.8	99.9	100.0	4.3	8.9	76.3	88.6	99.8	99.9
	4	5.5	11.4	70.0	85.8	99.4	99.8	3.1	7.5	52.6	71.3	95.8	98.9
	5	5.2	10.6	52.5	70.3	96.4	98.3	2.0	5.7	28.0	48.4	84.6	92.2

p : Lagordnung, α : Signifikanzniveau in Prozent, Experiment 3.

($p = 4$) außerhalb des 95%-igen Konfidenzintervalls. Dieser Abfall der Ablehnungsquote des modifizierten Tests ist für alle Modelle zu beobachten. Die absolute Höhe der Güte ist bei den Modellen, deren zweitgrößte Wurzel des autoregressiven Polynoms größer gleich 0.9 ist, auf dem 5% Signifikanzniveau unter 20%.

Die Ergebnisse der Ansätze von Stock & Watson sind in Tabelle 4.16 aufgeführt, wobei die kritischen Werte der Tabelle 4.3 entnommen sind. Im Fall $d = 0.0$ und $r = 0$ fällt die Ablehnungsrate des Ansatzes mit AR-Korrektur von 99.9% auf 6.2% für $p = 4$.

Ein Abfall der Ablehnungsrate ist auch beim Test $r = 1$ zu beobachten. Wenn der Fehler erster Art überprüft wird, wird für $p = 1$ eine Ablehnungsrate oberhalb des 95%-igen Konfidenzintervalls erzielt. Mit wachsendem d steigt die Ablehnungsrate für den Test $r = 1$. Die Quoten sind ähnlich hoch wie beim Trace–Test von Johansen. Für $d = 2.0$ wird aber beim Test $r = 2$ ein hoher Fehler erster Art erzielt. Die Einhaltung des nominellen Fehlers erster Art ist in

Tabelle 4.16: Kointegrationstests für $T = 100$ Stock & Watson

		AR–Korrektur							Varianzmodifikation					
	H_0	$r \leq 2$		$r \leq 1$		$r = 0$			$r \leq 2$		$r \leq 1$		$r = 0$	
	α	5	10	5	10	5	10		5	10	5	10	5	10
d	p							l^*						
0.0	0	5.7	10.8	15.1	23.2	99.9	100.0							
	1	7.6	13.9	11.5	19.5	98.2	99.6	1	8.1	13.7	19.5	27.5	99.9	100.0
	2	5.2	10.6	8.0	14.8	67.6	84.4	3	11.6	18.1	22.8	31.0	99.5	99.9
	3	4.7	9.5	4.8	9.9	25.9	45.1	5	13.5	23.1	24.2	33.0	99.2	99.7
	4	3.3	7.7	2.7	7.6	6.2	16.1	9	17.0	26.9	24.8	32.4	97.3	99.0
0.2	0	7.5	12.8	15.3	21.3	99.9	100.0							
	1	9.5	17.3	12.0	19.2	98.6	99.4	1	10.2	16.9	19.5	27.2	99.9	100.0
	2	7.2	14.2	8.1	16.1	69.8	85.7	3	13.9	22.9	22.4	32.6	99.4	99.9
	3	6.2	12.4	5.7	11.5	26.2	46.5	5	17.2	26.5	23.8	33.6	99.5	99.7
	4	4.6	10.5	3.4	7.8	6.6	17.6	9	19.6	30.3	26.0	35.3	96.8	98.8
0.5	0	13.1	21.0	20.3	29.5	99.9	100.0							
	1	16.9	28.3	19.1	30.4	98.9	99.8	1	17.7	28.7	27.8	37.1	99.8	100.0
	2	13.5	23.4	13.1	22.9	71.7	86.9	3	22.8	35.5	31.4	42.4	99.4	99.9
	3	8.8	17.1	8.8	17.1	28.0	49.2	5	26.6	38.7	32.7	43.7	99.3	99.6
	4	9.2	16.9	4.5	11.5	6.8	18.2	9	30.6	41.6	33.7	42.9	96.6	99.0
1.0	0	24.9	34.1	39.5	52.8	99.8	100.0							
	1	26.3	36.5	49.4	65.7	99.0	99.7	1	30.7	37.7	55.4	65.4	99.8	100.0
	2	22.6	32.9	32.7	51.2	72.7	85.5	3	37.0	44.1	58.6	68.7	99.6	99.9
	3	17.4	28.2	22.5	39.6	29.3	50.1	5	40.5	49.9	54.5	64.4	99.4	99.7
	4	13.9	25.3	13.0	28.1	7.3	19.8	9	46.3	56.4	44.4	54.8	96.9	99.2
2.0	0	16.2	20.3	92.6	96.3	100.0	100.0							
	1	27.6	36.8	97.2	98.6	93.6	98.2	1	17.4	22.9	97.7	99.2	100.0	100.0
	2	24.9	33.0	86.6	93.3	65.3	83.8	3	25.4	33.7	97.4	98.9	100.0	100.0
	3	21.9	31.1	68.6	83.7	30.0	52.6	5	33.9	42.3	93.3	97.2	100.0	100.0
	4	20.6	30.0	47.1	65.3	9.9	24.7	9	43.5	52.3	83.6	89.3	97.7	99.5

l^*: Abschneidungsparameter der Bartlett–Gewichte, p: Lagordnung, α: Signifikanzniveau in Prozent, Experiment 3.

diesem Experiment mit dem Ansatz der Varianzmodifikation nicht gesichert (vgl. rechte Hälfte von Tabelle 4.16). Für $d = 0.0$ ist die Ablehnungsrate beim Test $r = 0$ spezifikationsunabhängig. Die Ablehungsquoten für den Test $r = 1$ liegen oberhalb des 95%–igen Konfidenzintervalls. Mit wachsendem d steigen die Ablehnungsquoten für alle Tests an. Im Fall $d = 2.0$ ist die Ablehnungsrate signifikant über dem vorgegebenen Niveau. Die Teststatistik zeigt in diesem Fall sehr häufig ein stationäres Modell an.

Die Ergebnisse der Ordnungsstatistiken sind in der Tabelle 4.17 aufgeführt. Für $d = 0.0$ wird mit dem SC eine höhere Ablehnungshäufigkeit von $r \leq 1$ erzielt, als ein nominelles Testniveau von 5% vorgibt. Sie liegt bei ungefähr 10%. Die Quote des Testverfahrens mit dem HQ-Kriterium liegt bei etwa 37% und mit dem AIC-Kriterium bei über 70%. Bei $d = 0.5$ erreicht das SC ähnliche Ergebnisse wie der modifizierte Johansen-Ansatz auf dem 5% Signifikanz-

Tabelle 4.17: Ordnungskriterien. Häufigkeiten der Kointegrationsrangzuordnungen für einen Stichprobenumfang von $T = 100$

		AIC				HQ				SC			
	r	0	1	2	3	0	1	2	3	0	1	2	3
d	Lag*												
0.0	1	0.0	2.6	3.2	3.8	0.0	28.4	8.6	4.9	0.0	75.3	6.8	1.6
	2	0.0	21.1	33.0	28.8	0.0	34.2	14.3	9.4	0.2	14.6	1.1	0.4
	3	0.0	1.6	1.6	2.0	0.0	0.2	0.0	0.0	0.0	0.0	0.0	0.0
	4	0.0	0.2	0.7	0.8	0.0	0.0	0.0	0.0	0.0	0.0	0.0	0.0
	5	0.0	0.0	0.4	0.2	0.0	0.0	0.0	0.0	0.0	0.0	0.0	0.0
0.2	1	0.0	2.1	26.7	4.0	0.0	23.7	10.5	5.4	0.0	72.8	8.5	1.8
	2	0.0	15.8	29.6	38.6	0.0	32.6	13.9	13.4	0.4	15.3	0.9	0.3
	3	0.0	1.3	1.5	2.3	0.0	0.3	0.1	0.1	0.0	0.0	0.0	0.0
	4	0.0	0.2	0.6	0.9	0.0	0.0	0.0	0.0	0.0	0.0	0.0	0.0
	5	0.0	0.0	0.3	0.2	0.0	0.0	0.0	0.0	0.0	0.0	0.0	0.0
0.5	1	0.0	1.2	1.7	3.7	0.0	16.6	11.4	7.7	0.0	62.2	12.6	4.4
	2	0.0	5.9	29.3	49.9	0.0	20.7	22.9	20.2	0.3	16.1	2.7	1.7
	3	0.0	0.8	2.1	3.2	0.0	0.3	0.0	0.2	0.0	0.0	0.0	0.0
	4	0.0	0.1	0.7	0.7	0.0	0.0	0.0	0.0	0.0	0.0	0.0	0.0
	5	0.0	0.0	0.3	0.4	0.0	0.0	0.0	0.0	0.0	0.0	0.0	0.0
1.0	1	0.0	0.1	1.7	2.1	0.0	2.6	12.7	9.4	0.0	37.7	24.3	8.4
	2	0.0	0.4	33.1	53.8	0.0	4.4	40.8	29.8	0.2	11.4	11.9	6.1
	3	0.0	0.1	2.9	3.5	0.0	0.1	0.1	0.1	0.0	0.0	0.0	0.0
	4	0.0	0.1	0.8	0.7	0.0	0.0	0.0	0.0	0.0	0.0	0.0	0.0
	5	0.0	0.0	0.2	0.5	0.0	0.0	0.0	0.0	0.0	0.0	0.0	0.0
2.0	1	0.0	0.0	0.1	0.1	0.0	0.0	1.2	1.2	0.0	0.5	13.6	3.0
	2	0.0	0.0	37.9	54.9	0.0	0.0	56.3	40.8	0.0	0.8	61.2	20.9
	3	0.0	0.0	1.8	3.4	0.0	0.0	0.4	0.1	0.0	0.0	0.0	0.0
	4	0.0	0.0	0.4	1.2	0.0	0.0	0.0	0.0	0.0	0.0	0.0	0.0
	5	0.0	0.0	0.2	0.1	0.0	0.0	0.0	0.0	0.0	0.0	0.0	0.0

Lag*: Minimierung der Ordnungskriterien über alle Lagordnungen.
r : Kointegrationsrang, Experiment 3 mit trivariaten Modellen.

niveau. Die Ordnungskriterien entscheiden sich bei $d = 2.0$ sehr häufig für einen zu großen Kointegrationsrang.

4.6.4 Zusammenfassung der Simulationsergebnisse

Bei der Untersuchung der Eigenschaften von verschiedenen Testprozeduren in kleinen Stichproben sind drei Simulationsexperimente durchgeführt worden. Bei der Auswertung der Testergebnisse wird auf die Schätzung von Funktionen, die die Abhängigkeit der Testergebnisse in Abhängigkeit von Simulationsparametern wie z.B. Stichprobenumfang, Lagordnung, Kovarianz usw. verzichtet (vgl. Hendry (1984); Blangiewicz & Charemza (1990)). In diesen Simulationsexperimenten werden für einzelne Parameter nur wenige Werte unterstellt ($T = 50, 100, 200$), so daß die Sprünge sehr groß sind, um eine funktionale Form zu schätzen.

Im ersten Simulationsexperiment wird für kleine Stichproben die asymptotische Verteilung unterschiedlicher Teststatistiken untersucht. Bei dem Experiment wird ersichtlich, daß der Johansen–Trace–Test mit einer Modifikation für verschiedene Lagordnungen die asymptotische Verteilung gut trifft. Ohne die Modifikation liegt die Ablehnungshäufigkeit bei einer zu großen Lagordnung deutlich über dem vorgegebenen Signifikanzniveau. Basierend auf dem ML–Ansatz von Johansen können mit Ordnungskriterien Kointegrationstests durchgeführt werden. Hier erreicht das Testverfahren mit dem SC–Kriterium Annahmehäufigkeiten, die mit üblichen Signifikanzniveaus zu vergleichen sind, während das Verfahren mit dem AIC–Kriterium nur in ungefähr 20% der Fälle den wahren Kointegrationsrang trifft. Für den Ansatz von Stock und Watson wurden Verteilungen für kleine Stichproben simuliert. Trotzdem zeigt sich eine sehr hohe Sensitivität der Ergebnisse aufgrund der Variation der dynamischen Korrektur. Eine Lagordnung von $p = 3$ für die AR–Korrektur senkt die Ablehnungshäufigkeit deutlich. Der Hauptkomponententest von Phillips & Ouliaris reagiert sehr sensitiv auf Änderungen der Werte des Abschneidungsparameters für die Schätzung des Spektrums. Die Testentscheidungen sind für $l = 2$ überwiegend falsch und weisen ansonsten einen hohen Anteil auf, der keine Testentscheidung erlaubt, da sie in der Unbestimmtheitsregion liegen.

Im zweiten Simulationsexperiment wird die Güte der Tests für bivariate Modelle untersucht. Durch die Tabellen, die die Testprozeduren vergleichen, wird deutlich, daß bei den Testprozeduren mit Ordnungskriterien das SC–Kriterium vorzuziehen ist. Bei den anderen Tests schneidet der modifizierte Johansen–Trace–Test gut ab. Die Güte der Tests hängt stark vom Stichprobenumfang ab und reduziert sich mit einer zu groß gewählten Lagordnung bei der Modellierung der Dynamik eines Systems.

Im trivariaten Fall wird ein Modell mit einer Dynamik unterstellt. Aus den Testergebnissen kann die Sensitivität der Verfahren aufgrund der Modellierung der Dynamik abgelesen werden, so daß eine sorgfältige Modellierung der kurzfristigen Dynamik durchgeführt werden sollte. Eine Vernachlässigung der Dynamik scheint beim Stock–Watson–Ansatz zu einer Verzerrung der Verteilung der Teststatistik zu führen. Bei diesem Simulationsexperiment schneidet der modifizierte Johansen Trace–Test unter der Nullhypothese und für die Güte gut ab. Insbesondere das AIC–Kriterium zeigt einen relativ hohen Fehler 1. Art an, so daß bei den Ordnungskriterien die Verwendung des HQ– und SC–Kriteriums zu empfehlen ist.

Bei den Testprozeduren mit Ordnungskriterien ist anzumerken, daß keine Aussage über den Fehler erster Art gemacht werden kann. Diese Aussage ist aber auch bei den anderen Testprozeduren selten gegeben, da die Testprozeduren sequentiell Nullhypothesen testen. Die asymptotischen Verteilungen der Teststatistiken sind von der Spezifikation einer deterministischen Komponente abhängig. In kleinen Stichproben kann es erhebliche Abweichungen von der empirischen Verteilung der Teststatistik zu der asymptotischen Verteilung geben.

Kapitel 5

Strukturelle Analyse in einem kointegrierten System – lineare Restriktionen, Impulsantwortfolge, Schätzung der Lagordnung

Im Kapitel 3 wurden kointegrierte Systeme charakterisiert und verschiedene Darstellungsformen aufgeführt. Für die Darstellugen gibt es unterschiedliche Schätzverfahren, die verschiedene Identifikationsannahmen voraussetzen. In diesem Kapitel werden für Parameter der Systeme lineare Hypothesen überprüft, die eine strukturelle Analyse von Systemen ermöglichen sollen. In der Literatur sind verschiedene Verfahren zum Testen von linearen Restriktionen in einem kointegrierten System vorgeschlagen worden. Die linearen Restriktionen betreffen zum Teil nur die Kointegrationsmatrix. Andere Vorschläge beziehen sich auf das gesamte System. Die Vorschläge, die sich auf die Kointegrationsmatrix beziehen, lassen sich gemäß den Identifikationsannahmen im jeweiligen Kointegrationsansatz ordnen. Ist die Kointegrationsmatrix identifiziert, können beliebige lineare Hypothesen überprüft werden (vgl. Abschnitt 5.1). Diese Identifikation der Kointegrationsmatrix ist selten gegeben, so daß verschiedene Testverfahren auf die Kointegrations- und die Ladungsmatrix vorgeschlagen worden sind, mit deren Hilfe eine Interpretation der Kointegrationsvektoren versucht wird (vgl. Abschnitt 5.2). Diese Ausführungen beziehen sich auf die Johansen–Darstellung.

Eine Ausweitung der Hypothesentests auf das gesamte System wird in Abschnitt 5.3 durchgeführt. Im Ansatz von Johansen kompliziert die Nichtidentifikation der Kointegrationsmatrix die Testverfahren. Diese Komplikationen treten nicht auf, wenn die linearen Hypothesen in der autoregressiven Darstellung überprüft werden (vgl. Abschnitt 5.4).

Bei den Verfahren werden Hypothesen zu einem vorgegebenen Signifikanzniveau getestet, wobei die Hypothesen als Nullrestriktionen formuliert werden. Die Überprüfung von Nullrestriktionen kann mittels statistischer Suchverfahren vorgenommen werden (vgl. Abschnitt 5.5). Da es nicht eindeutig ist, in welcher Darstellung Nullrestriktionen getestet werden sollen, werden statistische Suchverfahren für die Johansen–Darstellung und die autoregressive Darstellung aufgezeigt. In einer kleinen Simulationsstudie werden die Leistungsmöglichkeiten dieser Verfahren anhand von durchschnittlichen Parameterschätzungen und Prognosevergleichen illustriert.

Neben den linearen Hypothesentests ist eine dynamische Analyse des Systems von Interesse. Eine dynamische Analyse kann mittels der Impulsantwortfolgen für die autoregressive Darstellung durchgeführt werden, wobei keine Identifikationsannahme für die Kointegrationsvektoren notwendig ist. Die Impulsantwortfolgen zeigen die kurz- und langfristige Entwicklung des Systems aufgrund eines Schocks in einer Variablen (vgl. Abschnitt 5.6).

Bei diesen Testverfahren wird die Lagordnung vorgegeben. In der Praxis ist die Lagordnung eines Systems nicht bekannt, so daß sie geschätzt werden muß. Im letzten Abschnitt wird dargestellt, wie die Lagordnung des gesamten Systems mittels traditioneller Likelihoodverhältnistests oder mittels Ordnungskriterien bestimmt werden kann (vgl. Abschnitt 5.7). Die Verfahren werden in einer kleinen Simulationsstudie verglichen.

5.1 Lineare Restriktionen auf die identifizierte Kointegrations- matrix

Das Kointegrationsmodell für K Variablen x_t lautet

$$\Delta x_t = -\Pi x_{t-1} + \bar{\epsilon}_t = -BC x_{t-1} + \bar{\epsilon}_t,$$

wobei $\bar{\epsilon}_t$ ein stationärer Prozeß ist. Die Effekte der Verzögerungen in möglichen Δx_{t-i} werden vom Rauschprozeß aufgenommen. Die Ladungsmatrix B hat die Dimension $(K \times r)$ und die Kointegrationsmatrix C die Dimension $(r \times K)$. Mit den Restriktionen

(5.1) $B = (I_r, 0)'$ und $C = (I_r, -\tilde{C})$

und der Annahme, daß die nichtstationäre Komponente, die den gesamten Prozeß treibt, mit $K - r$ Variablen erfaßt werden kann, ergibt sich das Modell (vgl. Phillips & Hansen (1990), S. 101f) und Abschnitt 3.3)

(5.2) $x_{1,t} = \tilde{C} x_{2,t} + \bar{\epsilon}_{1,t}.$

Der Vektor x_t wird in $(x_t') = (x_{1,t}', x_{2,t}')$ partitioniert, wobei $x_{1,t}$ r Variablen und $x_{2,t}$ $K - r$ Variablen enthält. Ähnliche Annahmen werden in Ahn & Reinsel (1989), S. 13 gemacht. Aufgrund dieser Annahmen ist die Identifikation der Kointegrationsvariablen gegeben. In diesem Fall kann die gemischte Normalverteilungseigenschaft der Kointegrationsschätzer abgeleitet werden (vgl. Abschnitt 3.5.6). Unter diesen Identifikationsannahmen können allgemeine lineare Restriktionen auf die Kointegrationsmatrix mit einem Wald-Test überprüft werden. Für dieses Testverfahren wird vorausgesetzt, daß die Kointegrationsmatrix mit dem modifizierten Ansatz von Phillips & Hansen geschätzt wird (vgl. Abschnitt 3.5.6). Die linearen Restriktionen sind von der Gestalt (vgl. Phillips & Hansen (1990), S. 106f)

(5.3) $\qquad R^c \text{vec}(\tilde{C}) = r^c$,

wobei R^c eine bekannte $(m \times r(K - r))$-Matrix mit vollem Zeilenrang m und r^c ein bekannter $(m \times 1)$-Vektor ist. Zunächst wird angenommen, daß im System keine deterministischen Komponenten existieren. Die linearen Restriktionen können mit der folgenden Statistik abgetestet werden

$$(5.4) \qquad G_R = (R^c \text{vec}(\hat{\tilde{C}}) - r^c)' \left(R^c(\hat{\Omega}_{11.2} \otimes (\textstyle\sum x_t x_t')^{-1}) R^{c'} \right)^{-1} (R^c \text{vec}(\hat{\tilde{C}}) - r^c).$$

Die Matrix $\hat{\Omega}_{11.2}$ ist ein konsistenter Schätzer für die langfristige Residuenvarianz $\Omega_{11.2}$, die sich aus $\Omega = \Sigma + \Lambda + \Lambda'$ zusammensetzt (vgl. Symbolik Abschnitt 3.5.6). Die Kovarianzmatrix wird durch $\hat{\Omega}_{11.2} \otimes (\sum x_t x_t')^{-1}$ konsistent geschätzt. Die Teststatistik konvergiert unter der Nullhypothese $(R^c \text{vec}(\tilde{C}) = r^c)$ gegen folgende Verteilung (vgl. Phillips & Hansen (1990))

$$G_R \overset{d}{\to} \chi^2(m).$$

Dieses Verteilungsergebnis ergibt sich aufgrund der Normalverteilungseigenschaft der Kointegrationsmatrixschätzung für eine gegebene Beobachtungsmomentenmatrix $T^{-2} \sum x_t x_t'$. Wird die Analyse so erweitert, daß sich ein Absolutglied oder ein linearer Trend (μ) mit der Dimension $r \times s$ in der Kointegrationsbeziehung befindet, dann muß die Restriktionsmatrix entsprechend vergrößert werden (vgl. Phillips & Hansen (1990), S. 106f). Lineare Restriktionen können wie folgt formalisiert werden

$$(5.5) \qquad \tilde{R}^c \text{vec}(\tilde{C}, \mu) = \tilde{r}^c,$$

wobei $\tilde{R}^c$ eine bekannte $(m \times r(K - r + s))$-Matrix mit vollem Zeilenrang m und $\tilde{r}^c$ ein bekannter $(m \times 1)$-Vektor ist. In diesem Fall wird angenommen, daß die Restriktionsmatrix eine Blockdiagonalstruktur besitzt. Im oberen Diagonalblock sind die Restriktionen für $\tilde{C}$ und im unteren Diagonalblock die für μ enthalten. Mit der Blockdiagonalstruktur wird unterstellt, daß keine Restriktionen zwischen den Koeffizienten der stochastischen Komponente und denen der deterministischen Komponente formuliert werden. Bei entsprechender Partitionierung von $\tilde{R}^c$ gilt $\tilde{R}^c_{21} = \tilde{R}^c_{12} = 0$. Auch für diesen Test erhält man eine asymptotische χ^2-Verteilung.

Da Restriktionen in (5.3) bzw. in (5.5) in der Regel aus wirtschaftstheoretischen Überlegungen abgeleitet werden, sind die Kointegrationsparameter $\tilde{C}$ in (5.2) für Phillips die wirtschaftstheoretisch relevanten Parameter. Es wird sowohl die Identifikation der Kointegrationsmatrix als auch die Isolierung des treibenden stochastischen Prozesses unterstellt. Aber die Parameter sind im Sinne einer reduzierten Form, nicht im Sinne einer strukturellen Form identifiziert. Ökonomische Hypothesen beziehen sich meistens auf die strukturelle Form, da die reduzierte–Form–Koeffizienten Linearkombinationen der strukturellen Koeffizienten sind. Ob diese Annahmen in einer empirischen Untersuchung vorausgesetzt werden können, ist fraglich.

5.2 Restriktionen bei nicht identifizierter Kointegrationsmatrix

Die ML–Schätzung des kointegrierten Systems erfolgt in der Johansen–Darstellung

$$(5.6) \qquad \Delta x_t = \nu + \Gamma_1 \Delta x_{t-1} + \cdots + \Gamma_{p-1} \Delta x_{t-p+1} - BC x_{t-p} + \epsilon_t \,,$$

wobei ϵ_t ein normalverteiltes weißes Rauschen ist (vgl. zur Symbolik Abschnitt 3.5.1). Der ML–Schätzer für die Kointegrationsvektoren ist nicht identifiziert, sondern ein "Raumschätzer", so daß nur bestimmte lineare Restriktionen getestet werden können. Johansen (1989a) und Johansen & Juselius (1990a) schlagen verschiedene Formen von Restriktionen für die Kointegrationsmatrix C und Ladungsmatrix B vor. Mit Hilfe der Annahme oder Ablehnung unterschiedlicher Hypothesen wird bei empirischen Anwendungen eine parametrische Interpretation der Kointegrationsvektoren angestrebt (vgl. Johansen & Juselius (1990b)).

Die verschiedenen Testverfahren lassen sich für einen Ansatz mit restringierten oder mit unrestringierten Absolutgliedern formulieren. Bevor auf die verschiedenen Testverfahren eingegangen wird, wird ein Test zur Spezifikation des Absolutgliedes beschrieben. Im Johansen–Modell besteht die Möglichkeit, das Absolutglied so zu restringieren, daß im Prozeß kein linearer Trend erscheint (vgl. Johansen & Juselius (1990a); bzw. Abschnitt 3.4). Unter der Nullhypothese, daß sich das Absolutglied als $\nu = BC_\nu$ schreiben läßt, wird das folgende Modell geschätzt

$$(5.7) \qquad \Delta x_t = \Gamma_1 \Delta x_{t-1} + \ldots + \Gamma_{p-1} \Delta x_{t-p+1} - BC^* x_{t-p}^* + \epsilon_t \,,$$

worin $C^* = [C, -C_\nu]$ und $x_{t-p}^* = [x_{t-p}', 1]'$ ist. Johansen & Juselius (1990a) geben einen Likelihoodverhältnistest zur Überprüfung der Absolutgliedhypothese an:

$$(5.8) \qquad -2 \ln Q = -T \sum_{i=r+1}^{K} \left(\ln(1 - \lambda_i^*) - \ln(1 - \lambda_i) \right) ,$$

worin λ_i^* die Eigenwerte aus der ML–Schätzung des Modells (5.7) sind. Die Teststatistik ist asymptotisch χ^2 - verteilt mit $K - r$ Freiheitsgraden, wenn das System r Kointegrationsbeziehungen besitzt (vgl. Johansen (1989a), S. 24).

5.2.1 Restriktionen auf die Kointegrationsmatrix in der Johansen–Darstellung

Bei der empirischen Analyse gibt es unterschiedliche Hypothesen über die Kointegrationsvektoren. Zum Teil beziehen sich die Restriktionen auf alle Kointegrationsvektoren. Zum Teil werden nur einzelne beschränkt, oder es wird ein vollständiger Kointegrationsvektor postuliert. Sofern die Hypothesen durch lineare Restriktionen beschrieben werden können, können sie mit Likelihoodverhältnistests überprüft werden.

Zunächst werden lineare Restriktionen der Form

$$H_3: C = C_r R^c,$$

betrachtet, wobei $C_r = C_{restringiert}$ eine $(r \times s)$ und R^c eine bekannte $(s \times K)$–Matrix ist und $r \leq s \leq K$ gilt (vgl. Johansen & Juselius (1990a), S. 192ff). Bei diesen linearen Restriktionen ist zu berücksichtigen, daß alle Kointegrationsvektoren gleichrangig restringiert werden. Diese Restriktionen werden als Raumrestriktionen bezeichnet. Im Fall $r = 1$ kann mit Hilfe von Restriktionen unter H_3 die Signifikanz eines einzelnen Kointegrationskoeffizienten überprüft werden.

Die Schätzung des Systems erfolgt dann unter der Nullhypothese, indem folgendes Eigenwertproblem gelöst wird

$$(5.9) \qquad |\lambda R^c S_{pp} R^{c\prime} - R^c S_{p0} S_{00}^{-1} S_{0p} R^{c\prime}| = 0,$$

wobei $S_{i,j}$ Residuenmatrizen der Form

$$S_{ij} = \frac{1}{T} R_i R_j', \quad \text{für} \quad i,j = 0,p$$

sind. Die Residuen R_0 (R_p) ergeben sich aus einer Regression der ersten Differenzen Δx_t (der zum Lag p verzögerten Niveaus x_{t-p}) auf die Dynamik und deterministischen Komponenten (vgl. Abschnitt 3.5.1). Die geordneten Eigenwerte aus (5.9) sind $\hat{\lambda}_{3.1} \geq \cdots \geq \hat{\lambda}_{3.s}$ und die dazugehörigen Eigenvektoren $\hat{V}_3 = (\hat{v}_{3.1}, \cdots, \hat{v}_{3.s})$, die so normalisiert sind, daß $\hat{V}_3' R^c S_{pp} R^{c\prime} \hat{V}_3 = I_s$ gilt. Die Teststatistik

$$(5.10) \qquad -2\ln Q(H_3|H_2) = T \sum_{i=1}^{r} \ln \frac{1 - \hat{\lambda}_{3.i}}{1 - \hat{\lambda}_i}$$

konvergiert asymptotisch gegen eine $\chi^2(r(K - s))$–Verteilung (vgl. Johansen & Juselius (1990a), S. 193f).

Wenn einzelne Kointegrationsvektoren der Kointegrationsmatrix als bekannt vorausgesetzt werden, schlagen Johansen & Juselius eine abgewandelte Testprozedur vor (vgl. Johansen & Juselius (1990b), S. 18ff). Die verbleibenden Kointegrationsvektoren werden unabhängig von den bekannten Kointegrationsvektoren geschätzt. Diese Hypothesen werden formalisiert in

$$H_4: C = \begin{pmatrix} C_b \\ C_g \end{pmatrix},$$

wobei $C_b = C_{bekannt}$ eine bekannte $(r_1 \times K)$–Matrix und $C_g = C_{geschätzt}$ eine zu schätzende $(r_2 \times K)$–Matrix ist (vgl. Johansen & Juselius (1990b)). Hier gilt $r = r_1 + r_2$. Für die Schätzung wird die Beziehung zwischen den Residuen R_{0t} und R_{pt} wie folgt aufgespalten:

$$R_{0t} = B_1 C_b R_{pt} + B_2 C_g R_{pt} + \text{Fehler},$$

wobei $B = (B_1, B_2)$ ist. Die Matrix B_1 [B_2] hat die Dimension $(K \times r_1)$ [$(K \times r_2)$]. Um neue Residuen $R_{0.Ct}$ und $R_{p.Ct}$ zu berechnen, wird R_{0t} und R_{pt} auf $C_b R_{pt}$ regressiert. Es ergibt sich die Beziehung

$$R_{0.Ct} = B_2 C_g R_{p.Ct} + \text{Fehler}.$$

Nun ist das Eigenwertproblem

$$|C_g(S_{pp.C} - S_{p0.C}S_{00.C}^{-1}S_{0p.C})C_g'|/|C_g(S_{pp.C}C_g')|$$

zu lösen, wobei $S_{ij.C} = S_{ij} - S_{ip}C_g'(C_gS_{pp}C_g')^{-1}C_gS_{pj}$ mit $i, j = 0, p$ ist. Da r_1 Kointegrationsvektoren bekannt sind, reduziert sich $S_{pp.C}$ auf den Rang $K - r_1$. Zunächst wird das Eigenwertproblem $|\kappa I_{K-r_1} - S_{pp.C}| = 0$ gelöst, wobei sich zu den Eigenwerten gehörende Eigenvektoren $u_1, \cdots, u_{K-r_1}$ ergeben, die entsprechend der Größe der Eigenwerte geordnet sind. Die restlichen r_1 Eigenvektoren sind Null. Es wird eine Matrix L berechnet, für die gilt $L = (u_1, \cdots, u_{K-r_1})\text{diag}(\kappa_1^{-1/2}, \cdots, \kappa_{K-r_1}^{-1/2})$. Dann muß das Eigenwertproblem

$$|\lambda I - L'S_{p0.C}S_{00.C}^{-1}S_{0p.C})C_g'L| = 0$$

gelöst werden. Die geschätzten Eigenwerte sind $\hat{\lambda}_{4.1} \geq \cdots \geq \hat{\lambda}_{4.K-r_1} > 0$ mit den dazugehörigen Eigenvektoren $(\hat{v}_{4.1}, \cdots, \hat{v}_{4.K-r_1})$. Die Kointegrationsmatrix wird durch $\hat{C} = (C_b', L\hat{V}_4)'$ geschätzt, wobei $\hat{V}_4 = (\hat{v}_{4.1}, \cdots, \hat{v}_{4.r_2})$ ist. Die fehlenden Eigenwerte lassen sich aus der Beziehung

$$|\rho C_b S_{pp} C_b' - C_b S_{p0} S_{00}^{-1} S_{0p} C_b'| = 0$$

ermitteln. Als Teststatistik ergibt sich dann

$$(5.11) \quad -2\ln Q(H_4|H_2) = T\left(\sum_{i=1}^{r_1}\ln(1 - \hat{\rho}_{4.i}) + \sum_{i=1}^{r_2}\ln(1 - \hat{\lambda}_{4.i}) - \sum_{i=1}^{r}\ln(1 - \hat{\lambda}_i)\right),$$

die asymptotisch gegen eine $\chi^2(r_1(K - r))$-Verteilung konvergiert (vgl. Johansen & Juselius (1990b), S. 20). Diese Hypothese kann verwendet werden, um den Integrationsgrad der einzelnen Variablen zu überprüfen. In diesem Fall wird z.B. $C_b = (1, 0, \cdots, 0)$ als bekannter Vektor betrachtet, so daß die Variable x_1 stationär ist.

Die allgemeinste Form zur Überprüfung von linearen Hypothesen auf Kointegrationsvektoren ist mit der Formulierung

$$H_5 : C = \begin{pmatrix} C_r R^c \\ C_g \end{pmatrix}$$

möglich, wobei R^c eine bekannte ($s \times K$)-Matrix ist. C_r ist eine ($r_1 \times s$)-Matrix und C_g eine ($r_2 \times K$)-Matrix mit $r = r_1 + r_2$ (vgl. Johansen & Juselius (1990b), S. 21ff). Die Schätzung der beiden Matrizen ist nicht mehr mit einem geschlossenen Ansatz möglich. In diesem Fall kann das Schätzproblem mit einem iterativen Ansatz gelöst werden. Die Beziehung zwischen den Residuen R_{0t} und R_{pt} wird wie folgt aufgeteilt

$$R_{0t} = B_1 C_r R^c R_{pt} + B_2 C_g R_{pt} + \text{Fehler},$$

wobei $B = (B_1, B_2)$ ist, die analog zu C partitioniert worden ist $[B_1 : K \times r_1; B_2 : K \times r_2]$. Der Algorithmus setzt sich aus zwei Teilschritten zusammen:

- Fixiere C_r und konzentriere die Likelihoodfunktion nach B_1 mittels einer Regression. Löse dann das reduzierte Rangproblem für B_2 und C_g.

- Fixiere C_g und konzentriere die Likelihoodfunktion nach B_2. Löse das reduzierte Rangproblem für B_1 und C_r.

Die beiden Teilschritte werden so häufig wiederholt, bis Konvergenz der Schätzung erreicht ist. Als Konvergenzkriterium kann die Veränderung der Likelihoodfunktion im Iterationsschritt i im Vergleich zum vorangegangenen Schritt $i - 1$ gewählt werden. Wenn die Restriktionen richtig sind, wird in wenigen Schritten eine Konvergenz der Koeffizientenschätzungen erreicht. Bei diesem Ansatz gibt es das Problem der Anfangsschätzung. Johansen schlägt vor, $C_g = 0$ zu setzen und folgendes Eigenwertproblem zu lösen

$$|\lambda R^c S_{pp} R^{c\prime} - R^c S_{p0} S_{00}^{-1} S_{0p} R^{c\prime}| = 0.$$

Als Lösung erhält man die Eigenwerte $\hat{\lambda}_{5.1}^{(0)} \geq \cdots \geq \hat{\lambda}_{5.s}^{(0)}$ und die Kointegrationsbeziehungen $\hat{\tilde{C}}^{(0)} = \hat{C}_r R^c = (\hat{v}_{5.1}^{(0)}, \cdots, \hat{v}_{5.s}^{(0)})' R^c$. Nun werden neue Residuen $R_{0t}^{(0)}$ und $R_{pt}^{(0)}$ berechnet. Anschließend wird der erste Iterationsschritt durchgeführt. Die Schätzung der Matrizen ist dann:

$$\hat{C} = \begin{pmatrix} \hat{C}_r R^c \\ \hat{C}_g \end{pmatrix}$$

$$\hat{B} = (\hat{B}_1, \hat{B}_2).$$

Die Restriktionen können mit einem Likelihoodverhältnistest überprüft werden

$$(5.12) \quad -2\ln Q(H_5|H_2) = T \left(\sum_{i=1}^{r_1} \ln(1 - \hat{\rho}_{5.i}) + \sum_{i=1}^{r_2} \ln(1 - \hat{\lambda}_{5.i}) - \sum_{i=1}^{r} \ln(1 - \hat{\lambda}_i) \right).$$

Die Teststatistik konvergiert in Verteilung gegen eine $\chi^2((K - s - r_2)r_1)$-Verteilung (vgl. Johansen & Juselius (1990b), S. 23). Es ist zu beachten, daß die Testprozedur der Hypothese H_3 und H_4 Spezialfälle der allgemeineren Prozedur sind.

5.2.2 Restriktionen auf die Ladungsmatrix in der Johansen–Darstellung

Neben den Restriktionen auf die Kointegrationsmatrix sind Restriktionen auf die Ladungsmatrix wichtig, wenn eine Interpretation der Kointegrationsvektoren angestrebt wird (vgl. Juselius (1990), S. 9). Restriktionen auf die Ladungsmatrix werden in diesem Abschnitt dargestellt. Sie haben folgende Form:

$$H_6 : B = R^b B_r,$$

wobei R^b eine bekannte $(K \times m)$ und $B_r = B_{restringiert}$ eine $(m \times r)$-Matrix ist und $r \leq m \leq K$ gilt (vgl. Johansen & Juselius (1990a), S. 199ff). Außerdem wird eine Matrix $U_\perp = R^b_\perp$ definiert, die orthogonal zu R^b ist ($R^b U_\perp = R^b R^{b\prime}_\perp = 0$). Unter der Nullhypothese H_6 ist folgendes Eigenwertproblem

$$|\lambda S_{pp.u} - S_{pR.u} S^{-1}_{RR.u} S_{Rp.u}| = 0$$

zu lösen. In dieser Notation ist $S_{RR} = R^{b\prime} S_{00} R^b$ und

$$S_{Rp.u} = S_{Rp} - S_{Ru} S^{-1}_{uu} S_{up} = R^{b\prime} S_{0p} - R^{b\prime} S_{00} U_\perp (U'_\perp S_{00} U_\perp)^{-1} U'_\perp S_{0p}$$

usw.. Daraus ergeben sich die Eigenwerte $\hat\lambda_{6.1} \geq \cdots \geq \hat\lambda_{6.m} \geq \hat\lambda_{6.m+1} = \cdots = \hat\lambda_K = 0$ mit den dazugehörigen Eigenvektoren $\hat V_6 = (\hat v_{6.1}, \cdots, \hat v_{6.K})$. Die Eigenvektoren werden so normalisiert, daß $\hat V'_6 S_{pp.b} \hat V_6 = I$ gilt. Die Koeffizientenmatrizen werden wie folgt geschätzt:

$$\hat C_6 = (\hat v_{6.1}, \cdots, \hat v_{6.r})'$$
$$\hat B_r = -(R^{b\prime} R^b)^{-1} S_{Rp.u} \hat C_6$$
$$\hat B = R^b \hat B_r .$$

Der Likelihoodverhältnistest

$$-\ln Q(H_6|H_2) = T \sum_{i=1}^{r} \ln \frac{1 - \hat\lambda_{6.i}}{1 - \hat\lambda_i}$$

konvergiert in Verteilung gegen eine $\chi^2(r(K-m))$-Verteilung (vgl. Johansen & Juselius (1990a), S. 200).

Für den Kointegrationsrang $r = 1$ erlauben diese Restriktionen den Test auf Nullrestriktionen, während für $r > 1$ die ganze Zeile einer Matrix restringiert wird. Der Test des Ausschlusses einzelner Kointegrationsbeziehungen in einer Gleichung ist mit diesen Restriktionen nicht möglich, denn mit H_6 werden Raumrestriktionen formuliert.

Analog zur Betrachtung der Restriktionen auf die Kointegrationsmatrix kann es auch bei der Ladungsmatrix vorkommen, daß einzelne Vektoren bekannt sind. In diesem Fall ergibt sich die Hypothese:

$$H_7 : B = (B_b, U_\perp B_g),$$

wobei B_b eine bekannte Matrix der Dimension $(K \times s_1)$ mit $s_1 \leq r$ ist (vgl. Johansen (1989), S. 31f). Die $(K \times m)$-Matrix $U_\perp$ ist orthogonal zu B_b, d.h. $(B'_b U_\perp = 0)$. Die Matrix $B_g = B_{geschätzt}$ hat die Dimension $(m \times s_2)$, wobei $s_1 + s_2 = r$ gilt. Die Likelihoodfunktion wird dann wie folgt aufgeteilt:

$$(5.13) \quad R_{0,t} = B_b C_1 R_{p,t} + U_\perp B_g C_2 R_{p,t} + \text{Fehler},$$

wobei C' analog zu B partitioniert wird $C' = (C'_1, C'_2)$. Wenn (5.13) von links mit B'_b bzw. $U'_\perp$ multipliziert wird, ergibt sich

(5.14) $\quad B'_b R_{0,t} = B'_b B_b C_1 R_{p,t} + B'_b \text{Fehler}$

und

(5.15) $\quad U'_\perp R_{0,t} = U'_\perp U_\perp B_g C_2 R_{p,t} + U'_\perp \text{Fehler}$.

Aus diesen Beziehungen läßt sich die KQ–Gleichung

$$-U'_\perp U_\perp B_g [C_2] = U'_\perp S_{0p} C'_2 (C_2 S_{pp} C'_2)^{-1},$$

folgern, mit deren Hilfe $B_g[C_2]$ ermittelt wird. Die eckigen Klammern $[\cdot]$ stehen für einen funktionalen Zusammenhang. Die Matrix C_2 wird mit den Eigenvektoren des Eigenwertproblems

$$|\lambda S_{pp} - S_{p0} U_\perp (U'_\perp S_{00} U_\perp)^{-1} U'_\perp S_{0k}| = 0$$

bestimmt. Weiterhin ergibt die Beziehung (5.14) eine Lösung für C_1 durch eine Regression von $B'_b R_{0,t}$ auf $R_{p,t}$ und $U'_\perp R_{0,t}$. Die Koeffizientenmatrizen werden wie folgt geschätzt

$$\hat{C} = \begin{pmatrix} \hat{C}_1 \\ \hat{C}_2 \end{pmatrix}$$
$$\hat{B} = \begin{pmatrix} B_b, U_\perp \hat{B}^e \end{pmatrix}.$$

Der Likelihoodverhältnistest ist

(5.16) $\quad -2 \ln \dfrac{L_{max}(H_7)}{L_{max}(H_C(r))} = T(\ln |\hat{\Sigma}_{7\epsilon}| - \ln |\hat{\Sigma}_\epsilon|)$,

wobei $L_{max}(H_7)$ das Maximum der Likelihoodfunktion unter der Hypothese H_7 und $L_{max}(H_C(r))$ der Schätzung mit $r = r_0$ ist. Die Maxima sind gleich den entsprechenden Residuenvarianzschätzungen. Die Teststatistik konvergiert in Verteilung gegen eine $\chi^2((K+r-s_1)s_1)$–Verteilung.

5.2.3 Gemeinsame Restriktionen auf Ladungs– und Kointegrationsmatrix

Restriktionen auf Ladungs– und Kointegrationsmatrix können auch simultan überprüft werden (vgl. Johansen & Juselius (1990a), S. 201f). Beispielsweise können die Hypothesen H_3 und H_6 kombiniert werden

(5.17) $\quad H_8 = H_3 \cap H_6 = (C = C_r R^c) \cap (B = R^b B_r)$.

In diesem Fall muß folgendes Eigenwertproblem

(5.18) $\quad |\lambda R^c S_{pp.u} R^{c\prime} - R^c S_{pR.u} S_{RR.u}^{-1} S_{Rp.u} R^{c\prime}| = 0$

gelöst werden. Wenn $\tilde{L}$ so gebildet wird, daß $\tilde{L}R^c S_{pp.u}R^{c\prime}\tilde{L}' = I_m$ gilt, dann wird aus der Beziehung (5.18)

$$(5.19) \quad |\lambda I_m - \tilde{L}R^c S_{pR.u}S_{RR.u}^{-1}S_{Rp.u}R^{c\prime}\tilde{L}'| = 0\,.$$

Die Eigenvektoren $\tilde{V}_8$ der Eigenwerte $\tilde{\lambda}_{8.1} \geq \cdots \geq \tilde{\lambda}_{8.m}$ erfüllen die Bedingung $\tilde{V}_8{}'\tilde{V}_8 = I_m$. Die Nullhypothese kann mit einem Likelihoodverhältnistests überprüft werden (vgl. Johansen (1989b), S. 62ff)

$$(5.20) \quad -\ln Q(H_8|H_2) = T\sum_{i=1}^{r}\ln\frac{1-\tilde{\lambda}_{8.i}}{1-\tilde{\lambda}_i}\,.$$

Die Teststatistik konvergiert in Verteilung gegen eine $\chi^2((2K-s-m)r)$-Verteilung, da unter der Hypothese H_3 und H_6 $(s+m)r-r^2$ Parameter geschätzt werden.

Unter der Nullhypothese (5.17) können die ML-Schätzer wie folgt berechnet werden

$$
\begin{aligned}
\hat{C}_r &= (\bar{v}_{8.1}, \cdots, \bar{v}_{8.r})'\tilde{L}'\,, \quad \hat{C} = \hat{C}_r R^c\,,\\
\hat{B}_r &= -(R^{b\prime}R^b)^{-1}S_{Rp.u}\hat{C}\,, \quad \hat{B} = R^b\hat{B}_r\,,\\
\hat{\Pi} &= \hat{B}\hat{C}\\
\hat{\Gamma} &= (\Delta X + R^b\hat{B}_r\hat{C}_r R^c X_{-p})Z'(ZZ')^{-1}\\
\hat{\Sigma}_\epsilon &= (\Delta X - \hat{\Gamma}Z + R^b\hat{B}_r\hat{C}_r R^c X_{-p})(\Delta X - \hat{\Gamma}Z + R^b\hat{B}_r\hat{C}_r R^c X_{-p})'/T\,,
\end{aligned}
$$

wobei Z die Beobachtungsmatrix der deterministischen Komponente und der verzögerten ersten Differenzen in x_t bezeichnet (vgl. Symbolik Abschnitt 3.5.1). Zur Vereinfachung wird $\nu = 0$ gesetzt. Nun kann gezeigt werden (vgl. Lütkepohl & Reimers (1989)), daß

$$(5.21) \quad \sqrt{T}\,\mathrm{vec}((\hat{\Gamma},\,-\hat{B}\hat{C}) - (\Gamma,\Pi)) \xrightarrow{d} N(0,\Sigma^r)$$

gilt, wobei

$$
\Sigma^r = \begin{pmatrix} I_{K^2(p-1)} & 0 \\ 0 & C'\otimes R^c \end{pmatrix}\Sigma_{cb}^{-1}\begin{pmatrix} I_{K^2(p-1)} & 0 \\ 0 & C\otimes R^{c\prime} \end{pmatrix}
$$

und

$$
\Sigma_{cb}^{-1} = \mathrm{plim}\frac{1}{T}\begin{pmatrix} ZZ'\otimes\Sigma_\epsilon^{-1} & ZX_{-p}'C'\otimes\Sigma_\epsilon^{-1}R^c \\ CX_{-p}Z'\otimes R^{c\prime}\Sigma_\epsilon^{-1} & CX_{-p}X_{-p}'C'\otimes R^{c\prime}\Sigma_\epsilon^{-1}R^c \end{pmatrix}
$$

gilt. Eine konsistente Schätzung der Kovarianzmatrizen wird erreicht, wenn C und Σ_ϵ durch ihre Schätzer $\hat{C}$ und $\hat{\Sigma}_\epsilon$ ersetzt werden. Da Restriktionen auf die Ladungsmatrix B nicht in die asymptotische Verteilung der geschätzten Kointegrationsmatrix eingehen, kann ein ML-Schätzer und dessen asymptotische Verteilung für die Kombination der Nullhypothesen H_3, H_4, H_5 mit H_6 abgeleitet werden.

Bei der Umsetzung dieser Vorgehensweise in einer empirischen Analyse ist die Interpretation der dann gewonnenen Koeffizienten noch nicht offensichtlich. In der ML–Schätzung von Johansen werden implizit r^2 Restriktionen benutzt. Für den Fall $r \geq 2$ sind die Kointegrationsvektoren nicht identifiziert, sondern die ML–Schätzer bestimmen einen Kointegrationsraum. Wie in den vorangegangenen Abschnitten dargestellt, können nur bestimmte Formen von linearen Hypothesen überprüft werden. So wird z.B. mit der Hypothese H_3 der Raum restringiert. Park (1990) bezeichnet diese Restriktionen unter H_3 als Kointegrationsidentitäten (vgl. Park (1990), S. 5f). Sie sind invariant gegenüber allen beobachtungsäquivalenten Modellen, so daß sie nicht zu einer Identifikation im Sinne der traditionellen ökonometrischen Mehrgleichungssysteme benutzt werden können. Mit den oben aufgeführten Tests können Identifikationshilfen getestet werden. Z.B. kann in einem dreidimensionalen System mit dem Kointegrationsrang $r = 2$ die Kenntnis, ob eine Zeile in der Ladungsmatrix Null ist, die Analyse erleichtern. Es sei

$$
BC = \begin{pmatrix} B_1 \\ 0 \end{pmatrix} \cdot C = \begin{pmatrix} b_{11} & b_{12} \\ b_{21} & b_{22} \\ 0 & 0 \end{pmatrix} \begin{pmatrix} c_{11} & c_{12} & c_{13} \\ c_{21} & c_{22} & c_{23} \end{pmatrix} .
$$

Da die Matrix B den Rang $r = 2$ besitzt, gilt

$$
\begin{pmatrix} 1 & 0 \\ 0 & 1 \\ 0 & 0 \end{pmatrix} \begin{pmatrix} \bar{c}_{11} & \bar{c}_{12} & \bar{c}_{13} \\ \bar{c}_{21} & \bar{c}_{22} & \bar{c}_{23} \end{pmatrix} \quad \text{bzw.} \quad \begin{pmatrix} 1/\bar{c}_{11} & 0 \\ 0 & 1/\bar{c}_{22} \\ 0 & 0 \end{pmatrix} \begin{pmatrix} 1 & \bar{c}_{12} & \bar{c}_{13} \\ \bar{c}_{21} & 1 & \bar{c}_{23} \end{pmatrix} .
$$

Die letzten beiden Systeme für BC sind identifiziert, wenn die ersten beiden Spalten in C den Rang $r = 2$ besitzen. Die Identifikation einer Kointegrationsmatrix kann auch durch Tests auf die Kointegrationsmatrix erleichtert werden. Gilt beispielsweise für die letzten beiden Spalten einer $(r \times K)$ Kointegrationsmatrix eine Kointegrationsidentität der Form

$$
\begin{pmatrix} c_{11} & c_{12} & -c_{12} \\ c_{21} & c_{22} & -c_{22} \end{pmatrix} ,
$$

so wäre eine Auflösung nach diesen beiden Spalten im Sinne der Phillips-Darstellung nicht möglich, da die letzten beiden Spalten ein Rangdefizit aufweisen. Hier ist unter Umständen, wenn die Zeilenrestriktion der Ladungsmatrix B gilt, die Auflösung nach den ersten beiden Spalten C_1 und C_2 möglich

$$
\begin{pmatrix} 1 & 0 & \bar{c}_{13} \\ 0 & 1 & \bar{c}_{23} \end{pmatrix} ,
$$

wobei $(\bar{c}_{13}\,\bar{c}_{23})' = (C_1\,C_2)^{-1}(-C_2)$ gilt. Für die Ladungsmatrix B_1 ergibt sich $B_1(C_1\,C_2) = \bar{B}_1$. Bei dieser Vorgehensweise im Sinne von Johansen und Juselius, bleibt eine Übertragung von parametrischen Hypothesen der Wirtschaftstheorie auf die angesprochenen Hypothesentests in einem nicht identifizierten System fraglich. Park (1990) schlägt zur Analyse von kointegrierten Systemen stattdessen die Schätzung der Parameter einer identifizierten Struktur vor.

5.3 Lineare Restriktionen in kointegrierten Systemen

Bisher sind lineare Restriktionen auf die Kointegrationsmatrix bzw. Ladungsmatrix dargestellt worden. Mit Hilfe dieser Restriktionen werden Identifikationshilfen getestet, um eine Interpretation der Kointegrationsvektoren vorzubereiten, ohne daß das Identifikationsproblem gelöst werden kann. Im folgenden Abschnitt werden lineare Restiktionen auf das System mit bekannter und identifizierter Kointegrationsmatrix betrachtet.

Ist die Kointegrationsmatrix C bekannt, können Nullrestriktionen auf die Γ–Matrizen und die B–Matrix untersucht werden. Für diese Analyse wird angenommen, daß die Johansen–Darstellung (5.6) gelte und ϵ_t normalverteiltes weißes Rauschen ist. Zur Vereinfachung wird $\nu = 0$ gesetzt. Die Restriktionen sind dergestalt, daß

$$(5.22) \quad R\rho = \gamma,$$

gilt, wobei R eine bekannte $((K^2(p-1)+rK) \times m)$–Matrix mit Rang m, ρ ein unbekannter $(m \times 1)$–Koeffizientenvektor und $\gamma = \text{vec}[\Gamma, -B]$ ist. Bei Minimierung der Zielfunktion

$$S[\rho] = \epsilon'(I_T \otimes \Sigma^{-1})\epsilon$$

bezüglich ρ kann ein verallgemeinerter Kleinst–Quadrate–Schätzer für ρ abgeleitet werden, wobei $\epsilon = \text{vec}(\epsilon_1, \ldots, \epsilon_T)$ ist. Der Schätzer lautet für $\nu = 0$:

$$(5.23) \quad \hat{\rho}[C] = (R'(\bar{\Psi} \otimes \Sigma^{-1})R)^{-1}R'(\tilde{Z} \otimes \Sigma^{-1})\text{vec}(\Delta X),$$

wobei $\tilde{Z} = (Z', (CX_{-p})')'$, $\bar{\Psi} = \frac{1}{T}\tilde{Z}\tilde{Z}'$ ist. Da $\text{vec}(\Delta X) = (\tilde{Z} \otimes I_K)R\rho + \epsilon$ ist, gilt

$$\hat{\rho}[C] = \rho + (R'(\Psi \otimes \Sigma^{-1})R)^{-1}R'(\tilde{Z} \otimes \Sigma^{-1})\epsilon$$

und

$$\sqrt{T}(\hat{\rho} - \rho) = \left(R'\left(\frac{\tilde{Z}\tilde{Z}'}{T} \otimes \Sigma^{-1}\right)R\right)^{-1}R'(I_{Kp+1} \otimes \Sigma^{-1})\frac{1}{\sqrt{T}}\text{vec}(\epsilon_t\tilde{Z}').$$

Es wird angenommen, daß

$$\text{plim}\frac{1}{T}\tilde{Z}\tilde{Z}' = \Psi$$

existiert und nicht singulär ist, sowie

$$\text{plim}\frac{1}{T}\epsilon_t\tilde{Z}' = 0$$

ist. Gilt weiterhin die Annahme, daß C bekannt ist, dann ist $\hat{\rho}$ ein konsistenter Schätzer für ρ, und es gilt:

$$(5.24) \quad \sqrt{T}(\hat{\rho} - \rho) \xrightarrow{d} N(0,(R'(\Psi \otimes \Sigma^{-1})R)^{-1}).$$

Die Beziehung (5.24) folgt aus plim($\frac{\tilde{Z}\tilde{Z}'}{T}$) = Ψ und dem Mann–Wald–Theorem (vgl. Judge et al. (1985))

$$\frac{1}{\sqrt{T}}\text{vec}(\epsilon\tilde{Z}') \xrightarrow{d} N(0, \Psi \otimes \Sigma).$$

Die Schätzung von γ ist:

(5.25) $\hat{\gamma}[C] = R\hat{\rho}[C]$.

Aus den Ergebnissen für $\hat{\rho}$ läßt sich die Verteilung von $\hat{\gamma}$ ableiten:

(5.26) $\sqrt{T}(\hat{\gamma} - \gamma) \xrightarrow{d} N(0, R(R'(\Psi \otimes \Sigma^{-1})R)^{-1}R')$.

Leider sind in der Praxis weder Σ noch C bekannt, sondern müssen geschätzt werden. Es kann gezeigt werden, daß die obige Verteilungsaussage für jede konsistente Schätzung von Σ gilt. Dies bedeutet, daß ein iteratives Verfahren verwendet werden könnte. Nach einer ersten Schätzung von γ mittels (5.25) wird die Residuenvarianz berechnet und eine erneute Schätzung der Koeffizienten mit der neuen Residuenvarianz durchgeführt, bis Konvergenz der Koeffizientenschätzungen erreicht ist. Wenn der Kointegrationsraum C geschätzt wird und identifiziert ist, gilt für $\gamma = \text{vec}(\Gamma_1, \ldots, \Gamma_{p-1}, -B)$ und $\delta = \text{vec}(C)$

$$\sqrt{T}\left(\begin{pmatrix} \hat{\gamma} \\ \hat{\delta} \end{pmatrix} - \begin{pmatrix} \gamma \\ \delta \end{pmatrix}\right) \xrightarrow{d} N\left(0, \begin{pmatrix} \Sigma_{\hat{\gamma}} & 0 \\ 0 & 0 \end{pmatrix}\right).$$

Beweis siehe Stock (1987).

Häufig werden die Restriktionen für die Koeffizienten gleichungsweise formuliert, so daß $b = \text{vec}([\Gamma, -B]')$ gilt. Wenn die linearen Restriktionen in folgender Form ausgedrückt werden können:

$$b = \bar{R}c,$$

wobei $\bar{R}$ eine bekannte $((K^2(p-1)+Kr)\times m)$-Matrix mit Rang m ist, dann ergibt sich unter den Bedingungen, die für die Beziehung (5.24) angenommen worden sind, folgender verallgemeinerter Kleinst-Quadrate-Schätzer

(5.27) $\hat{c}(C) = (\bar{R}'(\Sigma^{-1} \otimes \Psi)\bar{R})^{-1}\bar{R}'(\Sigma^{-1} \otimes \tilde{Z})\text{vec}(\Delta X)$

und

(5.28) $\hat{b} = \bar{R}\hat{c}$.

Der Schätzer $\hat{b}$ ist konsistent und asymptotisch normalverteilt

(5.29) $\sqrt{T}(\hat{b} - b) \xrightarrow{d} N(0, \bar{R}(\bar{R}'(\Sigma^{-1} \otimes \Psi)\bar{R})^{-1}\bar{R}')$.

In der praktischen Analyse werden C und Σ durch entsprechende Schätzer ersetzt.

Die linearen Restriktionen (5.22) können mit Hilfe eines Wald–Tests überprüft werden, wenn sie in der Form

$$H_0 : R^w \gamma = r^w \quad \text{gegen} \quad H_1 : R^w \gamma \neq r^w$$

angegeben werden, wobei $\gamma = \text{vec}(\Gamma, -B)$ ist. Unter der Hypothese, daß H_0 richtig und der Kointegrationsvektor identifiziert ist, gilt

$$(5.30) \quad \lambda_W = T \left(\hat{\gamma}' R'_W \left(R_W (\tilde{\Psi}^{-1} \otimes \Sigma_\epsilon) R'_W \right)^{-1} R_W \hat{\gamma} \right) \xrightarrow{d} \chi^2(m)$$

mit $\tilde{\Psi} = \text{plim} T^{-1}(\tilde{Z}\tilde{Z}')$. In kleinen Stichproben kann folgende Modifikation der Teststatistik hilfreich sein (vgl. Lütkepohl (1991), Kapitel 3.6)

$$\lambda_F = \lambda_W / m \,,$$

die eine approximative $F(m, T)$-Verteilung besitzt. Die F-Verteilung hat dickere 'tails' als die χ^2-Verteilung.

5.4 Test der Granger–Kausalität

In der strukturellen Analyse von vektorautoregressiven Systemen sind Granger-kausale Strukturen von besonderer Bedeutung. Eine Gruppe von Variablen ist im Sinne von Granger nicht kausal zu den restlichen Variablen, wenn die erste nicht die Prognosen der anderen verbessert (vgl. Granger (1969)). Mit dieser Definition wird auf die Prognosefähigkeit von Variablen abgestellt. Die Kausalitätshypothesen können als Nullrestriktionen auf die Koeffizienten der autoregressiven Repräsentation ausgedrückt werden. Angenommen, es gelte:

$$x_t = \begin{pmatrix} x_{1t} \\ x_{2t} \end{pmatrix} \quad \text{und} \quad \Pi_i = \begin{pmatrix} \Pi_{11,i} & \Pi_{12,i} \\ \Pi_{21,i} & \Pi_{22,i} \end{pmatrix} \quad \text{für} \quad i = 1, \cdots p,$$

wobei die Matrizen Π_i die autoregressiven Koeffizientenmatrizen bezeichnen. Die Variablen x_{1t} sind im autoregressiven System dann nicht Granger-kausal zu x_{2t} ($x_{1t} \not\to x_{2t}$), wenn $\Pi_{21,i} = 0$ für $i = 1, \ldots, p$ gilt. Umgekehrt sind die Variablen x_{2t} nicht Granger-kausal zu x_{1t} ($x_{2t} \not\to x_{1t}$), wenn $\Pi_{12,i} = 0$ für $i = 1, \ldots, p$ gilt. Entsprechende Restriktionen können auch in der Johansen-Darstellung formuliert werden. In dem Fall sind auch lineare Testrestriktionen auf die Γ-Matrizen von Interesse. Mit der Error-Correction-Darstellung wird deutlich, daß im bivariaten Fall für $r = 1$ zumindest Granger-Kausalität in einer Richtung vorliegen muß, da entweder der Ladungskoeffizient b_1 oder b_2 ungleich Null sein muß (vgl. Granger (1986)). Wären beide Koeffizienten gleich Null ($b_1 = b_2 = 0$), würde keine Kointegrationsbeziehung vorliegen. Damit ist die Existenz von Granger-kausalen Strukturen in kointegrierten Systemen gezeigt, ohne daß etwas über deren Richtung ausgesagt worden ist.

In diesem Abschnitt werden zwei Teststrategien vorgestellt. Zum einen wird ein Ansatz von Mosconi und Giannini aufgeführt, der auf den Hypothesentestprinzipien von Johansen aufbaut. Zum anderen wird ein Test in der autoregressiven Darstellung dargestellt. Im ersten Ansatz bleibt das Identifikationsproblem des Kointegrationsvektoren erhalten, während im zweiten Ansatz das Identifikationsproblem umgangen wird, in dem die Parameter der autoregressiven Darstellung betrachtet werden.

5.4.1 Test der Granger-Kausalität in der Johansen-Darstellung

Mosconi und Giannini schlagen eine Testprozedur für den Fall vor, daß die Kointegrationsvektoren nicht identifiziert sind und eine Gleichgewichtsinterpretation angestrebt wird (vgl. Mosconi & Giannini (1990)): Um die Darstellung so einfach wie möglich zu gestalten, beschränken sich Mosconi & Giannini (1990) zunächst auf den Fall $p = 1$. Das System wird so geschrieben, daß $x_{1,t}$ die Dimension $(K_1 \times 1)$ und $x_{2,t}$ die Dimension $(K_2 \times 1)$ besitzt:

$$
\begin{pmatrix} \Delta x_{1,t} \\ \Delta x_{2,t} \end{pmatrix} = \begin{pmatrix} \Pi_{11} & \Pi_{12} \\ \Pi_{21} & \Pi_{22} \end{pmatrix} \begin{pmatrix} x_{1,t-1} \\ x_{2,t-1} \end{pmatrix} + \epsilon_t,
$$

wobei $Rg(\Pi) = r$, $Rg(\Pi_{11}) = r_1$ und $Rg(\Pi_{22}) = r_2$ gilt. Unter der Hypothese, daß die Variablen $x_{1,t}$ nicht Ganger-kausal zu den Variablen $x_{2,t}$ sind, gilt $\Pi_{21} = 0$

$$
\begin{pmatrix} \Delta x_{1,t} \\ \Delta x_{2,t} \end{pmatrix} = \begin{pmatrix} \Pi_{11} & \Pi_{12} \\ 0 & \Pi_{22} \end{pmatrix} \begin{pmatrix} x_{1,t-1} \\ x_{2,t-1} \end{pmatrix} + \epsilon_t.
$$

Für dieses Modell mit der Blockdreiecksstruktur gilt $r = r_1 + r_2 + g$, wobei $g \geq 0$ die Anzahl der linear unabhängigen Zeilen angibt, die nicht von Π_{22} und Π_{11} bestimmt werden. Nun gilt die Rangungleichung (vgl. Mosconi & Giannini (1990), S. 7)

$$
r \geq r_1 + r_2.
$$

Da $g \leq K_1 - r_1$ bzw. $g \leq K_2 - r_2$ gilt, ist $r - r_1 - r_2 \leq K_1 - r_1$ (bzw. $r - r_1 - r_2 \leq K_2 - r_2$) also

$$
r_2 \geq r - K_1 \qquad \text{und} \qquad r_1 \geq r - K_2.
$$

Da für die Granger-Kausalitätshypothese auch die Rangbedingungen erfüllt sein müssen, gibt es keine eindeutige Lösung für die Kointegrationsmatrix. Falls eine Granger-kausale Struktur vorliegt, geben Davidson & Hall (1989) eine Typologie für verschiedene Gleichgewichtssituationen vom bedingten Teilsystem an

$$
\Delta x_{1t} = \Pi_{11} x_{1,t-1} + \Pi_{12} x_{2,t-1} + \epsilon_{1t}.
$$

Im Gleichgewicht sind Δx_{1t} und ϵ_{1t} Null. In der Typologie werden die Kointegrationsbeziehungen als langfristige Ziele betrachtet, die die Handlungsweisen der Wirtschaftssubjekte beschreiben. Die einzelnen Fälle lassen sich mit folgenden Restriktionen charakterisieren (vgl. Mosconi & Gannini (1990)).

- Im <u>stabilen Fall</u> gilt ($Rg(\Pi_{11}) = r_1 = K_1$), wobei die Anzahl aller Kointegrationsvektoren größer als r_1 sein kann ($r \geq r_1 = K_1$). Das bedingte Teilsystem hat ein eindeutiges Gleichgewicht

$$x_1 = -\Pi_{11}^{-1}\Pi_{12}x_2\,.$$

Wenn dieser Fall mit Hilfe von Restriktionen in der Johansen–Darstellung formuliert wird, sind folgende Hypothesen gemeinsam zu testen

(5.31) $\quad C = (C_g,\, UC_r)'$, und $\quad B = (U_\perp B_r,\, B_g)$,

wobei $U = (0,\, I_{K_2})'$ und $U_\perp = (I_{K_1},\, 0)'$ sind. Die Matrizen in (5.31) haben die Dimensionen $C_g\,(K \times K_1)$, $C_r\,(K_2 \times (r - K_1))$, $B_r\,(K_1 \times K_1)$, $B_g\,(K \times (r - K_1))$.

Z.B. können für ein vierdimensionales Modell mit $K_1 = 2$, $K_2 = 2$, $r = 3$, $r_1 = 2$, $r_2 = 1$ die Ladungsmatrix

$$B = (U_\perp B_r,\, B_g) = \left(\begin{array}{cc c} \begin{bmatrix} \star & \star \\ \star & \star \end{bmatrix} & \star \\ & & \star \\ 0 & 0 & \star \\ 0 & 0 & \star \end{array}\right)$$

und Kointegrationsmatrix

$$C = (C_g,\, UC_r)' = \left(\begin{array}{cc cc} \begin{bmatrix} \star & \star \\ \star & \star \end{bmatrix} & \star & \star \\ & & \star & \star \\ 0 & 0 & \star & \star \end{array}\right)$$

lauten, wobei $\star$ ungleich Null bedeutet und die Teilmatrizen, die in eckigen Klammern stehen, den Rang r_1 besitzen. Das Produkt von BC ergibt eine Π-Matrix mit $\Pi_{21} = 0$. Unter der Nullhypothese werden die ersten beiden Spalten von B und die letzte Zeile von C im Vergleich zu unrestingierten Matrizen auf Null gesetzt.

- Im <u>nichtstabilen Fall mit zu wenigen Zielen</u> gilt ($r_1 < K_1$, $r_1 + r_2 = r$). Der Fall wird von Davidson & Hall durch die Bedingungen $Rg(\Pi_{11}) = Rg(\Pi_{11}|\Pi_{12}) < K_1$ bestimmt. Wenn die untere linke Teilmatrix von B Null ist, dann werden die Kointegrationsbeziehungen des bedingten Systems nicht im Randsystem wirksam. Es gibt in diesem Fall r_1 Kointegrationsbeziehungen (Ziele), so daß eine eindeutige Normierung auf die K_1 Variablen nicht möglich ist. Die r_1 Kointegrationsbeziehungen reichen nicht aus, um eine eindeutige Lösung für das bedingte Teilsystem zu erhalten. Das Teilsystem hat in dieser Situation mehrere Gleichgewichtslösungen. Formal kann der Fall durch die Beziehung (5.31) charakterisiert werden, wobei die Matrizen die Dimensionen C_g $(K \times r_1)$, C_r $(K_2 \times r_2)$, B_r $(K_1 \times r_1)$, B_g $(K \times r_2)$ besitzen.

Z.B. kann für ein vierdimensionales Modell mit $K_1 = 2$, $K_2 = 2$, $r = 2$, $r_1 = 1$, $r_2 = 1$ die Ladungsmatrix

$$B = (U_\perp B_r, \, B_g) = \left(\begin{array}{c} \left[\begin{array}{cc} \star & \star \\ \star & \star \end{array} \right] \\ 0 \quad \star \\ 0 \quad \star \end{array} \right)$$

und die Kointegrationsmatrix

$$C = (C_g, \, UC_r)' = \left(\begin{array}{cccc} \star & \star & \star & \star \\ 0 & 0 & \star & \star \end{array} \right)$$

lauten, wobei $\star$ ungleich Null bedeutet und die Teilmatrix, die in eckigen Klammern steht, den Rang K_1 besitzt. Unter der Nullhypothese wird die erste Spalte von B und die zweite Zeile von C restringiert. Die ersten beiden Spalten von C haben, wenn sie als Teilmatrix betrachtet werden, ein Rangdefizit, das die Mehrdeutigkeit von Gleichgewichtslösungen im bedingten Teilsystem verursacht.

Für $p = 1$ erfolgt die Schätzung des Systems unter der Nullhypothese mit einem iterativen Ansatz, wie er im Abschnitt (5.2.1) beschrieben wurde (vgl. Mosconi & Giannini (1990), S. 17ff). Im Fall $p > 1$ wird der Schätzansatz so modifiziert, daß auch über die Γ–Matrizen iteriert wird. Unter der Nullhypothese sind alle unteren linken Teilmatrizen der Γ_i gleich Null. Die linearen Restriktionen werden für die Γ-Matrizen wie folgt formuliert $\text{vec}(\Gamma) = R\rho$, wobei R eine bekannte $(K^2(p-1) \times K_1 K_2(p-1))$-Matrix ist. Beim iterativen Schätzansatz, der für den stabilen Fall illustriert wird, sind folgende Teilschritte durchzuführen:

- Fixiere $C_g^{(i)}$, $B_r^{(i)}$ und $\Gamma^{(i)}$, so daß sich die Regressionsbeziehung

$$\Delta X - \Gamma^{(i)} Z - U_\perp B_r^{(i)} C_g^{(i)} X_{-p} = B_g^{(i)} C_r^{(i)} U X_{-p} + \text{Fehler}$$

ergibt, und berechne $C_r^{(i)}$ und $B_g^{(i)}$ (vgl. die Lösungsverfahren zur Hypothese H_3).

- Fixiere $C_r^{(i)}$, $B_g^{(i)}$ und $\Gamma^{(i)}$, so daß sich

$$\Delta X - \Gamma^{(i)} Z - B_g^{(i)} C_r^{(i)} U X_{-p} = U_\perp B_r^{(i)} C_g^{(i)} X_{-p} + \text{Fehler}$$

ergibt, und berechne $C_g^{(i)}$ und $B_r^{(i)}$ (vgl. die Lösungsverfahren zur Hypothese H_6).

- Die restringierte Matrix $\Gamma^{(i)}$ kann mit einem verallgemeinerten Kleinst–Quadrate–Schätzer ermittelt werden

$$(5.32) \quad \rho^{(i)} = \left(R'(ZZ' \otimes \Sigma_\epsilon^{-1})R \right)^{-1} \left(R'(Z \otimes \Sigma_\epsilon^{-1})\text{vec}((\Delta x + \Pi^{(i)} X_{-p})') \right),$$

wobei

$$\Pi^{(i)} = B^{(i)} C^{(i)}$$
$$\text{vec}(\Gamma^{(i)}) = R\rho^{(i)}$$

ist. Da die Matrix Σ_ϵ unbekannt ist, wird sie durch eine konsistente Schätzung ersetzt.

Als Anfangsbedingung schlagen Mosconi & Giannini $B_g^{(0)} = 0$, $C_r^{(0)} = 0$ und $\Gamma^{(0)} = 0$ vor. Statt der Nullsetzung von $\Gamma^{(0)}$ kann auch eine Schätzung mit (5.32) erfolgen, wobei für $\Pi^{(i)}$ die unrestringierte Schätzung verwendet wird. Der Likelihoodverhältnistest kann wie folgt berechnet werden

$$(5.33) \quad -2\ln \frac{L_{max}(H_{GC})}{L_{max}(H_C(r))} = T(\ln |\hat{\Sigma}_{GC\,\epsilon}| - \ln |\hat{\Sigma}_\epsilon|),$$

wobei $\hat{\Sigma}_{GC\,\epsilon}$ die geschätzte Residuenvarianz unter der Nullhypothese und $\hat{\Sigma}_\epsilon$ die Residuenvarianz aus der unrestringierten Schätzung ist. Für den Fall $p = 1$ konvergiert die Teststatistik in Verteilung gegen eine $\chi^2(Kr - K_1 r_1 - K_2 r_2)$–Verteilung. Falls $p > 1$ gilt, kann beim Likelihoodverhältnistest eine χ^2–Verteilung mit $(Kr - K_1 r_1 - K_2 r_2 + K_1 K_2(p-1))$ Freiheitsgraden abgeleitet werden. Wenn für kointegrierte Variablen eine Überprüfung von Granger-Kausalität und der Gleichgewichtslösung vorgenommen wird, ergeben sich nichtgenestete Hypothesen. Mosconi & Gianinini (1990) schlagen in dem Fall den Vergleich der Modelle mittels Ordnungskriterien vor. Sie wählen das Modell aus, das die Zielfunktion minimiert.

5.4.2 Lineare Restriktionen in der autoregressiven Darstellung

In der autoregressiven Darstellung können verschiedene lineare Hypothesen auf die Parameter mit Hilfe eines Wald-Tests überprüft werden. In der Darstellung werden lineare Hypothesen der Form

$$(5.34) \quad H_0 : R^w \pi = r^w \quad \text{gegen} \quad H_1 : R^w \pi \neq r^w$$

getestet, wobei $\pi = \text{vec}(\Pi_1, \ldots, \Pi_p)$ ist (vgl. Lütkepohl (1991), Kapitel 11). R^w ist eine bekannte $(N \times pK^2)$–Matrix mit dem Rang N und r^w ist ein bekannter $(N \times 1)$–Vektor. Wenn $\hat{\pi}$ ein Schätzer für π ist, der eine asymptotische Normalverteilung hat (vgl. Abschnitt 3.5.1)

$$\sqrt{T}(\hat{\pi} - \pi) \xrightarrow{d} N(0, \Sigma_{\Pi}^{co}),$$

dann hat die Waldstatistik

(5.35) $\lambda_w = T(R^w\hat{\pi} - r^w)'(R^w\hat{\Sigma}^{co}_{\hat{\Pi}}R^{w\prime})^{-1}(R^w\hat{\pi} - r^w)$

eine asymptotische χ^2 - Verteilung mit N Freiheitsgraden, vorausgesetzt, daß

(5.36) $\text{Rang}(R^w\hat{\Sigma}^{co}_{\hat{\Pi}}R^{w\prime}) = \text{Rang}(R^w\Sigma^{co}_{\hat{\Pi}}R^{w\prime}) = N$

gilt. Im Kointegrationsfall ist $\Sigma^{co}_{\hat{\Pi}}$ singulär, falls $r < K$ gilt, so daß $\text{Rang}(R^w\Sigma^{co}_{\hat{\Pi}}R^{w\prime}) < N$ sein kann. Es besteht die Möglichkeit, die Inverse in (5.35) durch eine generalisierte Inverse zu ersetzen. Die Teststatistik hat dann eine asymptotische χ^2-Verteilung mit $\text{Rang}(R^w\Sigma^{co}_{\hat{\Pi}}R^{w\prime})$ Freiheitsgraden, wenn $\text{Rang}(R^w\hat{\Sigma}^{co}_{\hat{\Pi}}R^{w\prime}) = \text{Rang}(R^w\Sigma^{co}_{\hat{\Pi}}R^{w\prime})$ gilt. Wenn die unrestringierte KQ-Schätzung in der Analyse verwendet wird, dann besitzt $(R^w\hat{\Sigma}^{co}_{\hat{\Pi}}R^{w\prime})$ den Rang N mit Wahrscheinlichkeit 1, während der $\text{Rang}(R^w\Sigma^{co}_{\hat{\Pi}}R^{w\prime}) < N$ sein kann. Die Verteilung von λ_w ist dann nicht bekannt.

Mit Hilfe des Wald–Tests (5.35) können Granger–kausale Strukturen für Variablen in x_t überprüft werden. Die Komponenten $x_{1,t}$ sind nicht Granger–kausal zu $x_{2,t}$, wenn $\Pi_{21,i} = \cdots = \Pi_{21,p} = 0$ gilt. Bei diesem Test muß keine Identifikation der Kointegrationsmatrix vorgenommen werden. Mit den linearen Restriktionen kann somit keine Granger–Kausalität–Hypothese von einzelnen Kointegrationsbeziehungen zu den Variablen in x_t formuliert werden. Weiterhin wird mit diesem Test die Rangbedingung $\text{Rang}(\Pi_{11}) = r_1 = K_1$ nicht überprüft, so daß keine Existenz von Gleichgewichten für ein bedingtes Teilsystem wie in Abschnitt 5.4.1 getestet wird.

5.5 Subsetanalyse in kointegrierten Systemen

Bei der Darstellung der bisherigen Testverfahren wird eine bekannte Restriktionsmatrix vorausgesetzt. Nullrestriktionen können auch mittels statistischer Prozeduren bestimmt werden, wobei die Restriktionsmatrix mit Hilfe von Suchverfahren bestimmt wird. Diese Verfahren sind unter dem Stichwort Subsetverfahren bekannt geworden (vgl. Lütkepohl (1991), Kapitel 5.2.8). Diese Vorgehensweise kann auf verschiedene Darstellungsformen von kointegrierten Systemen angewendet werden. Die Analyse ist zum einen in der autoregressiven Darstellung und zum anderen in der Johansen–Darstellung mit bekannten Kointegrationsvektoren möglich. Die Setzung von Nullrestriktionen hat verschiedene Implikationen. Es gelte zum Beispiel folgendes dreidimensionale Modell:

(5.37) $\Delta x_t = \Gamma_1 \Delta x_{t-1} - BC x_{t-2} + \epsilon_t,$

mit

$$\Gamma_1 = \begin{pmatrix} 0 & 0 & 0 \\ * & * & * \\ 0 & * & * \end{pmatrix}, B = \begin{pmatrix} 0 & 0 \\ 0 & * \\ * & * \end{pmatrix} \text{ und } C' = \begin{pmatrix} * & * \\ * & * \\ * & * \end{pmatrix},$$

worin $* \neq 0$ bedeutet. Die autoregressive Parametrisierung enthält dann folgende Nullrestriktionen:

$$A_1 = (I + \Gamma_1) = \begin{pmatrix} 1 & 0 & 0 \\ * & (1+*) & * \\ 0 & * & (1+*) \end{pmatrix}$$

sowie

$$A_2 = -(\Gamma_1 + BC) = - \left(\begin{pmatrix} 0 & 0 & 0 \\ * & * & * \\ 0 \cdot & * & * \end{pmatrix} + \begin{pmatrix} * & * & * \\ 0 & 0 & 0 \\ * & * & * \end{pmatrix} \right) = - \begin{pmatrix} * & * & * \\ * & * & * \\ * & * & * \end{pmatrix},$$

falls nicht $\Gamma_{1,ij} = -(BC)_{ij}$ gilt. Es wird deutlich, daß die ursprünglichen Nullrestriktionen nicht in der autoregressiven Form auffindbar sind.

Weiterhin reduzieren die Nullrestriktionen auf Γ_i nicht die Lagordnung, sondern implizieren bestimmte Gleichheitsrestriktionen, denn es gilt $\Gamma_{i+1} = \Gamma_i + A_{i+1}$. Falls $\Gamma_{i+1} = 0$ ist, bedeutet dies nicht, daß die A_{i+1}-Matrix eine Nullmatrix ist, sondern $A_{i+1} = -\Gamma_i$. Wird eine Spalte von B auf Null gesetzt, reduziert sich der Rang der Matrix B. Da der Rang der Matrix B gleich dem Kointegrationsrang ist, kann damit der Kointegrationsrang beeinflußt werden. Falls die gesamte B-Matrix auf Null gesetzt wird, impliziert dies, daß das Modell stationär in ersten Differenzen ist.

Auf der anderen Seite können Nullrestriktionen in der autoregressiven Parametrisierung so auftreten, daß eine Granger-kausale Interpretation des Systems möglich ist. Die Nullrestriktionen in der AR-Form haben Gleichheitsrestriktionen für Γ_i - Matrizen zur Folge, so daß aus Nullrestriktionen in den Γ_i - Matrizen nicht notwendigerweise eine kausale Struktur folgt.

5.5.1 Subsetverfahren

In der Literatur sind verschiedene Verfahren vorgeschlagen worden, die sich in der Reihenfolge der Überprüfung möglicher Nullrestriktionen unterscheiden (vgl. Lütkepohl (1991), Kapitel 5.2.8). Zunächst werden die Verfahren für die Johansen-Darstellung beschrieben. Anschließend werden die Modifikationen für die autoregressive Darstellung genannt. In einer Suchprozedur wird das Minimum eines Ordnungskriteriums bestimmt, indem Nullrestriktionen auf $\Gamma_1, \ldots, \Gamma_{p-1}$ und B überprüft werden. Da eine globale Suche über alle möglichen Nullrestriktionen rechentechnisch sehr aufwendig ist, wird mit einer bestimmten Strategie die Reihenfolge der Überprüfung von Nullrestriktionen festlegt. Der rechentechnische Aufwand reduziert sich weiterhin erheblich, wenn Subsetverfahren benutzt werden, die die Suche der Nullrestriktionen sukzessive für die K Gleichungen vornehmen. Sie vernachlässigen die Effekte möglicher Korrelationen zwischen den Gleichungen. Zwei alternative Subsetstrategien sind das Top-down- und das Bottom–up–Verfahren, die die Zielfunktion jeder Gleichung minimieren (vgl. Lütkepohl (1991), Kapitel 5.2.8).

Bei dem Top–down–Verfahren wird die vollständige k-te Gleichung eines Modells für $k = 1, \ldots, K$ mit r Kointegrationsbeziehungen betrachtet

$$
\begin{aligned}
\Delta x_{k,t} = \; & \nu_k + \Gamma_{k1,1}\Delta x_{1,t-1} + \ldots + \Gamma_{kK,1}\Delta x_{K,t-1} \\
& + \ldots + \Gamma_{kK,p-1}\Delta x_{1,t-p+1} + \ldots \Gamma_{kK,p-1}\Delta x_{K,t-p+1} \\
& + B_{k1}(Cx_{t-p})_{k1} + \ldots + B_{kr}(Cx_{t-p})_{kr} + \epsilon_{k,t} \, .
\end{aligned}
$$

(5.38)

In diesem Verfahren wird am Anfang der Kriteriumswert dieser unrestringierten Form mittels der Kleinst-Quadrate–Methode berechnet. Dann wird der letzte Koeffizient der Gleichung B_{kr} auf Null gesetzt und ein neuer Kriteriumswert ermittelt. Ist dieser neue Wert kleiner als der bisherige oder gleich dem bisherigen, dann wird die Nullrestriktion angenommen, und der neue Kriteriumswert im weiteren Testverfahren verwendet. Ansonsten wird die Restriktion abgelehnt und in der Prozedur mit dem alten Kriteriumswert weitergearbeitet. Anschließend wird der nächste Koeffizient $B_{k,r-1}$ überprüft bis die Konstante erreicht ist und somit eine Restriktionsmatrix R_k erstellt wird. Danach werden die Koeffizienten der nächsten Gleichung überprüft, um eine ähnliche Restriktionsmatrix zu ermitteln, bei der die Zielfunktion minimiert worden ist. Die Restriktionsmatrizen $R_1, \ldots, R_K$ werden zu der gesamten Restriktionsmatrix R zusammengefaßt. Die Schätzung des Systems erfolgt mit Hilfe des verallgemeinerten Kleinst-Quadrate–Ansatzes.

Das Bottom–up–Verfahren wurde von Hsiao (1979) als ein Kausalitätstestverfahren vorgeschlagen. Beim Bottom–up–Suchverfahren wird auch die Zielfunktion für jeweils eine Gleichung minimiert. Anders als beim Top–down–Verfahren, das alle Variablen mit allen Verzögerungen in der Ausgangsschätzung berücksichtigt, wird hier die Anzahl der Variablen und deren Verzögerungen schrittweise erhöht. Da bei dieser Strategie variablenweise vorgegangen wird, verlangt dieser Ansatz eine besondere Entscheidung, wann mögliche Nullrestriktionen für die Kointegrationsbeziehungen Cx_{t-p} getestet werden sollen. Die eingehenden Kointegrationsbeziehungen werden als eigenständige Variablen betrachtet, deren Koeffizienten in diesem Verfahren zum Schluß überprüft werden.

Beim Bottom–up–Verfahren wird zunächst eine Kleinst-Quadrate–Schätzung der k - ten Gleichung nur mit dem Absolutglied durchgeführt, um einen Ausgangswert für die Zielfunktion zu erhalten. Im nächsten Schritt wird die erste Verzögerung der ersten Variable in die Schätzgleichung aufgenommen und getestet, ob sich der Zielfunktionswert mit der neuen Variable verbessert. Wenn dies der Fall ist, dann wird der kleinere Wert der neue Vergleichswert. Jetzt wird der Koeffizient der nächsten Verzögerung der ersten Variable geprüft. Diese Schritte werden so lange fortgesetzt, bis die $p - 1$ Verzögerungen der Variablen getestet worden sind.

Anschließend werden die Koeffizienten von der zweiten bis zur K - ten Variable schrittweise überprüft. Zum Schluß werden die B Koeffizienten der Kointegrationsbeziehungen in der Reihenfolge von 1 bis r getestet. Bei diesem Verfahren kann es vorkommen, daß Verzögerungen der ersten Variablen in dem Modell mit aufgenommen worden sind, obwohl sie, falls alle Variablen berücksichtigt werden, nicht mehr signifikant sind. Damit diese Fälle seltener auftreten, wird auf das bisher spezifizierte Modell die Top–down–Strategie angewendet, um eine Restriktionsmatrix R_k zu bestimmen. Diese Suchschritte werden auf alle K Gleichungen angewendet, um aus den Restriktionsmatrizen eine Restriktionsmatrix zusammenzustellen, mit der das Modell mit Hilfe der verallgemeinerten Kleinst–Quadrat–Methode geschätzt wird.

Als Zielfunktionen werden die Ordnungskriterien von Hannan und Quinn (HQ) (vgl. Lütkepohl (1991), Kapitel 5.2.8):

$$HQ(j) = \ln \hat{\sigma}_j^2 + \frac{2m \ln(\ln(T))}{T},$$

von Schwarz (SC):

$$SC(j) = \ln \hat{\sigma}_j^2 + \frac{m \ln(T)}{T},$$

und von Akaike (AIC):

$$AIC(j) = \ln \hat{\sigma}_j^2 + \frac{2m}{T}$$

benutzt, wobei m die Anzahl der Parameter in einer Schätzgleichung und $\hat{\sigma}^2$ die durch T geteilte, quadrierte Residuensumme bezeichnet. Dies gilt für $j = (K(p-1) + r + 1), \ldots, 1$.

In den Suchstrategien wird der ML–Schätzer für eine vorgegebene Lagordnung und einen Kointegrationsrang r als konsistenter Varianzschätzer verwendet, falls eine GLS–Schätzung angestrebt wird. Ein konsistenter Varianzschätzer wäre auch die Residuenvarianz, die sich ergibt, wenn eine Nullrestriktion angenommen wird. Da die Suchstrategien gleichungsweise vorgehen, würde dies den Rechenaufwand merklich erhöhen, so daß eine derartige Varianzschätzung nicht vorgenommen wird.

Bei der Subsetanalyse in der autoregressiven Darstellung können die Verfahren wie im stationären Fall angewendet werden (vgl. Lütkepohl (1991), Kapitel 5.2.8). In bezug auf die obigen Ausführungen zur Johansen–Darstellung werden für die Analyse in der autoregressiven Darstellung die entsprechenden Gleichungen benutzt. In der autoregressiven Darstellung sind die Kointegrationsbeziehungen keine eigenständigen Variablen mehr. Bei dem Top–down–Verfahren wird folgende vollständige k-te Gleichung eines Modells für $k = 1, \ldots, K$ betrachtet

$$(5.39) \quad \begin{aligned} x_{k,t} &= \nu_k + \Pi_{k1,1} x_{1,t-1} + \ldots + \Pi_{kK,1} x_{K,t-1} \\ &+ \ldots + \Pi_{kK,p} x_{1,t-p} + \ldots \Pi_{kK,p} x_{K,t-p} + \epsilon_{k,t}. \end{aligned}$$

Bei der Bottom–up–Strategie wird in der Testgleichung sukzessive eine Variable von x_1 bis x_K hinzugenommen. Die Vorgehensweise der Verfahren ändert sich in den anderen Punkten nicht.

143

5.5.2 Simulationsanalyse zu linearen Restriktionen in kointegrierten Systemen

5.5.2.1 Simulationsaufbau zur Subsetanalyse

Tabelle 5.1: Simulationskoeffizienten in der Johansen Darstellung

ν	Γ			B		C'		Σ_ϵ		
0.0	-0.1	0.0	0.0	0.4	0.0	1.0	1.0	0.0025	0.0	0.0
0.0	0.4	0.0	0.0	0.0	0.4	-0.5	0.5	0.0	0.0009	0.0
0.2	0.0	0.3	0.15	0.2	-0.2	0.5	-1.5	0.0	0.0	0.0004

Für das Grundmodell der Simulationsstudie

$$(5.40) \quad \Delta x_t = \nu + \Gamma \Delta x_{t-1} - BC x_{t-2} + \epsilon_t$$

sind die Koeffizientenmatrizen in Tabelle 5.1 aufgeführt. Es werden auch in der Ladungsmatrix B Nullkoeffizienten gesetzt, um herauszufinden, ob diese von den Subsetverfahren entdeckt werden. Für das Modell werden relativ kleine Varianzen gewählt, da in vielen empirischen Arbeiten die Zeitreihen logarithmiert werden und dann sehr kleine Varianzen geschätzt werden.

Das Grundmodell (5.40) wird in die autoregressive Form umgeschrieben, wobei vor den Kointegrationsvektor jeweils ein Skalar aufgenommen wird, um die Stärke der Kointegrationsvektoren zu variieren, d.h. $B \begin{pmatrix} d1 & 0 \\ 0 & d2 \end{pmatrix} C = \Pi$. Der Koeffizient $d2$ wird verkleinert, so daß sich die in der Tabelle 5.2 aufgeführten Modelle in der autoregressiven Darstellung ergeben. Die Wurzeln des autoregressiven Polynoms werden ebenfalls aufgeführt. Betrachtet man ein Modell, das stationär in ersten Differenzen ist, dann sind drei Wurzeln gleich Eins. Die Kointegrationsvektoren ziehen quasi Wurzeln vom Einheitskreis weg, so daß in der Entfernung einer Wurzel zum Einheitskreis ein Hinweis auf die Stärke einer Kointegrationsbeziehung gesehen werden kann. Es wird deutlich, wie sich die zweitgrößte Wurzel mit kleinerem $d2$ der Eins nähert.

Mit diesen Modellen werden mit pseudo–normalverteilten Zufallszahlen, die den Erwartungswert Null und die angegebene Varianz besitzen, Zeitreihen simuliert. In der Simulation werden 50 Vorstichprobenwerte gezogen, und als Anfangsbedingung wird x_{-51}, $x_{-50} = 0$ gesetzt. Weiterhin werden zwei zusätzliche Vorstichprobenwerte für die Schätzung der Modelle benötigt.

Die Zeitreihen werden für die Stichprobenumfänge $T = 50, 100, 200$ simuliert, wobei sich die Stichproben überlappen. Sie sind nicht unabhängig. 25 Nachstichprobenwerte werden ermittelt, die zur Berechnung der Prognosefehler gebraucht werden. Für die Zeitreihen werden VAR-Modelle mit der Lagordnung $p = 2$ geschätzt. Die Modelle werden mit der ML-Methode von Johansen für die Kointegrationsränge von $r = 3, 2, 1, 0$ geschätzt, um anschließend mit ihnen

Tabelle 5.2: Simulationskoeffizienten in der autoregressive Darstellung

Modell		A_1			A_2			Π		
	d1=1.0	0.9	0.0	0.00	-0.30	0.20	-0.20	0.40	-0.20	0.20
1	d2=1.0	0.4	1.0	0.00	-0.80	-0.20	0.60	0.40	-0.20	-0.60
		0.0	0.3	0.85	0.0	-0.10	-0.25	0.00	-0.20	0.40
	Eigenwerte	1.0	$0.617 \pm 0.362i$		$0.013 \pm 0.595i$		0.491			
	d1=1.0	0.9	0.0	0.00	-0.30	0.20	-0.20	0.40	-0.20	0.20
2	d2=0.5	0.4	1.0	0.00	-0.60	-0.10	0.30	0.20	0.10	-0.30
		0.0	0.3	0.85	-0.10	-0.15	-0.10	0.10	-0.15	0.25
	Eigenwerte	1.0	0.755	$0.506 \pm 0.264i$		$-0.019 \pm 0.280i$				
	d1=1.0	0.9	0.0	0.00	-0.30	0.20	-0.20	0.40	-0.20	0.20
3	d2=0.2	0.4	1.0	0.00	-0.48	-0.04	0.12	0.08	0.04	-0.12
		0.0	0.3	0.85	-0.16	-0.18	-0.01	0.16	-0.12	0.16
	Eigenwerte	1.0	0.919	$0.432 \pm 0.286i$		$-0.016 \pm 0.333i$				
	d1=1.0	0.9	0.0	0.00	-0.30	0.20	-0.20	0.30	-0.20	0.20
4	d2=0.0	0.4	1.0	0.00	-0.40	-0.0	0.0	0.0	0.0	0.0
		0.0	0.3	0.85	-0.20	-0.20	0.05	0.20	-0.10	0.10
	Eigenwerte	1.0	1.0	$0.399 \pm 0.312i$		$-0.024 \pm 0.215i$				

in der autoregressiven Darstellung zu prognostizieren. 1000 Replikationen werden von einem Simulationsexperiment durchgeführt. Für die verschiedenen Experimente werden die gleichen Zufallszahlensätze verwendet, um die Effekte der Koeffizientenvariationen auf die Prognosefehler zu erhalten. Die Simulation ist mit dem Programmpaket GAUSS programmiert worden.

Als Gütemaß wird die normierte mittlere Prognosefehlervarianz zum Prognosehorizont h genommen, wobei h von 1 bis 25 vorgegeben worden ist. Die Prognosefehler werden aus der Abweichung zwischen den tatsächlichen Werten x_{t+h} und den prognostizierten Werten zum Prognosehorizont h $\hat{x}_{t+h|t}$ berechnet.

$$\hat{x}_{t+h|t} - x_{t+h} = e_h$$

Die normierten Prognosefehlervarianzen (PF) für eine Simulation mit N Durchläufen können wie folgt berechnet werden:

$$(5.41) \quad PF_j = \frac{1}{N} \sum_{n=1}^{N} \frac{1}{K} \sum_{i=1}^{K} \frac{\mathrm{Var}(e_{ji})_n}{\mathrm{MSE}_{ji}} \quad \text{für} \quad j = 1, \dots, h,$$

worin $\mathrm{Var}(e_{ji})$ das Quadrat des Prognosefehlers der i–ten Variablen zum Prognosehorizont j ist. Die theoretischen Prognosefehler zum Prognosehorizont j (MSE_j) lassen sich mit Hilfe der autoregressiven Darstellung ermitteln:

(5.42) $\text{MSE}_j = \sum_{i=0}^{j-1} \Phi_i \Sigma_\epsilon (\Phi_i)' = \text{MSE}_{j-1} + \Phi_{j-1} \Sigma_\epsilon (\Phi_{j-1})'$,

worin sich die Φ_i mit Hilfe der Rekursion

$$\Phi_i = \sum_{j=1}^{i} \Phi_{i-j} A_i$$

berechnen lassen und $\Phi_0 = I_K$ gilt. Durch die Normierung werden die Prognosefehler der Variablen mit ihren vorgegebenen Varianzen gewichtet.

5.5.2.2 Simulationsergebnisse zur Subsetanalyse

Da die Tendenz der Ergebnisse für alle Modelle identisch ist, werden nur die Simulationsergebnisse für das Modell 1 ausführlich dargestellt. Die Ergebnisse der anderen Modelle werden für $T = 100$ am Ende dieses Abschnitts zusammengestellt. In der Tabelle 5.3 und in den Abbildungen 5.1, 5.2 und 5.3 sind die normierten mittleren quadratischen Prognosefehler für verschiedene Kointegrationsränge bei einer Lagordnung von $p = 2$ aufgeführt. Bei einem Stichprobenumfang von $T = 50$ erzielt die Spezifikation mit dem wahren Kointegrationsrang durchgängig die besten Prognosen. Die Spezifikationen mit zu kleinem Kointegrationsrang erreichen bei den kurzfristigen Prognosen höhere Fehler. In der Abbildung 5.1 sind die normierten Prognosefehler (auf der Ordinate abgetragen) für alle Prognosehorizonte (auf der Abzisse abgetragen) der jeweiligen Kointegrationsränge dargestellt. Die mit b1, b2 und b3 beschrifteten Graphen zeigen die Prognosefehlervarianzen der ML-Schätzungen, während die mit r1, r2 und r3 beschrifteten Graphen die der restringierten Schätzungen mit dem HQ-Top-down-Verfahren bezeichnen.

Wird der Stichprobenumfang auf $T = 100$ erhöht, reduzieren sich die Prognosefehler aller Spezifikationen (siehe Tabelle 5.3). Die Ergebnisse sind in der Abbildung 5.2 geplottet, wobei der gleiche Maßstab wie in Abbildung 5.1 gewählt wurde, um den Prognosefehlergewinn des größeren Stichprobenumfanges zu veranschaulichen. Insbesondere bei einem kurzen Prognosehorizont ist die Spezifikation mit dem wahren Kointegrationsrang den Spezifikationen mit zu geringen Kointegrationsrängen überlegen. Die stationäre Spezifikation erzielt mit zunehmendem Prognosehorizont größere Prognosefehler.

Bei einem Stichprobenumfang von $T = 200$ wird der theoretische Prognosefehler von der wahren Spezifikation um höchstens 10% übertroffen. In allen Fällen werden mit einer Überdifferenzierung die höchsten Prognosefehler erreicht (siehe auch Abbildung 5.3). Durch die drei Graphiken wird das Sinken der Prognosefehler bei zunehmendem Stichprobenumfang deutlich. Die Reihenfolge der Prognoseleistungen der Kointegrationsrangspezifikationen bleibt erhalten. Für $T = 200$ erzielt die unrestringierte Spezifikation $r = 3$, wobei die Einheitswurzeln implizit geschätzt werden, nicht so gute Ergebnisse wie die Spezifikation mit expliziter Schätzung der

Tabelle 5.3: ML-Ansatz, Prognosevergleich für p = 2 mit verschiedenen Kointegrationsrängen und verschiedenen Stichprobenumfängen. Spur des normierten mittleren quadratischen Prognosefehlers bei 1000 Replikationen (Modell 1)

r^*	T = 50				T = 100				T = 200			
h^{**}	0	1	2	3	0	1	2	3	0	1	2	3
1	1.713	1.313	1.198	1.219	1.665	1.233	1.098	1.110	1.608	1.166	**1.020**	1.025
2	2.422	1.571	**1.234**	1.274	2.343	1.485	1.164	1.184	2.212	1.350	**1.030**	1.038
3	3.212	1.904	**1.325**	1.375	3.029	1.692	1.200	1.219	2.909	1.565	1.080	1.095
4	3.225	2.004	**1.311**	1.380	3.008	1.721	1.157	1.196	2.932	1.630	**1.055**	1.074
5	3.245	2.038	1.329	1.445	2.959	1.725	1.170	1.225	2.908	1.674	1.076	1.100
6	3.082	1.907	**1.266**	1.415	2.752	1.603	1.154	1.221	2.761	1.591	1.068	1.098
7	2.898	1.838	1.275	1.463	2.466	1.468	1.139	1.224	2.527	1.480	1.076	1.115
8	2.695	1.759	1.294	1.528	2.220	1.362	1.118	1.231	2.308	1.381	**1.064**	1.108
9	2.513	1.690	1.307	1.594	2.050	1.316	1.134	1.254	2.130	1.342	**1.067**	1.119
10	2.387	1.627	**1.283**	1.627	1.987	1.329	1.175	1.317	1.998	1.307	1.078	1.134
15	2.290	1.619	1.320	2.011	1.917	1.344	1.186	1.478	1.756	1.281	1.097	1.212
20	2.357	1.714	1.445	2.573	1.865	1.334	1.189	1.668	1.607	1.185	1.050	1.232
25	2.473	1.793	**1.507**	3.232	1.854	1.351	1.177	1.866	1.598	1.223	1.074	1.333

r^*: Kointegrationsrang, h^{**}: Prognosehorizont von 1 bis 10, 15, 20, 25.
Fettgedruckte Werte zeigen Minimum im Vergleich der Schätzansätze an.

Einheitswurzeln. Für $r = 0$ steigt der Prognosefehler stark an. Es wird somit in diesem Beispiel die Wichtigkeit der richtigen Wahl des Kointegrationsranges deutlich.

Die durchschnittlichen Koeffizientenschätzungen in diesem Experiment sind für $T = 100$ und der Lagordnung $p = 2$ in der Tabelle 5.4 zusammengestellt worden. In Klammern wird die Wurzel aus der Varianz (SAb) dieser Schätzungen aufgeführt $\left(SAb = \sqrt{(1/(N-1)\sum(b-\bar{b})^2} \right)$, wobei b der geschätzte Koeffizient, N die Anzahl der Simulationsdurchläufe und $\bar{b}$ der Mittelwert des geschätzten Koeffizienten ist. Für die wahre Spezifikation erkennt man eine große Übereinstimmung von Γ_1 und ν mit den vorgegebenen Koeffizienten. Besonders die größeren Koeffizienten werden relativ präzise geschätzt. Die Schätzung von B zeigt eine Umkehrung der Reihenfolge der Ladungsvektoren und eine Umkehrung der Vorzeichen im ersten Ladungsvektor, das von der speziellen Modellwahl abhängt. Bei einem Kointegrationsrang von $r = 3$ sind die Koeffizienten des dritten Ladungsvektors relativ klein. Außerdem ist bei der Interpretation der Ergebnisse für B zu beachten, daß die Kointegrationsvektoren nicht identifiziert sind. Die Γ_1 - Koeffizienten ändern sich kaum, während die Koeffizienten der Absolutglieder zunehmen und stärker schwanken. Sie scheinen Effekte der fehlenden Nichtstationarität aufzunehmen.

Die Verringerung des Kointegrationsranges auf $r = 1$ erhöht die Koeffizienten $\Gamma_{1,11}$ und $\Gamma_{1,13}$. Die Absolutglieder bleiben fast unverändert. Für $r = 0$ ändern sich fast alle Γ_1-Koeffizienten. Die Absolutglieder, die einen deterministischen Trend zur Folge haben, bleiben relativ groß.

Die Ergebnisse der bedingten Top–down–Subsetanalyse mit dem AIC–Kriterium für die Lag-

Tabelle 5.4: ML–Ansatz, Koeffizientenschätzung für T = 100 mit der Lagordnung $p = 2$ und verschiedenen Kointegrationsrängen. Modell 1.

r^*	ν	Γ			B		
	0.067	0.083	-0.045	0.153			
	(.065)	(.142)	(.139)	(.313)			
0	0.403	0.699	-0.033	-0.651			
	(.040)	(.082)	(.074)	(.183)			
	0.036	-0.052	0.288	0.238			
	(.026)	(.059)	(.054)	(.120)			
	-0.371	-0.268	-0.009	0.820	-0.013		
	(.176)	(.175)	(.122)	(.420)	(.019)		
1	0.045	0.426	-0.014	-0.091	-0.010		
	(.132)	(.105)	(.067)	(.292)	(.014)		
	0.008	-0.081	0.292	0.269	-0.002		
	(.084)	(.080)	(.053)	(.182)	(.004)		
	0.002	-0.122	0.007	-0.011	-0.013	0.014	
	(.175)	(.161)	(.110)	(.418)	(.019)	(.015)	
2	0.002	0.404	-0.017	-0.005	-0.010	-0.001	
	(.104)	(.094)	(.067)	(.243)	(.014)	(.004)	
	0.222	0.009	0.299	-0.202	-0.002	0.008	
	(.068)	(.065)	(.045)	(.165)	(.004)	(.007)	
	-0.005	-0.129	0.011	0.003	-0.013	0.014	-0.000
	(.175)	(.160)	(.110)	(.417)	(.019)	(.015)	(.002)
3	0.009	0.411	-0.021	-0.020	-0.010	-0.001	0.000
	(.104)	(.095)	(.068)	(.243)	(.014)	(.004)	(.002)
	0.222	0.009	0.299	-0.203	-0.002	0.008	0.000
	(.068)	(.064)	(.045)	(.164)	(.004)	(.007)	(.000)

r^*: Kointegrationsrang,
berechnete Standardabweichungen in Klammern.

ordnung $p = 2$ sind in der Tabelle 5.5 aufgeführt. Für den Stichprobenumfang von $T = 50$ ergibt sich im Vergleich zu den Resultaten der unrestringierten Schätzungen (siehe Tabelle 5.3 die ersten drei Spalten) für $r = 2$ kaum eine Reduzierung der Prognosefehler. Für $r = 3$ wird eine Verringerung der Prognosefehler erreicht. Der Gewinn ist am größten bei den langfristigen Prognosen und beträgt bei $h = 25$ 37.2%. Für $r = 1$ wird bis $h = 10$ kaum eine Senkung der Prognosefehler erreicht. Bei langfristigen Prognosen steigen die normierten Prognosefehler.

Wird der Stichprobenumfang auf $T = 100$ erhöht, sinkt die Differenz zwischen den Spezifikationen von $r = 3$ und $r = 2$. Der Prognosefehlergewinn ist bei einer zu großen Wahl des Kointegrationsranges für die langfristigen Prognosen besonders ausgeprägt und erreicht 30.5%. Für $r = 1$ ändern sich die Prognosefehler im Vergleich zu den unrestringierten Schätzungen kaum. Für $T = 200$ gibt es bis auf den Ein–Schritt–Prognosefehler fast keinen Unterschied zwischen $r = 2$ und $r = 3$.

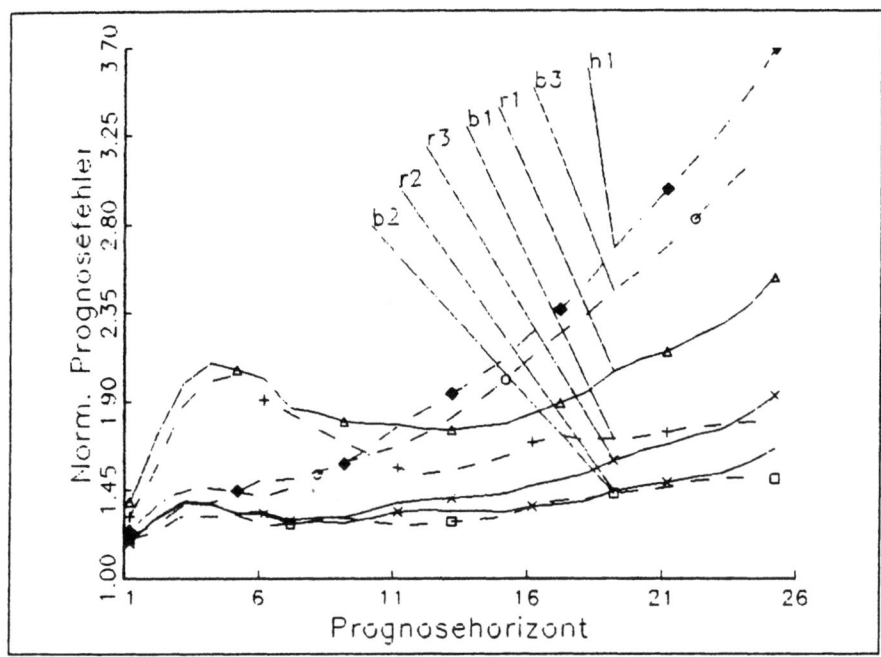

Abbildung 5.1: Normierter Prognosefehler von Modell 1 mit $p = 2$ für T = 50
b1, b2, b3: Graph der ML–Schätzung mit dem Kointegrationsrang 1, 2, 3
r1, r2, r3: Graph der Subsetanalyse mit dem Kointegrationsrang 1, 2, 3
h1: Graph der Subsetanalyse in der AR–Darstellung.

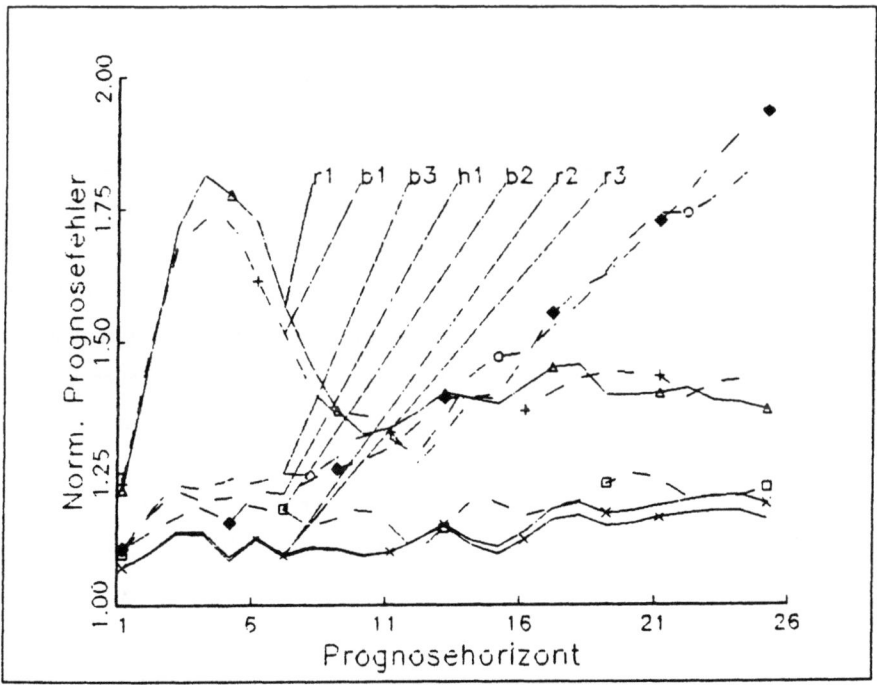

Abbildung 5.2: Normierter Prognosefehler von Modell 1 für T = 100
Beschriftung siehe Abbildung 5.1.

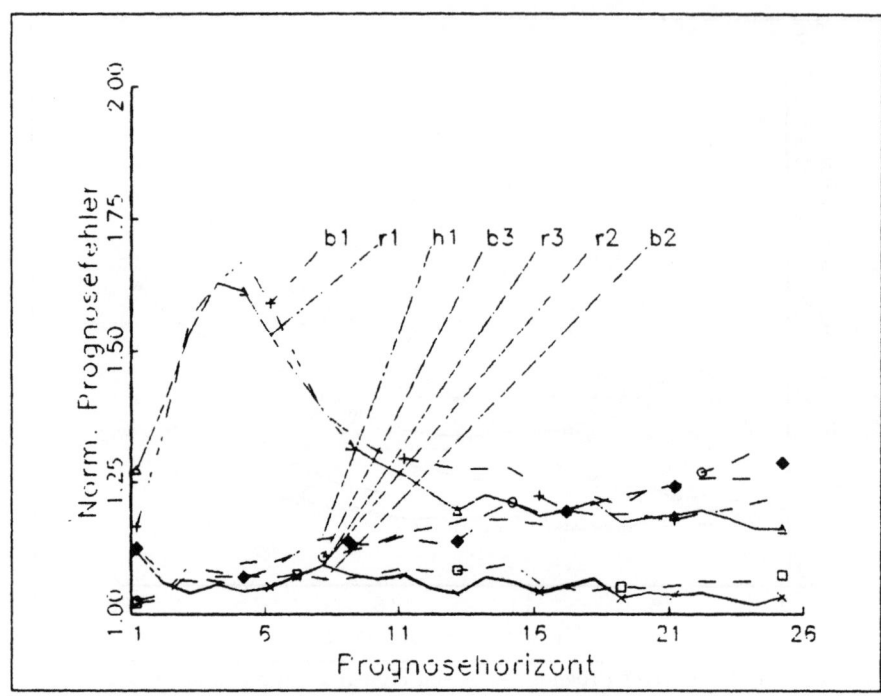

Abbildung 5.3: Normierter Prognosefehler von Modell 1 für T = 200
Beschriftung siehe Abbildung 5.1.

Die Resultate der bedingten Top–down–Subsetanalyse mit dem HQ–Kriterium für die Lagordnung $p = 2$ sind im zweiten Teil der Tabelle 5.5 zusammengestellt. Im Vergleich zu den Schätzungen mit dem AIC–Kriterium werden ähnliche Ergebnisse erzielt. Für einen Stichprobenumfang von $T = 200$ werden die Prognosefehler etwas kleiner und erreichen fast die theoretischen Prognosefehler bei einem längeren Prognosehorizont. Die Prognosefehler der bedingten Top–down–Subsetanalyse mit dem HQ–Kriterium sind in den Abbildungen 5.1 ($T = 50$), 5.2 ($T = 100$) und 5.3 ($T = 200$) eingezeichnet. Es wird noch einmal veranschaulicht, daß dieses Schätzverfahren bei $T = 50$ und $T = 100$ mit $r = 1$ (Graph r1) deutlich schlechter als die unrestringierte Schätzung mit $r = 1$ (Graph b1) ist. In den Situationen mit $r = 2$ (Graph r2) erkennt man, daß kaum ein Gewinn erreicht wird. Für $r = 3$ (Graph r3) werden bei allen Stichprobenumfängen Verbesserungen erzielt. Auf die Darstellung der Ergebnisse mit dem SC–Kriterium wird verzichtet.

Die Koeffizientenschätzungen, die mit dem HQ–Top–down–Verfahen erzielt werden, werden in der Tabelle 5.6 aufgeführt. Außerdem sind noch die Schätzungen für die Π–Matrix dargestellt worden. Die Koeffizienten von Γ_1, ν und Π werden im Durchschnitt sehr präzise geschätzt.

Tabelle 5.5: Top–down–Ansatz mit den Ordnungskriterien AIC und HQ, Prognose-vergleich für unterschiedliche Stichprobenumfänge mit der Lagordnung p = 2 und verschiedenen Kointegrationsrängen. Spur des normierten mittleren quadratischen Prognosefehlers für Modell 1.

r^* h^{**}	T = 50			T = 100			T = 200		
	1	2	3	1	2	3	1	2	3
	Ordnungskriterium: AIC								
1	1.393	1.192	1.190	1.213	1.070	1.074	1.268	1.120	1.121
2	1.727	1.306	1.307	1.459	**1.097**	1.104	1.390	1.063	1.063
3	1.985	1.375	1.379	1.695	**1.130**	1.139	1.532	1.042	1.046
4	2.077	1.363	1.372	1.785	**1.130**	1.143	1.623	1.059	1.063
5	2.034	**1.321**	1.339	1.741	**1.079**	1.095	1.606	1.043	1.047
6	1.977	1.323	1.358	1.692	**1.119**	1.133	1.521	1.050	1.053
7	1.829	**1.272**	1.311	1.545	**1.089**	1.103	1.445	1.070	1.073
8	1.806	**1.277**	1.328	1.439	**1.104**	1.119	1.380	1.090	1.096
9	1.751	**1.266**	1.329	1.350	**1.099**	1.118	1.318	1.075	1.081
10	1.735	1.294	1.366	1.307	**1.086**	1.109	1.286	1.066	1.071
15	1.695	**1.319**	1.468	1.364	**1.092**	1.145	1.210	1.065	1.075
20	1.909	**1.446**	1.718	1.392	**1.151**	1.248	1.179	1.043	1.062
25	2.088	1.619	2.031	1.385	**1.160**	1.297	1.158	1.036	1.060
	Ordnungskriterium: HQ								
1	1.390	1.184	1.183	1.218	1.070	1.070	1.274	1.119	1.118
2	1.725	1.312	1.306	1.466	1.099	1.100	1.394	1.061	1.059
3	1.997	1.396	1.388	1.717	1.136	1.139	1.537	**1.041**	1.040
4	2.095	1.383	1.379	1.816	1.134	1.139	1.631	1.056	1.056
5	2.063	1.332	1.334	1.779	1.085	1.091	1.614	1.043	1.043
6	2.016	1.331	1.342	1.726	1.125	1.129	1.529	1.051	1.050
7	1.868	1.276	1.291	1.568	1.091	1.095	1.452	1.074	1.072
8	1.842	1.286	1.311	1.458	1.107	1.109	1.385	1.093	1.093
9	1.798	1.277	1.312	1.369	1.105	1.107	1.321	1.077	1.075
10	1.790	1.308	1.348	1.325	1.094	1.094	1.288	1.067	1.065
15	1.786	1.341	1.431	1.383	1.096	1.109	1.210	**1.062**	1.060
20	2.118	1.472	1.647	1.400	1.155	1.179	1.183	**1.041**	1.041
25	2.539	1.657	1.932	1.372	1.163	1.193	1.161	**1.032**	1.033

r^*: Kointegrationsrang, h^{**}: Prognosehorizont von 1 bis 10, 15, 20, 25.
Fettgedruckte Werte zeigen Minimum im Vergleich der Schätzansätze an.

Für $r = 3$ ist der dritte Vektor in B fast identisch Null. Dies ist eine Folge der vielen Nullsetzungen, wie in Tabelle 5.7 ersichtlich wird. Die Koeffizientenschätzungen sind denen mit vorgegebenem $r = 2$ sehr ähnlich. Diese Spezifikation wird durch die gesetzten Nullrestriktionen zu einer mit $r = 2$, so daß dies die geringe Differenz der Prognosefehler erklärt. Mit $r = 1$ ändern sich die Schätzungen der Koeffizienten in der Γ_1 - Matrix und verringern die Übereinstimmung zu den tatsächlich vorgegebenen Werten. Die Prognosefehler für $r = 1$ nähern sich den Prognosefehlern der unrestringierten Schätzungen mit $r = 0$ an. Auch die Π-Matrix wird im Durchschnitt nicht mehr annähernd so gut geschätzt wie bei größerem r. Vergleicht man die Nullsetzungen der beiden Ordnungskriterien (siehe Tabelle 5.7), dann wird deutlich, daß das HQ–Kriterium mehr Nullrestriktionen bestimmt als das AIC–Kriterium.

Wird statt der Top–down–Strategie die Bottom–up–Strategie zur Bestimmung der Nullrestriktionen verwendet, dann verändern sich die Ergebnisse nur geringfügig. Die Ergebnisse der Prognoseleistungen sind in der Tabelle 5.9 zusammengestellt. Diese Strategie erzielt mit dem AIC–Kriterium fast identische Prognoseleistungen im Vergleich zum Top–down–Ansatz. Das HQ–Kriterium erzielt hingegen etwas schlechtere Ergebnisse, so daß für diese Modelle bei dieser Strategie das AIC–Kriterium vorzuziehen ist. Werden die durchschnittlichen Koeffizientenschätzungen des HQ–Kritriums, die in Tabelle 5.9 aufgeführt sind, mit denen des Top–down–Ansatzes verglichen, dann wird deutlich, daß in diesem Fall die Koeffizienten etwas kleiner geschätzt werden. Die Veränderungen der Koeffizientenschätzungen über die verschiedenen Kointegrationsränge sind etwas geringer als bei der Top–down–Strategie. Werden die Anteile der Nullsetzungen betrachtet (siehe Tabelle 5.10), werden mit dieser Strategie in der Regel mehr Nullrestriktionen festgelegt als mit der Top–down–Strategie (vgl. Tabelle 5.7). So ist der Anteil der Nullrestriktionen bei dem HQ–Top–down–Verfahren 46.80%, beim AIC–Top–down–Verfahren 41.05%, beim HQ–Bottom–up–Verfahren 51.58% und beim AIC–Bottom–up–Verfahren 46.19%. Die Unterschiede der Nullsetzungen der Ordnungskriterien können mit ihren Straffunktionen begründet werden (vgl. Lütkepohl (1991) und Abschnitt 4.6.2). Bei der Bottom–up–Strategie ist anscheinend das AIC–Kritrium vorzuziehen.

In der Tabelle 5.11 sind die Ergebnisse der Analysen der Top–down–Strategie für die autoregressive Darstellung zusammengestellt. Bei allen Prognosehorizonten ergibt sich für die Stichprobenumfänge kaum eine Verringerung der Prognosefehler im Vergleich zu denen der unrestringierten Schätzung. Mit der Nullsetzung in dieser Darstellung können die Prognosefehler der wahren Spezifikation nicht erreicht werden. Das HQ–Kriterium schneidet schlechter als das AIC–Kriterium ab. Da mit dem HQ–Kriterium mehr Restriktionen ausgewählt werden, deutet dies darauf hin, daß eine Setzung von Nullrestriktionen in der autoregressiven Darstellung für dieses Modell wenig Erfolg hat.

Tabelle 5.6: Top–down–Ansatz, Koeffizientenschätzung für T = 100 mit der Lagordnung p = 2 und verschiedenen Kointegrationsrängen für das HQ–Kriterium

r^*	ν	Γ			B			Π		
	-0.181	0.000	0.015	0.495	0.012			0.240	0.106	-0.333
	(.101)	(.068)	(.080)	(.282)	(.016)			(.109)	(.057)	(.139)
1	0.009	0.403	-0.003	-0.014	0.019			0.391	0.198	-0.591
	(.060)	(.067)	(.034)	(.149)	(.024)			(.070)	(.081)	(.147)
	0.110	0.032	0.313	0.079	-0.003			-0.073	-0.048	0.133
	(.060)	(.048)	(.048)	(.123)	(.006)			(.047)	(.042)	(.102)
	-0.002	-0.072	0.003	0.004	0.011	-0.011		0.400	-0.204	0.208
	(.061)	(.108)	(.052)	(.150)	(.015)	(.017)		(.079)	(.074)	(.143)
2	0.003	0.401	-0.004	-0.006	0.019	-0.000		0.399	0.200	-0.599
	(.046)	(.063)	(.034)	(.121)	(.025)	(.003)		(.056)	(.061)	(.112)
	0.204	-0.001	0.296	-0.153	-0.003	-0.005		0.002	-0.206	0.411
	(.049)	(.027)	(.039)	(.135)	(.006)	(.009)		(.035)	(.044)	(.089)
	-0.002	-0.073	0.003	0.005	0.011	-0.011	0.000	0.401	-0.204	0.208
	(.062)	(.109)	(.052)	(.150)	(.015)	(.017)	(.001)	(.079)	(.074)	(.144)
3	0.003	0.401	-0.004	-0.006	0.019	-0.000	-0.000	0.399	0.200	-0.599
	(.046)	(.063)	(.034)	(.121)	(.025)	(.003)	(.000)	(.056)	(.062)	(.112)
	0.205	-0.001	0.296	-0.154	-0.003	-0.005	-0.000	0.002	-0.206	0.411
	(.049)	(.027)	(.039)	(.135)	(.006)	(.009)	(.000)	(.035)	(.044)	(.089)

r^*: Kointegrationsrang, berechnete Standardabweichungen in Klammern.

Tabelle 5.7: Anteil der auf Null gesetzten Koeffizienten bei einem Stichprobenumfang von T = 100 mit der Lagordnung p = 2 und verschiedenen Kointegrationsrängen. Analyseverfahren ist die Top–down–Subsetanalyse mit den Ordnungskriterien HQ und AIC

r^*	HQ-Kriterium						AIC-Kriterium					
	ν	Γ_1			B		ν	Γ_1			B	
	13.0	90.2	88.3	17.2	5.3		6.6	81.4	81.1	9.7	3.0	
1	69.3	0.0	91.1	72.6	0.1		56.5	0.0	80.6	61.9	0.0	
	10.3	67.5	0.0	60.8	21.8		4.9	56.8	0.0	48.3	15.3	
	82.7	67.8	91.7	89.4	3.6	1.4	71.0	55.8	85.6	82.7	2.0	0.5
2	76.1	0.0	91.2	79.4	0.0	82.2	65.2	0.0	80.9	73.0	0.0	71.9
	0.0	89.8	0.0	39.9	16.8	0.3	0.0	82.9	0.0	28.2	11.7	0.2
	82.3	67.5	91.7	89.3	3.6	1.4 97.6	71.3	55.1	85.4	82.8	2.0	0.5 92.9
3	75.9	0.0	91.1	79.4	0.0	82.2 99.7	65.0	0.0	80.9	73.2	0.0	71.8 99.3
	0.0	89.8	0.0	39.5	16.8	0.3 99.2	0.0	83.1	0.0	27.3	11.7	0.2 96.6

r^*: Kointegrationsrang.

Tabelle 5.8: Bottom–up–Ansatz mit den Ordnungskriterien AIC und HQ, Prognosevergleich für unterschiedliche Stichprobenumfänge mit der Lagordnung $p = 2$ und verschiedenen Kointegrationsrängen von Modell 1

r^*	T = 50			T = 100			T = 200		
	1	2	3	1	2	3	1	2	3
h^{**}				Ordnungskriterium: AIC					
1	1.394	1.178	1.179	1.214	1.068	1.071	1.274	1.123	1.124
2	1.749	1.294	1.298	1.471	1.108	1.111	1.398	1.067	1.067
3	2.013	1.386	1.395	1.721	1.146	1.153	1.545	1.047	1.051
4	2.113	1.393	1.406	1.820	1.147	1.158	1.644	1.059	1.064
5	2.084	1.359	1.379	1.783	1.092	1.103	1.632	**1.040**	1.046
6	2.028	1.367	1.405	1.740	1.128	1.136	1.548	**1.047**	1.052
7	1.873	1.310	1.351	1.591	1.095	1.106	1.469	**1.068**	1.072
8	1.840	1.314	1.365	1.475	1.111	1.122	1.400	1.088	1.096
9	1.787	1.312	1.378	1.379	1.111	1.128	1.336	1.072	1.081
10	1.776	1.345	1.421	1.333	1.099	1.119	1.300	1.063	1.070
15	1.730	1.371	1.535	1.389	1.100	1.143	1.224	1.064	1.079
20	1.957	1.506	1.798	1.422	1.157	1.233	1.190	1.042	1.067
25	2.137	1.702	2.142	1.405	1.166	1.278	1.168	1.035	1.063
				Ordnungskriterium: HQ					
1	1.388	**1.179**	1.181	1.225	**1.068**	1.070	1.280	1.121	1.120
2	1.739	1.312	1.316	1.490	1.115	1.116	1.410	1.063	1.061
3	2.020	1.408	1.419	1.761	1.154	1.156	1.569	1.045	1.045
4	2.133	1.411	1.427	1.876	1.157	1.160	1.676	1.058	1.058
5	2.118	1.366	1.382	1.853	1.107	1.110	1.671	1.042	1.041
6	2.077	1.372	1.399	1.810	1.143	1.144	1.588	1.049	1.047
7	1.926	1.324	1.355	1.649	1.110	1.111	1.505	1.071	1.070
8	1.891	1.340	1.382	1.529	1.128	1.129	1.429	1.090	1.089
9	1.841	1.344	1.398	1.436	1.131	1.131	1.363	1.073	1.072
10	1.838	1.381	1.439	1.392	1.120	1.119	1.326	**1.063**	1.061
15	1.852	1.446	1.574	1.474	1.128	1.139	1.239	1.063	1.061
20	2.232	1.602	1.837	1.523	1.202	1.223	1.210	**1.041**	1.043
25	2.748	1.846	2.226	1.517	1.232	1.269	1.186	1.033	1.035

r^*: Kointegrationsrang, h^{**}: Prognosehorizont von 1 bis 10, 15, 20, 25.
Fettgedruckte Werte zeigen Minimum im Vergleich der Schätzansätze an.

Tabelle 5.9: Bottom–up–Ansatz mit dem HQ–Kriterium, Koeffizientenschätzung für T = 100 mit der Lagordnung $p = 2$ und verschiedenen Kointegrationsrängen für das Modell 1

r^*	ν	Γ			B			Π		
	-0.108	0.022	0.022	0.268	0.009			0.191	0.079	-0.254
	(.110)	(.065)	(.079)	(.349)	(.014)			(.114)	(.051)	(.138)
1	0.011	0.403	0.003	-0.023	0.018			0.389	0.196	-0.587
	(.054)	(.067)	(.019)	(.128)	(.024)			(.071)	(.079)	(.142)
	0.110	0.029	0.314	0.080	-0.003			-0.074	-0.048	0.134
	(.058)	(.047)	(.047)	(.113)	(.006)			(.046)	(.041)	(.099)
	0.004	-0.002	0.011	0.018	0.010	-0.010		0.359	-0.197	0.215
	(.056)	(.017)	(.058)	(.096)	(.014)	(.016)		(.084)	(.067)	(.136)
2	0.004	0.400	0.003	-0.013	0.018	-0.000		0.399	0.198	-0.595
	(.042)	(.063)	(.018)	(.104)	(.024)	(.004)		(.056)	(.058)	(.105)
	0.187	0.003	0.293	-0.099	-0.003	-0.005		0.003	-0.191	0.380
	(.052)	(.017)	(.040)	(.124)	(.006)	(.008)		(.036)	(.047)	(.098)
	0.003	-0.002	0.011	0.019	0.010	-0.010	0.000	0.360	-0.197	0.214
	(.056)	(.017)	(.059)	(.097)	(.014)	(.016)	(.001)	(.084)	(.067)	(.136)
3	0.004	0.400	0.003	-0.013	0.018	-0.000	-0.000	0.399	0.198	-0.594
	(.042)	(.063)	(.018)	(.104)	(.024)	(.004)	(.000)	(.056)	(.058)	(.105)
	0.187	0.003	0.293	-0.099	-0.003	-0.005	-0.000	0.003	-0.191	0.380
	(.052)	(.017)	(.040)	(.124)	(.006)	(.008)	(.000)	(.036)	(.047)	(.098)

r^*: Kointegrationsrang, 1000 Replikationen des Modells, berechnete Standardabweichungen in Klammern.

Tabelle 5.10: Bottom–up–Subsetansatz mit den Ordnungskriterien HQ und AIC, Anteil der auf Null gesetzten Koeffizienten bei einem Stichprobenumfang von T = 100 mit der Lagordnung $p = 2$ und verschiedenen Kointegrationsrängen für Modell 1

r^*	HQ-Kriterium							AIC-Kriterium						
	ν	Γ_1			B			ν	Γ_1			B		
	31.3	89.1	89.3	60.3	10.8			20.1	85.0	84.1	47.0	4.8		
1	72.0	0.0	97.4	78.1	0.1			58.8	0.0	92.2	65.3	0.0		
	10.3	70.9	0.0	59.6	20.6			4.9	60.3	0.0	49.0	14.8		
	80.5	99.2	93.8	95.5	11.8	1.5		75.8	94.1	90.0	92.5	5.3	0.6	
2	78.6	0.0	97.6	83.5	0.1	79.1		67.5	0.0	93.3	75.6	0.0	70.7	
	0.0	95.1	0.0	58.8	23.9	0.2		0.0	89.7	0.0	38.2	15.6	0.2	
	80.8	99.1	93.7	95.4	11.8	1.5	98.1	76.0	93.8	89.9	92.4	5.3	0.6	94.3
3	78.5	0.0	97.6	83.5	0.1	79.1	99.8	67.4	0.0	93.3	75.7	0.0	70.7	99.4
	0.0	95.1	0.0	58.6	23.9	0.2	99.4	0.0	89.7	0.0	37.6	15.6	0.2	97.0

r^*: Kointegrationsrang.

Tabelle 5.11: Top–down–Ansatz für eine autoregressive Darstellung von Modell 1, Prognosevergleich für unterschiedliche Stichprobenumfänge mit der Lagordnung $p = 2$

h^{**}	T = 50 AIC	T = 50 HQ	T = 100 AIC	T = 100 HQ	T = 200 AIC	T = 200 HQ
1	1.233	1.236	1.100	1.107	1.122	1.126
2	1.372	1.373	1.136	1.138	1.076	1.079
3	1.448	1.458	1.167	1.169	1.059	1.057
4	1.451	1.459	1.184	1.188	1.077	1.074
5	1.432	1.445	1.152	1.157	1.069	1.070
6	1.483	1.506	1.209	1.216	1.084	1.084
7	1.475	1.501	1.201	1.211	1.117	1.117
8	1.518	1.545	1.228	1.237	1.149	1.150
9	1.554	1.582	1.245	1.257	1.137	1.135
10	1.636	1.671	1.259	1.274	1.135	1.132
15	2.055	2.121	1.379	1.403	1.179	1.179
20	2.729	2.835	1.642	1.678	1.236	1.234
25	3.544	3.708	1.885	1.938	1.285	1.285

h^{**}: Prognosehorizont von 1 bis 10, 15, 20, 25.

Tabelle 5.12: Top–down–Ansatz in der autoregressiven Darstellung mit den Ordnungskriterien HQ und AIC, Koeffizientenschätzungen und Anteil der angenommen Nullrestriktionen bei einem Stichprobenumfang von T = 100 für Modell 1.

ν	A_1			A_2			ν	A_1			A_2		
HQ-Kriterium													
Koeffizientenschätzungen							Anteil der Nullsetzungen						
-.053	.868	.060	.013	-.288	.096	-.115	38.4	.0	47.4	72.6	9.6	56.7	67.3
(.090)	(.108)	(.092)	(.220)	(.126)	(.128)	(.182)							
.019	.403	.969	-.021	-.804	-.160	.604	71.7	.0	.0	86.4	.0	24.4	.0
(.050)	(.059)	(.073)	(.103)	(.061)	(.101)	(.095)							
.234	.001	.281	.774	-.002	-.052	-.231	.0	88.1	.0	.0	89.2	58.9	6.2
(.044)	(.024)	(.043)	(.113)	(.023)	(.065)	(.086)							
AIC-Kriterium													
Koeffizientenschätzungen							Anteil der Nullsetzungen						
-.039	.870	.044	.006	-.298	.133	-.147	39.9	.0	56.6	62.6	5.4	44.8	55.9
(.096)	(.103)	(.096)	(.237)	(.111)	(.139)	(.190)							
.011	.403	.980	-.015	-.803	-.178	.611	7.4	.0	.0	81.9	.0	14.2	.0
(.048)	(.059)	(.064)	(.105)	(.060)	(.088)	(.095)							
.227	.001	.287	.788	-.001	-.064	-.234	.0	76.4	.0	.0	82.8	42.9	2.6
(.043)	(.030)	(.042)	(.106)	(.028)	(.062)	(.076)							

berechnete Standardabweichungen in Klammern.

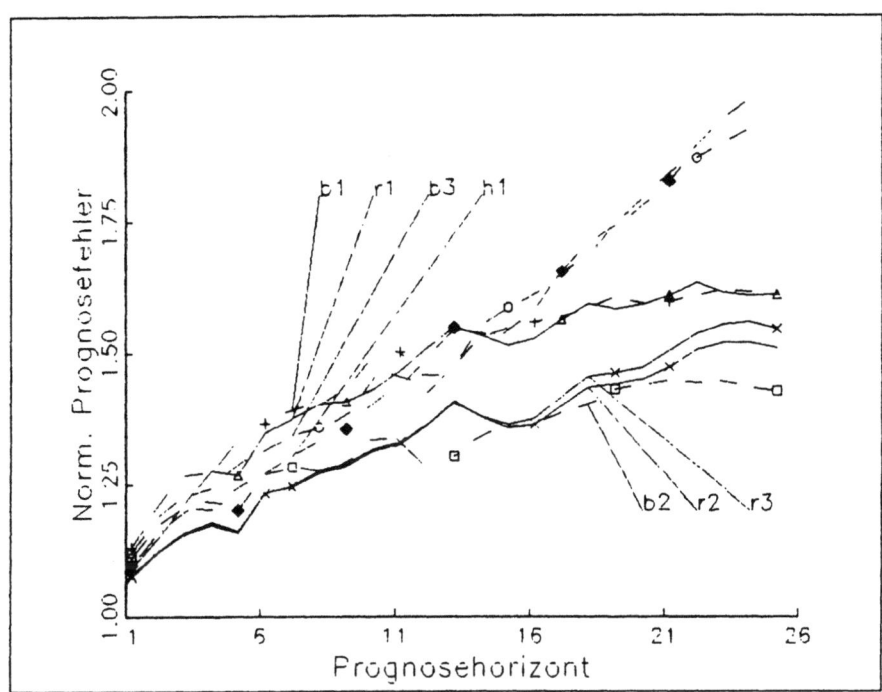

Abbildung 5.4: Normierter Prognosefehler von Modell 2 für T = 100
Beschriftung siehe Abbildung 5.1.

Insgesamt betrachtet, ergibt sich für dieses Modell, daß die bedingte Subsetanalyse im Fall der Wahl des Kointegrationsranges, die größer als der wahre Kointegrationsrang ist, zu kleineren Prognosefehlern und zu präziseren Koeffizientenschätzungen führt. Wird der Kointegrationsrang zu klein gewählt, dann können durch die Setzung von Nullrestriktionen die Prognosefehler nicht reduziert werden. Eine Bestätigung dieser Ergebnisse kann in den Resultaten der anderen Modelle gesehen werden.

Wird der $d2$ Koeffizient, wie in der Tabelle 5.2 angegeben, verkleinert, so ergeben sich die in Tabelle 5.13 aufgeführten normierten Prognosefehler. Um die Überschaubarkeit zu sichern, werden nur die Resultate für den Stichprobenumfang $T = 100$ in der Tabelle 5.13 dargestellt. Die Ergebnisse für $p = 2$ sind in den Abbildungen 5.4, 5.5 und 5.6 gezeichnet. Die kleinsten Prognosefehler werden in der Regel von der Spezifikation mit dem wahren Kointegrationsrang erzielt. Die größten Prognosefehler werden, wenn der Prognosehorizont klein ist, bei einer Überdifferenzierung erreicht. Beim maximalen Prognosehorizont ist die stationäre Spezifikation am schlechtesten.

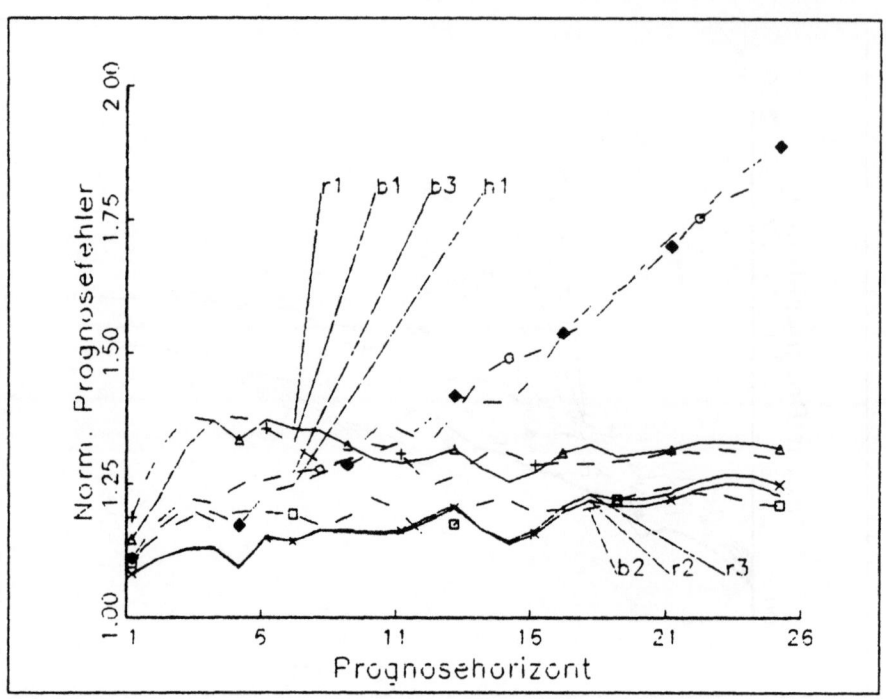

Abbildung 5.5: Normierter Prognosefehler von Modell 3 für T = 100
Beschriftung siehe Abbildung 5.1.

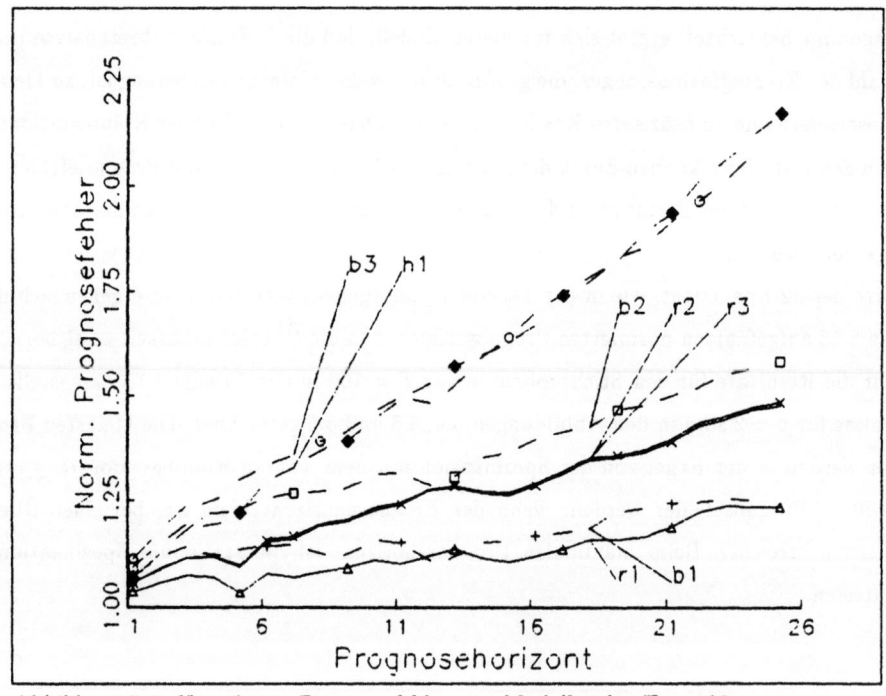

Abbildung 5.6: Normierter Prognosefehler von Modell 4 für T = 100
Beschriftung siehe Abbildung 5.1.

Tabelle 5.13: Prognosevergleich der Ansätze für T = 100 mit verschiedenen
Kointegrationsrängen und p = 2 für Modell 2, 3, 4

r* / h**	Unrestringierte Schätzung				Top–down–Subsetanalyse mit HQ			Bottom–up–Subsetanalyse mit HQ			AR HQ
	0	1	2	3	1	2	3	1	2	3	
Modell 2: $d1 = 1$. und $d2 = 0.5$											
1	1.348	1.189	1.103	1.113	1.148	1.083	1.082	1.149	1.082	**1.081**	1.113
2	1.774	1.318	1.168	1.184	1.223	1.112	**1.111**	1.226	1.122	1.122	1.156
3	2.228	1.378	1.206	1.223	1.320	**1.129**	1.131	1.323	1.145	1.146	1.188
4	2.409	1.371	1.182	1.216	1.370	**1.131**	1.134	1.378	1.153	1.154	1.201
5	2.439	1.381	1.202	1.249	1.334	**1.093**	1.096	1.343	1.115	1.117	1.174
10	2.102	1.332	1.229	1.360	1.298	1.162	**1.157**	1.306	1.175	1.168	1.312
15	2.024	1.311	1.221	1.489	1.253	**1.139**	1.144	1.261	1.160	1.155	1.405
20	1.923	1.300	1.236	1.668	1.310	**1.210**	1.224	1.316	1.239	1.233	1.653
25	1.909	1.299	**1.212**	1.853	1.319	1.231	1.249	1.324	1.262	1.259	1.893
Modell 3: $d1 = 1$. und $d2 = 0.2$											
1	1.252	1.131	1.111	1.122	1.090	1.076	1.079	1.088	**1.074**	1.077	1.099
2	1.555	1.215	1.175	1.190	1.147	**1.123**	1.124	1.150	1.127	1.128	1.159
3	1.832	1.267	1.207	1.229	1.215	**1.157**	1.160	1.219	1.167	1.168	1.201
4	1.917	1.273	1.201	1.241	1.276	**1.174**	1.180	1.281	1.189	1.193	1.224
5	1.936	1.335	1.248	1.292	1.268	**1.158**	1.162	1.274	1.171	1.175	1.202
10	1.948	1.495	1.343	1.454	1.431	**1.317**	1.313	1.440	1.332	1.335	1.408
15	2.045	1.546	1.358	1.587	1.513	**1.357**	1.363	1.527	1.396	1.400	1.537
20	2.052	1.594	**1.440**	1.792	1.593	1.449	1.473	1.603	1.508	1.524	1.777
25	2.102	1.598	**1.427**	1.953	1.611	1.508	1.544	1.619	1.595	1.616	2.009
Modell 4: $d1 = 1$. und $d2 = 0.0$											
1	1.213	1.072	1.093	1.112	**1.036**	1.059	1.059	1.050	1.070	1.070	1.067
2	1.441	1.116	1.148	1.179	**1.057**	1.088	1.089	1.067	1.096	1.097	1.123
3	1.614	1.139	1.192	1.237	**1.076**	1.114	1.114	1.086	1.121	1.121	1.181
4	1.610	1.114	1.183	1.242	**1.070**	1.115	1.118	1.080	1.122	1.125	1.223
5	1.563	1.135	1.232	1.300	**1.033**	1.092	1.097	1.039	1.092	1.096	1.220
10	1.408	1.156	1.310	1.464	**1.109**	1.226	1.231	1.117	1.223	1.226	1.444
15	1.384	1.155	1.367	1.641	**1.105**	1.262	1.268	1.112	1.251	1.251	1.628
20	1.425	1.231	1.476	1.860	**1.164**	1.366	1.373	1.174	1.348	1.349	1.896
25	1.447	1.253	1.583	2.139	**1.233**	1.477	1.485	1.248	1.459	1.459	2.178

r^*: Kointegrationsrang, h^{**}: Prognosehorizont von 1 bis 5, 10, 15, 20, 25.
Fettgedruckte Werte zeigen Minimum im Vergleich der Schätzansätze an.

Da die Ergebnisse der bedingten Top–down–Subsetanalyse mit dem AIC– und dem HQ–Kriterium sehr ähnlich sind, werden nur die Resultate mit dem HQ–Kriterium dargestellt (vgl. Tabelle 5.13). Die Schätzungen der restringierten Modelle verringern die Prognosefehler der wahren Spezifikation etwas. Stärker sind die Reduzierungen, wenn der Kointegrationsrang zu groß gewählt wird und langfristige Prognosen berechnet werden. Die Unterschiede zwischen den Suchverfahren bei gleichem Ordnungskriterium sind gering. Die HQ–Bottom–up–Strategie, deren Ergebnisse hier dargestellt sind, ist fast immer etwas schlechter. Bei diesen Experimenten führt die Bestimmung von Nullrestriktionen in der autoregressiven Darstellung mittels statistischer Suchstrategien nicht zu einer Reduzierung der Prognosefehler.

Die Ergebnisse können wie folgt zusammengefaßt werden. Wird die Johansen Darstellung als Ausgangspunkt zur Bestimmung von Nullrestriktionen genommen, dann wird deutlich, daß bei einer zu hohen Wahl des Kointegrationsranges durch die Setzung von Nullrestriktionen mit Hilfe der Suchstrategien die Prognosefehler verringert und die Koeffizienten der Modelle im Durchschnitt präziser geschätzt werden können. Bei einer zu geringen Wahl des Kointegrationsranges verschlechtern sich die Prognosen durch weitere Nullrestriktionen. Es zeigt sich, daß der Kointegrationsrang eine dominierende Rolle bei diesen Modellen spielt. Die Nullrestriktionen in der autoregressiven Darstellung verringern die Prognosefehler nicht, sondern erhöhen sie eher.

5.5.3 Simulation bei identifizierter Kointegrationsmatrix

Neben den Simulationexperimenten zur Subsetanalyse wird das Modell 4 in der Tabelle 5.2 verwendet, um die asymptotischen Ergebnisse der Analyse von Waldtests in der Johansen-Darstellung zu überprüfen (vgl. Abschnitt 5.3). Der Simulationsaufbau ist mit dem vorangegangenen identisch. In diesem Abschnitt werden die asymptotischen Verteilungsaussagen bei identifizierter Kointegrationsmatrix untersucht. Die Identifikation ist gegeben, wenn der Kointegrationsrang $r = 1$ ist. Zum einen wird ein Waldtest (R_{W1}) spezifiziert, der die Nullrestriktionen auf die Γ– und die B– Matrix überprüft. Zum anderen wird ein Waldtest (R_{W2}) benutzt, der nur die Nullrestriktionen auf die Γ-Matrix untersucht. Der kritische Werte für das 5%-ige Signifikanzniveau wird zum einen aus der χ^2– Tabelle und zum anderen aus der F-Verteilungstabelle entnommen.

Die Ergebnisse für das Modell 4 mit dem Kointegrationsrang $r = 1$ verdeutlichen (vgl. Tabelle 5.14), daß die Annahmehäufigkeit der Nullhypothese für den Test R_{W1} bei einem Stichprobenumfang von $T = 50$ unter dem nominellen Niveau liegt. Die Annahmehäufigkeit erhöht sich, wenn die F-Verteilung benutzt wird. Der Unterschied zwischen χ^2-Verteilung und F-Verteilung verschwindet mit zunehmendem Stichprobenumfang. Bei $T = 200$ wird aber das vorgegebene Signifikanzniveau von 5% signifikant unterschritten.

Tabelle 5.14: Wald-Tests für das Modell 4

Horizont	$T = 50$		$T = 100$		$T = 200$	
	R_{W1}	R_{W2}	R_{W1}	R_{W2}	R_{W1}	R_{W2}
$\chi^2(\cdot)$	63.6	63.3	82.7	82.7	89.5	88.8
$F(\cdot,\cdot)$	69.1	69.7	85.2	84.9	90.4	89.9
Horizont	normierte Prognosefehler					
1	1.148	1.148	1.029	1.038	1.106	1.107
2	1.247	1.240	1.052	1.055	1.048	1.049
3	1.287	1.283	1.070	1.074	1.041	1.045
4	1.255	1.257	1.061	1.066	1.039	1.043
5	1.232	1.235	1.022	1.029	1.020	1.025
6	1.283	1.287	1.071	1.081	1.042	1.047
7	1.274	1.277	1.062	1.075	1.077	1.082
8	1.287	1.290	1.079	1.091	1.100	1.107
9	1.263	1.267	1.088	1.100	1.100	1.106
10	1.292	1.297	1.105	1.119	1.088	1.094
15	1.367	1.380	1.096	1.120	1.062	1.068
20	1.452	1.467	1.154	1.183	1.072	1.085
25	1.508	1.537	1.226	1.260	1.047	1.066

Beim Vergleich der Prognosefehlerergebnisse für $T = 100$ mit denen in Tabelle 5.13 zeigt sich, daß die geschätzten Modelle mit R_{W1} kleinere Prognosefehler erzielen als der beste Ansatz aus der Subsetanalyse. Wird auf die Restriktion der Ladungsmatrix verzichtet, erzielt der beste Ansatz aus der Subsetanalyse kleinere Prognosefehler.

5.6 Impulsantwortanalyse in kointegrierten Systemen

In den bisherigen Ausführungen wurde die Analyse eines kointegrierten Modells mit verschiedenen Hypothesentests vorgenommen. Um eine ökonomische Interpretation der Hypothesen vornehmen zu können, müssen identifizierte Parameter vorliegen. Deshalb wird bei Granger-Kausalitätstests eine Analyse in der autoregressiven Darstellung vorgeschlagen. Die direkte Interpretation der autoregressiven Parameter ist in stationären Modellen wenig gebräuchlich. Sims (1980) empfiehlt, eine dynamische Analyse des autoregressiven Systems durchzuführen. Im Gegensatz zu den traditionellen ökonometrischen Modellen, bei denen häufig eine dynamische Analyse mit Hilfe von neuen Informationen der exogenen Variablen vorgenommen wird, gibt es im vektorautoregressiven Modell keine exogenen Variablen. Neue Informationen in diesem System werden über die Rauschgrößen ϵ_t in das System transportiert. Zum Beispiel gilt für zwei Variablen ein VAR(1)-Modell (vgl. Lütkepohl (1991), Kapitel 2.3.2)

$$\begin{pmatrix} x_{1,t} \\ x_{2,t} \end{pmatrix} = \Pi_1 \begin{pmatrix} x_{1,t-1} \\ x_{2,t-1} \end{pmatrix} + \begin{pmatrix} \epsilon_{1,t} \\ \epsilon_{2,t} \end{pmatrix},$$

wobei $\nu = 0$ gesetzt wird. Das System sei für $t < 0$ im Ruhestand und so normiert, daß $x_t = 0$ gilt. Zum Zeitpunkt $t = 0$ gibt es in der Variable $\epsilon_{1,0}$ einen Schock der Größe Eins, während die zweite Null bleibt. In den nachfolgenden Perioden sind beide Rauschgrößen Null. In der dynamischen Analyse wird untersucht, wie sich dieser Einheitsschock im System fortsetzt. Für $t = 0$ gilt

$$\begin{pmatrix} x_{1,0} \\ x_{2,0} \end{pmatrix} = \begin{pmatrix} \epsilon_{1,0} \\ \epsilon_{2,0} \end{pmatrix} = \begin{pmatrix} 1 \\ 0 \end{pmatrix}.$$

In $t = 1$ ergibt sich

$$\begin{pmatrix} x_{1,1} \\ x_{2,1} \end{pmatrix} = \Pi_1 \begin{pmatrix} x_{1,0} \\ x_{2,0} \end{pmatrix} + \begin{pmatrix} \epsilon_{1,1} \\ \epsilon_{2,1} \end{pmatrix} = \Pi_1 \begin{pmatrix} 1 \\ 0 \end{pmatrix}$$

und in $t = 2$

$$\begin{pmatrix} x_{1,2} \\ x_{2,2} \end{pmatrix} = \Pi_1 \begin{pmatrix} x_{1,1} \\ x_{2,1} \end{pmatrix} = \Pi_1^2 \begin{pmatrix} x_{1,0} \\ x_{2,0} \end{pmatrix}$$

usw.. Die Koeffizientenfolge $\Pi_1^i = \Phi_i$ wird Impulsantwortfolge genannt. Die Folge kann für autoregressive Systeme größerer Lagordnung mit der Rekursion (vgl. Lütkepohl & Reimers (1989))

$$(5.43) \quad \Phi_n = (\phi_{ij,n}) = \sum_{m=1}^{n} \Phi_{n-m} \Pi_m, \quad n = 1, 2, \ldots$$

berechnet werden, wobei $\Pi_m = 0$ für $m > p$ und $(\phi_{ij,n})$ das ij-te Element von Φ_n ist. Dieses repräsentiert die Reaktion (Antwort) der Variablen x_i auf einen Einheitsschock (Impuls) in der Variable x_j nach n Perioden. Weiterhin wird $\Phi_0 = I$ gesetzt. Im Gegensatz zu dem stationären Fall muß eine Wirkung langfristig nicht verschwinden. Bei stationären Variablen im VAR(1) Beispiel sind die Eigenwerte des autoregressiven Polynoms alle absolut kleiner als Eins, so daß die Reaktionen im Zeitablauf gegen Null konvergieren. In einem kointegrierten System wird ein Eigenwert Eins sein, so daß die Reaktionen nicht gegen Null konvergieren müssen. Die Reaktionen können gegen eine Konstante konvergieren, so daß damit ein neues Gleichgewicht erreicht wird. In der dynamischen Analyse kann somit die Entwicklung des Systems von einem Gleichgewicht zu einem neuen aufgezeigt werden.

Bei dieser Vorgehensweise werden Effekte aufgrund der gleichzeitigen Korrelation zwischen den ϵ_t nicht berücksichtigt. Soll die gleichzeitige Korrelation beachtet werden, kann über die Kovarianzmatrix eine rekursive Struktur in das System eingeführt werden. Die Kovarianzmatrix Σ_ϵ wird mittels einer Cholesky-Form zerlegt, so daß $\Sigma_\epsilon = PP'$ ist, wobei P eine untere Dreiecksmatrix ist. Mit Hilfe von P erhält man dann die orthogonalisierten Impulsantwortfolgen

(5.44) $\Phi_n^{\perp} = \Phi_n P, \quad n = 0, 1, 2, \ldots$.

Bei den orthogonalisierten Impulsantwortfolgen kann eine Innovation in der j-ten Variable einen gleichzeitigen Einfluß auf alle Variablen haben, die in der Anordnung der Variablen in x_t nach der j-ten Variable stehen. Auf die Variablen, die vor der j-ten stehen, hat die Innovation keinen Einfluß. Durch die rekursive Struktur wird die Reihenfolge der Variablen für eine dynamische Analyse wichtig (vgl. Cooley & LeRoy (1985); Abschnitt 7.2.4). Im Fall der orthogonalisierten Impulsantwortfolgen hat das entsprechende weiße Rauschen ($P^{-1}\epsilon_t$) eine Einheitsmatrix als Kovarianzmatrix.

Mit Hilfe der Impulsantwortfolgen werden kumulierte Größen berechnet

$$\Psi_n = \sum_{m=0}^{n} \Phi_n \quad \text{und} \quad \Psi_n^{\perp} = \sum_{m=0}^{n} \Phi_n^{\perp}.$$

Bei diesen Größen ist zu beachten, daß die Impulsantwortfolge Φ_n im Gegensatz zum stationären Fall für $n \to \infty$ nicht gegen Null konvergieren muß. In dieser Situation werden die kumulierten Größen divergieren.

In der empirischen Arbeit sind die autoregressiven Parameter nicht bekannt und müssen geschätzt werden, so daß die Impulsantwortfolgen mit geschätzten Koeffizienten ermittelt werden. In diesem Fall ist eine Berechnung von Konfidenzintervallen nützlich. Zur Bestimmung der Konfidenzintervalle werden statt numerischen Methoden analytische Beziehungen benutzt, die auf traditionellen Approximationsaussagen der Normalverteilungstheorie beruhen. Die Vorgehensweise ist mit der Vorgehensweise für stationäre Prozesse identisch (vgl. Lütkepohl (1990b)). Für die Herleitung wird unterstellt, daß

(5.45) $\sqrt{T}\text{vec}[(\hat{\Pi}_1, \ldots, \hat{\Pi}_p) - (\Pi_1, \ldots, \Pi_p)] \overset{d}{\to} N(0, \Sigma_{\Pi})$,

und

(5.46) $\sqrt{T}(\hat{\sigma} - \sigma) \overset{d}{\to} N(0, \Sigma_{\sigma})$

gilt, wobei $\sigma = \text{vech}(\Sigma_\epsilon)$ ist und der Operator vech die Elemente auf und unterhalb der Hauptdiagonalen einer Matrix in einen Spaltenvektor fügt. Zur Vereinfachung wird die Unabhängigkeit der Normalverteilungen angenommen. Für die Impulsantwortfolge Φ_n mit $n = 1, 2, \cdots$ ergibt sich (vgl. Lütkepohl & Reimers (1989))

(5.47) $\sqrt{T}\text{vec}(\mathring{\Phi}_n - \Phi_n) \overset{d}{\to} N(0, \Sigma_{\Phi})$,

worin

$$\Sigma_{\Phi} = G_n \Sigma_{\Pi} G_n' \quad \text{und} \quad G_n = \frac{\partial \text{vec}(\Phi_n)}{\partial \pi} = \sum_{j=0}^{n-1} J(A')^{n-1-j} \otimes \Phi_j$$

ist. Der Vektor π ist $\pi = \text{vec}(\Pi_1, \cdots, \Pi_p)$. Hier ist $J = [I_K\ 0 \ldots 0]$ eine $(K \times Kp)$-Matrix und

$$
A = \begin{pmatrix}
\Pi_1 & \Pi_2 & . & . & . & \Pi_{p-1} & \Pi_p \\
I_K & 0 & . & . & . & 0 & 0 \\
0 & I_K & & & & 0 & 0 \\
. & & . & & & . \\
. & & & . & & . \\
. & & & & . & . \\
0 & 0 & . & . & . & I_K & 0
\end{pmatrix}
$$

eine $(Kp \times Kp)$ - Matrix. Schätzer der kumulierten Größen besitzen folgende asymptotische Verteilung

$$(5.48) \quad \sqrt{T}\text{vec}(\hat{\Psi}_n - \Psi_n) \overset{d}{\to} N(0, F_n \Sigma_\Pi F_n'),$$

wobei $F_n = G_1 + \cdots + G_n$ gilt. Die Verteilungen der orthogonalisierten Größen sind etwas komplizierter und lauten (vgl. Lütkepohl (1990b))

$$(5.49) \quad \sqrt{T}\text{vec}(\hat{\Phi}_n^\perp - \Phi_n^\perp) \overset{d}{\to} N(0, D_n \Sigma_\Pi D_n' + \bar{D}_n \Sigma_\sigma \bar{D}_\sigma')$$

und

$$(5.50) \quad \sqrt{T}\text{vec}(\hat{\Psi}_n^\perp - \Psi_n^\perp) \overset{d}{\to} N(0, Q_n \Sigma_\Pi Q_n' + \bar{Q}_n \Sigma_\sigma \bar{Q}_\sigma'),$$

wobei $D_0 = 0$, $D_n = (P' \otimes I_K)G_n$ für $n = 0, 1, \cdots$, $\bar{D}_n = (I_K \otimes \Phi_n)H$ und $H = \partial\text{vec}(P)/\partial\sigma' = L_K'[L_K(I_{K^2} + K_{KK}(P \otimes I_K)L_K']^{-1}$ ist. Hier ist K_{KK} eine $(K \times K)$-Kommutationsmatrix, L_K eine $(K(K+1)/2 \times K^2)$-Eliminierungsmatrix mit $\text{vech}(F) = L_K\text{vec}(F)$ (vgl. Magnus & Neudecker (1988)).

Die Impulsantwortfolge Φ_n kann zur dynamischen Analyse und zur Überprüfung von Granger-Kausalität verwendet werden. Im bivariaten Fall ist die Variable x_{2t} nicht Granger-kausal zu x_{1t}, wenn $\phi_{12,n} = 0$ für $n = 1, 2, \cdots$ gilt. Ähnliche Granger-Kausalitätstests können in höherdimensionalen Systemen durchgeführt werden (vgl. Lütkepohl (1990a)).

Außerdem gibt es einen engen Zusammenhang zwischen der Impulsantwortfolge und den Parametern der autoregressiven Darstellung. Wenn ein kointegriertes System nach einem endogenen Schock wieder im Gleichgewicht ist, gilt $\Phi_n = \Phi_{n+1} = \cdots = \Phi_i = \cdots$. Werden diese Matrizen in die Rekursion (5.43) eingesetzt, dann ergibt sich

$$\Phi_i = \sum_{m=1}^{p} \Phi_i \Pi_m = \Phi_i \sum_{m=1}^{p} \Pi_m.$$

Da unter der Kointegrationsrangrestriktion $\Pi = I_K - \sum_{m=1}^{p} \Pi_m = BC$ gilt, ergibt sich im Gleichgewicht

$$\Phi_i \Pi = \Pi \Phi_i = 0$$

bzw.

$$\Phi_i B = 0 \quad \text{und} \quad C\Phi_i = 0.$$

Kann die Kointegrationsmatrix nun so normalisiert werden, daß $C = (I_r, C_0^{-1} C_1) = (I_r, \tilde{C}_1)$ gilt, dann kann z.B. ein Impuls in x_K, der einen gleichgewichtigen einprozentigen Anstieg von x_K bewirkt, einen Effekt von $\tilde{c}_{1K}$ auf die Variable x_1 zur Folge haben. Mit den Kointegrationsvektoren wird die gleichzeitige Beziehung zwischen den Variablen im Gleichgewicht deutlich, ohne daß aus den Kointegrationsvektoren die Gleichgewichtswerte bestimmt werden können.

Um die Interpretation der Impulsantwortfolgen zu erleichtern, werden Impulsantwortfolgen für ein trivariates Beispiel mit $p = 2$ und $r = 2$ berechnet. Das Beispiel lautet in der Johansen-Darstellung:

$$\Delta x_t = \begin{pmatrix} 0.0 & 0.0 & 0.0 \\ 0.0 & -0.5 & 0.0 \\ \gamma_{13} & 0.0 & 0.2 \end{pmatrix} \Delta x_{t-1} - \begin{pmatrix} 0.5 & 0.0 \\ 0.0 & 0.9 \\ 0.0 & 0.0 \end{pmatrix} \begin{pmatrix} 1.0 & 0.0 & -1.0 \\ 0.0 & 0.6 & -1.0 \end{pmatrix} x_{t-2} + \epsilon_t.$$

Von diesem Modell werden nun für $\gamma_{13} = 0.0$ mit Hilfe der autoregressiven Darstellung die Impulsantwortfolgen ermittelt (vgl. Abbildung 5.7a). Die jeweilige Impulsantwortfolge wird in der Abbildung mit pij für $i, j = 1, 2, 3$ bezeichnet. Die Impulsantwortfolgen, die nach wenigen Perioden Null sind, werden nicht beschriftet. Aufgrund der Nichtstationarität der Variablen könnte vermutet werden, daß die Eigenimpulsantwortfolgen langfristig ungleich Null sein müßten. Als Eigenimpulsantwortfolgen werden die Folgen bezeichnet, die Wirkungen einer Innovation in der eigenen Variablen aufzeigen. In diesem Beispiel sind zwei Eigenimpulsantwortfolgen gleich Null. Die dritte Variable treibt die beiden anderen Variablen.

Eine Änderung des Koeffizienten γ_{31} auf 0.4 verschiebt die Antwortfolgen von x_3 (vgl. Abbildung 5.7b). Der Anpassungsprozeß wandelt sich, ohne daß sich an den langfristigen Relationen der Impulsantwortfolgen etwas ändert. Wird die Kointegrationsmatrix wie folgt spezifiziert

$$C = \begin{pmatrix} 1.0 & 0.3 & -1.0 \\ 0.2 & 0.6 & -1.0 \end{pmatrix},$$

dann sind die Antwortfolgen, die vorher bei Null blieben, nach 20 Perioden wieder gleich Null (vgl. Abbildung 5.7c). Bei den Antwortfolgen von x_3 ändert sich deren Relation, sie verharren aber nach 20 Perioden auf einem bestimmten Niveau. Für die letzte Abbildung wird die Ladungsmatrix wie folgt vorgegeben

$$B = \begin{pmatrix} 0.5 & -0.4 \\ 0.2 & 0.9 \\ -0.1 & 0.3 \end{pmatrix}.$$

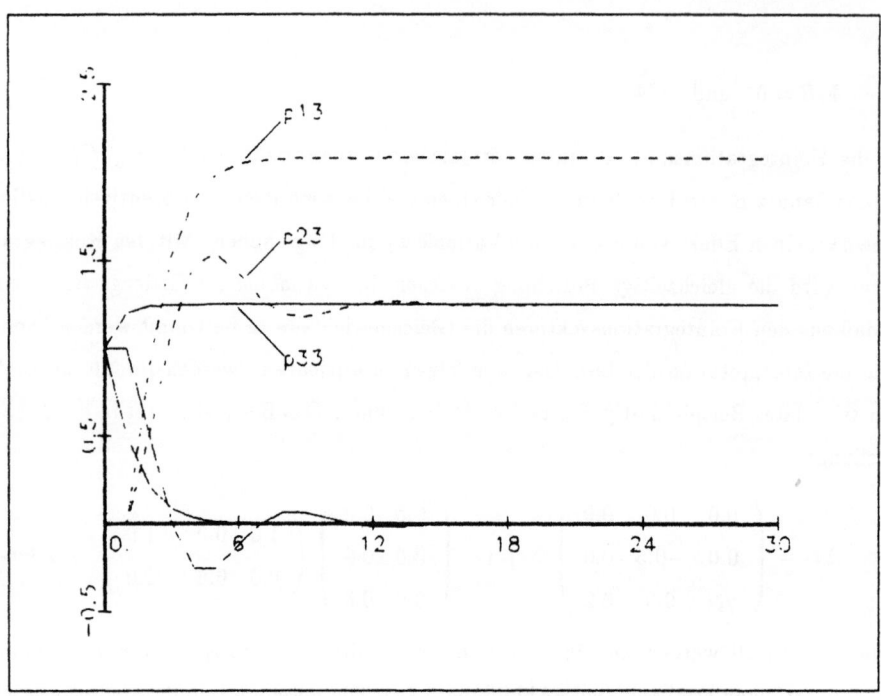

Abbildung 5.7a: Impulsantwortfolgen für das Beispielmodell Version 1
pij: Antwort der i-ten Variable nach einem Impuls in der j-ten Variable.

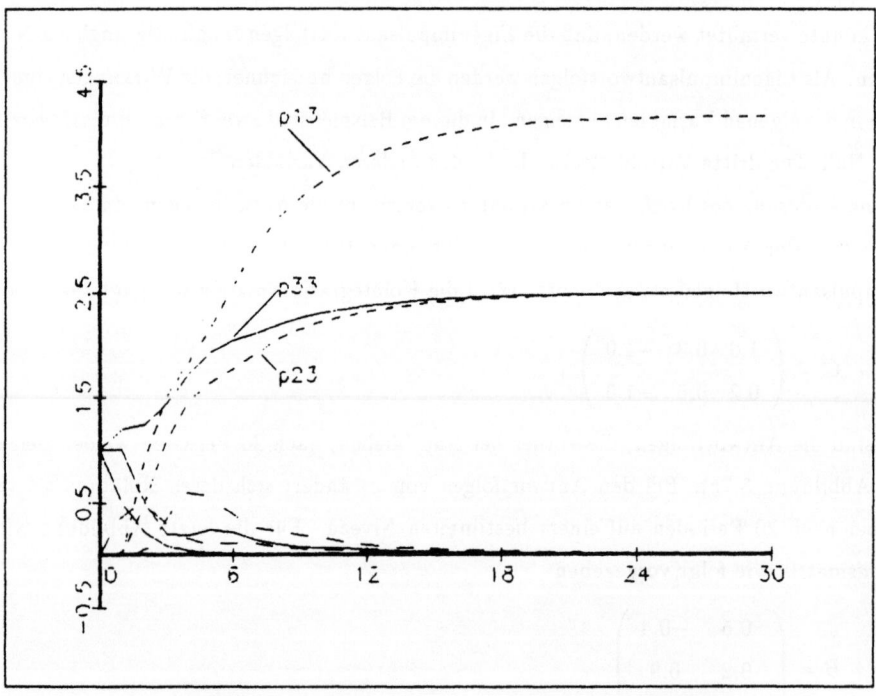

Abbildung 5.7b: Impulsantwortfolgen für das Beispielmodell Version 2
Beschriftung siehe Abbildung 5.7a.

166

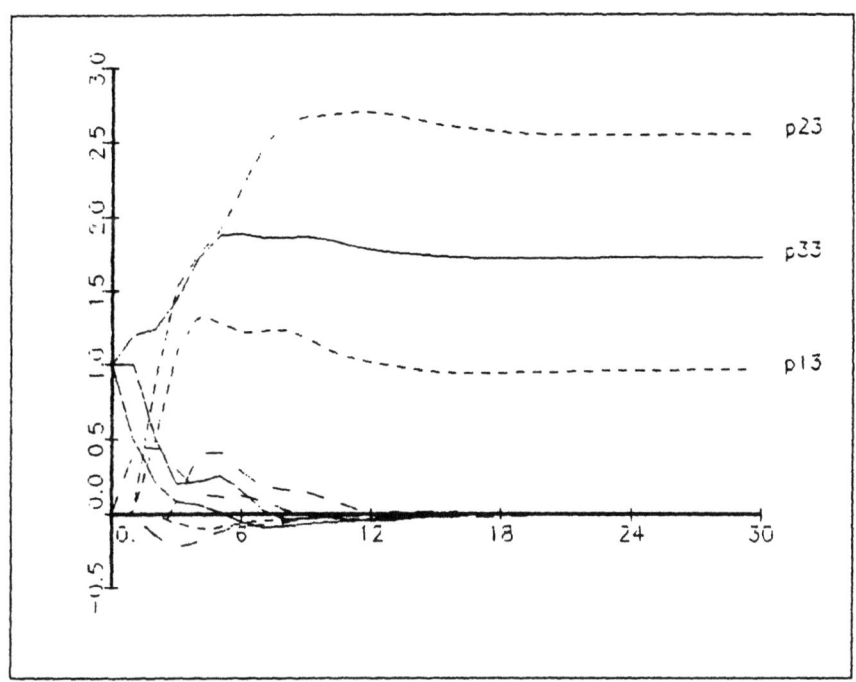

Abbildung 5.7c: Impulsantwortfolgen für das Beispielmodell Version 3
Beschriftung siehe Abbildung 5.7a.

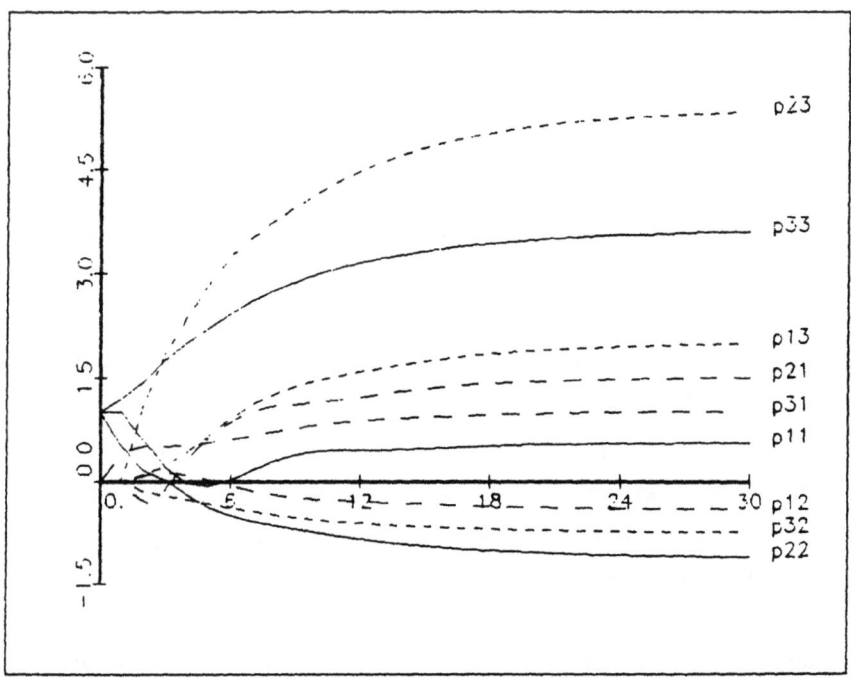

Abbildung 5.7d: Impulsantwortfolgen für das Beispielmodell Version 4
Beschriftung siehe Abbildung 5.7a.

In diesem Fall gibt es durch alle Impulse langfristige Wirkungen (vgl. Abbildung 5.7d). Es ist schwieriger zu entscheiden, welche Variable die Nichtstationarität verursacht.

Kann die Nichtstationarität des Systems identifiziert werden, dann ist eine dynamische Analyse wünschenswert, die die Wirkungen von permanenten und transitorischen Schocks aufzeigt (vgl. Warne (1990a)). Als Ausgangspunkt bietet sich die Bewley–Darstellung an (vgl. Abschnitt 3.2)

$$Q(L)\tilde{x}_t = \epsilon_t,$$

wobei $\tilde{x}_t = Mx_t$ und $M = [C', S_k]$ gilt. Mit der folgenden Rekursion können Matrizenfolgen berechnet werden, die zur Bestimmung der Matrizenpolynome der Wold'schen Darstellung verwendet werden

$$\Upsilon_j = \sum_{i=0}^{j-1} \Upsilon_i Q_{j-i} \quad \text{für} \quad j = 1, 2, \dots.$$

Es gilt $\Upsilon_0 = I_K$ und $Q_j = 0$ für $j > p$. Die Wold'sche Darstellung lautet:

$$\Delta x_t = \Theta(L)\epsilon_t.$$

Es gilt dann folgende Beziehung zwischen dem Lagpolynom $\Theta(L)$ und $\Upsilon(L)$:

$$\Theta_j = M^{-1}\Upsilon_j M - D(L) \sum_{i=0}^{j-1} \Theta_i,$$

wobei $D(L) = \begin{pmatrix} (1-L)_r & 0 \\ 0 & I_{K-r} \end{pmatrix}$ gilt. Es ergibt sich

$$\Delta x_t = \delta + \Theta(L)\epsilon_t = \delta + R(L)v_t,$$

wobei $R(L) = \Theta(L)F^{\dagger-1}$ und $v_t = F^{\dagger}\epsilon_t$ ist. Die Matrix $F^{\dagger}$ ist so identifiziert (vgl. Abschnitt 3.2.2), daß in den ersten r Elementen von v_t die Innovationen der transitorischen Komponente enthalten sind. In den verbleibenden $K - r$ Elementen von v_t stehen die Innovationen der permanenten Komponente. In dem Matrizenpolynom $R(L)$ können die Einflüsse der Innovationen auf das System abgelesen werden, wobei in $R_{ij,n}$ die Reaktion der i-ten Variable auf einen Schock in der j-ten Innovation nach n Perioden abgebildet wird. Zu diesen Größen leitet Warne (1990b) analytische Ausdrücke für die asymptotischen Konfidenzintervallen ab.

Die Impulsantwortfolgen Φ_n und R_n verdeutlichen die dynamische Entwicklung eines Systems. Während für die Folge R_n eine Identifikation der Innovationen durchgeführt werden muß, steht mit der Folge Φ_n eine Koeffizientenfolge zur Verfügung, die keine Identifikation der Kointegrationsvektoren oder der Common–Trend–Variablen benötigt. In der Analyse wird keine Exogenitätsannahme über die Koeffizienten gemacht, sondern mit der Folge können Granger–Kausalitätstests durchgeführt werden. Das Instrumentarium erleichtert die Interpretation kointegrierter Systeme, die mit anderen Darstellungen nicht immer offensichtlich ist (vgl. Abschnitt 3.2.2; 5.2; 7.2).

5.7 Bestimmung der Lagordnung

In den bisherigen Ausführungen wird eine bekannte Lagordnung p vorausgesetzt. In der praktischen Arbeit muß die Lagordnung ermittelt werden. Verschiedene Teststrategien zur Überprüfung oder Schätzung der Lagordnung sollen in diesem Abschnitt vorgestellt werden.

5.7.1 Theoretische Überlegungen zur Lagordnung

In Abschnitt 5.4.2 wurde die Testmöglichkeit von linearen Restriktionen in der autoregressiven Darstellung aufgezeigt. Diese Eigenschaften können genutzt werden, um die Lagordnung von kointegrierten Systemen in der autoregressiven Darstellung zu bestimmen. Die traditionelle Vorgehensweise ist ein sequentielles Testverfahren (vgl. Lütkepohl (1985, 1991)). In dem Testverfahren werden die folgenden Hypothesen mit einem Likelihoodverhältnis getestet, wobei eine Obergrenze M der Lagordnung als bekannt vorausgesetzt wird:

$$H_0^1 \;:\; \Pi_M = 0 \quad \text{gegen} \quad H_1 : \Pi_M \neq 0$$
$$H_0^2 \;:\; \Pi_{M-1} = 0 \quad \text{gegen} \quad H_1^2 : \Pi_{M-1} \neq 0 | \Pi_M = 0$$
$$\vdots$$
$$H_0^i \;:\; \Pi_{M-i+1} = 0 \quad \text{gegen} \quad H_1^i : \Pi_{M-i+1} \neq 0 | \Pi_{M-i+2} = \cdots = \Pi_M = 0 ,$$

wobei mit der Schreibweise $\Pi_{M-1} \neq 0 | \Pi_M = 0$ die Bedingung bezeichnet wird, daß beim Testen von Π_{M-1} die Matrix Π_M gleich Null ist. Das Verfahren (Verfahren I) bestimmt die Lagordnung dadurch, daß die Nullhypothese H_0^i abgelehnt wird. Die Lagordnung ist dann $\hat{p} = M - i + 1$. Der Likelihoodverhältnistest der i-ten Hypothese ist

$$(5.51) \quad q_{LR} = T(\ln |\hat{\Sigma}_{M-i}| - \ln |\hat{\Sigma}_{M-i+1}|) ,$$

wobei $\hat{\Sigma}_{M-i}$ die geschätzte Residuenvarianz des VAR$(M-i)$ Modells ist. Die Teststatistik hat eine asymptotische $\chi^2(K^2)$-Verteilung.

Neben diesem Verfahren kann ein etwas verändertes Verfahren benutzt werden (vgl. Judge et al. (1985), S. 184). In dem Verfahren (Verfahren II) werden Hypothesen der Gestalt

$$H_0^i : \Pi_M = \cdots = \Pi_{M-i+1} = 0 \quad \text{gegen} \quad H_1^i : \Pi_{M-i+1} \neq 0 \quad \text{oder} \cdots \text{oder} \quad \Pi_M \neq 0$$

für $i = 1, \cdots, M$ getestet. Der Likelihoodverhältnistest ist jetzt

$$(5.52) \quad q_{LR}^\star = T(\ln |\hat{\Sigma}_{M-i}| - \ln |\hat{\Sigma}_M|) .$$

Im Gegensatz zum Verfahren I sind die Likelihoodverhältnistests des Verfahrens II nicht asymptotisch unabhängig, so daß das gesamte Signifikanzniveau schwer bestimmt werden kann.

Statt die Lagordnung eines Systems über Likelihoodverhältnistests zu bestimmen, kann sie mittels Ordnungskriterien geschätzt werden. Im stationären Fall kann die Konsistenz von einzelnen Ordnungskriterien gezeigt werden. Paulsen (1984) beweist einen Konsistenzsatz einzelner Ordnungskriterien für multivariate autoregressive Modelle mit Wurzeln auf dem Einheitskreis. Ein Schätzer $\hat{p}$ eines vektorautoregressiven Modells der Ordnung p ($VAR(p)$) wird konsistent genannt, wenn

$$\operatorname*{plim}_{T \to \infty} \hat{p} = p$$

gilt. Werden die Zeitreihen x_t durch einen endlichen VAR(p) - Prozeß erzeugt und wird die Residuenvarianz mit einem Maximum–Likelihood–Schätzer ermittelt, dann ist der Wert j, für den die Funktion

$$Cri(j) = \ln |\hat{\Sigma}_j| + 2j \frac{f(T)}{T} \qquad j = 0, 1, \ldots, p_{max}$$

ein Minimum annimmt, ein schwach konsistenter Schätzer für p, falls $p_{max} \geq p$ ist und $\frac{f(T)}{T} \to 0$ für $T \to \infty$ gilt, wobei T den Stichprobenumfang bezeichnet.

Als konsistenter Schätzer der Lagordnung können das Kriterium von Hannan & Quinn (HQ)

$$HQ(j) = \ln |\hat{\Sigma}_j| + \frac{2K^2 j \ln(\ln(T))}{T}$$

und das von Schwarz (SC)

$$SC(j) = \ln |\hat{\Sigma}_j| + \frac{K^2 j \ln(T)}{T}$$

verwendet werden, worin K die Dimension des VAR(p) angibt. Daneben werden die inkonsistenten, aber häufig eingesetzten Kriterien von Akaike (AIC)

$$AIC(j) = \ln |\hat{\Sigma}_j| + \frac{2K^2 j}{T}$$

und Final Prediction Error (FPE)

$$FPE(j) = |\hat{\Sigma}_j| \left(\frac{T + 1 + Kj}{T - 1 - Kj} \right)^K$$

betrachtet. Als Schätzer der Residuenvarianz wird der unrestringierte ($r = K$) ML–Schätzer von Johansen benutzt. Aufgrund der Inkonsistenz des AIC und FPE werden diese Kriterien eine Lagordnung schätzen, die mit einer positiven Wahrscheinlichkeit größer als die wahre Lagordnung p ist.

In einigen empirischen Arbeiten wird eine univariate Portmanteau–Statistik berechnet, um zu überprüfen, ob die univariaten Residuenprozesse des geschätzten Modells mit der Hypothese des weißen Rauschens vereinbar sind (vgl. Davidson & Hall (1989); von Hagen (1989); Juselius (1990)). Statt eine univariate Betrachtung vorzunehmen, könnte ein multivariater Portmanteautest durchgeführt werden, der in der stationären multiplen Zeitreihenanalyse verwendet wird. Die Residuen lassen sich wie folgt berechnen:

$$\hat{\epsilon}_t = x_t - \hat{\Pi}_1 x_{t-1} - \cdots - \hat{\Pi}_p x_{t-p} \, .$$

Mit deren Hilfe können die Autokovarianzen

$$\hat{R}_i = T^{-1} \sum_{t=i+1}^{T} \hat{\epsilon}_t \hat{\epsilon}'_{t-i} \, .$$

ermittelt werden. Im stationären Fall gilt unter der Nullhypothese, daß die ersten h Autokorrelationen Null sind (vgl. Hosking (1980))

$$(5.53) \qquad P_h = T \sum_{i=1}^{h} \mathrm{spur}(\hat{R}_i \hat{R}_0^{-1} \hat{R}_i \hat{R}_0^{-1}) \overset{d}{\sim} \chi^2(K^2(h-p)) \, .$$

Dies ist die Box–Pierce–Statistik. In kleinen Stichproben hat sich folgende modifizierte Statistik bewährt

$$(5.54) \qquad P_h^\star = T^2 \sum_{i=1}^{h} \mathrm{spur}(T-i)^{-1} (\hat{R}_i \hat{R}_0^{-1} \hat{R}_i \hat{R}_0^{-1}) \, ,$$

die von Ljung & Box (1978) vorgeschlagen wird und die gleiche asymptotische Verteilung wie (5.53) besitzt. Bisher ist wenig darüber bekannt, ob diese asymptotische Verteilung auch im Fall kointegrierter Prozesse gilt.

5.7.2 Simulationsanalyse für integrierte Modelle

In der Simulationsstudie wird die Lagordnung von Modellen zunächst für integrierte und anschließend für kointegrierte Zeitreihen mit Hilfe von Ordnungskriterien und Likelihoodverhältnistests bestimmt. Der Prozeß der integrierten Zeitreihen ist nach dem einfachen Differenzieren stationär ($\sim I(1)$). Die integrierten Prozesse werden durch stationäre AR–Prozesse erzeugt, die dann aufsummiert werden. Da schon der zweidimensionale VAR(1)–Prozeß einen unendlichen Parameterraum hat, soll dieser durch verschiedene Parameterkonstellationen möglichst durchlaufen werden (vgl. Lütkepohl (1985)). Es ergibt sich eine zweidimensionale Differenzengleichung für $A = \begin{pmatrix} a_{11} & a_{12} \\ a_{21} & a_{22} \end{pmatrix}$ mit dem charakteristischen Polynom

$$0 = | I\lambda - A | = \lambda^2 - (a_{11} + a_{22})\lambda + a_{11}a_{22} - a_{12}a_{21} \, ,$$

so daß die charakteristischen Wurzeln sind

$$\lambda_{1/2} = \frac{a_{11} + a_{22}}{2} \pm \sqrt{\frac{(a_{11} + a_{22})^2}{4} - (a_{11}a_{22} - a_{12}a_{21})} \, .$$

Für alle a_{11}, a_{22}, a_{12}, a_{21}, die $|\lambda_1|$, $|\lambda_2| < 1$ erzeugen, ergeben sich stationäre Prozesse (vgl. Lütkepohl (1985)).

Falls die charakteristischen Wurzeln konjugiert komplex sind, können sie wie folgt in Polarkoordinaten geschrieben werden:

Tabelle 5.15: Parameterwerte der integrierten Modelle

Prozesse mit konjugiert komplexen Wurzeln

Parameter	Parameterwerte				
a_{11}	-1	-0.5	0	0.5	1
a_{21}	-1.5	-0.5	0.5	1.5	
θ		$2\pi j/10$	$j = 0, 1, \ldots, 9$		
s	0.8	0.6	0.4	0.2	

Prozesse mit verschiedenen reellen Wurzeln

Parameter	Parameterwerte				
a_{11}	-1	-0.5	0	0.5	1
a_{21}	-0.5	0.5			
λ_1	-0.8	-0.4	0	0.4	0.8
λ_2	-0.6	-0.2	0.2	0.6	

Parameterwerte aus Lütkepohl (1985) entnommen.

$$\lambda_1 = s(\cos\theta + i\sin\theta), \qquad \lambda_2 = s(\cos\theta - i\sin\theta).$$

Daraus läßt sich dann

$$a_{22} = 2s\cos\theta - a_{11}$$

und

$$a_{12} = (2a_{11}s\cos\theta - a_{11}^2 - s^2)/a_{21}$$

ermitteln, wobei $a_{21} \neq 0$ angenommen wird. Die verschiedenen Werte, die in der Simulations-studie benutzt werden, um 800 Modelle zu erzeugen, sind in der Tabelle 5.15 aufgelistet.

Sind beide charakteristischen Wurzeln reell, dann ergibt sich:

$$a_{22} = \lambda_1 + \lambda_2 - a_{11}$$

und

$$a_{12} = (\lambda_1^2 - \lambda_1(a_{11} + a_{22}) + a_{11}a_{22})/a_{21},$$

wobei $a_{21} \neq 0$ angenommen wird. In der Simulationsstudie wird für jede Parameterkonstellation ein Modell berechnet. Die unterschiedlichen Kombinationen für reelle λ_1, λ_2, um 200 Modelle zu erzeugen, sind ebenfalls in der Tabelle 5.15 aufgeführt, so daß insgesamt 1000 Modelle berechnet werden. Diese Modelle werden für die Stichprobenumfänge $T = 50, T = 100, T = 200$ simuliert. Es werden 100 Vorstichprobenwerte gezogen, von denen die letzten p_{max} Werte als

172

Vorstichprobenwerte für die Schätzung benötigt werden. Der Anfangswert des Prozesses wird fest vorgegeben. Die Lagordnungen werden mit den Ordnungskriterien AIC, FPE, HQ und SC sowie mit Likelihoodverhältnistests bestimmt. Als Teststatistik wird (5.51) mit einem 5%-igen Signifikanzniveau (LR) sowie die Statistik (5.52) mit einem 5%-igen (LR5) und einem 1%-igen (LR1) Signifikanzniveau verwendet. Die Simulationen wurden auf einer PDP10 des Rechenzentrums der Universität Kiel mit Hilfe von FORTRAN-Programmen durchgeführt, die von Prof. Lütkepohl zur Verfügung gestellt worden sind.

Die Simulationsergebnisse sind in der Tabelle 5.16 für den Fall ohne Drift und mit einem Drift für beide Variablen $\nu_1 = \nu_2 = 0.5$ aufgeführt. Die Erfolgsquoten der richtigen Lagordnungsschätzungen sind in Abbildung 5.8 für die unterschiedlichen Stichprobenumfänge geplottet. Bei einem Stichprobenumfang von $T = 50$ erzielt das SC-Kriterium die höchste Erfolgsquote. Die Likelihoodverhältnistests lehnen die Nullhypothese sehr häufig ab. Um den Vergleich mit den Ergebnissen von Lütkepohl (1985) zu erleichtern, sind die Schätzergebnisse in der Abbildung 5.8 eingezeichnet worden. Für die Ergebnisse der stationären Modelle sind die Lagordnungen um Eins erhöht worden, da integrierte Prozesse diese höhere Ordnung in der Niveaudarstellung

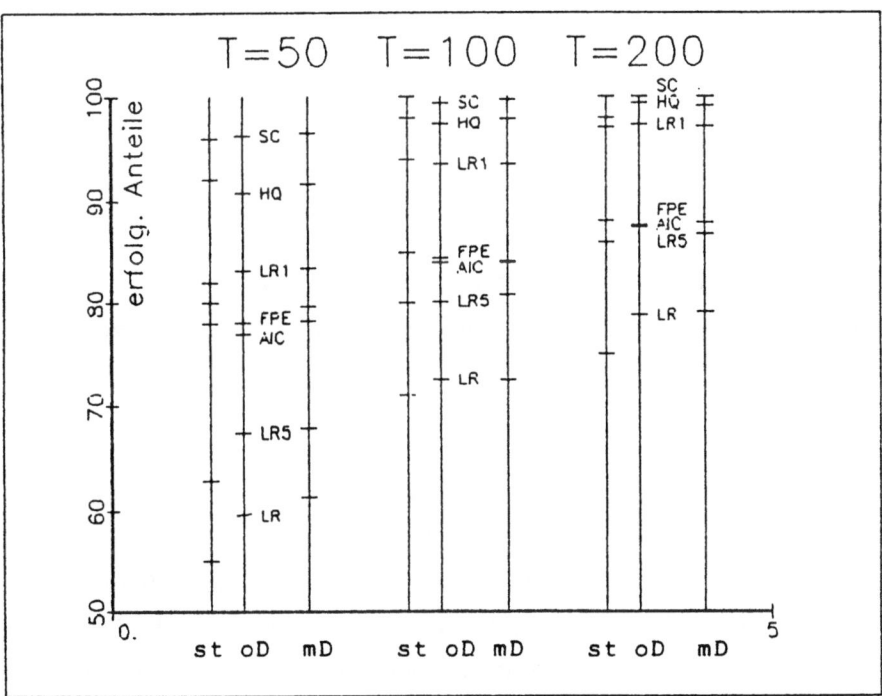

Abbildung 5.8: Anteil der richtigen Lagordnungsschätzungen für Modell 5,
st: stationäre Modelle, oD: ohne Drift, mD: mit Drift.

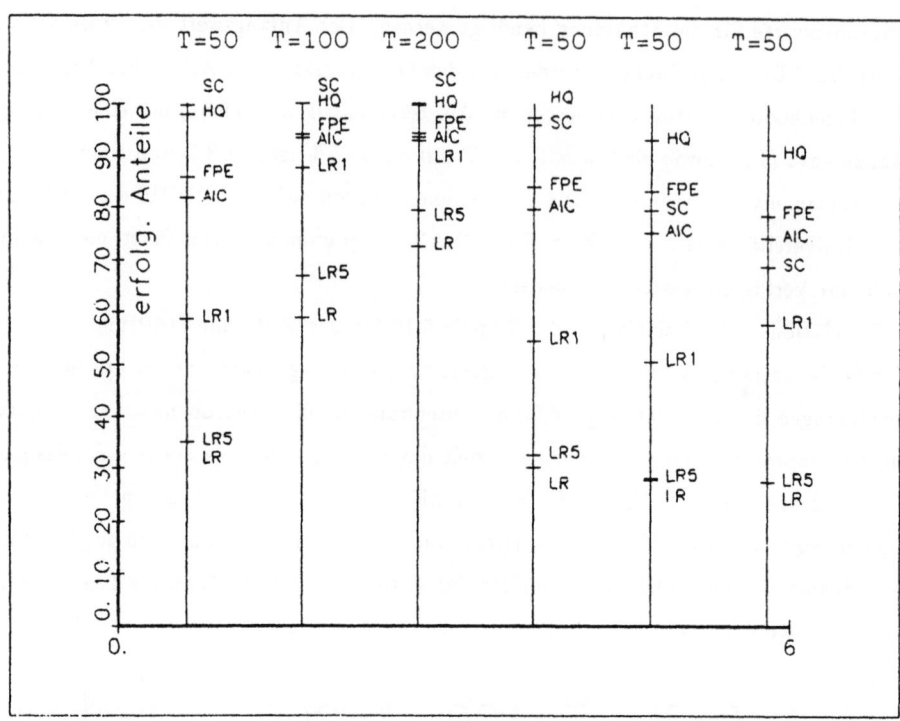

Abbildung 5.9: Anteil der richtigen Lagordnungsschätzungen für Modell 1,2,3,4.
Die ersten drei Senkrechten beziehen sich auf Modell 1, die letzten
drei auf die anderen Modelle bei einem Stichprobenumfang von T=50.

besitzen. Es fällt auf, daß sich die Resultate für die Lagordnungsschätzung fast nicht unterscheiden, wenn man bedenkt, daß Lütkepohl statt $T = 50$ $T = 40$ verwendet hat.

Bei allen Stichprobenumfängen gibt es eine hohe Ähnlichkeit der Ergebnisse von AIC und FPE, die sich durch die theoretische Beziehung:

$$ln(FPE(j)) = AIC(j) + O(\frac{1}{T^2})$$

erklären läßt (Judge et al. (1985), S. 687). Sie haben eine Tendenz zur Überschätzung der Lagordnung bei allen Stichprobenumfängen, worin sich ihre Inkonsistenz verdeutlicht. Für $T = 100$ und $T = 200$ liefern HQ und SC fast identische Resultate. Die traditionellen Testprozeduren erreichen bei diesen Stichprobenumfängen die Häufigkeiten von HQ und SC bei der Erkennnung der wahren Lagordnung nicht. Besonders LR und LR5 überschätzen die Lagordnung erheblich. Bei einem Stichprobenumfang von $T = 200$ wird die asymptotische Verteilung der Teststatistik von LR erreicht. Bei jedem Testschritt ergibt sich bei einer zu großen Lagordnung fast eine 5%-ige Ablehnungshäufigkeit, so daß jeweils eine zu hohe Lagordnung bestimmt wird. Die Hinzunahme eines Drifts ändert die Ergebnisse marginal.

Tabelle 5.16: Anteile der geschätzten Lagordnungen für Modell 5

	Modell ohne Drift							Modell mit Drift						
	AIC	FPE	HQ	SC	LR	LR5	LR1	AIC	FPE	HQ	SC	LR	LR5	LR1
p							T=50							
1	0.3	0.3	1.2	3.0	0.6	1.7	5.1	0.4	0.4	1.2	2.9	0.4	1.5	4.9
2	76.9	78.1	90.7	96.2	59.5	67.5	83.2	78.2	79.6	91.6	96.5	61.4	67.9	83.5
3	11.6	11.5	5.9	0.7	7.5	3.5	1.4	11.5	11.4	5.4	0.5	6.2	3.8	1.6
4	5.7	5.4	2.0	0.1	8.2	5.1	3.1	5.0	4.6	1.5	0.1	7.5	5.1	2.5
5	2.8	2.6	0.0	0.0	10.1	8.1	2.7	2.9	2.4	0.2	0.0	9.9	7.1	3.5
6	2.7	2.1	2.0	0.0	14.1	14.1	4.5	2.0	1.6	0.1	0.0	14.6	14.6	4.0
p							T=100							
1	0.0	0.0	0.0	0.5	0.0	0.2	0.6	0.0	0.0	0.0	0.3	0.0	0.0	0.3
2	84.0	84.4	97.4	99.4	72.5	80.1	93.5	84.0	84.2	97.9	99.7	72.5	80.8	93.5
3	8.6	8.6	2.3	0.1	4.5	2.1	0.8	8.9	8.9	1.8	0.0	4.7	3.0	1.0
4	4.6	4.4	0.3	0.0	7.1	3.6	1.3	4.3	4.4	0.3	0.0	7.0	3.5	0.9
5	1.6	1.5	0.0	0.0	6.7	4.8	1.7	1.8	1.6	0.0	0.0	7.1	4.0	1.7
6	1.2	1.1	0.0	0.0	9.2	9.2	2.1	1.0	0.9	0.0	0.0	8.7	8.7	2.6
p							T=200							
1	0.0	0.0	0.0	0.0	0.0	0.0	0.0	0.0	0.0	0.0	0.0	0.0	0.0	0.0
2	87.6	87.6	99.4	100.	78.8	87.4	97.3	87.8	87.8	99.1	100.	79.1	86.8	97.1
3	8.3	8.3	0.6	0.0	4.7	2.1	0.1	8.3	8.3	0.9	0.0	4.1	1.5	0.5
4	2.8	2.9	0.0	0.0	4.9	2.6	1.0	3.0	3.0	0.0	0.0	5.3	3.2	0.8
5	0.7	0.7	0.0	0.0	6.5	2.8	0.7	0.6	0.6	0.0	0.0	6.3	3.3	0.8
6	0.6	0.5	0.0	0.0	5.1	5.1	0.9	0.3	0.3	0.0	0.0	5.2	5.2	0.8

p: Lagordnung, Maximale AR-Ordnung: $p_{max} = 6$,
Integrierte Prozesse der ersten Ordnung mit $\Sigma_\epsilon = I$.

5.7.3 Simulationsanalyse für kointegrierte Modelle

In dem Simulationsexperiment für Modelle mit kointegrierten Variablen werden die Modelle der Tabelle 5.2 verwendet. In der Simulation werden die gleichen Testprozeduren benutzt und die gleichen Stichprobenumfänge vorgegeben. Im Gegensatz zum vorangegangenen Experiment in 5.7.2 wird bei jedem Durchlauf ein neuer Rauschprozeß erzeugt. In diesem Fall werden 1000 Durchläufe durchgeführt.

Bei einem Stichprobenumfang von $T = 50$ für Modell 1 treffen die Ordnungskriterien sehr häufig die richtige Entscheidung (vgl. Tabelle 5.17 und Abbildung 5.9). Die höchste Erfolgsquote haben HQ und SC. AIC und FPE wählen häufiger eine zu große Lagordnung. Wesentlich seltener kann die wahre Lagordnung mit den Likelihoodverhältnistests bestimmt werden. In der Gruppe dieser Tests ist die Testprozedur LR1 den anderen beiden deutlich überlegen. Wird der Stichprobenumfang auf $T = 100$ erhöht, dann verbessern sich die Erfolgsquoten. Die LR–Tests erreichen nicht die Erfolgsquoten der Ordnungskriterien. Bei einem Stichprobenumfang von $T = 200$ steigt die Häufigkeit der richtigen Entscheidung von den Ordnungskriterien kaum noch

Tabelle 5.17: Anteile der geschätzten AR-Ordnungen für Modell 1, 2, 3, 4 für verschieden Stichprobenumfänge.

	Lag	AIC	FPE	HQ	SC	LR	LR5	LR1
		Modell 1 ($d2 = 1.0$)						
T=50	1	0.0	0.0	0.0	0.1	0.0	0.0	0.0
	2	83.0	86.4	98.3	99.7	35.4	37.0	61.4
	3	7.7	7.0	1.2	0.0	5.2	5.6	4.6
	4	3.2	2.9	0.3	0.0	8.3	8.3	7.8
	5	3.2	2.3	0.2	0.0	16.9	15.9	10.9
	6	2.9	1.4	0.0	0.0	33.2	33.2	15.3
T=100	1	0.0	0.0	0.0	0.0	0.0	0.0	0.0
	2	92.6	93.2	99.7	100.	61.5	66.5	87.3
	3	5.7	5.6	0.3	0.0	6.1	4.4	1.8
	4	1.1	0.9	0.0	0.0	7.6	5.8	2.1
	5	0.6	0.3	0.0	0.0	9.6	8.1	3.6
	6	0.0	0.0	0.0	0.0	15.2	15.2	4.2
T=200	1	0.0	0.0	0.0	0.0	0.0	0.0	0.0
	2	93.7	93.6	99.8	100.	71.2	78.6	93.6
	3	5.2	5.4	0.2	0.0	5.5	2.5	1.4
	4	0.7	0.7	0.0	0.0	6.5	4.3	1.4
	5	0.3	0.2	0.0	0.0	6.8	4.6	0.8
	6	0.1	0.1	0.0	0.0	10.0	10.0	2.8
	Lag	Modell 2 ($d2 = 0.5$)						
T=50	1	0.0	0.0	0.3	3.8	0.0	0.1	0.8
	2	81.7	85.7	97.6	96.2	32.2	33.2	58.0
	3	8.0	7.5	1.7	0.0	5.9	6.4	6.8
	4	3.5	3.0	0.3	0.0	10.6	9.8	8.0
	5	3.7	2.0	0.1	0.0	16.7	15.9	10.8
	6	3.0	1.7	0.0	0.0	34.6	34.6	15.6
	Lag	Modell 3 ($d2 = 0.2$)						
T=50	1	0.4	0.4	4.3	19.7	0.0	1.0	4.5
	2	78.4	84.0	93.4	80.1	29.6	29.5	52.3
	3	9.4	8.8	1.9	0.2	5.8	5.5	5.8
	4	4.2	3.4	0.2	0.0	10.1	10.2	8.4
	5	2.5	1.7	0.1	0.0	18.7	18.0	12.0
	6	5.1	1.7	0.0	0.0	35.8	35.8	17.0
	Lag	Modell 4 ($d2 = 0.0$)						
T=50	1	0.8	0.8	6.8	30.5	0.3	1.8	5.1
	2	77.0	81.4	90.4	69.4	30.2	28.9	49.9
	3	10.9	10.8	2.6	0.1	7.4	7.6	6.7
	4	3.9	3.5	0.0	0.0	8.7	9.3	9.7
	5	2.8	1.8	0.1	0.0	18.8	17.9	12.8
	6	4.6	1.7	0.1	0.0	34.5	34.5	15.8

Maximale AR-Ordnung: $p_{max} = 6$.

an. Das HQ– und das SC–Kriterium erreichen fast 100%. AIC und FPE erzielen eine etwas geringere Quote. Beachtenswert ist die hohe Erfolgsquote von LR1.

Für die anderen Modelle werden nur die Ergebnisse für $T = 50$ aufgeführt, da sich die Ergebnisse der Modelle für $T = 100$ und $T = 200$ nur wenig von den Ergebnissen des Modells 1 unterscheiden. Mit kleinerem $d2$ Koeffizienten nimmt für $T = 50$ die Erfolgsquote in der Regel ab (vgl. Tabelle 5.17). Besonders auffällig ist, daß das SC–Kriterium die Lagordnung häufig unterschätzt. Es schneidet am schlechtesten von den Ordnungskriterien ab, ist aber besser als die Likelihoodverhältnistests. Mit den Likelihoodverhältnistests wird eine zu hohe Lagordnung bestimmt.

Zusammenfaßend wird deutlich, daß mit den Ordnungskriterien die Lagordnung relativ gut geschätzt werden kann. In dieser Simulation erweist sich das SC–Kriterium meistens als überlegen. Etwas andere Ergebnisse erhält Jacobson (1990) in seiner Simulationsstudie. Bei seinen Simulationsexperimenten unterschätzt das SC–Kriterium die richtige Lagordnung zum Teil sehr häufig. Jacobson empfiehlt die Verwendung des HQ–Kriteriums. Zum Schluß wird angemerkt, daß sich die Beurteilung der Verfahren nur auf die Erfolgsquote der richtigen Lagordnungswahl beschränkt. Die Prognoseleistungen der jeweils ausgewählten Modelle werden z.B. nicht verglichen.

Weiterhin untersucht Jacobson (1990) die Eigenschaften der Portmanteau–Statistiken für kointegrierte Modelle in kleinen Stichproben. Die Box–Pierce–Statistik erzielt für $T = 50$ eine Ablehnungshäufigkeit der Nullhypothese, die unter dem nominellen Signifikanzniveau liegt. Die Ablehnungshäufigkeit steigt mit zunehmendem Stichprobenumfang und ist bei $T = 100$ meistens nicht mehr signifikant vom nominellen Niveau verschieden, wenn 12 Autokovarianzmatrizen betrachtet werden. Die Statistik von Box & Ljung erreicht eine Ablehnungshäufigkeit der Nullhypothese, die signifikant über dem nominellen Niveau liegt. Diese Eigenschaft bleibt auch bei $T = 100$ erhalten. Jacobson präferiert aufgrund der besseren Konvergenzeigenschaft die Box–Pierce–Statistik.

Kapitel 6

Prognosen in kointegrierten Systemen

Neben der empirischen Überprüfung von ökonomischen Zusammenhängen ist die Prognose von Zeitreihen ein wichtiges Standbein der Ökonometrie. Die Eigenschaft der Kointegration von Zeitreihen hat eine große Bedeutung für die Prognose dieser Zeitreihen. Die Prognosen von geschätzten Modellen, die die Kointegrationsrestriktionen berücksichtigen, sollten kleinere Prognosefehlervarianzen aufweisen, als die Prognosen von Modellen, die in den ersten Differenzen oder in der unrestringierten vektorautoregressiven Form spezifiziert sind (vgl. Yoo (1987); Engle & Yoo (1987)). Als Modellklasse wird der Ansatz von Johansen (1988, 1989a, b) gewählt, der die Modelle der angesprochenen Spezifikationsvarianten enthält.

Die Prognoseleistungen von geschätzten Modellen sollen anhand einer kleinen Simulationsstudie untersucht werden. Es wird analysiert, wie sich die Spezifikation von Kointegrationsbeziehungen und eine Über- bzw. Unterschätzung der Lagordnung auf die Prognoseleistungen der Systeme in der kurzen und längeren Sicht auswirken. Diesen Prognosen werden Prognosen mit univariaten AR–Modellen in ersten Differenzen gegenübergestellt, da alle Komponenten der Systeme nichtstationär sind.

Neben der Punktprognose ist auch die Bestimmung des Prognoseintervalls wichtig. Die Egenschaften von Konfidenzintervallschätzungen in kleinen Stichproben werden untersucht. Da in der Praxis geschätzte Parameter zur Bestimmung der Prognosen verwendet werden, wird ein Korrekturterm für diesen Fall abgeleitet. In einer Simulationsstudie wird überprüft, ob sich durch diesen Korrekturterm die Approximation der Prognosefehlervarianzen verbessert.

Das Kapitel ist wie folgt aufgebaut. In Abschnitt 6.1 werden die Eigenschaften der Prognosen in kointegrierten Systemen dargestellt und Schätzer für die Prognoseintervalle aufgeführt. Anschließend wird ein Korrekturterm unter der Bedingung abgeleitet, daß geschätzte Parameter zur Prognose benutzt werden (vgl. Abschnitt 6.2). In Abschnitt 6.3 werden der Simulationsaufbau und die Ergebnisse der Punktprognose dargestellt. Weiterhin werden die Resultate unterschiedlicher Approximationen der Prognoseintervalle beschrieben. Zum Schluß werden die Ergebnisse zusammengefaßt.

6.1   Eigenschaften der Punktprognosen

Zur Berechnung der Prognosen eignet sich besonders gut die autoregressive Darstellung (vgl. Lütkepohl (1990c), (1991), Kapitel 11)

$$(6.1) \qquad x_t = \Pi_1 x_{t-1} + \ldots + \Pi_p x_{t-p} + \epsilon_t ,$$

die sich auch als Johansen–Darstellung

$$(6.2) \qquad \Delta x_t = \Gamma_1 \Delta x_{t-1} + \ldots + \Gamma_{p-1} \Delta x_{t-p+1} - \Pi x_{t-p} + \epsilon_t ,$$

schreiben läßt. Für diese Modelle gelten die üblichen Annahmen, die in Abschnitt 3.2 unterstellt worden sind ($x_t = (x_{1t}, \cdots, x_{Kt})'$ und ϵ_t weißes Rauschen). Die optimale h–Schritt–Prognose für ein kointegriertes System ist

$$(6.3) \qquad x_t(h) = \Pi_1 x_t(h-1) + \ldots + \Pi_p x_t(h-p), \quad h = 1, 2, \ldots ,$$

wobei $x_t(j) = x_{t+j}$ für $j \leq 0$ ist. Der Prognosefehler läßt sich schreiben als

$$(6.4) \qquad x_{t+h} - x_t(h) = \sum_{i=0}^{h-1} \Phi_i \epsilon_{t+h-i} ,$$

wobei $\Phi_0 = I_K$ gilt. Die Φ_i lassen sich mit Hilfe folgender Rekursion berechnen

$$(6.5) \qquad \Phi_i = \sum_{j=1}^{i} \Phi_{i-j} \Pi_i ,$$

wobei $\Pi_i = 0$ für $i > p$ gilt. Daraus ergibt sich eine Matrix der mittleren quadratischen Prognosefehler (MSE–Matrix)

$$(6.6) \qquad MSE_x(h) = \sum_{i=0}^{h-1} \Phi_i \Sigma_\epsilon \Phi_i' .$$

Um die Verbindung zwischen der stochastischen Eigenschaft der Prognosefehlervarianz und des erzeugenden Prozesses darzustellen, wird nicht die Prognosegleichung (6.3) aus der autoregressiven Darstellung betrachtet, sondern die Wold'sche Darstellung des Systems (6.1) aufgeführt (vgl. Yoo (1987), S. 40ff):

$$(6.7) \qquad \Delta x_t = \Theta(L)\epsilon_t ,$$

worin $\Theta(L)$ ein Lagpolynom mit $(K \times K)$ Matrizen ist, das für $\Theta(1)$ den Rang $K - r$ hat. Es wird angenommen, daß $\epsilon_t = 0$ für $t \leq 0$ und der Anfangswert x_0 nichtstochastisch ($x_0 = 0$) ist. Der Prozeß (6.7) wird nach x_t aufgelöst, so daß sich

$$(6.8) \qquad x_t = \Delta^{-1}\Theta(L)\epsilon_t = \sum_{i=1}^{t} \sum_{j=0}^{t-i} \Theta_j \epsilon_i$$

ergibt, woraus für ein endliches $h \geq 1$ folgt:

$$(6.9) \quad x_{t+h} = \sum_{i=1}^{t} \sum_{j=0}^{t+h-i} \Theta_j \epsilon_i + \sum_{i=1}^{h} \sum_{j=0}^{h-i} \Theta_j \epsilon_{t+i} \,.$$

Zur Verdeutlichung der stochastischen Eigenschaften von Prognosefehlern erweist sich die Common–Trend–Darstellung von Stock & Watson (1988) als hilfreich (vgl. Abschnitt 3.2). Das Lagpolynom $\Theta(L)$ wird aufgespalten in

$$\Theta(L) = \Theta(1) + (1 - L)\Theta^\star(L) \quad \text{mit} \quad \Theta_i^\star = - \sum_{j=i+1}^{\infty} \Theta_j \,.$$

Für die Beziehung (6.8) ergibt sich dann:

$$(6.10) \quad x_t = \Theta(1)\zeta_t + \Theta^\star(L)\epsilon_t \,,$$

worin $\zeta_t = \sum_{i=1}^{t} \epsilon_t$ ist. Außerdem gilt die Beziehung $C\Theta(1) = 0$ (vgl. Engle & Granger (1987)). Die Prognose von x_{t+h} erfolgt auf der Basis der Informationen bis zum Zeitpunkt t, so daß sich für (6.9) ergibt:

$$(6.11) \quad x_t(h) = \sum_{i=1}^{t} \sum_{j=0}^{t+h-i} \Theta_j \epsilon_i \,.$$

Wenn beachtet wird, daß:

$$(6.12) \quad \lim_{h \to \infty} \sum_{j=0}^{t+h-i} \Theta_j = \Theta(1)$$

ist, dann folgt

$$\lim_{h \to \infty} C x_t(h) = 0 \,.$$

Dies bedeutet, daß die langfristigen Prognosen von kointegrierten Systemen zusammenlaufen, obwohl die individuellen Prognosen ins Unendliche divergieren. Falls die Θ_i für $i = 0, 1, \ldots$ eine exponentiell fallende Folge sind, wird die Konvergenz von (6.12) relativ schnell sein. Wenn h hinreichend groß ist, dann kann die stationäre Komponente in (6.11) vernachlässigt werden, so daß sich

$$(6.13) \quad x_t(h) = \Theta(1)\zeta_t \,.$$

ergibt. Für das Prognosemodell (6.9) lautet der h–Schritt Prognosefehler $e_t(h)$

$$(6.14) \quad e_t(h) = x_{t+h} - x_t(h) = \sum_{i=1}^{h} \sum_{j=0}^{h-i} \Theta_j \epsilon_{t+i} \,,$$

bzw.

$$(6.15) \quad e_t(h) - e_t(h-1) = \sum_{i=1}^{h} \Theta_{h-i} \epsilon_{t+i} \,.$$

Es wird deutlich, wenn $\epsilon_i = 0$ für alle $i \leq t$ angenommen wird, daß der Prognosefehlerprozeß die gleiche stochastische Eigenschaft wie der ursprüngliche Prozeß x_t hat und kointegriert ist. Die Prognosefehlervarianz $\text{Var}(e_t(h))$ lautet

$$(6.16) \quad \text{Var}(e_t(h)) = \sum_{i=1}^{h} \left[\left(\sum_{j=0}^{h-i} \Theta_j \right) \Sigma_\epsilon \left(\sum_{j=0}^{h-i} \Theta_j' \right) \right].$$

Mit Hilfe der Gleichung (6.10) kann abgeleitet werden, daß

$$(6.17) \quad \text{Var}(e_t(h)) = O(h),$$

wobei $O(\cdot)$ das Landauer'sche Symbol bezeichnet und

$$(6.18) \quad \text{Var}(Ce_t(h)) = CQC' < \infty$$

für großes h gilt, wobei Q eine konstante Matrix ist, die durch die stationären Komponenten der Prognosefehler bestimmt wird. Obwohl die individuellen Prognosefehler ins Unendliche wachsen, bleiben bestimmte Linearkombinationen der Prognosefehler endlich.

Die Ergebnisse ändern sich qualitativ nicht, wenn die autoregressive Darstellung (6.1) um einen Vektor mit Konstanten ν erweitert wird (vgl. Engle & Yoo (1987)). In der Common–Trend–Darstellung (6.10) kann dann ein linearer, deterministischer Trend erscheinen.

In der Praxis sind die Koeffizienten von (6.1) nicht bekannt und müssen geschätzt werden. Verschiedene Schätzansätze sind in Abschnitt 3.5 vorgestellt worden. Hier wird der ML–Ansatz von Johansen für das System (6.2) verwendet, da die Schätzung des gesamten Systems notwendig ist, um Prognosen zu berechnen (vgl. Abschnitt 3.5.1). Aus der Schätzung von (6.2) werden die Koeffizienten der autoregressiven Darstellung (6.1) ermittelt. Diese Schätzer werden dann in die Prognosegleichung (6.3) zur Bestimmung der Punktprognosen und in (6.6) zur Berechnung von Intervallprognosen eingesetzt. Da bestimmte Linearkombinationen der Prognosefehler endlich bleiben, sollten geschätzte Modelle, in denen die Kointegrationsrangrestriktion berücksichtigt wird, geringere Prognosefehlervarianzen aufweisen als geschätzte Modelle, in denen die Kointegrationsrangrestriktion nicht beachtet wird. In einer kleinen Simulationsstudie sollen die Auswirkungen der Kointegrationsrangspezifikation und der Lagspezifikation auf die Prognose verdeutlicht werden. Diese Spezifikationsvariationen werden für verschiedene Stichprobengrößen untersucht.

Den Systemprognosen mit (6.3) werden Prognosen mit univariaten AR–Modellen gegenübergestellt, da alle Komponenten von x_t nichtstationär sind, d.h. sie sind $I(1)$–Variablen. Für die Komponenten werden univariate AR–Modelle in den ersten Differenzen geschätzt. Bevor das Simulationsexperiment dargestellt wird, wird auf die Intervallprognose eingegangen.

6.2 Intervallprognose mit geschätzten Koeffizienten

Die Verwendung von geschätzten Koeffizienten bedeutet, daß sich der Prognosefehler aus zwei Komponenten zusammensetzt. Die Prognose mit Schätzern wird mit $\hat{x}_t(h)$ bezeichnet. Wird das Ende des Schätzzeitraumes T als Prognoseursprung gewählt, dann ergibt sich für den Prognosefehler:

$$(6.19) \quad x_{T+h} - \hat{x}_T(h) = [x_{T+h} - x_T(h)] + [x_T(h) - \hat{x}_T(h)] \,.$$

Der erste Term ist der Fehler der Prognose mit bekannten Parametern (siehe Gleichung (6.4)), während sich der zweite aufgrund der Schätzung der Parameter ergibt. Beide Terme sind voneinander unabhängig, da im ersten nur die ϵ_{T+h} eingehen, während im zweiten nur Informationen bis $t \leq T$ berücksichtigt werden. Wird zur Approximation der Prognosefehlervarianz die Gleichung (6.6) benutzt, und KQ-Schätzer für das System (6.1) in die Prognosegleichung (6.3) eingesetzt, wobei $\nu = 0$ ist, dann, so zeigen Basu & Sen Roy (1987), konvergiert der zweite Term mit $O(T^{-1} \ln T)$ gegen Null. Es gilt:

$$(6.20) \quad \widehat{MSE}_x(h) = \sum_{i=0}^{h-1} \Phi_i \Sigma_\epsilon \Phi_i' + O(T^{-1} \ln T)$$

Ein entsprechendes Ergebnis läßt sich zeigen, wenn die ML-Schätzer für die Π_i verwendet werden (vgl. Lütkepohl (1990c)). Dieses Ergebnis kann auf den Fall $\nu \neq 0$ verallgemeinert werden. Bei dieser Approximation des mittleren quadratischen Prognosefehlers wird der zweite Term $[x_T(h) - \hat{x}_T(h)]$ nicht weiter ausgewertet. Für die Berücksichtigung dieses Terms bietet sich die Berechnung der Prognosewerte mit der Johansen-Darstellung (6.2) an, so daß

$$x_T(h) = \Delta x_T(h) + \Delta x_T(h-1) + \ldots + \Delta x_T(1) + x_T = \sum_{i=1}^{h} \Delta x_T(i) + x_T$$

gilt. Hieraus ergibt sich

$$(6.21) \quad x_T(h) - \hat{x}_T(h) = \sum_{i=1}^{h} (\Delta x_T(i) - \Delta \hat{x}_T(i)) \,.$$

Unter der Annahme, daß die Kointegrationsmatrix C bekannt ist, wird für $p = 1$ folgende Schreibweise der Gleichung (6.2) gewählt

$$J \begin{pmatrix} \Delta x_t \\ C x_{t-1} \end{pmatrix} = J \underbrace{\begin{pmatrix} -BC & -B \\ C & I_r \end{pmatrix}}_{=A} \begin{pmatrix} \Delta x_{t-1} \\ C x_{t-2} \end{pmatrix} + J \begin{pmatrix} \epsilon_t \\ 0 \end{pmatrix}$$

$$(6.22) \qquad = J \begin{pmatrix} -B \\ I_r \end{pmatrix} \begin{pmatrix} C & I_r \end{pmatrix} \begin{pmatrix} \Delta x_{t-1} \\ C x_{t-2} \end{pmatrix} + J \begin{pmatrix} \epsilon_t \\ 0 \end{pmatrix}$$

$$(6.23) \qquad = J B^* C^* \begin{pmatrix} \Delta x_{t-1} \\ C x_{t-2} \end{pmatrix} + J \begin{pmatrix} \epsilon_t \\ 0 \end{pmatrix} \,,$$

wobei $J = [I_K \ 0]$ eine $(K \times (K + r))$-Matrix ist. Analog ergibt sich für $p > 1$

$$(6.24) \quad J \begin{pmatrix} \Delta x_t \\ \vdots \\ \Delta x_{t-p+2} \\ C x_{t-p+1} \end{pmatrix} = J \underbrace{\begin{pmatrix} \Gamma_1 & \cdots & \Gamma_{p-1} & -B \\ I_K & \cdots & 0 & 0 \\ \vdots & \ddots & \vdots & \vdots \\ 0 & \cdots & I_K & 0 & 0 \\ 0 & \cdots & 0 & C & I_r \end{pmatrix}}_{=A} \begin{pmatrix} \Delta x_{t-1} \\ \vdots \\ \Delta x_{t-p+1} \\ C x_{t-p} \end{pmatrix} + J \begin{pmatrix} \epsilon_t \\ 0 \\ \vdots \\ 0 \end{pmatrix},$$

wobei $J = [I_K \, 0 \, \cdots \, 0]$ eine $(K \times (K(p-1)+r))$-Matrix ist. Es ist zu beachten, daß

$$(6.25) \quad C\Delta x_{t-p+1} + C x_{t-p} = C x_{t-p+1} - C x_{t-p} + C x_{t-p} = C x_{t-p+1}$$

gilt. A ist in allen Fällen eine quadratische Matrix. Dann ergibt sich für die Komponenten in (6.21)

$$\Delta x_T(i) = J A^i \tilde{Z}_T \quad \text{und} \quad \Delta \hat{x}_T(i) = J \hat{A}^i \tilde{Z}_T \quad \text{für} \quad i = 1, 2, \cdots,$$

wobei $\tilde{Z}_T = (\Delta x_T', \ldots, \Delta x_{T-p+2}', (C x_{T-p+1})')'$ ist. A ist die Koeffizientenmatrix aus der Beziehung (6.22) oder (6.24). Aus Gleichung (6.21) wird dann

$$(6.26) \quad x_T(h) - \hat{x}_T(h) = \sum_{i=1}^{h} (J(A^i - \hat{A}^i)\tilde{Z}_T).$$

Für $\beta = \text{vec}[\Gamma_1, \ldots, \Gamma_{p-1}, -B]$ gilt

$$\sqrt{T}(\hat{\beta} - \beta) \xrightarrow{d} N(0, \Sigma_{\hat{\beta}})$$

mit $\Sigma_{\hat{\beta}} = \Psi^{-1} \otimes \Sigma_\epsilon$ und $\Psi = E(\tilde{Z}_T \tilde{Z}_T') = \text{plim} T^{-1}(\sum \tilde{Z}_t \tilde{Z}_t')$, da alle Komponenten in Ψ stationär sind. $x_T(h)$ ist eine differenzierbare Funktion hinsichtlich β. Bei stationären vektorautoregressiven Modellen wird die Annahme gemacht, daß die Variablen für die Prognose unabhängig von den Variablen sind, die für die Schätzung verwendet werden (vgl. Lütkepohl (1991), Kapitel 3.5). Wird diese Annahme auch hier unterstellt, dann kann gefolgert werden, daß gilt:

$$(6.27) \quad \sqrt{T}(\hat{x}_T(h) - x_T(h)|x_T) \xrightarrow{d} N\left(0, \left(\frac{\partial x_T(h)}{\partial \beta'} \Sigma_{\hat{\beta}} \frac{\partial x_T(h)'}{\partial \beta}\right)\right).$$

Nun kann eine Approximation der Varianz des zweiten Terms $(\hat{x}_T(h) - x_T(h))$ durch $\Omega(h)/T$ vorgenommen werden, wobei

$$(6.28) \quad \Omega(h) = E\left(\frac{\partial x_T(h)}{\partial \beta'} \Sigma_{\hat{\beta}} \frac{\partial x_T(h)'}{\partial \beta}\right)$$

gilt. Die Approximation der Prognosefehlervarianzen erfolgt dann durch

$$(6.29) \quad MSE_{\hat{x}}(h) = MSE_x(h) + \frac{1}{T}\Omega(h) \quad \text{für} \quad h = 1, 2, \ldots.$$

Die Unabhängigkeitsannahme von Prognose und Schätzung kann im stationären Fall leicht begründet werden, da nur p Variablen zur Prognose verwendet werden. Im Fall integrierter Variablen hat die nichtstationäre Komponente der Variablen ein unendliches Gedächtnis, so daß diese Annahme schwerer gerechtfertigt werden kann. Neben der nichtstationären Komponente besteht ein kointegriertes System aus einer stationären Komponente, so daß eine Verallgemeinerung eines Approximationsansatzes für stationäre Prozesse durchgeführt wird.

Die Ableitung von $x_T(h)$ nach den Parametern β lautet

$$\frac{\partial x_T(h)}{\partial \beta'} = \sum_{i=1}^{h} \frac{\partial \mathrm{vec}(JA^i \breve{Z}_T)}{\partial \beta'} \,.$$

Für den Ausdruck $\frac{\partial \mathrm{vec}(JA^i \breve{Z}_T)}{\partial \beta'}$ ergibt sich (vgl. Reinsel (1980)):

$$\frac{\partial \mathrm{vec}(JA^i \breve{Z}_T)}{\partial \beta'} = (\breve{Z}_T' \otimes J)\left(\sum_{j=0}^{i-1}(A')^{i-1-j} \otimes A^j\right)\frac{\partial \mathrm{vec} A}{\partial \beta'}\,,$$

wobei im Fall $p > 1$ gilt

$$\frac{\partial \mathrm{vec} A}{\partial \beta'} = I \otimes J'$$

und im Fall $p = 1$ gilt

$$\frac{\partial \mathrm{vec} A}{\partial \beta'} = \frac{\partial \mathrm{vec} B^* C^*}{\partial \beta'} = (C^{*\prime} \otimes I_K)\frac{\partial \mathrm{vec} B^*}{\partial \beta'} = (C^{*\prime} \otimes I_K)(I \otimes J') = C^{*\prime} \otimes J'\,.$$

Die partiellen Ableitungen werden in die Gleichung (6.28) eingesetzt, so daß sich für den Fall $p > 1$ ergibt:

$$
\begin{aligned}
\Omega(h) &= \sum_{i=1}^{h}\sum_{l=1}^{h}\sum_{j=0}^{i-1}\sum_{m=0}^{l-1}\left(\mathrm{spur} E\left(\breve{Z}_T'(A')^{i-1-j}\Psi^{-1}A^{l-1-m}\breve{Z}_T\right)(JA^j J')\Sigma_\epsilon(J(A')^m J')\right)\\
&= \sum_{i=1}^{h}\sum_{l=1}^{h}\sum_{j=0}^{i-1}\sum_{m=0}^{l-1}\left(\mathrm{spur}\left((A')^{i-1-j}\Psi^{-1}A^{l-1-m}E(\breve{Z}_T\breve{Z}_T')\right)(JA^j J')\Sigma_\epsilon(J(A')^m J')\right)\\
&= \sum_{i=1}^{h}\sum_{l=1}^{h}\sum_{j=0}^{i-1}\sum_{m=0}^{l-1}\left(\mathrm{spur}\left((A')^{i-1-j}\Psi^{-1}A^{l-1-m}\Psi\right)(JA^j J')\Sigma_\epsilon(J(A')^m J')\right)\,.
\end{aligned}
$$

Im Fall $p = 1$ erhält man

$$(6.30)\quad \Omega(h) = \sum_{i=1}^{h}\sum_{l=1}^{h}\sum_{j=0}^{i-1}\sum_{m=0}^{l-1}\left(\mathrm{spur}\left((A')^{i-1-j}C^{*\prime}\Psi^{-1}C^* A^{l-1-m}\breve{\Psi}\right)(JA^j J')\Sigma_\epsilon(J(A')^m J')\right)\,,$$

wobei $\breve{\Psi} = E(\breve{Z}_T \breve{Z}_T') = \mathrm{plim} T^{-1}\sum \breve{Z}_t \breve{Z}_t'$ ist. $\breve{Z}_T$ ist in diesem Fall $\breve{Z}_T = (\Delta x_T', (Cx_{T-1})')'$.

Im Spezialfall für $h = 1$ reduziert sich (6.29) zu:

$$\widehat{MSE}_{\dot{x}}(1) = \Sigma_\epsilon + T^{-1}\mathrm{spur}(I_{K(p-1)+r})\Sigma_\epsilon = \left(1 + \frac{K(p-1)+r}{T}\right)\Sigma_\epsilon\,.$$

Dies wird für den Fall $p = 1$ und $h = 1$ gezeigt

$$\text{spur}\left((A')^0 C^{*\prime} \Psi^{-1} C^* A^0 \check{\Psi}\right) = \text{spur}\left(\Psi^{-1} C^* \check{\Psi} C^{*\prime}\right)$$

$$= E\text{spur}\left((C X_T X_T' C')^{-1} (C, I_r) \begin{pmatrix} \Delta X_T \\ C X_{T-1} \end{pmatrix} (\Delta X_T', X_{T-1}' C') \begin{pmatrix} C' \\ I_r \end{pmatrix}\right)$$

$$= E\text{spur}((C X_T X_T' C')^{-1} (C X_T X_T' C')) = \text{spur}(I_r),$$

wobei die Beziehung (6.25) eingesetzt wurde. Der Korrekturterm $T^{-1}\Omega(h)$ konvergiert für $T \to \infty$ gegen Null.

Ist die Kointegrationsmatrix C bekannt, dann sind alle Variablen stationär, so daß analog zum stationären VAR–Fall (vgl. Basu & Sen Roy (1986)) die konsistente Schätzung der Korrekturmatrix gezeigt werden kann. Die Koeffizientenmatrizen in (6.2) und die Varianz der Residuen Σ_ϵ können konsistent geschätzt werden. Dann ist $(\hat{A}^i - A^i)$ $o_p(1)$. Da $\lim_{T\to\infty}(\frac{h}{\sqrt{T}}) \to 0$ gilt, ergibt sich für die Approximation von (6.21) ein Restterm mit der Ordnung $o(T^{-1/2})$, wobei $o(\cdot)$ das kleine Landauer'sche Symbol ist.

In der Praxis ist C nicht bekannt. Unter der Hypothese, daß es r Kointegrationsbeziehungen gibt, zeigt Johansen (1989b), daß der Schätzer $\hat{C}$ des Kointegrationsraumes mit einer Konvergenzgeschwindigkeit von T gegen eine Nichtstandardverteilung konvergiert (vgl. Abschnitt 3.5.1). Dies bedeutet, daß ein Kointegrationsraum "superkonsistent" geschätzt werden kann. Durch den ML–Schätzer des Kointegrationsraumes wird die Kointegrationsmatrix ersetzt, so daß $\Delta \hat{x}_T(i) = J \hat{\tilde{A}}^i \hat{\tilde{Z}}_T$ gilt. $\hat{\tilde{A}}$ bezeichnet die Matrix, die sich ergibt, wenn die Kointegrationsvektoren geschätzt werden. $\hat{\tilde{Z}}_T$ enthält ebenfalls die geschätzten Kointegrationsvektoren. Diese Beziehung wird nun in Gleichung (6.21) eingesetzt. Wird der ML–Schätzer verwendet, dann wird angenommen, daß gilt

$$(6.31) \quad \sqrt{T}(\hat{x}_T(h) - x_T(h)|x_T) \xrightarrow{d} N\left(0, \left(\frac{\partial x_T(h)}{\partial \beta'} \Sigma_{\hat{\beta}} \frac{\partial x_T(h)'}{\partial \beta}\right)\right).$$

Für die Schätzung der Varianzmatrix werden die Schätzer für C und Σ_ϵ eingesetzt. Die Bestimmung der Kovarianzmatrix in (6.31) kann wie folgt begründet werden. Sei $c = \text{vec}(C)$, $\beta = \text{vec}(\Gamma_1, \ldots, \Gamma_{p-1}, -B)$ und $v = (\beta', c')'$. Im Fall, daß der Kointegrationsraum C identifiziert ist, gilt:

$$\sqrt{T}\left(\begin{pmatrix} \hat{\beta} \\ \hat{c} \end{pmatrix} - \begin{pmatrix} \beta \\ c \end{pmatrix}\right) \xrightarrow{d} N\left(0, \begin{pmatrix} \Sigma_{\hat{\beta}} & 0 \\ 0 & 0 \end{pmatrix}\right)$$

(Beweis siehe Stock (1987)). Dann gilt auch:

$$E\left(\frac{\partial x_T(h)}{\partial v'} \Sigma_{\hat{v}} \frac{\partial x_T(h)'}{\partial v}\right) \approx E\left(\frac{\partial x_T(h)}{\partial \beta'} \Sigma_{\hat{\beta}} \frac{\partial x_T(h)'}{\partial \beta}\right).$$

Sei $\pi = \text{vec}(\Pi_1, \ldots, \Pi_p)$, dann wurde in Abschnitt 3.5.1 dargestellt, daß

$$\sqrt{T}(\hat{\pi} - \pi) \xrightarrow{d} N(0, (\Sigma_\pi))$$

gilt, und es kann

$$E\left(\frac{\partial x_T(h)}{\partial \pi'}\Sigma_\pi \frac{\partial x_T(h)'}{\partial \pi}\right) \approx E\left(\frac{\partial x_T(h)}{\partial v'}\Sigma_{\hat{v}} \frac{\partial x_T(h)'}{\partial v}\right)$$

abgeleitet werden. Die letzte Beziehung gilt auch, wenn C nicht identifiziert ist, da sich die Verteilung von $\hat{\pi}$ in dem Fall nicht ändert.

Die Matrix $\hat{A}$ ist eine lineare Transformation der $\hat{\Gamma}$ und der $\hat{B}(\hat{\hat{C}})$, so daß die Kovarianzmatrizen existieren. Nun kann gezeigt werden, daß $\text{plim}\sqrt{T}(\hat{A} - A) = 0$ ist. Weiterhin gilt (vgl. Basu & Sen Roy (1986)) $\hat{\hat{A}}^i - A^i = (\hat{\hat{A}}^i - \hat{A}^i) + (\hat{A}^i - A^i)$ und

$$(\hat{\hat{A}}^i - \hat{A}^i) = \sum_{j=0}^{i-1}\binom{i}{j}\left(\hat{\hat{A}} - \hat{A}\right)^{i-j}\hat{A}^j,$$

so daß

$$\text{plim}\sqrt{T}(\hat{\hat{A}}^i - \hat{A}^i) = 0$$

aufgrund des Theorems von Slutzky gilt. Aufgrund dieser Zusammenhänge kann die Approximation (6.31) begründet werden.

Für Gaußsche Prozesse gilt nun

$$x_{T+h} - x_T(h) \sim N(0, MSE_x(h)) \quad \text{für} \quad h = 1, 2, \dots .$$

Da die Parameter der autoregressiven Darstellung unbekannt sind, werden die Varianzen mit $\widehat{MSE}_{\hat{x}}(h)$ in Gleichung (6.29) geschätzt, wobei die unbekannten Parameter durch ihre ML–Schätzer ersetzt werden. Das Ergebnis (6.31) kann nun zur Konstruktion von Konfidenzintervallen benutzt werden. Die Eignung des Korrekturterms zur Ermittlung von Prognoseintervallen soll auch anhand einer kleinen Simulationsstudie untersucht werden (vgl. Abschnitt 6.3.3).

6.3 Simulationsexperiment zur Prognose

6.3.1 Simulationsaufbau für die Punktprognosen

Tabelle 6.1: Simulationskoeffizienten in der Johansen Darstellung

ν	Γ			B		C'		Σ_ϵ		
0.0	-0.1	0.0	0.0	0.4	0.0	1.0	1.0	0.0025	0.0	0.0
0.0	0.4	0.0	0.0	0.0	0.4	-0.5	0.5	0.0	0.0009	0.0
0.0	0.0	0.3	0.15	0.2	-0.2	0.5	-1.5	0.0	0.0	0.0004

Für die Simulationsstudie wird ein Modell in der Johansen–Darstellung (6.2) mit Absolutgliedern verwendet. Die Koeffizientenmatrizen des Grundmodells sind in Tabelle 6.1 aufgeführt.

Tabelle 6.2: Autoregressive Darstellung der Koeffizienten

Modell		Π₁			Π₂			Π		
	d1=1.0	0.9	0.0	0.00	-0.30	0.20	-0.20	0.40	-0.20	0.20
1	d2=1.0	0.4	1.0	0.00	-0.80	-0.20	0.60	0.40	-0.20	-0.60
		0.0	0.3	0.85	0.0	-0.10	-0.25	0.00	-0.20	0.40
	Eigenwerte	1.0	0.617 ± 0.362i		0.013 ± 0.595i		0.491			
	d1=1.0	0.9	0.0	0.00	-0.30	0.20	-0.20	0.40	-0.20	0.20
2	d2=0.5	0.4	1.0	0.00	-0.60	-0.10	0.30	0.20	0.10	-0.30
		0.0	0.3	0.85	-0.10	-0.15	-0.10	0.10	-0.15	0.25
	Eigenwerte	1.0	0.755	0.506 ± 0.264i		-0.019 ± 0.280i				
	d1=1.0	0.9	0.0	0.00	-0.30	0.20	-0.20	0.40	-0.20	0.20
3	d2=0.2	0.4	1.0	0.00	-0.48	-0.04	0.12	0.08	0.04	-0.12
		0.0	0.3	0.85	-0.16	-0.18	-0.01	0.16	-0.12	0.16
	Eigenwerte	1.0	0.919	0.432 ± 0.286i		-0.016 ± 0.333i				
	d1=1.0	0.9	0.0	0.00	-0.30	0.20	-0.20	0.30	-0.20	0.20
4	d2=0.0	0.4	1.0	0.00	-0.40	-0.0	0.0	0.0	0.0	0.0
		0.0	0.3	0.85	-0.20	-0.20	0.05	0.20	-0.10	0.10
	Eigenwerte	1.0	1.0	0.399 ± 0.312i		-0.024 ± 0.215i				

Das Modell wurde auch in Abschnitt 5.5 benutzt. Dieses Modell geht über den bivariaten Fall von Engle & Yoo (1987) und Rüdel (1989) hinaus, um Unterschiede der Kointegrationsrangwahl herausfinden. Außerdem wird eine Γ-Matrix spezifiziert. Das Grundmodell ist damit etwas allgemeiner als die Modelle von Brandner & Kunst (1990). Es trifft damit die Breite des Simulationsmodells von Reinsel & Ahn (1988). Relativ kleine Varianzen werden gewählt, da in vielen empirischen Arbeiten die Zeitreihen logarithmiert werden, wodurch sehr kleine Varianzen geschätzt werden.

Dieses Modell wird in die autoregressive Form umgeschrieben, wobei vor dem Kointegrationsvektor jeweils ein Skalar aufgenommen wird, um die Stärke der Kointegrationsvektoren zu variieren, d.h. $B \begin{pmatrix} d1 & 0 \\ 0 & d2 \end{pmatrix} C = \Pi$. Der Koeffizient $d2$ wird verändert, so daß sich die in Tabelle 6.2 aufgeführten Modelle in der autoregressiven Darstellung ergeben. Auch für diesen Simulationsaufbau gelten die Bemerkungen zu den Wurzeln, die in Abschnitt (4.6.3.3) zu den dortigen gemacht worden sind.

Mit diesen Modellen werden mit pseudo–normalverteilten Zufallszahlen, die den Erwartungswert Null und die angegebene Varianz besitzen, Zeitreihen simuliert. 50 Vorstichprobenwerte werden gezogen, und drei zusätzliche Vorstichprobenwerte werden für die Schätzung der Modelle benötigt. Als Anfangsbedingung wird x_{-54}, $x_{-53} = 0$ gesetzt (vgl. Abschnitt 4.6.2.2). Die Zeitreihen werden für die Stichprobenumfänge $T = 50, 100, 200$ simuliert, wobei sich die Stichproben überlappen. Sie sind nicht unabhängig. 25 Nachstichprobenwerte werden ermittelt, die zur Berechnung der Prognosefehler gebraucht werden. Für die Zeitreihen werden VAR–Modelle mit der Lagordnung $p = 1, 2, 3$ bestimmt. Die Modelle werden mit der ML–Methode von Johansen für die Kointegrationsränge von $r = 3, 2, 1, 0$ geschätzt, wobei ein Absolutglied mitgeschätzt wird, um anschließend mit ihnen in der autoregressiven Darstellung zu prognostizieren.

Es werden $N = 1000$ Replikationen eines Simulationsexperiments durchgeführt. Für die verschiedenen Experimente werden die gleichen Zufallszahlensätze verwendet, um die Effekte der Koeffizientenvariationen auf die Prognosefehler zu erhalten. Die Simulation ist in GAUSS programmiert worden.

Der Pognosehorizont wird mit $h = 1, \ldots, 25$ vorgegeben. Ein Prognosehorizont von $h = 25$ ist relativ lang bezogen auf einem Stichprobenumfang von $T = 50$. Die großen Prognosehorizonte wurden gewählt, um die langfristigen Prognoseeigenschaften zu überprüfen. Die Prognosefehler werden mittels Gleichung (6.19) berechnet. Im Gegensatz zu den oben aufgeführten Studien wird als Gütemaß die normierte mittlere Prognosefehlervarianz zum Prognosehorizont h genommen. Die normierten Prognosefehlervarianzen (PF) für eine Simulation mit N Durchläufen kann wie folgt berechnen werden:

$$(6.32) \quad PF_j = \frac{1}{N} \sum_{n=1}^{N} \frac{1}{K} \sum_{i=1}^{K} \frac{\text{Var}(e_{ji})_n}{\text{MSE}_{ji}} \quad \text{für} \quad j = 1, \ldots, h \,,$$

worin $\text{Var}(e_{ji})$ das Quadrat des Prognosefehlers der i - ten Variablen zum Zeitpunkt j ist. Alternativ kann folgende Normierung verwendet werden

$$(6.33) \quad PF_j^* = \frac{1}{N} \sum_{n=1}^{N} \frac{1}{K} e_j'(MSE_j)^{-1} e_j = \frac{1}{N} \sum_{n=1}^{N} \frac{1}{K} (e_j'(MSE_j)^{-1/2})((MSE_j)^{-1/2} e_j) \,.$$

Mit der zweiten Form werden "unabhängige" Prognosefehler erzeugt. Die Interpretation als individuelle Prognosefehlervarianzen ist nicht mehr möglich, deshalb wird in der Simulation die Normierung der Prognosefehler mittels (6.32) vorgenommen. Die theoretischen Prognosefehler zum Zeitpunkt j (MSE_j) lassen sich mit Hilfe der autoregressiven Darstellung gemäß der Beziehung (6.6) ermitteln.

Neben den Prognosen der VAR–Modelle werden auch Prognosen mit univariaten AR–Modellen in den ersten Differenzen berechnet. Die Reduzierung eines multiplen VAR–Modells auf einzelne univariate Modelle kann eine unendliche Lagordnung zur Folge haben, die durch endliche Lagordnungen approximiert werden müssen. Die Bestimmung der Lagordnung erfolgt über das Ordnungskriterium von Hannan und Quinn (HQ) (vgl. Judge et al. (1985))

$$HQ(j) = \ln \hat{\sigma}_j{}^2 + \frac{2m \ln(\ln(T))}{T} \quad \text{für} \quad j = 1, \ldots, p_{max} \,,$$

wobei m die Anzahl der Parameter in einer Schätzgleichung und $\hat{\sigma}^2$ die quadrierte Residuensummen bezeichnet, die durch T geteilt worden sind. In dieser Simulationsstudie wird eine maximale Lagordnung von $p_{max} = 6$ vorgegeben. Zur Schätzung wird die Lagordnung ausgewählt, bei der das Kriterium ein Minimum erreicht. Mit dem geschätzten Modell werden dann die Prognosen errechnet. Die Prognosefehler einer Komponente werden mit den Diagonalelementen des theoretischen MSE-s gewichtet.

6.3.2 Simulationsergebnisse für die Punktprognose

Die Ergebnisse des Modells 1 sind in den Tabellen 6.3 für $T = 50$, 6.4 für $T = 100$ und 6.5 für $T = 200$ dargestellt, sowie in den Abbildungen 6.1, 6.2 und 6.3 geplottet. Die geringsten Prognosefehlervarianzen sind in den Tabellen für die jeweilige h-te Prognose fett gedruckt. In den Abbildungen werden die normierten Prognosefehler der verschiedenen Spezifikationen für die Prognosehorizonte $h = 1, \ldots, 20$ abgetragen. Die mit "a" beschrifteten Graphen bezeichnen die normierten Prognosefehler für $p = 1$ und den Kointegrationsrängen $r = 0, \ldots, 3$ und die mit "b" die entsprechenden für $p = 2$. Der mit "AR" bezeichnete Graph zeigt den normierten Prognosefehler der univariaten Schätzungen.

Bei einem Stichprobenumfang von $T = 50$ werden die geringsten Prognosefehler mit der wahren Spezifikation $p = 2$ und $r = 2$ erzielt. Bei den kurzfristigen Prognosen sind die Fehler mit einer Überdifferenzierung besonders groß. Die Prognosen mit der unrestringierten Schätzung sind bei einem kurz- bzw. mittelfristigen Prognosehorizont nur wenig schlechter als die der wahren Spezifikation. Wird eine zu kleine Lagordnung gewählt, bleibt die Rangfolge der Kointegrationsrangspezifikationen überwiegend erhalten. Besonders die Fehler der kurzen Frist erhöhen sich deutlich. Ein zu großer Lag ändert die Rangfolge der Kointegrationsrangspezifikationen nicht. Prognosefehler mit dem wahren Rang ändern sich nur unwesentlich. Bei den anderen Spezifikationen sinken die Prognosefehler z.T. deutlich. Die univariate AR-Schätzung ist nicht schlechter als die Systemschätzung mit $r = 0$. Die Wirkung der Fehlspezifikation von $r = 0$ ist in diesem Beispiel größer als die der univariaten Approximation des Systems. Der Vergleich ist nicht ganz angemessen, da bei der univariaten Analyse über ein statistisches Kriterium die Lagordnung der Komponenten angepaßt wird, während bei der Systemanalyse die Lagordnung vorgegeben worden ist.

Bei $T = 100$ verringern sich die Fehler etwas. Die Wichtigkeit des richtigen Kointegrationsranges ($r = 2$) ist offensichtlich (vgl. Abbildung 6.2). Entsprechendes gilt für $T = 200$. Die Unterschiede zwischen der Prognose mit der wahren Spezifikation und der unrestringierten VAR-Schätzung reduzieren sich bei diesem Stichprobenumfang. Da zur Normierung der Prognosefehler der theoretische MSE verwendet worden ist, erkennt man, daß mit den ML-Schätzungen bei einem Stichprobenumfang von $T = 200$ schon eine gute Approximation der Prognosefehler-

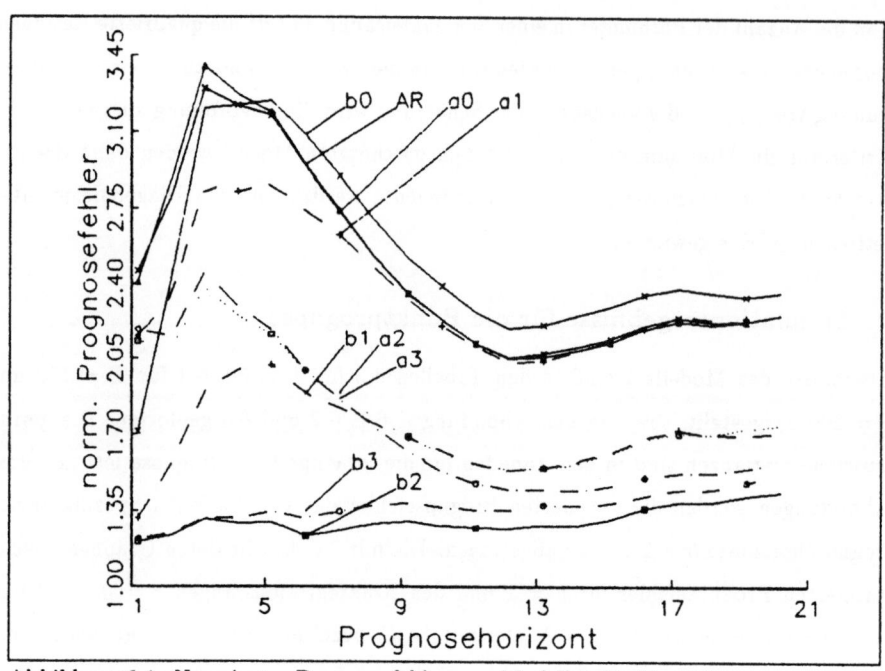

Abbildung 6.1: Normierter Prognosefehler von Modell 1 für T = 50
a0,..., a3: Graph mit $p = 1$ und $r = 0, \ldots, 3$; b0,..., b3: Graph mit $p = 2$
und $r = 0, \ldots, 3$; AR: Graph der univariaten AR–Schätzung.

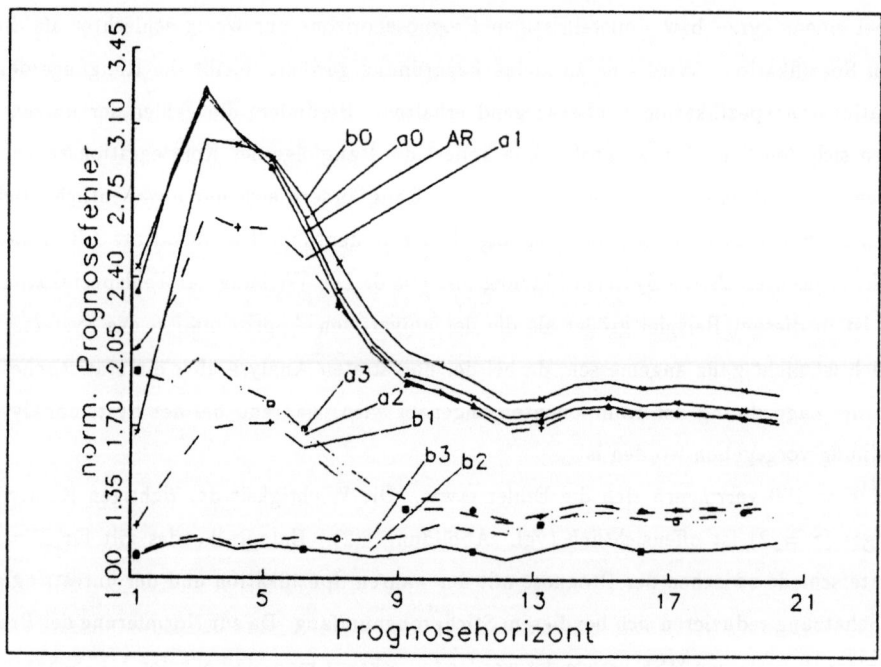

Abbildung 6.2: Normierter Prognosefehler von Modell 1 für T = 100
Beschriftung siehe Abbildung 6.1.

Tabelle 6.3: Prognosevergleich für T = 50 mit unterschiedlicher Lagordnung und verschiedenen Kointegrationsrängen von Modell 1

	p = 1				p = 2				p = 3				AR–
$r^\star$	0	1	2	3	0	1	2	3	0	1	2	3	HQ
$h^\dagger$													
1	2.459	2.157	2.128	2.187	1.714	1.317	**1.203**	1.215	1.492	1.442	1.345	1.353	2.410
2	2.800	2.342	2.096	2.151	2.422	1.569	**1.232**	1.243	1.818	1.597	1.351	1.356	2.885
3	3.300	2.856	2.383	2.456	3.212	1.899	**1.313**	1.315	2.228	1.829	1.414	1.404	3.402
4	3.222	2.827	2.251	2.297	3.225	1.996	**1.292**	1.316	2.316	1.889	1.406	1.415	3.274
5	3.171	2.862	2.162	2.186	3.245	2.019	**1.296**	1.345	2.365	1.901	1.407	1.445	3.189
6	2.939	2.739	1.988	1.991	3.082	1.883	**1.229**	1.314	2.241	1.780	1.334	1.413	2.951
7	2.730	2.623	1.890	1.862	2.898	1.821	**1.251**	1.345	2.132	1.733	1.355	1.451	2.740
8	2.524	2.475	1.776	1.732	2.695	1.749	**1.286**	1.372	2.019	1.683	1.380	1.478	2.529
9	2.351	2.327	1.687	1.623	2.513	1.681	**1.301**	1.382	1.900	1.620	1.381	1.483	2.354
10	2.230	2.203	1.607	1.530	2.387	1.621	**1.272**	1.363	1.809	1.556	1.339	1.456	2.231
15	2.138	2.128	1.607	1.463	2.290	1.611	**1.309**	1.381	1.781	1.537	1.317	1.474	2.122
20	2.252	2.262	1.738	1.567	2.357	1.704	**1.433**	1.519	1.860	1.648	1.465	1.672	2.254
25	2.345	2.323	1.776	1.671	2.473	1.778	**1.462**	1.713	1.930	1.701	1.489	1.954	2.328

($\star$) : Kointegrationsrang r, $h^\dagger$: Prognosehorizont von 1 bis 10, 15, 20, 25
Spur des normierten mittleren quadratischen Prognosefehlers bei 1000 Replikationen des Modells
AR–HQ steht für die Schätzung der Zeitreihen mit univariaten AR–Modellen, deren Lagordnung
mit HQ–Kriterium bestimmt worden ist.

Tabelle 6.4: Prognosevergleich für T = 100 mit unterschiedlicher Lagordnung und verschiedenen Kointegrationsrängen von Modell 1

	p = 1				p = 2				p = 3				AR–
$r^\star$	0	1	2	3	0	1	2	3	0	1	2	3	HQ
$h^\dagger$													
1	2.447	2.065	1.954	1.948	1.665	1.231	**1.092**	1.102	1.431	1.242	1.129	1.136	2.337
2	2.855	2.275	1.891	1.899	2.343	1.481	**1.148**	1.166	1.799	1.436	1.182	1.196	2.883
3	3.228	2.686	2.028	2.036	3.029	1.680	**1.169**	1.190	2.146	1.593	1.200	1.219	3.262
4	3.060	2.628	1.880	1.889	3.008	1.709	**1.127**	1.144	2.128	1.574	1.153	1.169	3.052
5	2.942	2.623	1.804	1.822	2.959	1.716	**1.143**	1.176	2.131	1.563	1.164	1.198	2.904
6	2.666	2.481	1.660	1.688	2.752	1.598	**1.126**	1.181	2.017	1.472	1.149	1.204	2.611
7	2.343	2.263	1.502	1.545	2.466	1.464	**1.112**	1.177	1.846	1.389	1.133	1.200	2.291
8	2.095	2.066	1.379	1.426	2.220	1.358	**1.096**	1.170	1.687	1.305	1.114	1.195	2.047
9	1.945	1.917	1.317	1.362	2.050	1.312	**1.111**	1.192	1.582	1.268	1.126	1.214	1.902
10	1.905	1.864	1.316	1.362	1.987	1.323	**1.148**	1.242	1.564	1.284	1.161	1.262	1.863
15	1.847	1.790	1.293	1.344	1.917	1.341	**1.168**	1.310	1.575	1.314	1.170	1.321	1.810
20	1.774	1.747	1.297	1.360	1.865	1.332	**1.178**	1.326	1.549	1.310	1.186	1.350	1.731
25	1.778	1.739	1.288	1.367	1.854	1.348	**1.165**	1.347	1.541	1.303	1.169	1.373	1.735

Erläuterungen siehe Tabelle 6.3.

Tabelle 6.5: Prognosevergleich für T = 200 mit unterschiedlicher Lagordnung und verschiedenen Kointegrationsrängen von Modell 1

| r^* $h^\dagger$ | p = 1 | | | | p = 2 | | | | p = 3 | | | | AR- |
	0	1	2	3	0	1	2	3	0	1	2	3	HQ
1	2.400	2.033	1.924	1.920	1.608	1.161	**1.011**	1.015	1.307	1.139	1.030	1.032	2.214
2	2.743	2.178	1.769	1.771	2.212	1.343	**1.019**	1.026	1.618	1.258	1.034	1.041	2.687
3	3.105	2.594	1.874	1.885	2.909	1.558	**1.077**	1.084	2.017	1.424	1.094	1.100	3.047
4	2.991	2.549	1.740	1.768	2.932	1.625	**1.052**	1.063	2.078	1.457	1.069	1.079	2.920
5	2.906	2.531	1.663	1.703	2.908	1.672	**1.079**	1.105	2.101	1.487	1.095	1.120	2.820
6	2.700	2.434	1.543	1.587	2.761	1.593	**1.077**	1.114	2.032	1.425	1.092	1.129	2.612
7	2.435	2.279	1.434	1.474	2.527	1.480	**1.080**	1.121	1.903	1.337	1.094	1.136	2.354
8	2.181	2.102	1.327	1.371	2.308	1.377	**1.061**	1.105	1.761	1.261	1.076	1.121	2.106
9	2.008	1.942	1.251	1.300	2.130	1.339	**1.064**	1.116	1.651	1.235	1.080	1.133	1.938
10	1.883	1.839	1.209	1.273	1.998	1.305	**1.075**	1.142	1.571	1.221	1.092	1.160	1.814
15	1.691	1.643	1.162	1.256	1.756	1.276	**1.093**	1.188	1.431	1.208	1.096	1.198	1.631
20	1.557	1.527	1.108	1.192	1.607	1.182	1.045	1.136	1.338	1.127	**1.045**	1.144	1.499
25	1.521	1.494	1.117	1.208	1.598	1.221	1.071	1.171	1.341	1.159	**1.070**	1.180	1.470

Erläuterungen siehe Tabelle 6.3.

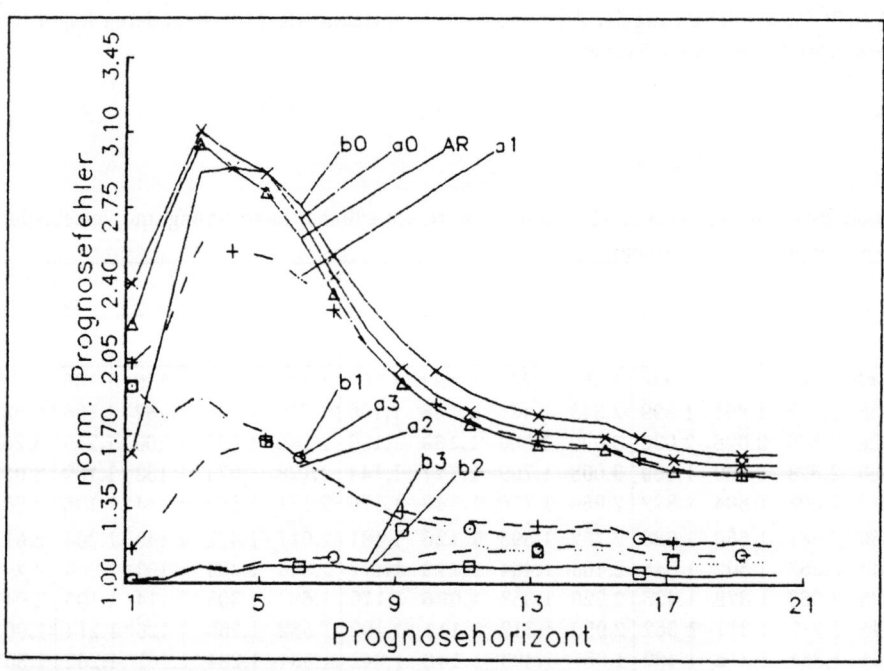

Abbildung 6.3: Normierter Prognosefehler von Modell 1 für T = 200
Beschriftung siehe Abbildung 6.1.

varianz erreicht wird. Die Prognosen mit den überdifferenzierten Modellen sind in diesem Experiment deutlich schlechter.

Da sich die Ergebnisse der anderen Experimente vom ersten in der Tendenz nicht unterscheiden, werden von den anderen nur die Ergebnisse für $T = 100$ aufgeführt. Die Ergebnisse von Modell 2 sind in Tabelle 6.6 sowie Abbildung 6.4, von Modell 3 in Tabelle 6.7 sowie Abbildung 6.5 und von Modell 4 in Tabelle 6.8 sowie Abbildung 6.6 dargestellt. Bei allen Experimenten erweist sich die wahre Spezifikation als überlegen. Mit der wahren Spezifikation sind die Prognosefehler in der kurzen und mittleren Frist deutlich geringer als mit der Spezifikation in ersten Differenzen. Der enorme Unterschied der Prognosefehler bis $h = 10$ im ersten Experiment scheint aber modellabhängig zu sein und wird in den anderen Experimenten nicht gefunden. Eine zu geringe Lagordnung erhöht die Prognosefehler, während eine etwas zu große Lagordnung die Prognosefehler nur unwesentlich erhöht. Die wichtigste Spezifikationsgröße ist der Kointegrationsrang. Mit den überdifferenzierten Modellen werden die größten Prognosefehler erzielt.

Diese Ergebnisse weichen geringfügig von denen ab, die Reinsel & Ahn (1988) in ihrem Experiment erhalten haben. Bis zu einem Prognosehorizont von $h = 13$ werden mit dem wahren Kointegrationsrang die geringsten Prognosefehler erzielt und für größeres h mit einem geringeren Kointegrationsrang erreicht. Dies mag ein besonderes Kennzeichen des Simulationsmodells sein oder daran liegen, daß kein normiertes Gütemaß von den Autoren verwendet worden ist. Die Ergebnisse von Brandner & Kunst (1990) weisen in die gleiche Richtung. Die Autoren empfehlen bei langfristigen Prognosen die Schätzung in den ersten Differenzen. Die Autoren wählen bei einem Stichprobenumfang von $T = 100$ einen maximalen Prognosehorizont von $h = 50$, der für praktische Anwendungen zu groß gewählt sein dürfte. Die univariaten AR–Modelle sind nur im letzten Experiment wesentlich schlechter als die Prognosen mit dem Systemansatz für $r = 0$. In allen anderen Fällen sind sie den überdifferenzierten Spezifikationen überlegen.

6.3.3 Simulationsaufbau und Ergebnisse für die Intervallprognose

Für die Überprüfung des Korrekturterms bei der Konstruktion von Konfidenzintervallen werden die gleichen Modelle wie in den obigen Experimenten betrachtet. Hier wird nur ein Lag von $p = 2$ vorgegeben. Der Prognosehorizont wird mit $h = 1, \ldots, 10$ für $T = 50$ und $h = 1, \ldots, 5$ für $T = 100$ festgelegt. Es werden für die simulierten Prozesse Modelle mit den Kointegrationsrängen $r = 0, \ldots, 3$ mit der Johansen-Prozedur geschätzt und Prognosen ermittelt. Mit diesen Prognosen werden 90%–, 95%– und 98%–ige Prognoseintervalle konstruiert, wobei hier die Normalverteilungshypothese angewendet wird. Zum einen werden die Varianzen der Konfidenzintervalle mit dem wahren Modell konstruiert (MSE_x). Zum anderen werden die geschätzten

Tabelle 6.6: Prognosevergleich für T = 100 mit unterschiedlicher Lagordnung und verschiedenen Kointegrationsrängen von Modell 2

r^* $h^\dagger$	p = 1				p = 2				p = 3				AR-HQ
	0	1	2	3	0	1	2	3	0	1	2	3	
1	1.795	1.695	1.614	1.624	1.348	1.181	**1.099**	1.106	1.315	1.212	1.136	1.141	1.796
2	2.007	1.850	1.641	1.658	1.774	1.299	**1.153**	1.169	1.606	1.348	1.193	1.207	2.022
3	2.276	2.096	1.782	1.803	2.228	1.352	**1.176**	1.201	1.927	1.440	1.222	1.244	2.274
4	2.361	2.173	1.790	1.813	2.409	1.342	**1.150**	1.171	2.041	1.434	1.191	1.213	2.346
5	2.383	2.215	1.782	1.815	2.439	1.356	**1.170**	1.203	2.083	1.436	1.203	1.237	2.359
6	2.276	2.140	1.683	1.730	2.342	1.332	**1.161**	1.217	2.024	1.405	1.189	1.244	2.243
7	2.168	2.055	1.589	1.658	2.239	1.296	**1.155**	1.222	1.953	1.377	1.182	1.248	2.134
8	2.088	1.991	1.506	1.584	2.152	1.265	**1.140**	1.219	1.883	1.347	1.167	1.248	2.045
9	2.047	1.955	1.479	1.556	2.100	1.265	**1.149**	1.237	1.841	1.339	1.171	1.261	1.999
10	2.059	1.971	1.500	1.579	2.102	1.306	**1.190**	1.294	1.855	1.376	1.213	1.319	2.015
15	1.982	1.894	1.426	1.529	2.024	1.290	**1.188**	1.340	1.823	1.351	1.199	1.357	1.952
20	1.874	1.810	1.407	1.567	1.923	1.289	**1.211**	1.387	1.747	1.364	1.228	1.412	1.835
25	1.864	1.784	1.390	1.629	1.909	1.286	**1.189**	1.402	1.736	1.348	1.206	1.424	1.832

Erläuterungen siehe Tabelle 6.3.

Tabelle 6.7: Prognosevergleich für T = 100 mit unterschiedlicher Lagordnung und verschiedenen Kointegrationsrängen von Modell 3

r^* $h^\dagger$	p = 1				p = 2				p = 3				AR-HQ
	0	1	2	3	0	1	2	3	0	1	2	3	
1	1.549	1.464	1.418	1.431	1.252	1.129	**1.109**	1.112	1.249	1.159	1.145	1.145	1.553
2	1.684	1.571	1.481	1.493	1.554	1.211	**1.171**	1.178	1.461	1.246	1.210	1.210	1.670
3	1.838	1.710	1.579	1.590	1.832	1.255	**1.198**	1.213	1.667	1.295	1.240	1.251	1.802
4	1.867	1.736	1.575	1.583	1.916	1.258	**1.189**	1.200	1.720	1.295	1.234	1.243	1.821
5	1.894	1.784	1.584	1.596	1.935	1.315	**1.228**	1.245	1.754	1.342	1.272	1.288	1.843
6	1.852	1.753	1.530	1.552	1.888	1.338	**1.237**	1.270	1.729	1.361	1.281	1.308	1.794
7	1.833	1.744	1.490	1.526	1.870	1.363	**1.248**	1.281	1.726	1.387	1.295	1.320	1.780
8	1.834	1.744	1.449	1.493	1.865	1.373	**1.247**	1.286	1.724	1.394	1.298	1.329	1.778
9	1.859	1.763	1.451	1.498	1.885	1.401	**1.256**	1.305	1.744	1.418	1.301	1.345	1.798
10	1.920	1.818	1.498	1.548	1.944	1.457	**1.308**	1.369	1.805	1.469	1.355	1.408	1.865
15	2.015	1.896	1.470	1.553	2.039	1.516	**1.298**	1.400	1.912	1.520	1.336	1.432	1.968
20	2.020	1.896	1.510	1.658	2.044	1.566	**1.366**	1.510	1.921	1.566	1.404	1.547	1.966
25	2.069	1.930	1.494	1.709	2.094	1.571	**1.359**	1.511	1.971	1.579	1.403	1.542	2.019

Erläuterungen siehe Tabelle 6.3.

Tabelle 6.8: Prognosevergleich für T = 100 mit unterschiedlicher Lagordnung und verschiedenen Kointegrationsrängen von Modell 4

$r^\star$ $h^\dagger$	p = 1				p = 2				p = 3				AR-HQ
	0	1	2	3	0	1	2	3	0	1	2	3	
1	1.429	1.324	1.358	1.379	1.213	**1.072**	1.093	1.112	1.208	1.109	1.130	1.148	1.461
2	1.525	1.372	1.409	1.438	1.441	**1.116**	1.148	1.179	1.349	1.149	1.184	1.215	1.562
3	1.609	1.449	1.490	1.534	1.614	**1.139**	1.192	1.237	1.457	1.168	1.230	1.274	1.667
4	1.569	1.404	1.454	1.522	1.610	**1.114**	1.183	1.242	1.439	1.140	1.220	1.280	1.639
5	1.531	1.388	1.464	1.548	1.563	**1.135**	1.232	1.300	1.420	1.164	1.274	1.344	1.591
6	1.464	1.346	1.438	1.535	1.489	**1.141**	1.254	1.331	1.367	1.166	1.288	1.369	1.529
7	1.416	1.311	1.418	1.532	1.441	**1.145**	1.267	1.359	1.332	1.167	1.303	1.399	1.501
8	1.378	1.270	1.413	1.556	1.399	**1.123**	1.271	1.392	1.296	1.144	1.312	1.433	1.517
9	1.358	1.257	1.404	1.564	1.377	**1.119**	1.277	1.414	1.278	1.140	1.319	1.454	1.513
10	1.389	1.281	1.429	1.600	1.408	**1.156**	1.310	1.464	1.311	1.175	1.347	1.500	1.575
15	1.366	1.255	1.484	1.787	1.384	**1.155**	1.367	1.641	1.304	1.170	1.408	1.684	1.675
20	1.410	1.304	1.584	2.010	1.425	**1.231**	1.476	1.860	1.354	1.244	1.527	1.907	1.817
25	1.431	1.319	1.675	2.300	1.447	**1.253**	1.583	2.139	1.383	1.265	1.639	2.191	1.912

Erläuterungen siehe Tabelle 6.3.

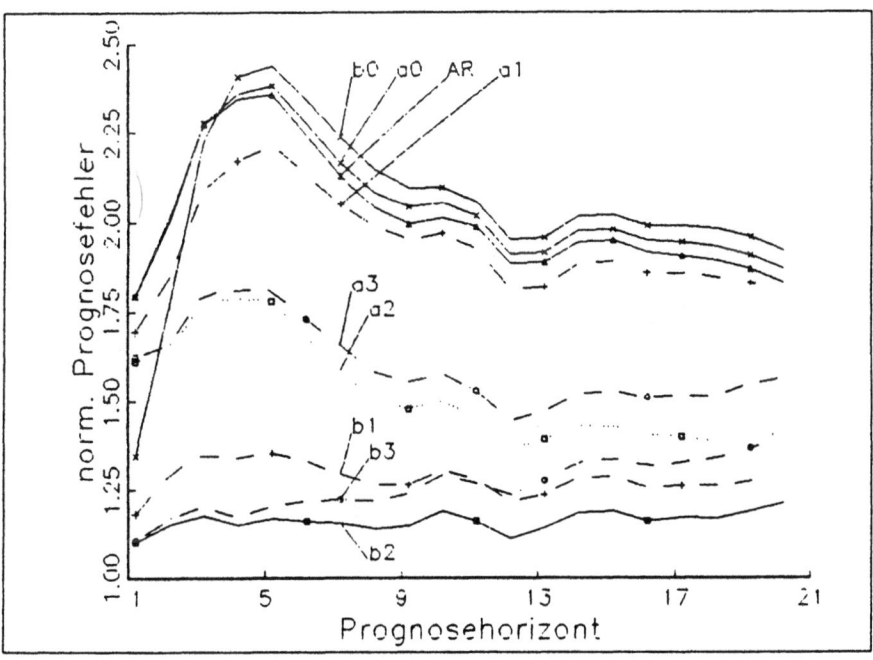

Abbildung 6.4: Normierter Prognosefehler von Modell 2 für T = 100
Beschriftung siehe Abbildung 6.1.

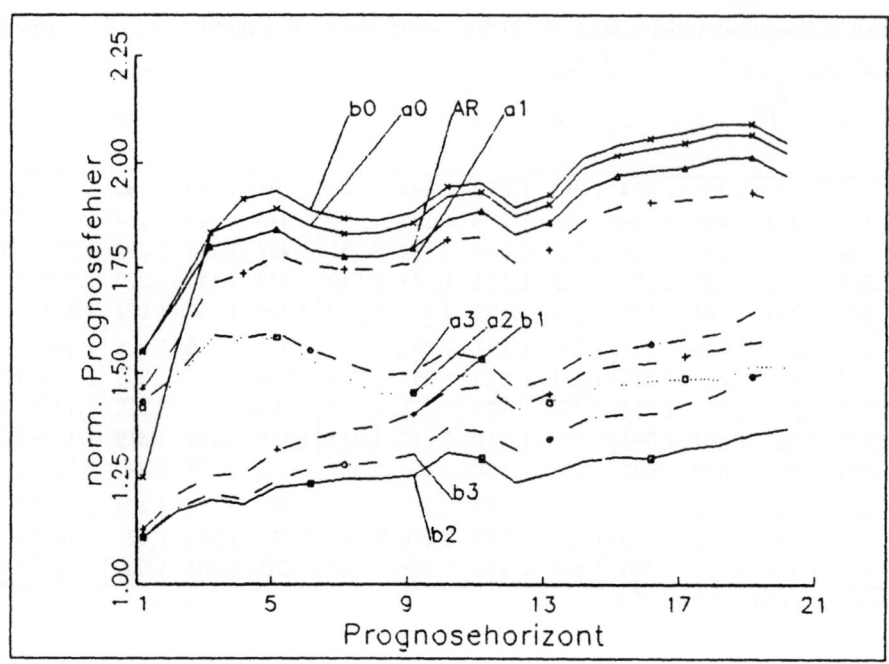

Abbildung 6.5: Normierter Prognosefehler von Modell 3 für T = 100
Beschriftung siehe Abbildung 6.1.

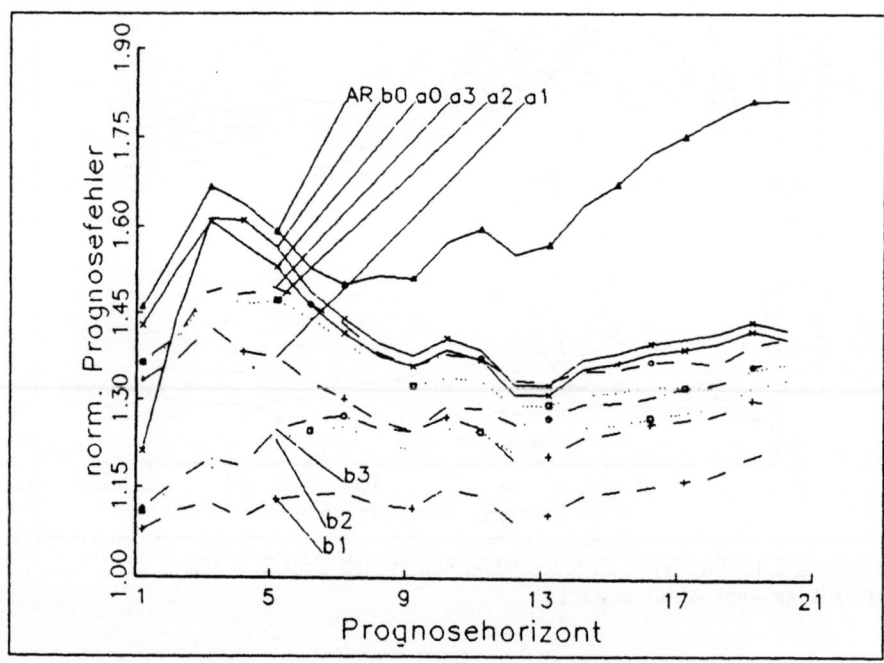

Abbildung 6.6: Normierter Prognosefehler von Modell 4 für T = 100
Beschriftung siehe Abbildung 6.1.

Parameter in die Prognosefehlervarianzformel (6.6) eingesetzt ($\widehat{MSE}_x$). Als drittes wird zu den zuletzt berechneten Varianzen der Korrekturterm addiert ($\widehat{MSE}_{\ddot{z}}$) (siehe Gleichung (6.29)). Es wird kontrolliert, ob die jeweiligen Prognoseintervalle den wahren Wert überdecken.

Die Ergebnisse für das Modell 1 sind in der Abbildung 6.7 geplottet. Alle Graphiken beziehen sich auf das 95.0 %-ige Prognoseintervall. Weiterhin sind die Resultate für $h = 1, \ldots, 5, 7, 10$ in den Tabellen 6.9 ($r = 3$), 6.10 ($r = 2$) und 6.11 ($r = 1$ und $r = 0$) zusammengestellt. In der Tabelle stehen die Anteile der Konfidenzintervalle, die den wahren Wert überdeckt haben. Im oberen Teil der Tabelle 6.9, in der die Ergebnisse für $T = 50$ stehen, erkennt man die relativ gute Prognose dieser Spezifikation. Werden die Konfidenzintervalle mit geschätzten Parametern konstruiert, reduziert sich aber die Erfolgsquote, dagegen verbessert die Verwendung des Korrekturterms die Erfolgsquote. Der Anstieg, der in der Regel 2 bis 4 Prozentpunkte beträgt, ist nicht signifikant, da sich bei einem Binomialtest auf unbekannte Anteile ein maximaler Standardfehler von $\sqrt{0.5 \cdot 0.5/1000} = 3.2$ ergibt. Wenn die Prozentzahl des Binominaltests auf 0.10 gesenkt wird, kann ein Standarfehler von unter 1.0 Prozentpunkt angegeben werden. Wird der Stichprobenumfang auf $T = 100$ erhöht, reduziert sich der Einfluß des Korrekturterms.

In der Tabelle 6.10 sind die Erfolgsquoten der wahren Spezifikation angegeben. Auch in diesem Fall verbessert sich die Bestimmung der Prognosevarianzen mit der Verwendung des Korrekturterms. Die Quoten der Konfidenzintervalle mit den wahren Koeffizienten werden von Konfidenzintervallschätzungen mit Korrekturterm nicht erreicht. Werden die Intervallschätzungen mit einem zu niedrigen Kointegrationsrang vorgenommen, dann reduziert sich die Erfolgsquote der Koinfidenzintervalle mit den wahren Parametern deutlich (vgl. Tabelle 6.11). Bei diesem Prozeß bleibt die Frage offen, warum die Erfolgsquote zunächst stark abfällt ($h \leq 4$) und dann zum Teil ansteigt. Werden die geschätzten Parameter zur Konstruktion der Konfidenzintervalle benutzt, dann steigt die Erfolgsquote. Die Verwendung des Korrekturterms verbessert die Schätzung der Prognoseintervalle. Zum Teil ist die Erfolgsquote höher als das nominelle Konfidenzniveau. Aus dem Abschnitt 6.3.2 ist bekannt, wie groß der normierte Prognosefehler im Fall $r = 0$ ist. Es werden entsprechend weite Konfidenzintervalle geschätzt. Die hohen Erfolgsquoten bedeuten, daß für die relativ schlechten Prognosen sehr große Konfidenzintervalle angegeben werden.

Für die anderen Modelle sind die Ergebnisse (siehe Tabelle 6.12) nur für die Schätzungen mit dem wahren Kointegrationsrang und einem Stichprobenumfang von $T = 50$ aufgeführt. Es wird ersichtlich, daß bei diesem Stichprobenumfang in allen Fällen die Verwendung des Korrekturterms zu einer Verbesserung der Approximation der Prognosefehlervarianzen führt. Mit dem Korrekturterm wird das vorgegebene Niveau der Konfidenzintervalle fast erreicht.

Tabelle 6.9: Erfolgsquoten der Prognoseintervalle bei einem Stichprobenumfang von T = 50 und T = 100 für r = 3 Modell 1

Prognose-		90%-KI			95%-KI			98%-KI		
horizont		x_1	x_2	x_3	x_1	x_2	x_3	x_1	x_2	x_3
				$T = 50$		$r = 3$				
MSE_x	1	86.3	87.5	87.6	92.1	93.8	92.6	96.0	96.2	96.9
	2	86.3	87.7	84.8	92.8	92.7	91.3	96.4	95.9	96.4
	3	87.4	84.2	85.1	93.0	90.8	91.5	97.3	96.6	95.3
	4	86.9	85.7	83.6	92.8	92.6	89.9	96.7	97.3	94.9
	5	86.6	86.6	83.9	92.2	92.4	90.0	95.6	96.5	94.7
	7	88.4	86.2	84.1	92.9	92.5	91.7	96.5	96.9	96.5
	10	88.1	85.5	85.8	93.2	91.8	91.6	96.8	96.3	96.0
$\widehat{MSE}_x$	1	82.5	84.7	83.4	88.5	90.8	88.8	93.6	95.2	94.8
	2	79.9	84.1	80.1	87.9	90.3	87.0	92.5	93.6	92.7
	3	79.7	81.6	79.6	88.9	87.5	87.7	93.9	94.2	92.8
	4	81.6	81.8	79.2	88.2	88.8	85.9	92.6	93.7	91.1
	5	82.4	79.9	78.5	87.6	88.2	85.7	93.3	92.6	90.5
	7	84.7	77.4	75.6	90.5	84.5	84.4	94.4	90.7	90.0
	10	85.3	72.9	71.7	90.2	80.1	79.4	93.8	86.3	87.0
$\widehat{MSE}_{\pm}$	1	85.0	86.8	85.9	90.5	92.5	91.3	95.1	96.0	96.2
	2	83.7	86.9	83.2	90.1	92.3	90.0	95.3	95.9	95.3
	3	85.1	84.6	83.7	91.6	90.5	90.1	95.8	96.1	94.2
	4	85.1	85.5	82.1	90.4	91.8	88.5	95.0	95.9	93.8
	5	84.7	85.3	81.6	90.4	90.8	88.8	95.0	95.3	93.2
	7	86.6	81.7	82.0	92.0	88.4	87.8	95.5	93.9	93.2
	10	87.2	77.7	77.6	91.0	84.6	85.0	95.4	89.7	90.9
				$T = 100$		$r = 3$				
MSE_x	1	88.9	88.4	88.0	95.5	94.3	93.8	97.8	98.1	97.2
	2	89.0	89.3	86.9	94.9	93.6	93.1	96.7	97.8	96.9
	3	89.4	86.8	87.5	95.1	92.9	92.7	97.8	96.8	97.4
	4	88.6	87.5	88.1	93.6	93.1	94.8	97.2	97.5	97.1
	5	87.6	89.6	87.9	92.0	94.4	93.7	96.7	98.0	97.1
$\widehat{MSE}_x$	1	87.4	86.0	86.9	94.4	92.8	92.6	97.5	97.1	96.4
	2	85.5	86.9	83.6	92.5	92.7	90.7	95.3	96.8	95.0
	3	86.6	84.6	84.9	93.2	90.8	90.9	96.4	95.8	95.8
	4	85.9	84.9	85.3	91.5	91.4	91.5	95.8	96.3	95.7
	5	85.7	86.4	85.4	91.3	92.6	91.0	95.3	96.6	95.8
$\widehat{MSE}_{\pm}$	1	88.7	87.3	88.0	94.9	93.8	93.8	97.6	97.2	96.7
	2	87.8	89.0	85.9	92.9	93.7	92.0	96.1	97.4	96.0
	3	88.2	86.5	87.0	94.2	92.5	92.2	96.9	96.8	96.7
	4	87.7	87.0	87.8	92.8	92.4	92.9	96.0	97.4	96.5
	5	87.0	87.9	87.2	92.2	93.7	92.6	96.3	97.7	96.6

Tabelle 6.10: Erfolgsquoten der Prognoseintervalle bei einem Stichprobenumfang von T = 50 und T = 100 für r = 2 Modell 1

	Prognose-horizont	90%-KI			95%-KI			98%-KI		
		x_1	x_2	x_3	x_1	x_2	x_3	x_1	x_2	x_3
				$T = 50$		$r = 2$				
MSE_x	1	87.0	87.7	86.8	91.9	93.4	93.0	96.5	96.3	96.6
	2	86.7	87.2	86.0	93.3	92.7	92.1	96.8	95.8	96.5
	3	87.2	83.9	85.2	92.8	90.8	91.9	96.5	96.3	96.2
	4	86.3	85.8	83.8	92.5	93.7	90.4	96.9	96.4	95.4
	5	86.4	87.4	83.7	92.3	92.9	90.7	96.3	96.7	94.6
	7	88.1	88.1	86.5	93.2	93.2	92.8	97.0	96.4	97.0
	10	87.7	88.0	86.6	92.6	92.9	92.2	96.6	96.2	96.6
$\widehat{MSE}_x$	1	83.5	85.0	83.6	89.8	90.8	89.3	94.0	94.9	94.8
	2	82.5	83.6	82.0	88.7	90.4	87.9	94.6	94.1	93.8
	3	82.7	81.2	80.9	90.0	87.8	88.5	94.0	93.4	94.2
	4	83.3	83.6	80.3	89.8	91.0	87.9	94.0	95.4	92.9
	5	83.5	84.1	80.8	89.1	90.3	88.5	93.9	94.9	92.8
	7	85.5	84.1	81.6	91.8	89.4	88.6	95.3	93.1	94.3
	10	85.1	83.1	81.8	89.9	88.7	87.9	94.1	93.6	92.8
$\widehat{MSE}_{\dot{x}}$	1	85.7	87.1	85.5	91.0	92.5	91.4	95.3	95.8	96.1
	2	85.0	86.5	84.0	91.5	91.9	90.3	95.7	95.3	95.2
	3	85.9	84.3	83.7	92.0	89.9	90.4	96.2	95.7	95.0
	4	85.2	87.2	83.3	91.6	92.6	89.2	95.0	96.5	94.6
	5	84.9	87.0	84.6	90.8	92.6	90.1	95.3	95.8	94.3
	7	86.7	86.4	84.3	92.5	91.2	91.5	96.0	94.7	95.7
	10	86.1	86.1	84.8	90.3	91.2	90.2	94.9	95.4	94.7
				$T = 100$		$r = 2$				
MSE_x	1	89.7	88.1	88.9	95.2	94.2	93.6	97.8	98.3	97.4
	2	89.3	89.6	86.8	94.1	93.7	93.8	97.1	97.5	97.2
	3	90.2	86.5	88.8	95.1	92.7	93.3	97.4	96.5	97.1
	4	88.1	87.7	88.9	93.9	94.0	94.7	96.6	97.8	97.2
	5	86.4	89.6	88.5	91.7	95.5	94.0	97.0	98.1	97.5
$\widehat{MSE}_x$	1	87.8	87.1	87.3	93.8	92.6	92.8	97.4	96.8	96.6
	2	86.8	87.1	84.8	92.4	92.6	91.7	95.4	96.8	95.9
	3	87.3	85.1	86.8	93.3	91.1	91.8	97.0	95.8	95.6
	4	86.6	87.0	87.9	92.3	93.2	93.3	95.9	96.5	96.1
	5	85.4	87.9	87.5	91.8	94.4	92.9	95.3	97.4	96.5
$\widehat{MSE}_{\dot{x}}$	1	88.9	87.5	88.6	94.3	94.1	94.0	97.8	97.5	97.2
	2	88.1	88.7	86.2	93.5	93.7	93.0	96.3	97.2	96.6
	3	88.6	86.2	87.7	94.0	92.9	92.8	97.3	96.6	96.7
	4	87.9	88.0	88.6	93.1	94.0	93.7	96.3	97.4	97.0
	5	86.2	89.9	88.3	92.8	95.5	93.9	95.9	97.9	97.5

Tabelle 6.11: Erfolgsquoten der Prognoseintervalle bei einem Stichprobenumfang von T = 50 für r = 1 und r = 0 Modell 1

	Prognose-horizont	90%-KI			95%-KI			98%-KI		
		x_1	x_2	x_3	x_1	x_2	x_3	x_1	x_2	x_3
					$T=50$	$r=1$				
MSE_x	1	85.1	86.2	84.0	91.5	92.5	88.7	96.5	95.9	93.9
	2	81.3	84.2	79.1	89.2	90.6	87.0	94.0	94.5	92.3
	3	77.8	80.4	74.2	86.7	87.9	82.5	93.0	92.2	89.1
	5	76.1	86.0	72.4	84.1	91.3	81.6	89.6	95.0	88.1
	7	78.6	86.4	79.2	84.9	91.5	86.4	91.8	95.5	91.9
	10	80.6	87.5	82.7	87.4	92.5	89.5	92.0	95.5	93.8
$\widehat{MSE}_x$	1	85.8	85.2	85.0	91.2	90.3	89.7	95.8	94.8	94.5
	2	84.2	84.0	86.0	92.0	91.0	91.6	96.4	94.2	95.8
	3	86.8	83.3	86.4	93.2	89.9	91.7	97.2	94.1	96.1
	5	90.4	85.8	89.7	94.7	91.4	93.7	98.1	95.0	97.0
	7	93.4	84.9	91.0	97.0	89.7	93.9	99.2	92.7	97.2
	10	94.2	83.3	88.1	98.7	89.0	93.5	99.6	92.8	96.4
$\widehat{MSE}_{\dot{x}}$	1	87.2	86.4	86.6	93.2	92.5	90.6	96.6	95.5	95.6
	2	86.5	86.4	88.0	93.4	92.2	93.3	97.3	95.3	97.1
	3	89.6	85.7	88.1	94.4	91.1	93.6	97.9	95.6	97.2
	5	92.2	87.5	91.5	96.2	92.5	95.0	98.6	96.0	97.9
	7	95.1	86.0	92.4	97.9	90.9	95.1	99.3	94.1	97.6
	10	96.1	86.0	91.3	98.9	91.0	95.1	99.7	93.9	97.5
					$T=50$	$r=0$				
MSE_x	1	82.5	74.7	81.6	89.4	83.1	88.5	94.7	89.2	93.7
	2	77.2	61.7	78.6	86.1	70.3	86.3	92.2	77.3	93.0
	3	72.5	55.0	73.8	80.0	64.1	82.5	86.5	72.2	89.0
	5	61.5	67.4	68.0	71.3	76.4	77.2	78.9	83.5	84.6
	7	61.5	75.2	73.5	70.1	82.2	82.8	79.8	89.1	89.0
	10	65.1	79.8	80.8	72.8	87.0	87.5	81.2	92.6	92.2
$\widehat{MSE}_x$	1	86.5	87.4	86.1	92.2	93.1	91.8	96.4	96.6	95.6
	2	87.3	84.2	90.4	92.2	90.5	94.5	95.8	95.0	97.0
	3	87.8	83.8	90.2	93.9	90.1	94.4	97.4	94.9	96.8
	5	92.3	83.7	89.3	96.1	90.8	94.2	98.5	95.5	97.0
	7	96.2	83.8	89.7	98.6	89.9	93.6	99.7	94.9	97.2
	10	98.2	84.3	88.5	99.6	91.1	93.4	99.8	94.7	96.8
$\widehat{MSE}_{\dot{x}}$	1	87.3	89.2	87.3	93.0	93.6	92.8	97.4	97.3	96.4
	2	88.9	85.7	91.9	92.7	92.0	95.3	96.9	96.1	97.6
	3	89.7	85.3	91.5	94.7	92.1	95.5	98.1	95.6	97.2
	5	93.9	86.0	90.8	97.3	93.3	95.7	98.9	96.4	97.6
	7	97.5	86.4	91.4	99.0	91.8	95.4	99.8	96.3	97.7
	10	98.5	87.8	90.9	99.8	92.9	95.4	99.8	96.2	97.6

Tabelle 6.12: Erfolgsquoten der Prognoseintervalle bei einem Stichprobenumfang von T = 50

	Prognose-horizont	90%-KI			95%-KI			98%-KI		
		x_1	x_2	x_3	x_1	x_2	x_3	x_1	x_2	x_3
		Modell 2		$T = 50$		$r = 2$				
MSE_x	1	86.5	88.0	87.7	91.6	92.6	92.9	97.1	96.1	97.0
	2	87.4	86.1	86.9	93.5	91.6	92.0	96.4	95.1	96.5
	3	86.7	83.0	85.0	92.8	90.8	91.0	96.2	94.7	95.4
	7	87.1	84.9	86.0	93.1	90.4	92.3	96.1	94.4	96.1
	10	84.2	85.3	84.4	90.9	91.0	91.3	95.6	94.4	95.5
$\widehat{MSE}_x$	1	83.5	84.9	84.0	88.8	90.8	89.8	94.0	94.5	94.5
	2	82.2	82.7	82.9	88.8	89.5	89.0	94.1	93.3	94.2
	3	82.3	78.8	80.5	88.6	87.3	88.7	94.4	92.8	93.6
	7	84.8	81.5	79.8	90.9	87.7	87.3	94.4	92.2	92.6
	10	81.1	79.9	79.3	88.7	85.8	85.6	93.5	90.6	90.3
$\widehat{MSE}_{\hat{x}}$	1	85.6	87.3	85.9	90.3	92.2	91.4	95.2	95.7	95.5
	2	85.2	85.4	85.7	90.9	91.1	90.5	95.6	94.5	95.6
	3	84.2	83.1	84.2	91.1	89.6	90.7	95.8	94.1	95.1
	7	86.2	83.9	83.8	91.9	89.2	90.8	95.2	94.5	94.1
	10	82.0	83.2	82.4	89.9	88.7	88.5	94.7	93.1	93.4
		Modell 3		$T = 50$		$r = 2$				
MSE_x	1	86.8	88.2	87.4	92.7	93.3	93.1	96.6	96.3	96.7
	2	87.0	86.2	86.2	92.5	91.6	91.2	96.9	95.5	95.6
	3	86.2	82.5	83.7	91.5	89.3	90.2	96.9	94.6	94.9
	7	85.1	81.1	85.0	91.6	87.9	91.3	94.7	93.5	95.1
	10	80.8	79.7	83.4	87.7	87.5	90.1	93.7	92.8	94.8
$\widehat{MSE}_x$	1	82.4	84.2	83.8	88.7	91.2	89.4	94.2	94.8	93.8
	2	81.0	81.5	82.1	88.2	87.9	88.1	93.9	93.3	94.5
	3	80.0	75.5	79.0	87.8	85.6	86.6	93.3	91.1	92.7
	7	81.5	74.7	77.3	89.0	82.9	84.3	93.5	89.4	90.9
	10	76.9	73.7	75.9	85.3	81.9	81.8	91.5	88.1	87.7
$\widehat{MSE}_{\hat{x}}$	1	85.4	86.4	86.7	91.0	92.4	90.9	95.6	95.7	95.2
	2	84.1	83.6	85.0	90.9	90.1	90.9	95.6	94.6	95.6
	3	82.3	81.0	81.7	89.9	87.9	89.4	95.0	93.3	94.6
	7	84.5	78.8	80.6	90.4	86.6	87.9	94.4	92.3	92.8
	10	80.2	78.5	79.4	87.4	86.1	86.3	93.3	91.2	91.6
		Modell 4		$T = 50$		$r = 1$				
MSE_x	1	86.9	89.9	87.2	92.6	94.6	92.9	96.8	97.6	97.0
	2	86.5	89.3	85.0	92.9	93.8	92.6	97.3	97.7	96.2
	3	87.1	87.1	84.1	93.2	92.7	90.7	97.0	97.2	95.4
	7	89.0	86.3	88.2	93.7	93.2	93.2	96.7	96.6	96.5
	10	85.2	86.0	87.0	91.7	92.3	92.9	96.0	96.5	96.2
$\widehat{MSE}_x$	1	84.2	87.6	85.0	90.1	93.1	90.1	94.7	96.6	94.6
	2	83.0	85.2	83.0	89.4	92.1	89.9	94.9	96.0	94.5
	3	83.4	82.8	81.1	90.1	90.4	88.8	95.5	95.5	94.1
	7	86.8	83.6	85.2	91.9	89.4	89.9	95.4	94.8	94.2
	10	83.0	83.6	82.5	89.9	90.2	89.0	94.9	93.1	92.8
$\widehat{MSE}_{\hat{x}}$	1	85.8	89.0	86.4	91.3	94.1	91.5	95.8	97.2	95.8
	2	85.1	87.3	85.5	91.5	93.6	91.5	96.5	96.5	95.9
	3	85.1	85.7	83.2	92.2	92.5	91.2	96.1	96.5	95.3
	7	88.1	86.3	87.1	93.2	92.2	92.0	95.9	96.5	95.6
	10	86.1	87.5	85.7	92.3	91.7	90.7	96.3	96.4	95.8

a) Modell 1 $r = 0$; $T = 50$; x_1

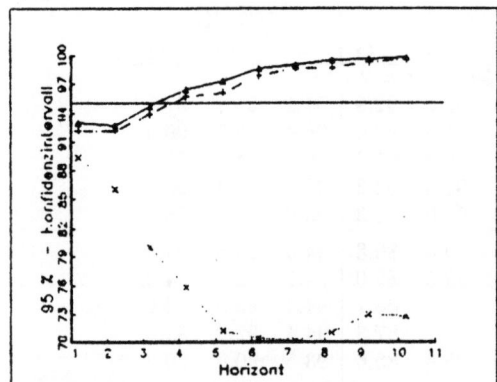

d) Modell 1 $r = 1$; $T = 50$; x_1

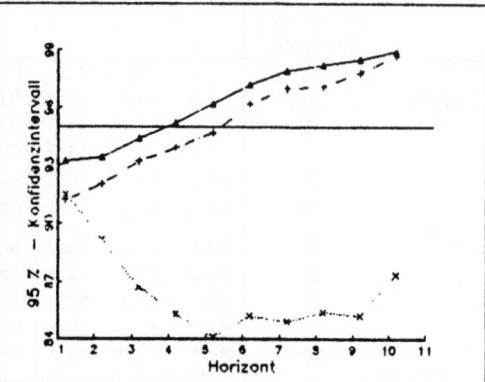

b) Modell 1 $r = 0$; $T = 50$; x_2

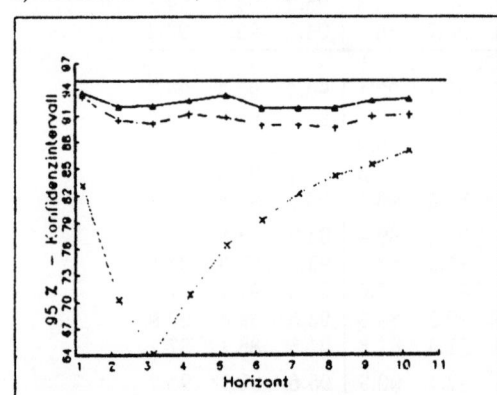

e) Modell 1 $r = 1$; $T = 50$; x_2

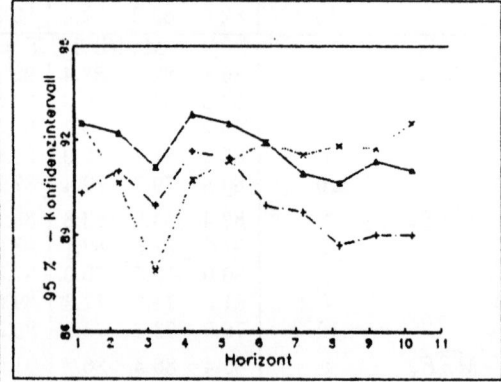

c) Modell 1 $r = 0$; $T = 50$; x_3

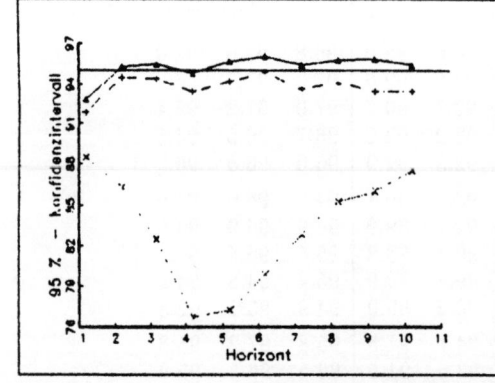

f) Modell 1 $r = 1$; $T = 50$; x_3

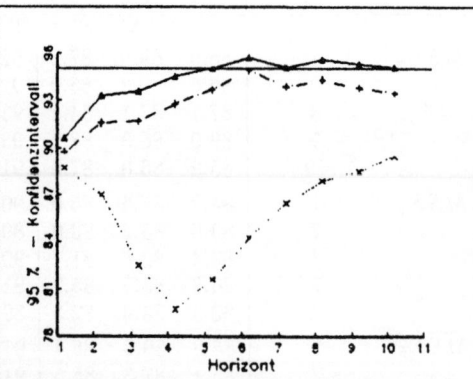

Abbildung 6.7: Prognoseintervallschätzung

.... mit wahren Parametern

—.—.—.— mit geschätzten Parametern

———— mit Korrekturterm

g) Modell 1 $r = 2$; $T = 50$; x_1

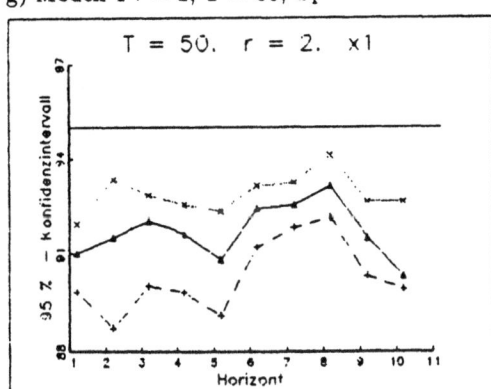

j) Modell 1 $r = 3$; $T = 50$; x_1

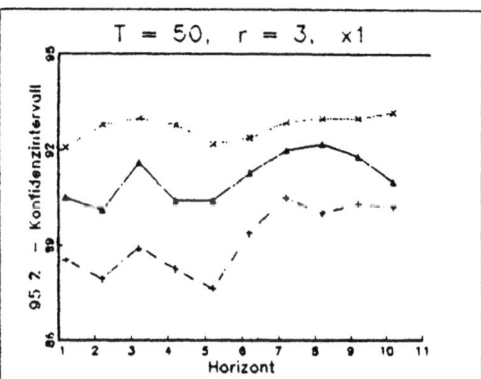

h) Modell 1 $r = 2$; $T = 50$; x_2

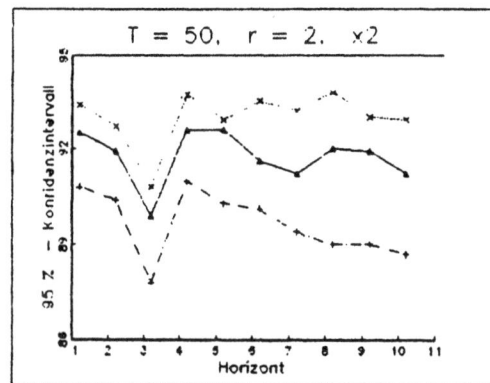

k) Modell 1 $r = 3$; $T = 50$; x_2

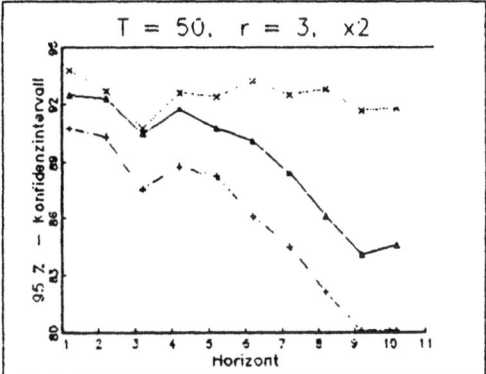

i) Modell 1 $r = 2$; $T = 50$; x_3

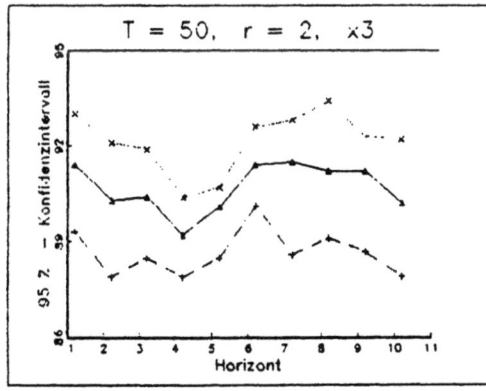

l) Modell 1 $r = 3$; $T = 50$; x_3

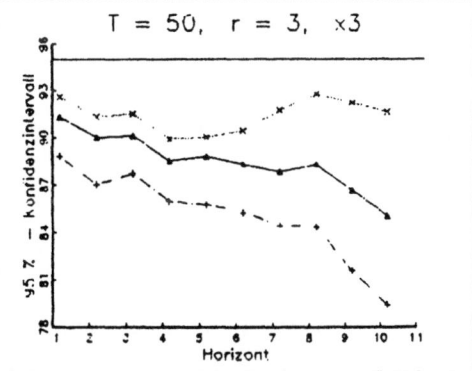

Abbildung 6.7: Prognoseintervallschätzung
.... mit wahren Parametern
_.._.._.._ mit geschätzten Parametern
———————— mit Korrekturterm

a) Modell 2 $r = 2$; $T = 50$; x_1

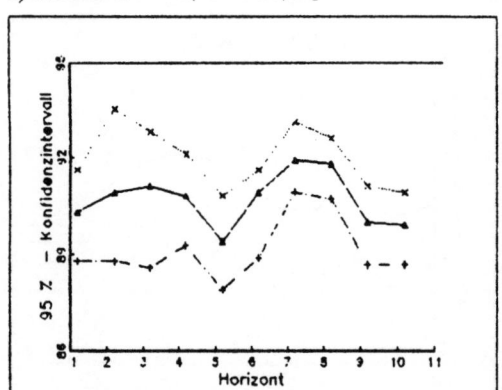

a) Modell 3 $r = 2$; $T = 50$; x_1

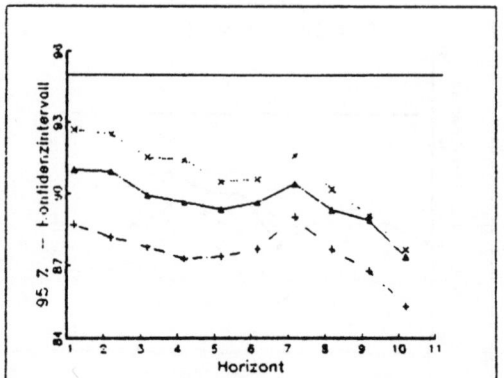

b) Modell 2 $r = 2$; $T = 50$; x_2

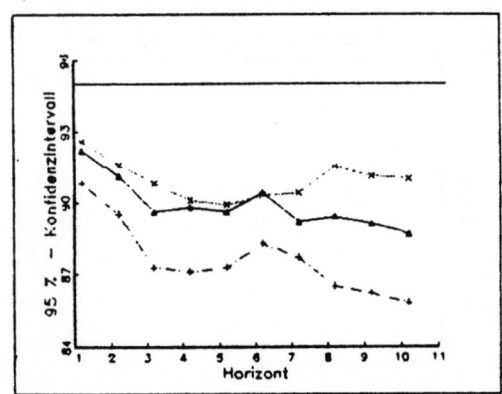

b) Modell 3 $r = 2$; $T = 50$; x_2

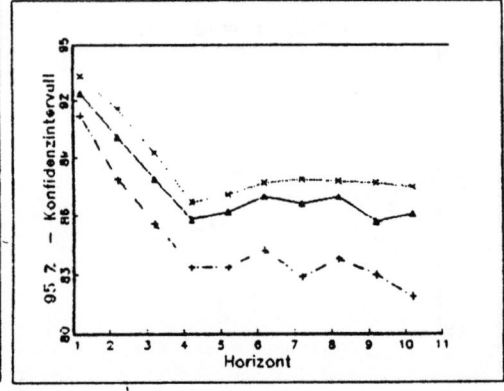

c) Modell 2 $r = 2$; $T = 50$; x_3

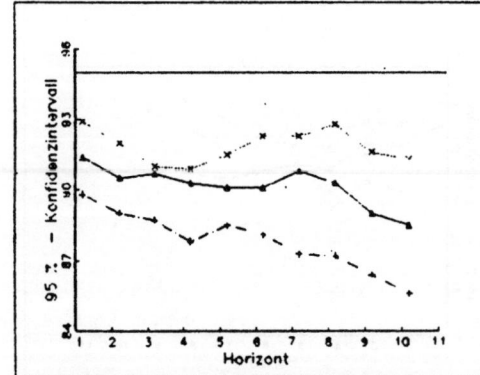

c) Modell 3 $r = 2$; $T = 50$; x_3

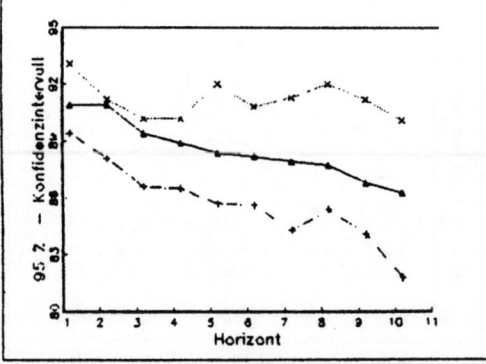

Abbildung 6.8: Prognoseintervallschätzung
.... mit wahren Parametern
_._._._._ mit geschätzten Parametern
———— mit Korrekturterm

Abbildung 6.9: Prognoseintervallschätzung
.... mit wahren Parametern
_._._._._ mit geschätzten Parametern
———— mit Korrekturterm

a) Modell 4 $r = 1$; $T = 50$; x_1

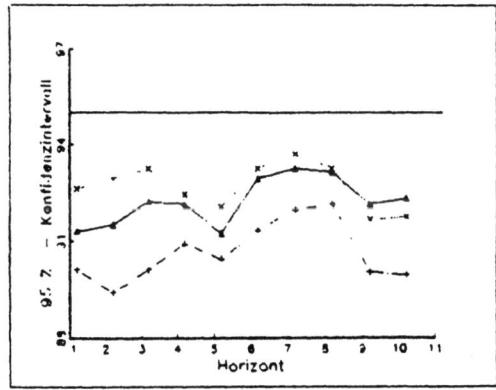

b) Modell 4 $r = 1$; $T = 50$; x_2

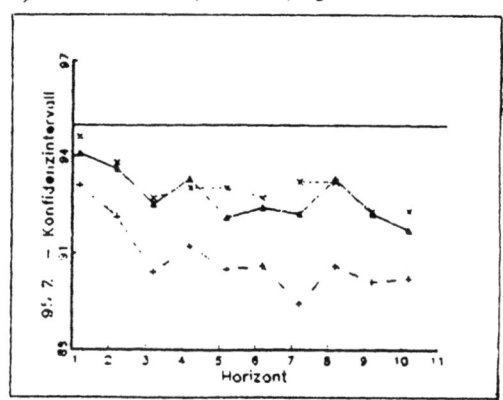

c) Modell 4 $r = 1$; $T = 50$; x_3

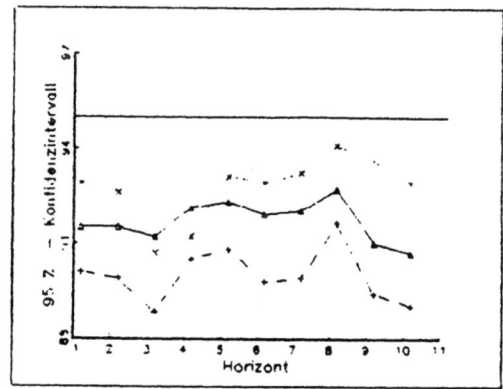

Abbildung 6.10: Prognoseintervallschätzung
.... mit wahren Parametern
_._._._ mit geschätzten Parametern
--------- mit Korrekturterm

205

6.4 Zusammenfassung

In diesem Kapitel werden die Prognoseeigenschaften von Modellen, die die Kointegrationseigenschaft berücksichtigen, dargestellt. Es werden Formeln für die Berechnung von Konfidenzintervallen für die Prognose angegeben. Für den Fall, daß geschätzte Parameter zur Berechnung der Varianzen verwendet werden, wird ein Korrekturterm abgeleitet, mit dem die Varianzen präziser geschätzt werden können.

Durch eine kleine Simulationsstudie wird deutlich, daß die Spezifikation mit wahrem Kointegrationsrang die kleinsten Prognosefehler erzeugt. Die Modelle mit ($r = 0$), deren Regressoren stationär in den ersten Differenzen sind, erzielen die größten Prognosefehler. Mit diesen Modellen können univariate AR–Modelle konkurrieren, die zum Teil etwas bessere Prognosen als die Modelle mit ($r = 0$) erreichen. Eine zu geringe Wahl der Lagordnung vergrößert die Prognosefehler, während eine zu große Wahl der Lagordnung die Prognosefehler kaum erhöhen. Bei einem Stichprobenumfang von ($T = 200$) unterscheiden sich die Prognosen der unrestringierten vektorautoregressiven Schätzung nur sehr wenig von denen der Modelle mit dem wahren Kointegrationsrang.

Die Schätzung der Prognoseintervalle verbessert sich bei einem Stichprobenumfang von $T = 50$, wenn der Korrekturterm benutzt wird. Durch die Verwendung des Korrekturterms bei der Konstruktion von Prognoseintervallen wird das vorgegebene Niveau der Konfidenzintervalle bei der wahren Spezifikation des Prozesses fast erreicht. Werden die Modelle fehlspezifiziert, erreichen die Prognoseintervallschätzung mit dem Korrekturterm das nominelle Prognoseintervallniveau. In diesem Fall sind die Prognosefehlervarianzen groß (siehe Punktprognose). Die Intervalle werden sehr weit geschätzt. Insgesamt betrachtet wird in diesem Simulationsexperiment die Notwendigkeit eines Korrekturterms deutlich. Der vorgeschlagene Korrekturterm verbessert die Prognoseintervallschätzung für die wahre Kointegrationsrangspezifikation.

Kapitel 7

Eine empirische Untersuchung zur realen Konjunkturtheorie

In der Literatur gibt es die verschiedensten Ansätze, Konjunkturzyklen zu erklären. Einen Überblick über die Ansätze, die die Hypothese rationaler Erwartungen unterstellen, geben Dotsey und King (1987). Den von den Autoren aufgeführten Konjunkturtheorien ist gemeinsam, daß die Variablen dieser Systeme durch stationäre stochastische Prozesse approximiert werden können (vgl. Dotsey & King (1987), S. 303). Nelson & Plosser (1982) untersuchen die Stationaritätshypothese für verschiedene amerikanische Variablen mit univariaten Testmethoden. Sie stellen fest, daß für viele makroökonomische Variablen die Nullhypothese, daß die Variablen integriert sind, nicht abgelehnt werden kann. Aufgrund ihrer Ergebnisse folgern die Autoren, daß die Variablen einen stochastischen Trend enthalten. Wird in den Variablen ein hohes Maß an Persistenz (vgl. Abschnitt 2.6 und 2.7) festgestellt, dann können Schocks eine permanente Wirkung in den Variablen besitzen. Diese Zusammenhänge werden in der realen Konjunkturzyklustheorie mit nichtstationären Variablen aufgegriffen (vgl. King et al. (1987)). In dieser Theorie können Modelle abgeleitet werden, in denen technologische Schocks permanente Wirkungen haben. Diese Effekte sollen das System dominieren, so daß monetäre Schocks nur transitorische Effekte haben. Aus dieser Theorie wird ein prozyklisches Verhalten der realen Variablen gefolgert. Diese Implikationen und Hypothesen sollen in einer empirischen Untersuchung für die Bundesrepublik überprüft werden.

An dieser Stelle soll darauf hingewiesen werden, daß kein Vergleich zwischen verschiedenen Ansätzen zur Erklärung von Konjunkturzyklen vorgenommen wird (vgl. Temmeyer (1989), Wolters et al. (1990)). In diesem Kapitel wird das vorher entwickelte Instrumentarium zur Analyse von nichtstationären Zeitreihen auf eine makroökonomische Fragestellung angewendet. In einer multivariaten Analyse wird die Umsetzung des Ansatzes von Johansen demonstriert.

Ein realwirtschaftliches Grundmodell wird im folgenden Abschnitt 7.1 dargestellt. In dem Grundmodell sind nichtstationäre technologische Schocks die Ursache für konjunkturelle Schwankungen, die zu dauerhaften Niveauverschiebungen der Variablen führen. Da das Grundmodell nur reale Variablen enthält, wird es um einen monetären Sektor erweitert, um das Modell zu verallgemeinern. Die beiden Modelle werden für die Bundesrepublik untersucht, wobei die ML–Schätzung von Johansen angewendet und eine dynamische Analyse des Systems vorgenommen wird. Mit der dynamischen Analyse können theoretische Hypothesen des wirtschaftswissenschaftlichen Modells überprüft werden. Zum Schluß werden mit geschätzen Modellen Prognosen berechnet, da neben dem Testen von wirtschaftstheoretischen Hypothesen die Prognose von Zeitreihen eine wichtige Aufgabe der empirischen Wirtschaftsforschung ist.

7.1 Ein Grundmodell der realen Konjunkturtheorie

Für das Grundmodell der realen Konjunkturtheorie wird angenommen, daß sich ein repräsentativer Haushalt einer geschlossenen Volkswirtschaft zwischen Konsum C_t und Freizeit L_t gemäß einer in der Zeit separierbaren Nutzenfunktion U_t der Form

$$U_t = \sum_{j=t}^{\infty} \beta^{j-t} u(C_{t+j}, L_{t+j})$$

entscheidet, wobei $0 < \beta < 1$ die Zeitpräferenzrate ist (vgl. King et al (1987)). Der Haushalt ist mit einem Kapitalstock K_0 und einer vorgegebenen Anzahl von Stunden ausgestattet. Die Anzahl der Stunden ist in jeder Periode auf Eins normiert. Der Output wird gemäß einer Produktionsfunktion F mit konstanten Skalenerträgen und arbeitssparendem technischen Fortschritt erzeugt

$$Y_t = F(K_t, N_t, Z_t),$$

wobei N_t den Arbeitseinsatz und K_t den Kapitaleinsatz angibt sowie Z_t eine Variable für den technischen Fortschritt ist. In jeder Periode t wird vom Haushalt ein gegebener Output (Y_t) in Konsum (C_t) und Bruttoinvestitionen (I_t) aufgeteilt (vgl. King et al. (1987)), so daß folgende Nebenbedingungen zu beachten sind

$$C_t + I_t \leq Y_t \quad \text{und} \quad L_t + N_t \leq 1 \quad \text{für alle } t \geq 0.$$

Unter der Annahme, daß eine Einheit Output ohne Kosten in eine Kapitaleinheit transformiert werden kann, ergibt sich folgende dynamische Funktion für den Kapitalstock K_t

$$K_{t+1} = (1 - \delta)K_t + I_t,$$

wobei δ die konstante Abschreibungsrate bezeichnet.

Wird in dem Modell von der Arbeitsangebotsentscheidung abstrahiert, dann kann N_t auf 1 normiert werden. Im neoklassischen Modell wird aufgrund der Anpassungsfähigkeit der Märkte Vollbeschäftigung am Arbeitsmarkt unterstellt. Für den technischen Fortschritt $\{Z_t\}$ wird angenommen, daß $\{Z_t\}$ ein exogener stochastischer Prozeß ist, der die Arbeitsproduktivität beeinflußt. Es wird unterstellt, daß der technische Fortschritt nichtstationär ist. In den Arbeiten wird angenommen, daß

$$\ln Z_t = \nu + \ln Z_{t-1} + \epsilon_t$$

gilt, wobei ν ein Driftterm ist. ϵ_t ist ein stationärer Prozeß. Damit das System analytisch lösbar ist, wird für die Nutzenfunktion eine loglineare Funktion unterstellt (vgl. King et al. (1987))

$$u(C_t, L_t) = \ln(C_t) + v(L_t).$$

Mit dieser Spezifikation wird angenommen, daß sich der Einkommens- und Substitutionseffekt des deterministischen Wachstums von Z_t in der Freizeitvariablen aufheben. Dies ist eine notwendige Bedingung für ein stochastisches steady-state, da die gesamte Zeitausstattung des Haushalts beschränkt ist. Für die Produktionsfunktion wird eine Cobb-Douglas-Funktion unterstellt

$$Y_t = Z_t K_t^{1-\theta} N_t^{\theta}.$$

Um eine einfache steady-state-Lösung des Systems zu bestimmen, werden die Variablen des Systems in stationäre Variablen transformiert. Per Annahme ist die Technologievariable die Variable, die nichtstationär ist. Diese Variable erzeugt die Nichtstationarität in den Variablen des Systems (treibender Prozeß). Werden die Systemvariablen durch die Technologievariable dividiert, ergibt sich

$$k_t = K_t/(Z_t)^{1/\theta}, \quad i_t = I_t/(Z_t)^{1/\theta} \quad \text{und} \quad c_t = C_t/(Z_t)^{1/\theta}.$$

Durch diese Transformation wird der treibende Prozeß aus den Variablen herausdividiert, so daß stationäre Variablen erzielt werden. Im steady-state gilt, daß sich der Kapitalstock so anpaßt, daß der Nettoertrag gleich der Zeitpräferenzrate ist. Dies impliziert, daß $\beta(Z_t(1 - \theta)K^{-\theta}N^{\theta} + (1 - \delta)) = 1$ gilt. Wenn die Bedingung erfüllt ist, dann gilt unter der Annahme $\delta = 1$, daß ein einprozentiger Anstieg von Z_t einen $(1/\theta)$-prozentigen Anstieg von K_t zur Folge hat.

Das Entscheidungsproblem in dieser Ökonomie ist eine Maximierung des erwarteten Nutzens

$$E\sum_{j=t}^{\infty} \beta^{j-t}(\ln c_{t+j} + v(L_{t+j}) + (1/\theta)\ln(Z_{t+j}))$$

unter den Nebenbedingungen

$$c_t + i_t \leq k_t^{1-\theta} N_t^{\theta}$$
$$N_t + L_t \leq 1$$
$$k_{t+1} = ((1 - \delta)k_t + i_t)\exp(-(\nu + \epsilon_{t+1})).$$

Die optimalen Entscheidungsregeln haben die allgemeine Form (vgl. King et al. (1987)):

$$i_t = i(k_t)$$
$$c_t = c(k_t)$$

$$N_t = N(k_t)$$
$$y_t = k_t^{1-\theta} N(k_t)^\theta$$
$$k_{t+1} = ((1-\delta)k_t + i_t)\exp(-(\nu\epsilon_{t+1})),$$

wobei $i(k_t)$ eine Funktion bezeichnet, die abhängig von k_t ist. Wenn nun der transformierte Kapitalstock ein stationärer Prozeß ist, dann sind auch die restlichen Variablen c_t, i_t, N_t und y_t stationär. Die nicht transformierten Variablen sind nichtstationär.

$$\ln K_{t+1} = \tau_t + \ln((1-\delta)k_t + i(k_t))$$
$$\ln Y_t = \tau_t + ((1-\theta)\ln(k_t) + \theta\ln(N_t(k_t)))$$
$$\ln C_t = \tau_t + \ln(c(k_t))$$
$$\ln I_t = \tau_t + \ln(i(k_t))$$
$$\ln N_t = \ln(N(k_t)),$$

wobei $\tau_t = (1/\theta)\ln Z_t$ ist. Da Y_t, C_t und I_t nichtstationär sind, wird deutlich, daß die Randprozesse der Variablen Einheitswurzeln enthalten. Wird der Kapitalstock in die Gleichungen eingesetzt, bleiben die Variablen I_t, C_t, Y_t erhalten. Da angenommen worden ist, daß das System nur einen treibenden nichtstationären Prozeß enthält, d.h. einen gemeinsamen Trend besitzt, gibt es im System zwei unabhängige Kointegrationsbeziehungen.

Da die Hypothese, daß technologische Schocks die wichtigste Ursache für Schwankungen der Variablen sind, ein konstituierender Bestandteil der makroökonomischen Theorie der realen Konjunkturtheorie ist (vgl. Kydland & Prescott (1982)), wird mit diesem Modell ein System aufgezeigt, wie ein stationärer Schock in einer nichtstationären Größe zu einer Verschiebung der Wachstumspfade der Variablen führt. Durch einen positiven Produktitivitätsschock werden Output, Investitionen und Konsum dauerhaft steigen. In diesem Modell gibt es somit ein prozyklisches und langfristig gleichlaufendes Verhalten der Variablen I_t, C_t und Y_t. Mit Hilfe der Kointegrationstheorie kann die Annahme eines gemeinsamen Trends getestet werden.

In diesem Modell wird der treibende Prozeß explizit angegeben, so daß von exogenem Wachstum gesprochen wird. Ein Wachstumsmodell mit endogenem Wachstum stellt Basu (1990) vor, wobei die Annahme konstanter Skalenelastizitäten aufgegeben wird. Für den Fall konstanter Skalenelastizitäten erhält der Autor einen nichtstationären Prozeß für den Output.

Dieses realwirtschaftliche Modell berücksichtigt den Arbeitsmarkt nur am Rande. Durch die Annahme, daß jeder Haushalt über seine Arbeitszeit entscheiden kann, kann jede Person von Unterbeschäftigung betroffen sein (vgl. McCallum (1989)). Wenn eine Person bei ihrem Reallohn keine Beschäftigung findet, wird er (sie) entweder seinen (ihren) Reallohn senken oder die Freizeit ausdehnen. Da ein repräsentativer Haushalt in diesem Modell unterstellt wird, sind nicht einige Personen arbeitslos und andere voll beschäftigt. Mit diesem Modell kann somit die unfreiwillige Arbeitslosigkeit als ein wesentlicher Aspekt einer konjunkturellen Situation eines Landes nicht erklärt werden. Die Unterbeschäftigung, die in dem Grundmodell auftritt, ist eine individuelle, freie Entscheidung der Haushalte und macht sich in der Ausdehnung der Freizeit bemerkbar. Eine Modellerweiterung, die den Arbeitsmarkt ausführlicher umfaßt, geben z.B. Blanchard & Fischer (1989) an. Da in dieser Arbeit hauptsächlich die Schwankungen des Outputs erklärt werden sollen, wird eine Erweiterung des Grundmodells um einen ausführlicher modellierten Arbeitsmarkt nicht vorgenommen.

Das Grundmodell läßt die außenwirtschaftliche Verflechtung eines Landes außer acht. Eine Verallgemeinerung des Grundmodells wird in Warne (1990b) vorgenommen. In der Verallgemeinerung wird die Cobb–Douglas–Produktionsfunktion um einen dritten Faktor (ausländisches Kapitalgut oder importierte Zwischenprodukte) erweitert. In seinem Modell vergrößert sich das System um die Variable Terms–of–Trade (Preis des Exportgutes dividiert durch den Preis des Importgutes). Als Lösung des Systems erhält Warne zwei Kointegrationsbeziehungen. Die zwei gemeinsamen Trends können als außenwirtschaftliche und technologische Komponenten interpretiert werden.

Außerdem wird von der Existenz des Geldes abstrahiert. Die Entscheidungen in einer Volkswirtschaft werden in nominellen Größen getroffen. King et al. (1987) erkennen dieses Poblem und erweitern ihr Modell um einen monetären Sektor. Für ihre Geldnachfragefunktion nehmen sie an, daß die Quantitätshypothese des Geldes gilt

$$\ln M_t + \ln v_t = \ln P_t + \ln Y_t \,,$$

wobei v_t die Umlaufgeschwindigkeit des Geldes angibt. Die Umlaufgeschwindigkeit des Geldes kann unter einer monetaristischen Sichtweise eine zinsabhängige Funktion sein. Unter der Hypothese, daß die Umlaufgeschwindigkeit des Geldes konstant ist, erhält man eine aggregierte Nachfragefunktion in Abhängigkeit von der Realkasse für eine gegebene Outputnachfrage (vgl. Blanchard & Fischer (1989), S. 358f). Durch die Erweiterung des realen Modells wird zu der Angebotsseite der Ökonomie die Nachfrageseite hinzugefügt. Bei rationalem Verhalten der Wirtschaftssubjekte gilt Preishomogenität zwischen den nominellen Größen, und die Umlaufgeschwindigkeit des Geldes ist eine stationäre Größe. Nur reale Geldmengenänderungen haben einen Effekt auf die restlichen realen Variablen. In den Modellen der realen Konjunkturtheorie haben nominelle Änderungen der Variablen keinen Einfluß auf die realen Variablen (vgl. McCallum (1989)). Es wird angenommen, daß auch der monetäre Sektor nicht stationär ist. Wird der monetäre Sektor in das um die außenwirtschaftliche Komponente erweiterte Grundmodell integriert, dann ergibt sich ein System mit sechs Variablen $(Y_t, I_t, C_t, T_t, M_t, P_t)$, wobei T_t die Terms–of–Trade bezeichnet. Dieses System soll drei Kointegrationsbeziehungen und drei gemeinsame Trends enthalten. Neben den zwei realwirtschaftlichen Kointegrationsbeziehungen wird durch die Quantitätshypothese des Geldes eine dritte formuliert. Zu den bisherigen nicht-stationären Komponenten (technologische und außenwirtschaftliche Komponente) kommt eine hinzu, die die Nichtstationarität des nominellen Sektors aufnimmt.

Um die Veränderungen des Systems aufgrund der Hinzunahme des monetären Sektors zu überprüfen, wird zunächst ein System mit vier Variablen (Y_t, I_t, C_t, T_t) untersucht. Das vier-dimensionale System enthält nur reale Größen, so daß das prozyklische Verhalten der Variablen getestet werden soll. Es wird gefragt, wie sich Innovationen in dem System fortsetzen, und ob sie zu permanenten Niveauverschiebungen der Variablen führen. Anschließend wird das System erweitert, so daß die Auswirkungen dieser Verallgemeinerung analysiert werden können. Diese Fragen werden in autoregressiven Systemen untersucht, wobei in dem wirtschaftstheoretischen Modell keine Aussagen über die Lagordnung d.h. der kurzfristigen Dynamik gemacht worden sind. Als Analyseinstrumentarium werden Instrumente der Kointegrationstheorie verwendet, die der Nichtstationarität von Variablen und deren Beziehungen untereinander besonders Rechnung tragen.

7.2 Analyse eines realwirtschaftlichen Modells mit vier Variablen

Im vorangegangenen Abschnitt wurde ein theoretisches Modell kurz dargestellt, woraus sich die Zeitreihen ableiten lassen, die in einer empirischen Untersuchung zu verwenden sind. Nach der graphischen Darstellung der ausgewählten Zeitreihen werden Lagordnung und Kointegrations-rang des zu schätzenden Modells bestimmt. Anschließend werden verschiedene Tests für die Kointegrations- und die Ladungsmatrix durchgeführt und die ML-Schätzer der autoregressiven Darstellung aufgeführt. Mit Hilfe der dynamischen Analyse werden Implikationen des theoreti-schen Modells überprüft. Zum Schluß werden Punkt- und Intervallprognosen berechnet. Diesen Prognosen werden Prognosen verschiedener Subsetmodelle gegenübergestellt.

7.2.1 Spezifikation des Modells

Da das theoretische Modell die Annahme eines repräsentativen Haushalts macht, werden die gesamtwirtschaftlichen Daten durch die Bevölkerungszahl der Bundesrepublik dividiert. In der Analyse wird das Bruttoinlandsprodukt als Outputvariable verwendet. Die empirische Um-setzung dieses Modells verlangt eine Entscheidung, wie der Staatssektor in der Untersuchung berücksichtigt werden soll. In der Studie von King et al. (1987) für die Vereinigten Staaten werden die Variablen des Staatssektors von den anderen Variablen abgezogen, so daß nur der private Sektor betrachtet wird. Hier wird analog zur Studie von Neusser (1989) die staatliche Aktivität in Investitionen und öffentlichen Verbrauch aufgeteilt und zu den privaten Aktivitäten addiert. Zunächst wird ein vierdimensionales System mit den Variablen

- x_1 = Terms of Trade (tot),

- x_2 = Bruttoinlandsprodukt pro Kopf (gdp),

- x_3 = Investitionen pro Kopf (inv) und

- x_4 = Konsumausgaben pro Kopf (con)

analysiert, wobei die nicht saisonbereinigten Zeitreihen der Datenbank des Deutschen Instituts für Wirtschaftsforschung (DIW) entnommen worden sind. Alle Zeitreihen werden logarithmiert. Die Analysen der Systeme werden mit einem menugesteuerten Programm durchgeführt, das in GAUSS erstellt worden ist.

Der Untersuchungszeitraum ist von 1960.I bis 1989.VI. Bei der Betrachtung der Graphiken der Zeitreihen entdeckt man insbesondere in den Zeitreihen Bruttoinlandsprodukt und Konsum einen Anstieg, der einen Hinweis auf das nichtstationäre Verhalten der Zeitreihen liefert (vgl. Abbildung 7.1a). In der Investitionsvariablen wird ein ausgeprägtes saisonales Muster sichtbar (vgl. Abbildung 7.1b). In den ersten Differenzen der Variablen ist kaum noch ein Trend im Mittelwert erkennbar (vgl. Abbildung 7.2). Um später ex ante Prognosefehler zu berechnen, werden die letzten 12 Quartale nicht berücksichtigt, so daß der Schätzzeitraum bis 1986.VI reicht.

Da in der Analyse Originalzeitreihen verwendet werden, werden in der Untersuchung Saisondummies und Absolutglied als deterministische Komponenten berücksichtigt. Das autoregressive Modell ist allgemein

$$
\begin{pmatrix} \text{tot} \\ \text{gdp} \\ \text{inv} \\ \text{con} \end{pmatrix}_t = \nu_t + \Pi_1^\dagger \begin{pmatrix} \text{tot} \\ \text{gdp} \\ \text{inv} \\ \text{con} \end{pmatrix}_{t-1} + \cdots + \Pi_p^\dagger \begin{pmatrix} \text{tot} \\ \text{gdp} \\ \text{inv} \\ \text{con} \end{pmatrix}_{t-p} + \epsilon_t,
$$

wobei ν_t Absolutglied und Saisondummies aufnimmt. In der Analyse wird ein maximaler Lag von $p_{max} = 5$ festgelegt (vgl. Abschnitt 5.7). Das SC- und HQ-Kriterium zeigen ein Minimum bei der Lagordnung $p = 4$ an, so daß in der weiteren Analyse $p = 4$ benutzt wird (vgl. Teil 1 der Tabelle 7.1).

Wird mit den Ordnungskriterien auf Kointegration getestet (vgl. Abschnitt 4.2), dann weist das HQ-Kriterium $r = 1$, das AIC $r = 3$ und das SC $r = 0$ aus. Der Likelihoodverhältnis-

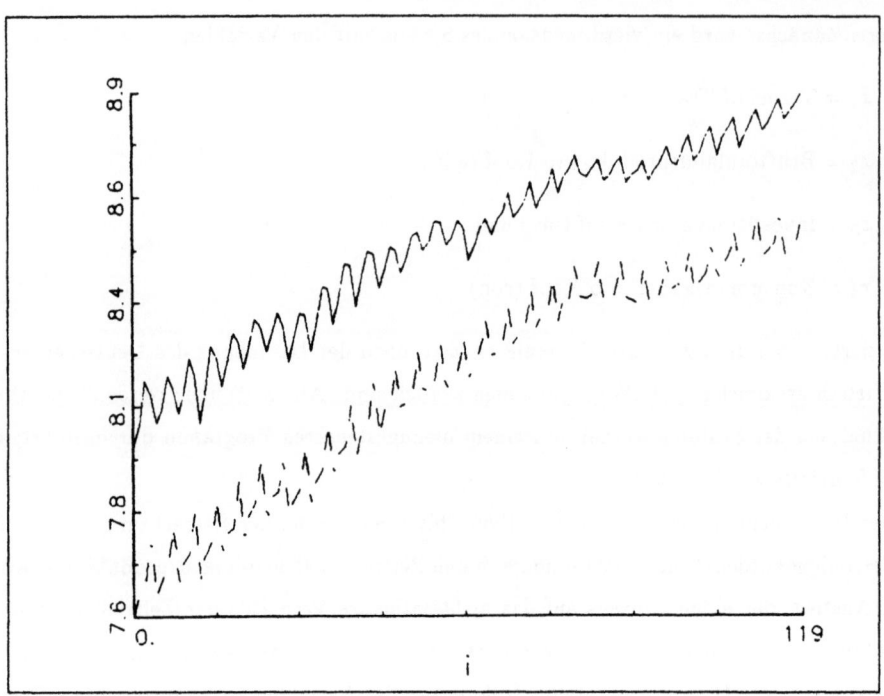

Abbildung 7.1a: Graph der Variablen von gdp und con 1960.1 bis 1989.4.

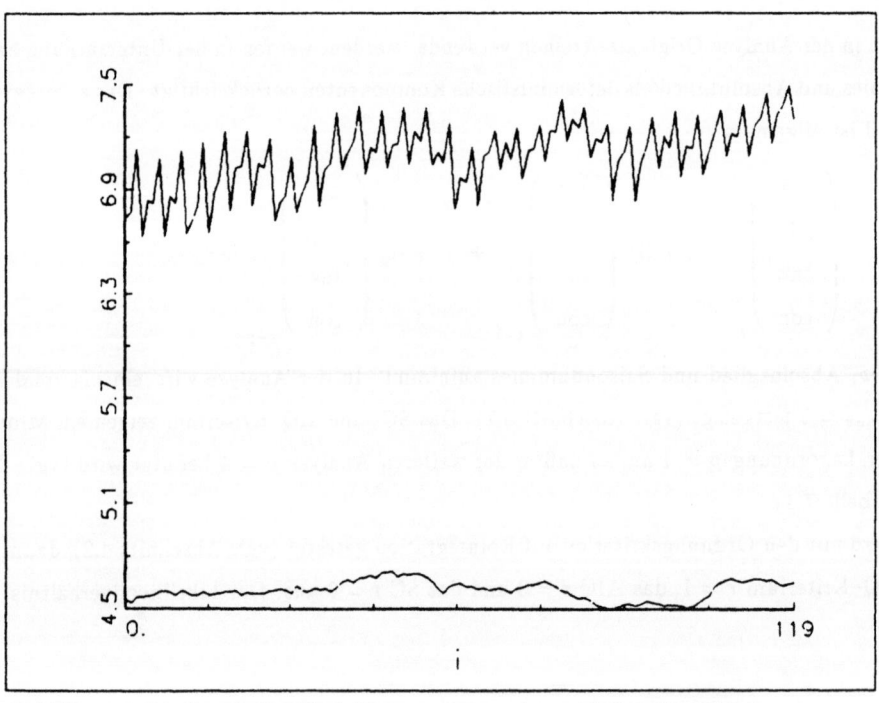

Abbildung 7.1b: Graph der Variablen von inv und tot 1960.1 bis 1989.4.

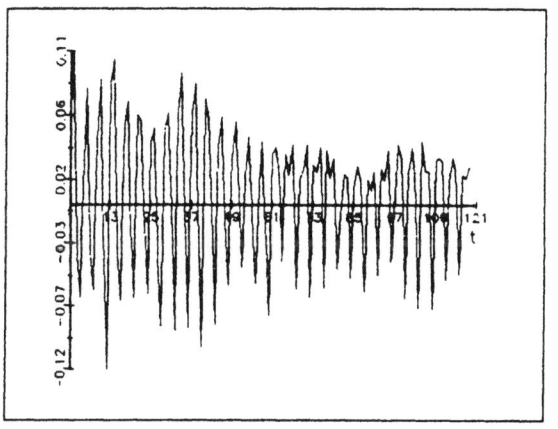

Abbildung 7.2a: Graph der ersten Differenzen von gdp.

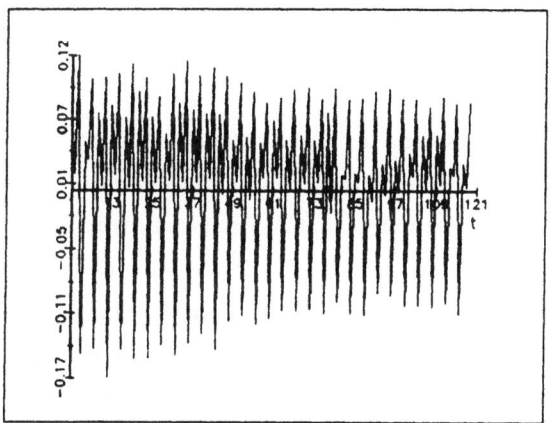

Abbildung 7.2b: Graph der ersten Differenzen von con.

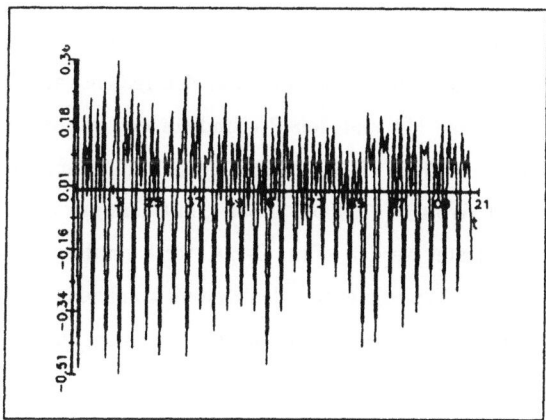

Abbildung 7.2c: Graph der ersten Differenzen von inv.

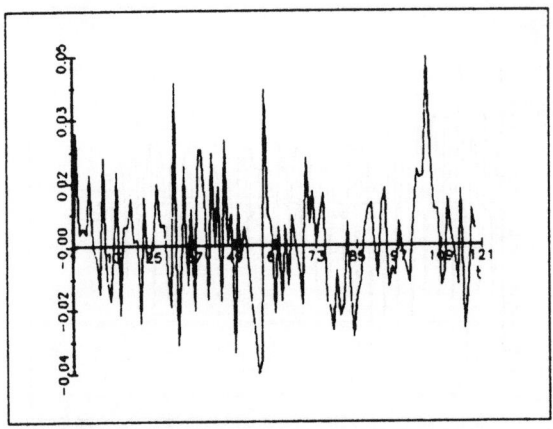

Abbildung 7.2d: Graph der ersten Differenzen von tot.

Trace–Test von Johansen (vgl. Abschnitt 4.2) verwirft die Hypothese $r = 0$ auf dem 5% Signifikanzniveau (vgl. Teil 2 der Tabelle 7.1). Mit dem Varianzmodifikationsansatz von Stock & Watson wird mit einem Abschneideparameter von $l = 2$ und $l = 6$ die Nullhypothese $r = 1$ verworfen, so daß dieser Test Evidenz für $r = 2$ liefert Der Eigenwerttest kann hingegen die Nullhypothese $r = 0$ auf dem 5% Signifikanzniveau nicht ablehnen. Die Ablehnung der Nullhypothese ist mit diesem Test erst auf dem 10% Signifikanzniveau möglich. Da die Tests im allgemeinen eine sehr geringe Power haben (vgl. Kapitel 4) wird der Kointegrationsrang auf $r = 1$ festgelegt. Die Hypothese von zwei Kointegrationsbeziehungen und zwei gemeinsamen Trends, wie sie im Grundmodell postuliert worden ist, kann nicht eindeutig bestätigt werden.

Die Eigenschaft der Kointegration zwischen gesamtwirtschaftlichen Variablen der Bundesrepublik wird auch von anderen Autoren bestätigt. Neusser (1989) untersucht für die BRD in einem vierdimensionalen System mit den saisonbereinigten Variablen Bruttosozialprodukt, Konsum, Investitionen und realer Zinssatz die Kointegrationseigenschaft. Der Autor verwendet die Likelihoodverhältnistests von Johansen und findet mindestens zwei Kointegrationsbeziehungen. In einem vektorautoregressiven Modell für die BRD mit den realen Variablen Bruttosozialprodukt, Staatsausgaben, Geldmenge M1 und den Preisindices der Importe und des Bruttosozialprodukts untersucht Wolters (1990b) die Kointegrationsbeziehung mit Hilfe des zweistufigen Engle–Granger–Ansatzes (vgl. Wolters (1990b), S. 83ff), mit dem nur auf die Abwesenheit von Kointegrationsbeziehungen getestet werden kann. Der Autor kann die Hypothese der fehlenden Kointegration im zwei-, drei- und vierdimensionalen System ablehnen. Es wird deutlich, daß es für die Kointegrationseigenschaft der Variablen in der BRD Evidenz gibt.

Tabelle 7.1: Testergebnisse für das vierdimensionale System

Lag	FPE 10×16	AIC	HQ	SC
0	24337.	-22.45	-22.45	-22.45
1	37.41	-31.23	-31.06	-30.82
2	22.48	-31.74	-31.41	-30.92
3	14.21	-32.21	-31.71	-30.98
4	8.89	-32.68	-32.02*	-31.05*
5	7.90*	-32.82*	-31.99	-30.77

Kointegrationstests mit $p = 4$

		Kriterientests		
Lag	r	AIC	HQ	SC
1	0	-24.76	-24.60	-24.35
1	1	-26.14	-25.90	-25.55
1	2	-26.22	-25.93	-25.51
1	3	-26.19	-25.88	-25.41
1	4	-26.18	-25.85	-25.37
2	0	-31.17	-30.84	-30.36
2	1	-31.32	-30.92	-30.33
2	2	-31.38	-30.93	-30.26
2	3	-31.47	-30.99	-30.28
2	4	-31.47	-30.98	-30.25
3	0	-31.82	-31.32	-30.60*
3	1	-31.86	-31.29	-30.46
3	2	-31.88	-31.26	-30.36
3	3	-31.92	-31.28	-30.32
3	4	-31.92	-31.26	-30.30
4	0	-32.18	-31.52	-30.56
4	1	-32.31	-31.58*	-30.50
4	2	-32.34	-31.56	-30.41
4	3	-32.39*	-31.57	-30.38
4	4	-32.38	-31.56	-30.35

* Minimum des Kriteriums.

LR–Tests von Johansen

H_0	H_1	Trace-Test	Eigen-wert-test	Kritische Werte Trace 5%	Eigen. 5%
$r = 3$	$r = 4$	1.61		8.08	8.08
$r = 2$	$r \geq 3$	12.2	10.5	17.8	14.6
$r = 1$	$r \geq 2$	25.8	13.6	31.3	21.3
$r = 0$	$r \geq 1$	52.6*	26.8	48.4	27.3

Ansatz von Stock&Watson

H_0	H_1	Varianz-modifika. $l = 2$	$l = 6$	Kritische Werte 5%	10%
$r = 0$	$r \geq 1$	-75.0*	-81.1*	-47.0	-42.0
$r = 1$	$r \geq 2$	-48.1*	-49.1*	-28.9	-25.9
$r = 2$	$r \geq 3$	-6.6	-5.3	-18.0	-16.0
$r = 3$	$r = 4$	10.4	3.5	-10.7	-9.5

*: auf dem 5%–Niveau signifikant.

Bevor eine weitere Analyse des Kointegrationsvektors durchgeführt wird, wird überprüft, ob die Existenz eines linearen Trends abgelehnt werden kann (vgl. Abschnitt 5.2). Es wird ein Wert der Teststatistik von 7.70 ermittelt. Die Nullhypothese kann nicht auf dem 5% Signifikanzniveau einer $\chi^2(3)$–Verteilung, aber auf dem 10% Niveau verworfen werden. Damit das Modell nicht zu stark restringiert wird, wird mit der unrestringierten Form gearbeitet, d.h. die Absolutglieder werden so spezifiziert, daß ein linearer Trend im Modell enthalten sein kann.

7.2.2 Einige Tests zum Ladungs– und Kointegrationsvektor

Damit die folgenden Testprozeduren verständlich werden, wird die ML–Schätzung (vgl. Abschnitt 3.5.1) des unnormierten Kointegrationsvektors aufgeführt:

$$-9.9\text{tot} + 16.2\text{gdp} - 8.5\text{inv} - 7.6\text{con}.$$

Wenn dieser Vektor nach einer Variable normiert wird, sind die Koeffizienten identifiziert. Bei einem Kointegrationsrang $r = 1$ kann die Signifikanz der einzelnen Koeffizienten im Kointegrationsvektor mittels des Hypothesentests von Johansen $H_3 : C = C_r R^c$ überprüft werden. Die Teststatistik besitzt eine $\chi^2(1)$–Verteilung (vgl. Abschnitt 5.2.1). Wird zum Beispiel der Koeffizient der Konsumvariable auf Null getestet, lautet R^c

$$C = \begin{pmatrix} c_1 & c_2 & c_3 & 0 \end{pmatrix} = \begin{pmatrix} c_1 & c_2 & c_3 \end{pmatrix}_r \begin{pmatrix} 1 & 0 & 0 & 0 \\ 0 & 1 & 0 & 0 \\ 0 & 0 & 1 & 0 \end{pmatrix} = C_r R^c.$$

Der Wert der Teststatistik ist für den Koeffizienten c_1 der Terms of Trade 1.44 (tot), des Bruttoinlandsprodukts 0.36 (gdp), der Investitionen 1.59 (inv) und des Konsums 0.14 (con). Für keinen Koeffizienten kann die Hypothese, daß der Koeffizient Null ist, auf dem 5% Niveau abgelehnt werden.

Im Grundmodell wird eine proportionale Beziehungen zwischen Bruttoinlandsprodukt und Konsum postuliert. Hier wird eine allgemeinere Hypothese im Johansen–Ansatz mit

$$\begin{pmatrix} 0 & c_2 & 0 & c_4 \end{pmatrix} = \begin{pmatrix} c_2 & c_4 \end{pmatrix}_r, \; R^c = \begin{pmatrix} 0 & 1 & 0 & 0 \\ 0 & 0 & 0 & 1 \end{pmatrix}$$

getestet. Der Wert der Teststatistik ist 14.2, und die Hypothese wird auf dem 5% Signifikanzniveau einer χ^2–Verteilung abgelehnt. Die Hypothese ist mit dem geschätzten Kointegrationsvektor nicht vereinbar.

Soll bei $r = 1$ überprüft werden, ob die Ladungskoeffizienten signifikant von Null verschieden sind, wird die Hypothese $H_6 : B = R^b B_r$ verwendet. Die Matrix R^b lautet zum Beispiel beim Testen des ersten Koeffizienten

$$B = \begin{pmatrix} 0 \\ b_2 \\ b_3 \\ b_4 \end{pmatrix} = \begin{pmatrix} 0 & 0 & 0 \\ 1 & 0 & 0 \\ 0 & 1 & 0 \\ 0 & 0 & 1 \end{pmatrix} \begin{pmatrix} b_2 \\ b_3 \\ b_4 \end{pmatrix} = R^b B_r.$$

Die Werte der Teststatistik sind in der Reihenfolge der Gleichungen aufgeführt: 5.61 (tot), 0.09 (gdp), 4.00 (inv), 4.09 (con). Die Nullhypothese kann auf einem Signifikanzniveau von 5% für den zweiten Ladungskoeffizienten nicht abgelehnt werden. Die Kointegrationsbeziehung wird nicht in der Gleichung für das Bruttoinlandsprodukt wirksam. Dieses Ergebnis stellt das theoretische Modell in Frage, da die Schwankungen des Bruttoinlandsprodukts erklärt werden sollten.

Als gemeinsame Hypothese für den Kointegrations- und Ladungsvektor wird der Ausschluß der Kointegrationsbeziehung in der Gleichung für das Bruttoinlandsprodukt und die Kointegrationsbeziehung

$$c_1 tot + c_2 gdp - c_2 inv + 0.0 con$$

überprüft. Die Konsumvariable wird aus der Kointegrationsbeziehung ausgeschlossen, und Investitions- und Bruttoinlandsproduktvariable besitzen den gleichen Koeffizienten mit verschiedenem Vorzeichen. Die Hypothesen für den Kointegrationsvektor werden mit der Matrix R^c

$$\begin{pmatrix} c_1 & c_2 & -c_2 & 0 \end{pmatrix} = \begin{pmatrix} c_1 & c_2 \end{pmatrix}_r \begin{pmatrix} 1 & 0 & 0 & 0 \\ 0 & 1 & -1 & 0 \end{pmatrix} = C_r R^c$$

getestet. Die Werte der Teststatistiken sind 0.21 und 0.01, so daß beide Hypothesen bei üblichen Signifikanzniveaus nicht verworfen werden können.

Werden die Testergebnisse zusammengefaßt, so ergibt sich, daß potentiell jede Variable in der Kointegrationsbeziehung ausgeschlossen werden könnte. Die Hypothese, daß mit der Kointegrationsbeziehung nur eine proportionale Beziehung zwischen Konsum und Bruttoinlandsprodukt beschrieben werden kann, wird verworfen. In den Daten liegt Evidenz vor, daß die Konsumvariable aus der Kointegrationsbeziehung ausgeschlossen werden kann und die Beziehung nicht in der Gleichung für das Bruttoinlandsprodukt wirksam wird. Dies kann so interpretiert werden, daß das Bruttoinlandsprodukt ein treibender Prozeß ist. Wenn die Konsumvariable nicht-stationär ist, kann sie einen ungebundenen Einfluß auf die restlichen Variablen haben. Dies widerspricht den obigen wirtschaftstheoretischen Überlegungen, da die Konsumvariablen kaum als Variable des technischen Fortschritts interpretiert werden kann. Außerdem unterliegt die Kosumentscheidung einer Budgetrestriktion, so daß diese Ergebnisse darauf hinweisen, daß das Modell noch nicht ausreichend spezifiziert worden ist.

7.2.3 Schätzung des restringierten Modells

In der Tabelle 7.2 sind die ML-Schätzer (vgl. Abschnitt 3.5.1) der Kointegrations-, Ladungs- und Π-Matrix für $r = 4$ (unrestringierte Schätzung), für $r = 1$ sowie für $r = 1$ mit restingiertem Ladungs- und Kointegrationsvektor dargestellt. Die geschätzten Standardfehler der Koeffizienten von der Π-Matrix nehmen deutlich ab, wenn die Kointegrationsrangrestriktion gesetzt wird.

Die Koeffizienten der Konsumvariable sind im Fall $r = 1$ in der Gleichung für die Terms of Trade, Investitionen und Konsum signifikant von Null verschieden.

Tabelle 7.2: Schätzergebnisse für das vierdimensionale System

	$\hat{C}'$				$\hat{B}$				restring. $\hat{C}$ und $\hat{B}$ Vektor	
tot	-9.9	-26.0	-2.9	-19.6	-.0038	.0011	.0030	.0004	-12.7	-.0035
gdp	16.2	-44.4	-89.9	-58.4	-.0005	.0033	.0013	-.0012	5.71	0.0
inv	-8.5	22.0	8.0	7.7	-.0136	.0142	-.0023	-.0016	-5.71	-.0120
con	-7.6	28.0	72.3	41.5	.0029	.0025	.0020	.0001	0.0	.0033

	$\hat{\Pi}$ für $r = 4$				$\hat{\Pi}$ für $r = 1$				$\hat{\Pi}$			
tot	-.008	-.404	.084	.293	.038	-.062	.032	.029	.044	-.020	.020	.0
	(.041)	(.142)	(.032)	(.107)	(.012)	(.020)	(.011)	(.010)	(.016)	(.007)	(.007)	(-)
gdp	-.062	-.203	.079	.141	.005	-.008	.004	.004	.0	.0	.0	.0
	(.046)	(.157)	(.035)	(.118)	(.014)	(.023)	(.012)	(.012)	(-)	(-)	(-)	(-)
inv	-.197	-.556	.398	.272	.135	-.220	.115	.104	.152	-.068	.068	.0
	(.160)	(.548)	(.122)	(.413)	(.048)	(.079)	(.041)	(.037)	(.063)	(.028)	(.028)	(-)
con	-.100	-.242	.045	.191	-.029	.048	-.025	-.022	-.042	.190	-.190	.0
	(.035)	(.120)	(.027)	(.091)	(.011)	(.017)	(.009)	(.008)	(.014)	(.006)	(.006)	(-)

	$\hat{\sigma}_{ii} 10^{-6}$	$\widehat{Corr}$			$\hat{\sigma}_{ii} 10^{-6}$	$\widehat{Corr}$			$\hat{\sigma}_{ii} 10^{-6}$	$\widehat{Corr}$		
tot	152.	1.0			162.	1.0			165.	1.0		
gdp	186.	.24	1.0		200.	.27	1.0		200.	.27	1.0	
inv	2274.	.32	.70	1.0	2483.	.31	.71	1.0	2518.	.32	.71	1.0
con	109.	.30	.51	.13	119.	.34	.54	.18	119.	.34	.54	.18

Die Normierung des Vektors ist schwierig, da die Wachstumstheorie Systembeziehungen postuliert. Hier wird eine Normierung mittels der Investitionsvariable vorgenommen

$$(7.1) \quad \text{inv} = \nu_1 + 0.61\text{tot} + .52\text{gdp} + .47\text{con},$$

$$(7.2) \quad \text{inv} = \nu_1^* - 2.23\text{tot} + 1.0\text{gdp},$$

wobei die erste Gleichung für $r = 1$ und die zweite für $r = 1$ mit restringiertem Ladungs- und Kointegrationsvektor geschätzt ist. Es ist zu beachten, daß die zweite Gleichung nach üblichen statistischen Signifikanzkriterien von der ersten nicht zu unterscheiden ist. Das Vorzeichen der Terms of Trade sollte positiv sein, so daß das negative Vorzeichen nicht mit den theoretischen Vorstellungen vereinbar ist.

Die ML-geschätzten Parameter der autoregressiven Darstellung für $r = 1$ zeigen typische Merkmale von geschätzten vektorautoregressiven Modellen, wobei die geschätzten Standardfehler in Klammern aufgeführt sind (vgl. Tabelle 7.7). Von den 64 Koeffizienten besitzen 24 Parameter einen t–Wert größer als 2. Da Originalzeitreihen zur Schätzung verwendet worden sind, erstaunt es nicht, daß in der A_4–Matrix viele Koeffizienten signifikant sind. Anhand der t–Werte kann gefolgert werden, daß die Terms of Trade keinen Einfluß auf die anderen Variablen haben. Ein entsprechender Granger–Kausalitätstests, der den Block der Koeffizienten der Terms of Trade–Variable in den autoregressiven Matrizen auf Null setzt, kann auf dem 10% Signifikanzniveau nicht verworfen werden. Die direkte Interpretation der einzelnen Koeffizienten ist kaum möglich.

7.2.4 Dynamische Analyse

Zur dynamischen Analyse des Systems werden die Impulsantwortfolgen betrachtet, wie es von Sims (1980) für stationäre vektorautoregressive Modelle vorgeschlagen worden ist. In der Arbeit wird auf die Analyse von bivariaten Granger-Kausalitätstests verzichtet, da durch eine bivariate Analyse die Einflüsse anderer Variablen vernachlässigt werden.

Die geschätzte Residuenkovarianzmatrix des Systems zeigt eine hohe positive Korrelation zwischen Konsum und Bruttoinlandsprodukt sowie Investitionen und Bruttoinlandsprodukt (vgl. Tabelle 7.2). Aufgrund dieser Korrelationen werden orthogonalisierte Impulsantwortfolgen betrachtet (vgl. Abschnitt 5.6). Zur Berechnung der orthogonalisierten Impulsantwortfolgen wird die Residuenvarianz mittels einer Choleski-Zerlegung $\Sigma_\epsilon = PP'$ aufgeteilt und die usprüngliche Impulsantwortfolge mit einer unteren Dreiecksmatrix P multipliziert. Durch die Dreiecksstruktur der Matrix wird eine rekursive Struktur in den Residuen vorgegeben, so daß die Reihenfolge der Variablen wichtig ist (vgl. Cooley & LeRoy (1985)). Die rekursive Struktur bewirkt, daß die i-te Variable im Variablenvektor nicht gleichzeitig von den Innovationen der anderen Variablen beeinflußt wird, die vor dieser Variablen aufgeführt sind. Aber die Innovationen der i-ten Variable beeinflussen alle folgenden Variablen. Da die Residuenkovarianzen gleichzeitige Korrelationen sind, bilden sie kurzfristige Zusammenhänge ab. Neben der rekursiven Struktur können auch andere kurzfristige Zusammenhänge mit Restriktionen auf der Kovarianzmatrix modelliert werden, die aus der Wirtschaftstheorie begründet werden (vgl. Blanchard (1989)). Bei dieser Vorgehensweise ist zu beachten, daß mit Hilfe der Residuenvarianz $K(K-1)/2$ Parameter geschätzt werden können. Der Anwender muß somit ausreichend viele Restriktionen ableiten.

In dieser Analyse wird die Choleski-Zerlegung benutzt, wobei folgende Reihenfolge $x' = ($tot, gdp, inv, con$)$ gewählt wird. Bei dieser Reihenfolge wird angenommen, daß die Terms of Trade exogen bestimmt werden. Weiterhin beeinflußt das Bruttoinlandsprodukt als Budgetrestriktion die Investitions- und Konsumentscheidung. Zunächst wird die Spezifikation $p = 4$ und $r = 1$ analysiert (Modell 7.1), wobei 31 Perioden betrachtet werden. Für die Ergebnisse werden mögliche Interpretationen im Lichte des Grundmodells aufgeführt. Dieser Untersuchung wird die Analyse des Systems mit restringiertem Ladungs- und Kointegrationsvektor gegenübergestellt. Am Ende des Abschnittes werden Einschränkungen der dynamischen Analyse genannt, damit die Ergebnisse nicht überbewertet werden.

Die orthogonalisierten Eigenimpulsantwortfolgen der zweiten, dritten und vierten Variable zeigen Reaktionen, die langfristig signifikant von Null verschieden bleiben (vgl. Abbildung 7.3). In den Graphiken ist weiterhin das 1.96-fache Standardfehlerband einer geschätzten Impulsantwortfolge eingezeichnet (vgl. Abschnitt 5.6). Die Eigenimpulsantwortfolge der Terms of Trade ist nach 12 Perioden nicht mehr signifikant. Der Schock in den Terms of Trade ruft keine sig-

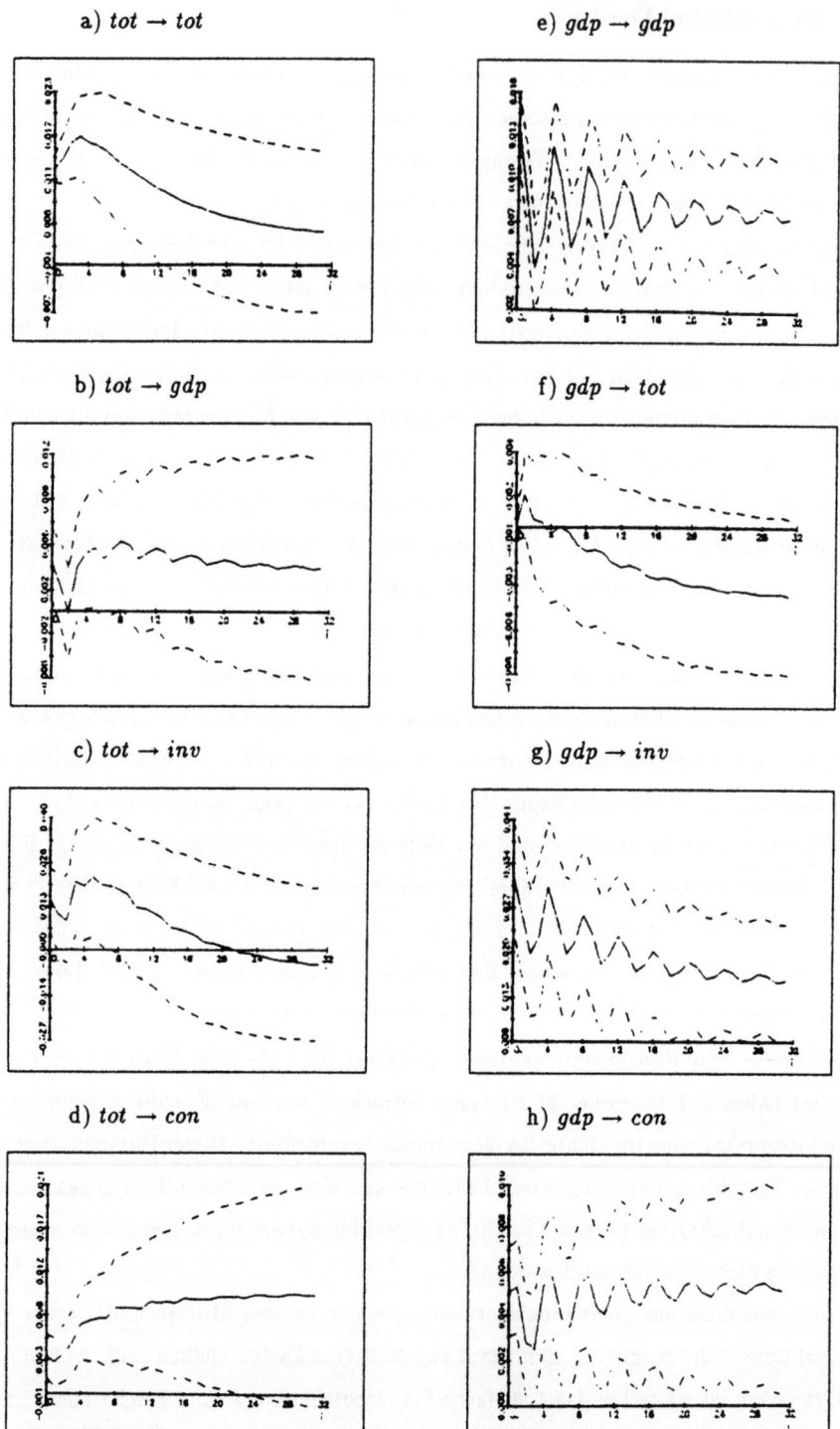

Abbildung 7.3: Schock → Reaktion, Modell 7.1
durchgezogene Linie: Reaktion
unterbrochene Linie: 2 Standardfehlerband.

222

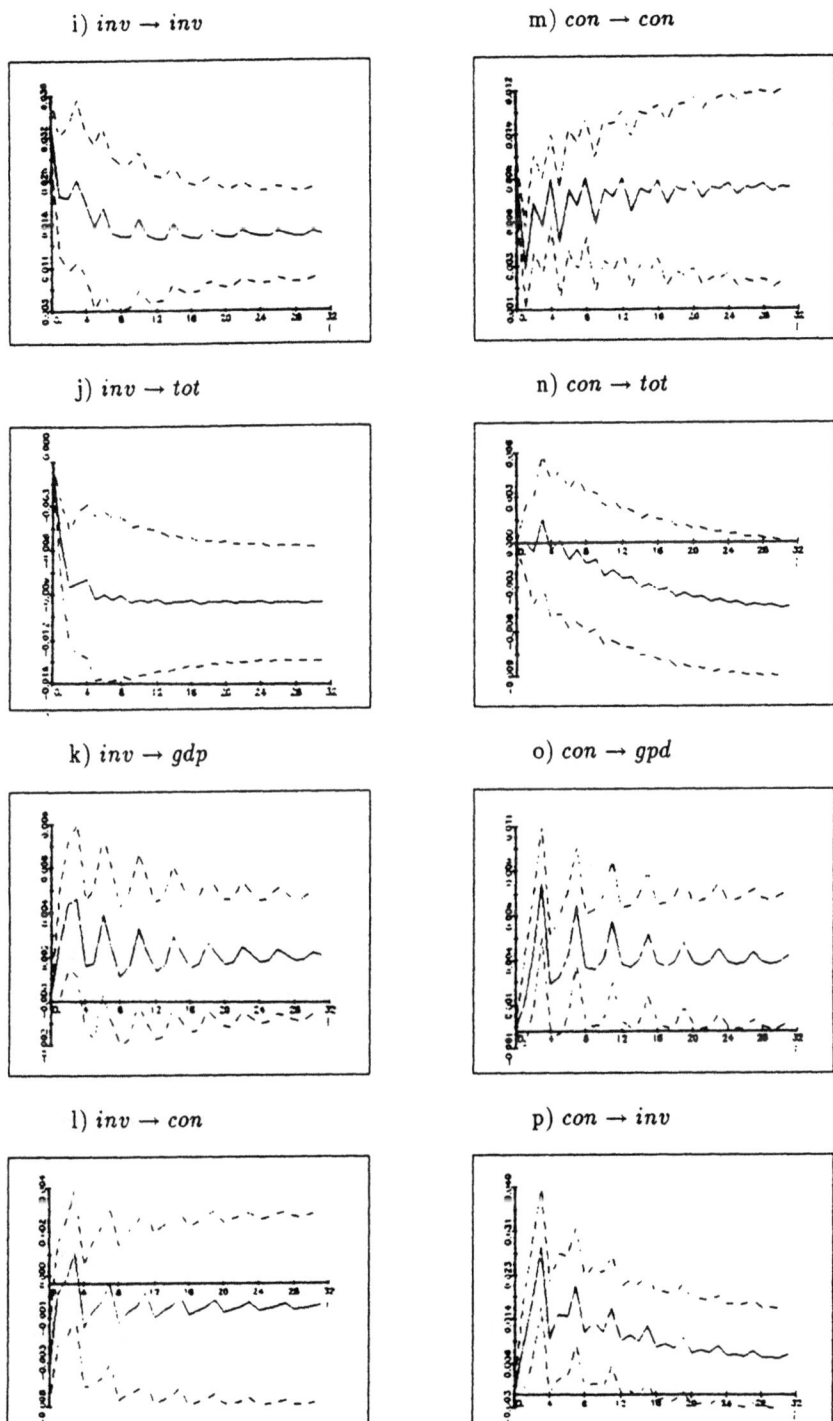

Abbildung 7.3: Schock → Reaktion, Modell 7.1
durchgezogene Linie: Reaktion
unterbrochene Linie: 2 Standardfehlerband.

nifikante Reaktion im Bruttoinlandsprodukt hervor. Die Reaktion der Investitionen ist zwischen den Perioden 3 bis 7 positiv signifikant, die des Konsums bleibt für 20 Perioden positiv signifikant.

Bei der Eigenimpulsantwortfolge des Bruttoinlandsprodukts zeigt sich eine deutliche saisonale Struktur der Reaktionen. Dies weist darauf hin, daß die Saisondummies zur Modellierung der Saisonfigur nicht ausreichen, um die saisonalen Effekte aus dem System herauszufiltern. Das gleiche Problem zeigt sich in der Arbeit von Wolters (1990b) in einem vektorautoregressiven Modell mit ähnlichen Variablen. Gerade am Anfang überlagern die saisonalen Bewegungen die langfristigen Bewegungen. Die Terms of Trade reagieren nicht signifikant auf einen Schock im Bruttoinlandsprodukt, während die Reaktionen der Investitionen und des Konsums wie erwartet signifikant positiv sind. In den beiden letzten Antwortfolgen zeigt sich ebenfalls eine saisonale Struktur.

Ein Schock in den Investitionen löst eine signifikant negative Reaktion der Terms of Trade aus, während die Reaktion vom Bruttoinlandsprodukt in den Perioden 2 und 3 positiv ist und im Konsum zur Periode Null signifikant negativ ist (vgl. Abbildung 7.3i–l). Diese Reaktionen erstaunen, da aufgrund der Kapazitätswirkungen der Investitionen nach mehreren Perioden eine positive Reaktion des Bruttoinlandsprodukts erwartet werden könnte. Wird ein gemeinsamer Trend als Technologievariable interpretiert, könnte vermutet werden, daß sich die neuen Technologien über die Investitionen im Produktionsprozeß etablieren. Bei dieser Interpretation könnten positive Reaktionen der Variablen aufgrund des prozyklischen Verhaltens des realen Konjunkturmodells erwartet werden. Mit den geschätzten Reaktionsverläufen wird diese Sichtweise nicht unterstützt. In den Verläufen könnte sich die Wachstumsschwäche der 70'er und Anfang 80'er Jahre der BRD zeigen. In dem Zusammenhang wird die These vertreten, daß viele Investitionen nicht zu Produktinnovationen, sondern zu Prozeßinnovationen verwendet worden sind.

Wird eine Innovation in der Konsumvariable betrachtet, so gibt es keine Reaktion der Terms of Trade (vgl. Abbildung 7.3m–p). Die Reaktionsverläufe vom Bruttoinlandsprodukt und von den Investitionen zeigen saisonale Muster. Es werden signifikant positive Reaktionen für viele Perioden sichtbar.

Die positiven Reaktionen der realen inländischen Variablen aufgrund von inländischen Schocks können als eine gewisse Evidenz für die Hypothese der realen Konjunkturzyklen gewertet werden. Diese Evidenz wird durch die insignifikanten Reaktionen aufgrund von Investitionsschocks abgeschwächt. Außerdem werden wichtige Reaktionen des Systems von den Konsuminnovationen bestimmt. Wenn angenommen wird, daß diese Konsuminnovationen aufgrund von Änderungen der Konsumwünsche bzw. Konsumgewohnheiten entstehen, könnten diese Innovationen der Nachfrageseite zugeordnet werden. Die Konsuminnovationen können darüberhinaus zur Nachfrageseite gezählt werden, da der staatliche Verbrauch in der Konsumvariable enthalten ist.

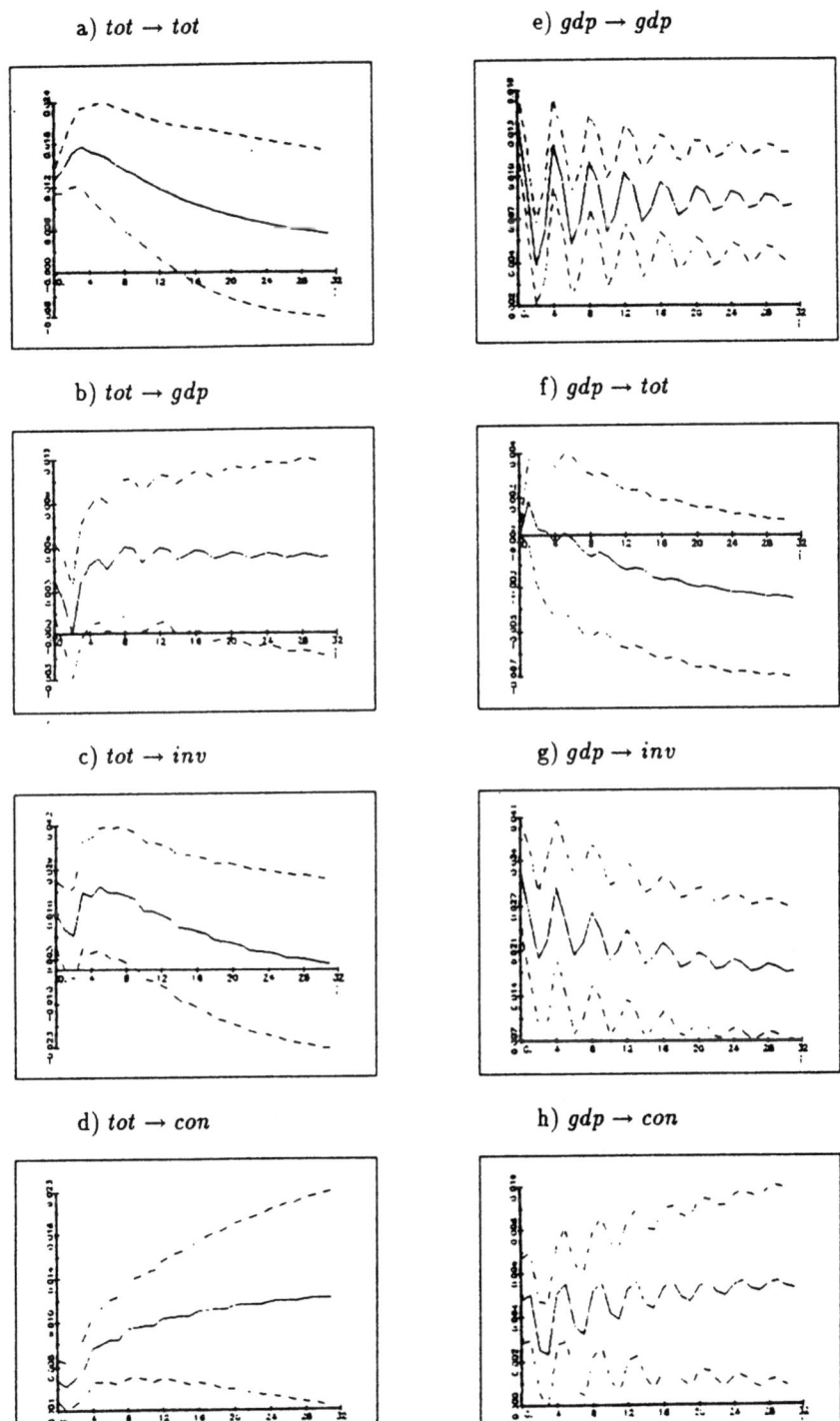

Abbildung 7.4: Schock → Reaktion, Modell 7.2
durchgezogene Linie: Reaktion
unterbrochene Linie: 2 Standardfehlerband.

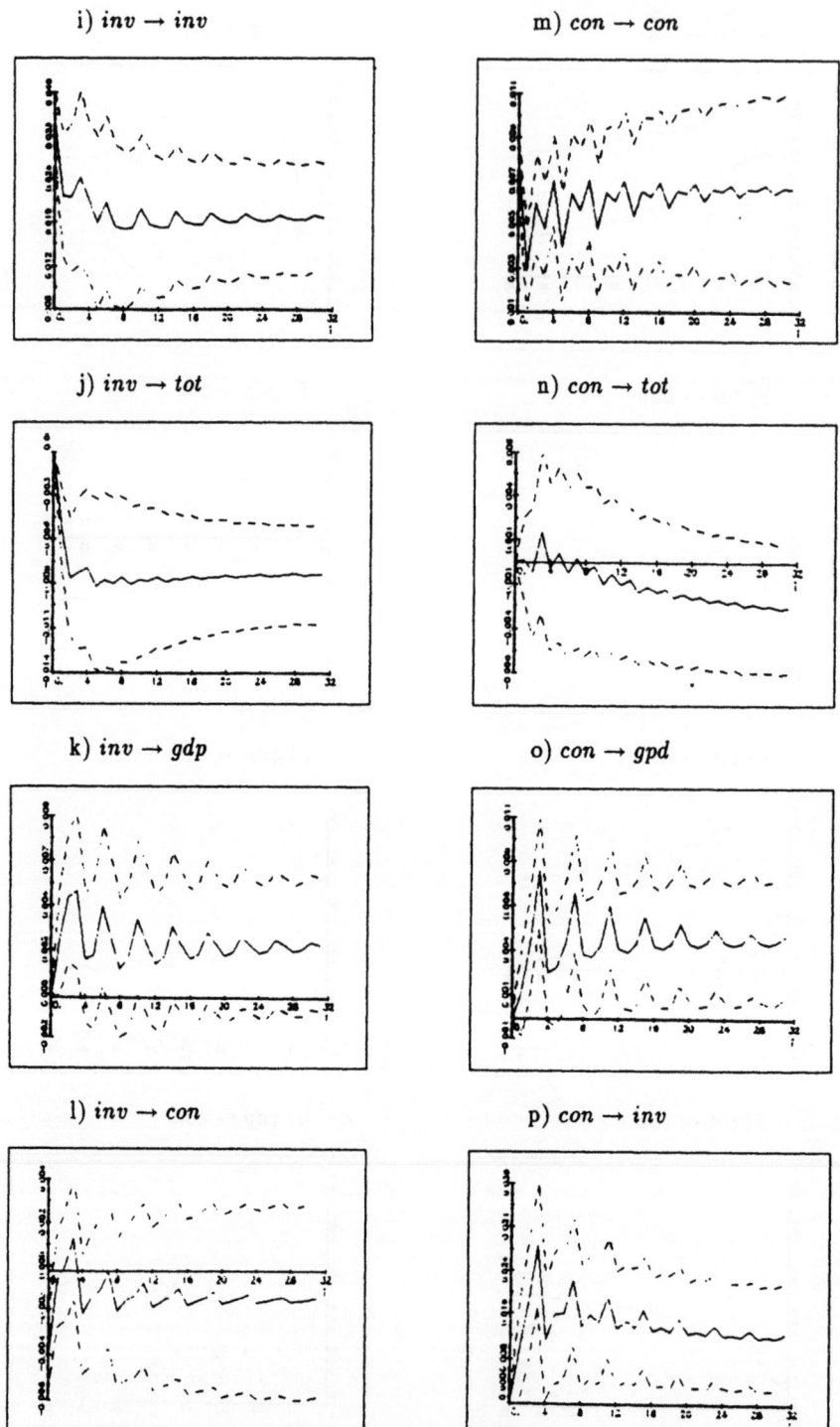

Abbildung 7.4: Schock → Reaktion, Modell 7.2
durchgezogene Linie: Reaktion
unterbrochene Linie: 2 Standardfehlerband.

Positive Reaktionen aufgrund von Nachfrageinnovationen sind in einem Modell, daß im Sinne der realen Konjunkturtheorie konstruiert ist, eher klein bzw. insignifikant (vgl. Blanchard & Fischer (1989), S. 355). Werden die Konsuminnovationen als Nachfrageinnovationen angesehen, schwächen die signifikanten Reaktionen der Konsuminnovationen die Bedeutung der technologischen Schocks in der realen Konjunkturtheorie ab. Auf der anderen Seite kann die Signifikanz der Reaktionen darauf hindeuten, daß relevante Variablen nicht berücksichtigt worden sind.

An dieser Stelle wird noch einmal angemerkt, daß die Reaktionsverläufe bei einer bestimmten rekursiven Struktur der Innovationen gefunden worden sind. Eine Umkehrung der Reihenfolge der Variablen in $x^{*\prime} = $ (con, inv, gdp, tot) hat zur Folge, daß sich die Reaktionen der Variablen aufgrund eines Schocks im Bruttoinlandsprodukt erheblich ändern. Da diese Reaktionen wenig plausibel sind, wird auf eine Darstellung der Impulsantwortfolgen verzichtet. Die Ergebnisse sind bezüglich der Wahl der Reihenfolge der Variablen sensitiv, so daß die vorangegangenen Resultate relativiert werden müssen.

Eine Impulsantwortfolgenanalyse kann ebenfalls für das Modell mit restringiertem Ladungs- und Kointegrationsvektor durchgeführt werden (Modell 7.2). Werden die Impulsantwortfolgen des so restringierten Systems (vgl. Abbildung 7.4) denen des Systems mit $r = 1$ gegenübergestellt, ergeben sich kaum qualitative Unterschiede bis zur Periode 31. Die saisonale Struktur einiger Antwortfolgen bleibt erhalten. Die Reaktionen der Variablen aufgrund eines Schocks der Terms of Trade sind für einen längeren Zeitraum signifikant. Ein Schock im Konsum führt noch zu einer positiven signifikanten Reaktion der Investitionen und des Bruttoinlandsprodukts. Die Setzung der Restriktionen auf den Ladungs- und Kointegrationsvektor hat in diesem Modell kaum einen Einfluß auf das dynamische Verhalten der Variablen. In diesem Fall ist zu beachten, daß aus der Nullrestriktion für den Konsumkoeffizienten in der Kointegrationsbeziehung nicht folgt, daß die Konsuminnovationen keine Effekte haben. Stattdessen wird deutlich, daß einzelne Reaktionen noch nach 30 Perioden signifikant positiv sind (vgl. Abbildung 7.4o,p).

Zum Schluß soll darauf hingewiesen werden, daß bei der Interpretation der Reaktionsverläufe die Gefahr der Überbewertung der Ergebnisse besteht. Die Analyse beruht auf einem geschätzten Modell, dessen Lagordnung und Kointegrationsrang nicht eindeutig begründet werden können. Die Schätzunsicherheit ist hoch, und die geschätzten Standardfehler der Impulsantwortfolgen sind aufgrund von asymptotischen Verteilungsergebnissen abgeleitet worden (vgl. Abschnitt 5.6). Über deren Eigenschaften in kleinen Stichproben ist noch wenig bekannt, so daß die vorgenommene Approximation zu falschen Schlüssen führen kann. Die Sensitivität der Ergebnisse aufgrund der Reihenfolge der Variablen ist angesprochen worden. Weiterhin ist zu beachten, daß nur 31 Perioden untersucht wurden, so daß sich Reaktionen des wirtschaftstheoretischen Modells noch einstellen könnten.

7.2.5 Prognose

Neben der Überprüfung von wirtschaftswissenschaftlichen Hypothesen ist die Prognose von Variablen von herausragendem Interesse. Den Prognosen der im letzten Abschnitt analysierten Modelle werden Prognosen von Subsetmodellen gegenübergestellt, um mit einem Vergleich der Prognoseleistungen verschiedener Modelle eine Einordnung der einzelnen Prognoseleistungen vornehmen zu können.

Für die Punktprognose eignet sich besonders die autoregressive Darstellung (vgl. Abschnitt 6.1). Die Punktprognosen des Modells $p = 4$ und $r = 1$ werden explizit dargestellt (vgl. Tabelle 7.3). Unter den jeweiligen Punktprognosewerten sind die berechneten Standardfehler der Punktprognosen aufgeführt, die aus den mittleren quadratischen Prognosefehlermatrizen MSE(h) ermittelt werden. Mit diesem Modell liegen die Punktprognosen für das Bruttoinlandsprodukt und für den Konsum über deren Realisationen. Auch die Realisationen der beiden anderen Variablen werden meistens überschätzt. Die Intervallprognosen überdecken die tatsächlichen Werte fast immer mit der einfachen Standardabweichung. Für den Konsum sind die Prognosefehler bei $h = 10, 11, 12$ größer. Wenn die nicht logarithmierten Werte betrachtet werden, ergibt sich zum Beispiel für die 8-Schritt-Prognose des Bruttoinlandsprodukts ein Prognosefehler von 7172.43 - 7310.01 = -137.58, d.h. eine Abweichung von 1.92%. Die Prognoseleistung des Modells kann besser anhand eines Vergleichs mit anderen Modellen beurteilt werden.

Damit die Prognoseleistungen verglichen werden können, müssen die Prognosefehler der Variablen gewichtet und addiert werden. Um die Prognosefehler mit modellabhängigen Prognosevarianzen zu gewichten, werden zur Normierung die berechneten mittleren quadratischen Prognosefehlermatrizen MSE(h) des Modells mit $r = 4$ verwendet. Für diesen Prognosevergleich stehen 12 ex ante Werte zur Verfügung, so daß 12 Ein-Schritt-Prognosefehler, 11 Zwei-Schritt-Prognosefehler usw. berechnet werden. Es ergibt sich:

$$Pf(h) = \sum_n \frac{1}{N} \sum_k \frac{1}{K} \frac{(\hat{x}_{T+n|h,k} - x_{T+n|h,k})^2}{MSE(h)_k},$$

wobei N die Anzahl der h-Schritt-Prognosefehler $Pf(h)$ bezeichnet. Bei diesem Vergleich werden maximal Acht-Schritt-Prognosefehler ermittelt, obwohl nur 4 Werte zur Berechnung der Prognosefehler vorhanden sind. Entsprechend vorsichtig sind diese Ergebnisse zu interpretieren.

Als Vergleichsmodelle wird das Modell für $p = 4$ mit $r = 4$, $r = 1$ und das mit restringiertem Ladungs- und Kointegrationsvektor betrachtet. Weiterhin wird ein Modell für $r = 0$ geschätzt. Da in der autoregressiven Darstellung viele Parameter nicht signifikant sind, werden Subsetmodelle bestimmt. Zum einen werden Subsetmodelle in der Johansen-Darstellung berechnet, die auch beim Prognosevergleich für simulierte Daten verwendet worden sind (vgl. Abschnitt 5.5).

Tabelle 7.3: Punktprognose mit dem ML-geschätzten Modell für $p = 4$ und $r = 1$ des vierdimensionalen Systems

h^*	tot $\hat{x}_{T,k}(h)$	$x_{T+h,k}$	gdp $\hat{x}_{T,k}(h)$	$x_{T+h,k}$	inv $\hat{x}_{T,k}(h)$	$x_{T+h,k}$	con $\hat{x}_{T,k}(h)$	$x_{T+h,k}$
1	4.707	[4.713]	8.778	[8.756]	7.276	[7.222]	8.454	[8.442]
	(.0198)		(.0173)		(.0622)		(.0130)	
2	4.702	[4.701]	8.807	[8.789]	7.269	[7.206]	8.496	[8.493]
	(.0269)		(.0190)		(.0716)		(.0153)	
3	4.708	[4.694]	8.840	[8.823]	7.446	[7.389]	8.505	[8.499]
	(.0330)		(.0226)		(.0865)		(.0172)	
4	4.715	[4.706]	8.873	[8.855]	7.161	[7.092]	8.592	[8.586]
	(.0376)		(.0262)		(.0966)		(.0209)	
5	4.709	[4.710]	8.809	[8.800]	7.312	[7.271]	8.487	[8.484]
	(.0418)		(.0287)		(.1049)		(.0233)	
6	4.708	[4.708]	8.840	[8.818]	7.318	[7.311]	8.529	[8.505]
	(.0453)		(.0301)		(.1114)		(.0258)	
7	4.715	[4.696]	8.874	[8.853]	7.486	[7.446]	8.536	[8.519]
	(.0484)		(.0322)		(.1180)		(.0278)	
8	4.718	[4.712]	8.897	[8.878]	7.167	[7.171]	8.625	[8.600]
	(.0510)		(.0346)		(.1237)		(.0306)	
9	4.714	[4.689]	8.835	[8.827]	7.329	[7.334]	8.516	[8.488]
	(.0534)		(.0365)		(.1286)		(.0328)	
10	4.712	[4.676]	8.867	[8.850]	7.336	[7.376]	8.561	[8.513]
	(.0555)		(.0376)		(.1323)		(.0350)	
11	4.719	[4.685]	8.903	[8.869]	7.508	[7.490]	8.567	[8.516]
	(.0573)		(.0392)		(.1362)		(.0368)	
12	4.721	[4.690]	8.923	[8.897]	7.180	[7.304]	8.657	[8.597]
	(.0590)		(.0409)		(.1396)		(.0391)	

h^*: Prognosehorizont.

Tabelle 7.4: Prognoseergebnisse mit den ML–geschätzten Modellen und verschiedenen Subsetmodellen für das vierdimens. System

h^*	ML–Schätzungen $r = 4$	$r = 1$	restr.	$r = 0$	Johansen Subsetanalyse AIC	HQ	SC	Autoregressive Subsetanalyse AIC	HQ	SC
1	0.98	0.73	0.77	0.81	0.70	0.79	0.75	1.01	0.89	0.97
2	1.19	0.68	0.74	0.91	0.67	0.90	0.89	0.98	0.90	1.16
3	1.76	0.55	0.86	1.30	0.85	1.29	1.09	1.36	1.46	1.94
4	1.93	0.75	0.80	1.37	0.81	1.35	1.05	1.31	1.57	2.12
5	2.46	0.91	0.98	1.82	1.01	1.79	1.40	1.68	1.93	2.71
6	2.96	1.07	1.15	2.28	1.18	2.24	1.91	1.93	2.10	3.28
7	3.35	1.19	1.27	2.48	1.32	2.44	2.05	2.03	2.17	3.79
8	3.33	1.22	1.30	2.28	1.37	2.24	1.68	1.88	2.01	3.77

h^*: Prognosehorizont.

Für diese Modelle wird ein Kointegrationsrang von $r = 2$ vorgegeben, da die Modelle dann gute Prognoseleistungen erbracht haben, wenn der Kointegrationsrang zu groß gewählt worden ist (vgl. Abschnitt 5.5.2 und 6.3.2). Zum anderen werden in diesem Vergleich Subsetmodelle in der autoregressiven Darstellung ermittelt. Als Subsetstrategie wird die Top–down–Strategie herangezogen (vgl. Abschnitt 5.5), wobei die Ordnungskriterien AIC, HQ und SC verwendet werden.

In der ersten Gruppe erzielt das Modell mit $r = 1$ die geringsten normierten Prognosefehlervarianzen für alle Prognosehorizonte (vgl. Tabelle 7.4). Mit dem SC–Kriterium werden in der zweiten Gruppe, die die Modelle der Subsetanalyse in der Johansen–Darstellung umfaßt, die geringsten Prognosefehlervarianzen erreicht. In der letzten Gruppe (Subsetanalyse in der autoregressiven Darstellung) schneidet des AIC–Kriterium am besten ab. Die Modelle der letzten Gruppe erzielen für $h = 1$ bis 5 meistens höhere Prognosefehlervarianzen als die Modelle der Subsetanalyse in der Johansen–Darstellung. Beim Vergleich über alle verwendeten Modelle zeigt sich, daß bei diesen Daten die geringsten Prognosefehlervarianzen mit dem Modell $r = 1$ erreicht werden. Durch diese Prognoseergebnisse wird die Modellspezifikation der vorangegangenen Abschnitte unterstützt, ohne daß eine Modellauswahl anhand der Prognoseleistungen vorgenommen werden soll.

7.3 Schätzung und Analyse eines Modells der realen Konjunkturtheorie mit monetärem Sektor

Die Erweiterung des Systems um einen monetären Sektor ist im Abschnitt 7.2 kurz dargestellt worden. Bei der Analyse dieses Systems wird die gleiche Vorgehensweise wie im vorangegangen Abschnitt gewählt, die mit einer graphischen Darstellung der Variablen anfängt. Nach der Bestimmung der Lagordnung und des Kointegrationsranges des Modells werden verschiedene Tests auf die Kointegrations– und die Ladungsmatrix durchgeführt. Dann werden ML–Schätzer der autoregressiven Darstellung aufgeführt. Mit Hilfe der dynamischen Analyse werden Implikationen des theoretischen Modells überprüft. Zum Schluß werden Punkt– und Intervallprognosen berechnet. Diesen Prognosen werden Prognosen verschiedener Subsetmodelle gegenübergestellt.

7.3.1 Spezifikation des Modells

Das bisherige vierdimensionale System wird um die Variablen M1 und Preisindex des Bruttoinlandsprodukts (vgl. Abbildung 7.5) erweitert. Anders als in der Arbeit von Scheide (1989) wird hier nicht die Realkasse als zusätzliche Variable aufgenommen. Durch die Restriktion der beiden Variablen zu einer wird eine reale Variable erzeugt, so daß in dem Fall die Hypothese, daß nominelle Variablen keine realen Wirkungen haben sollen, nicht mehr überprüft werden

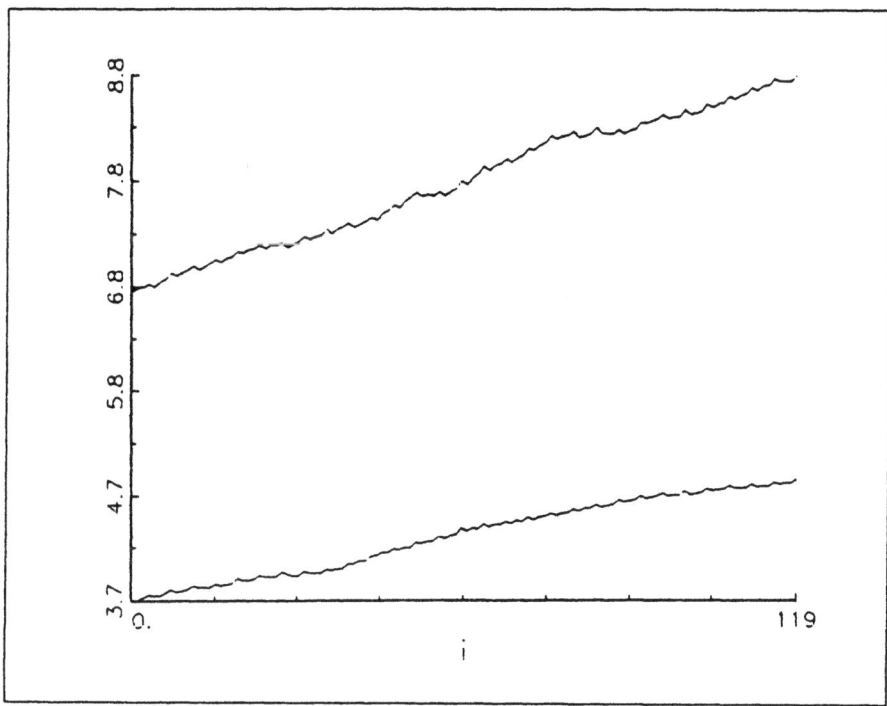

Abbildung 7.5: Graph der Variablen von M1 und pgd 1960.1 bis 1989.4.

kann. Die Zeitreihe der unbereinigten Geldmengenvariable M1 wurde vom Institut für Weltwirt-
schaft zur Verfügung gestellt. Die Zeitreihen zeigen keine Tendenz, zum Ausgangswert zurück-
zukehren. In den ersten Differenzen ist kein Anstieg im Mittelwert zu erkennen (vgl. Abbildung
7.6). Das sechsdimensionale System setzt sich aus den Variablen

- x_1 = Geldmenge (M1),

- x_2 = Preisindex des Bruttoinlandsprodukts (pgd),

- x_3 = Terms of Trade (tot),

- x_4 = Bruttoinlandsprodukt pro Kopf (gdp),

- x_5 = Investitionen pro Kopf (inv) und

- x_6 = Konsumausgaben pro Kopf (con)

zusammen, wobei alle Variablen logarithmiert werden. Wie in der vorangegangenen Analyse
wird die Untersuchungsperiode auf 1960.I bis 1986.IV festgelegt und ein autoregressives Modell
mit Absolutglied und Saisondummies angepaßt. Bei einer maximalen Lagordnung von $p_{max} = 5$
wird $p = 4$ von dem HQ-Kriterium geschätzt (vgl. Teil 1 Tabelle 7.5). Das FPE– und AIC–

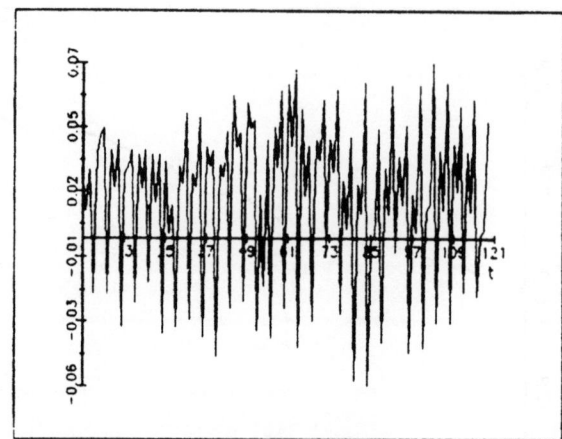

Abbildung 7.6a: Graph der ersten
Differenzen von M1.

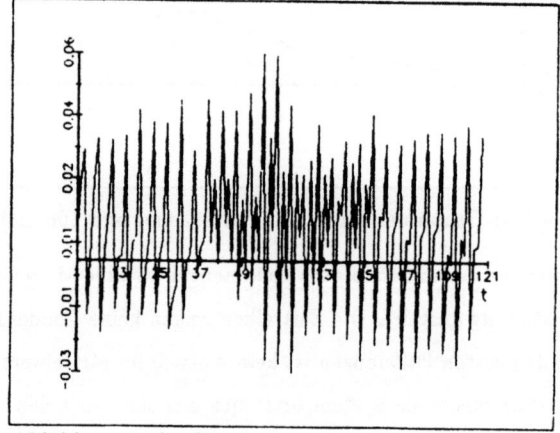

Abbildung 7.6b: Graph der ersten
Differenzen von pgd.

Kriterium schätzen $p = 5$, während das SC $p = 1$ ermittelt. Da FPE und AIC die Lagordnung überschätzen können, wird die Lagordung auf $p = 4$ festgelegt.

Die Kointegrationsrangbestimmung mit Hilfe der Ordnungskriterien weist auf $r = 0$ (SC), $r = 3$ (HQ) und $r = 5$ (AIC) hin (vgl. Teil 2 Tabelle 7.5). Die kritischen Werte für $H_0 : r = 0$ sind der Tabelle D.2 von Osterwald–Lenum (1990) entnommen worden. Mit dem Likelihood-verhältnistest von Johansen wird die Hypothese $r = 1$ verworfen. Beim Varianzmodifikations-ansatz von Stock & Watson ergibt sich für ein Testniveau von 5% $r = 3$, wobei die Werte der Teststatistik für einen Abschneidewert von $l = 2$ und $l = 6$ bestimmt worden sind. Insgesamt betrachtet sind die Testergebnisse sehr unterschiedlich. Evidenz dafür, daß die Hypothese der Stationarität in ersten Differenzen abgelehnt werden kann, ist bei den Likelihoodverhältnistests und Ordnungskriterientests vorhanden. Die Hypothese der Stationarität in den Niveaus kann

Tabelle 7.5: Testergebnisse für das sechsdimensionale System

Lag	FPE	AIC	HQ	SC
	10×23			
0	6019395.	-35.51	-35.51	-35.51
1	35.36	-49.86	-49.49	-48.94*
2	18.60	-50.52	-49.77	-48.68
3	10.66	-51.10	-49.98	-48.34
4	5.96	-51.72	-50.23*	-48.04
5	4.45*	-52.09*	-50.22	-47.48

Kointegrationstests mit $p = 4$

		Kriterientests		
Lag	r	AIC	HQ	SC
1	0	-41.46	-41.21	-40.85
1	1	-43.48	-43.12	-42.59
1	2	-44.40	-43.95	-43.28
1	3	-44.80	-44.28	-43.50
1	4	-44.88	-44.31	-43.46
1	5	-44.90	-44.29	-43.40
1	6	-44.88	-44.26	-43.35
2	0	-49.45	-48.83	-47.93*
2	1	-49.70	-48.97	-47.89
2	2	-49.92	-49.09	-47.88
2	3	-50.00	-49.10	-47.79
2	4	-50.07	-49.13	-47.74
2	5	-50.10	-49.12	-47.68
2	6	-50.08	-49.09	-47.64
3	0	-50.14	-49.15	-47.70
3	1	-50.36	-49.26	-47.64
3	2	-50.51	-49.32	-47.56
3	3	-50.60	-49.33	-47.47
3	4	-50.63	-49.32	-47.38
3	5	-50.64	-49.29	-47.31
3	6	-50.63	-49.27	-47.27
4	0	-50.35	-48.99	-47.00
4	1	-50.86	-49.39	-47.22
4	2	-51.10	-49.54	-47.24
4	3	-51.20	-49.56*	-47.15
4	4	-51.24	-49.55	-47.07
4	5	-51.24*	-49.52	-47.00
4	6	-51.22	-49.49	-46.95

* Minimum des Kriteriums.

LR–Tests von Johansen					
				Kritische Werte	
H_0	H_1	Trace-Test	Eigen-wert-test	Trace 5%	Eigen. 5%
$r = 5$	$r = 6$	0.03		8.08	8.08
$r = 4$	$r \geq 5$	6.72	6.7	17.8	14.6
$r = 3$	$r \geq 4$	21.0	14.2	31.3	21.3
$r = 2$	$r \geq 3$	44.4	23.4	48.4	27.3
$r = 1$	$r \geq 2$	87.9*	43.5*	70.0	33.3
$r = 0$	$r \geq 1$	162.3*	74.5*	95.2	39.4

Ansatz von Stock&Watson					
		Varianz-modifik.		Kritische Werte	
H_0	H_1	$l = 2$	$l = 6$	5%	10%
$r = 0$	$r \geq 1$	-86.2*	-92.6*	-62.4	-56.8
$r = 1$	$r \geq 2$	-49.1*	-57.8*	-42.5	-38.9
$r = 2$	$r \geq 3$	-33.7*	-36.8*	-30.2	-27.7
$r = 3$	$r \geq 4$	-6.4	-7.0	-21.3	-19.3
$r = 4$	$r \geq 5$	0.1	0.1	-14.1	-12.6
$r = 5$	$r = 6$	8.3	+8.8	-9.1	-8.1

*: auf dem 5%–Niveau signifikant.

nicht angenommen werden, so daß in diesem System gemeinsame Trends existieren. Für die weitere Analyse wird der Kointegrationsrang auf $r = 3$ festgelegt. Die Hypothese, daß kein linearer Trend existiert, wird ebenfalls getestet. Der Wert der Teststatistik ist 13.2, so daß die Nullhypothese auf dem 5% Signifikanzniveau verworfen wird.

7.3.2 Verschiedene Tests auf Ladungs– und Kointegrationsmatrix

Ist der Kointegrationsrang $r > 1$, sind die Koeffizienten der Kointegrationsmatrix aus der Johansen–Schätzung nicht identifiziert (vgl. Abschnitt 5.2), somit ist auch ein Signifikanztest für einzelne Koeffizienten nicht möglich. Die Hypothese, ob eine Variable in allen Kointegrationsbeziehungen auf Null gesetzt werden kann, kann mit dem Test für den Kointegrationsraum getestet werden $H_3 : C = C_r R^c$. Dieser Test kann z.B. für die Konsumvariable mit der Restriktionsmatrix

$$
R^c = \begin{pmatrix}
1 & 0 & 0 & 0 & 0 & 0 \\
0 & 1 & 0 & 0 & 0 & 0 \\
0 & 0 & 1 & 0 & 0 & 0 \\
0 & 0 & 0 & 1 & 0 & 0 \\
0 & 0 & 0 & 0 & 1 & 0
\end{pmatrix}
$$

durchgeführt werden. Der Wert der Teststatistik für die jeweilige Variable ist: 18.2 (con), 20.3 (inv), 20.9 (gdp), 10.9 (tot), 47.6 (pgd), 43.3 (M1), wobei die Variable in Klammern steht. Die Terms of Trade weisen den kleinsten Wert auf. Die Hypothese, daß die Koeffizienten Null sind, wird für jede Variable auf dem 5% Signifikanzniveau abgelehnt.

Die Frage, ob in einer Gleichung kein Kointegrationsvektor wirksam wird, kann mit der Hypothese $H_6 : B = R^b B_r$ für die Ladungsmatrix getestet werden (vgl. Abschnitt 5.2.2). Der Wert der Teststatistik für die einzelne Gleichung ist: 13.5 (con), 22.2 (inv), 10.8 (gdp), 26.2 (tot), 33.9 (pgd), 10.5 (M1), wobei die Gleichung in Klammern steht. Bei allen Tests wird die Nullhypothese, daß eine Zeile in der Ladungsmatrix Null ist, auf dem 5% Signifikanzniveau verworfen. In allen Gleichungen wird mindestens eine Kointegrationsbeziehung wirksam. Keine Variable kann als treibender Prozeß isoliert werden.

Bei der Erweiterung des Grundmodells um den monetären Sektor ist die Annahme gemacht worden, daß Preishomogenität zwischen den nominellen Variablen vorliegt, womit eine parametrische Beziehung zwischen dem Preisniveau und der Geldmenge postuliert wird. Johansen und Juselius (1990a) schlagen vor, diese Hypothese mittels der Hypothese $H_3 : C = C_r R^c$ für alle drei Kointegrationsvektoren gleichzeitig zu prüfen. Der Wert der Teststatistik beträgt 21.1. Die Hypothese wird auf dem 5% Signifikanzniveau abgelehnt. Soll die Hypothese für die einzelnen Vektoren getestet werden, muß ein iterativer Schätzansatz verwendet werden (vgl. Abschnitt 5.2.1). Bei der Überprüfung der Hypothese ergibt sich keine Konvergenz der Schätzer bei

100 Iterationen. Dies kann einerseits als Hinweis gewertet werden, daß die Hypothese mit den Daten nicht vereinbar ist. Anderseits kann diese mangelnde Konvergenz eine Folge davon sein, daß die Kointegrationsvektoren nicht identifiziert sind. Es ist nicht offensichtlich, in welcher Beziehung die Kointegrationsparameter der ML-Schätzung von Johansen zu den Parametern des wirtschaftstheoretischen Modells stehen. In dem sechsdimensionalen System werden keine Restriktionen auf die Ladungs- und Kointegrationsmatrix gesetzt.

7.3.3 Schätzung des Modells

War eine Normierung des Kointegrationsvektors in der Variablengruppe 1 nicht einfach, so ist die Normierung der Kointegrationsvektoren für $r = 3$ noch komplizierter (vgl. Tabelle (7.6). Zwar wird in dem Grundmodell die Existenz von drei Kointegrationsvektoren postuliert, doch erscheint z.B. eine Zuordnung der geschätzten Vektoren

$$M1 = 1.44\text{pgd} - 0.12\text{tot} + 1.66\text{gdp} - 0.54\text{inv} - 1.41\text{con}$$

$$M1 = -1.05\text{pgd} + 2.24\text{tot} - 6.28\text{gdp} - 0.68\text{inv} - 2.08\text{con}$$

$$M1 = 0.85\text{pgd} + 1.19\text{tot} - 1.40\text{gdp} + 0.10\text{inv} - 1.23\text{con},$$

zu der theoretischen Umlaufgeschwindigkeit des Geldes nicht offensichtlich (vgl. Lütkepohl & Reimers (1989)). Wird eine Einteilung der Variablen in die Gruppe (pgd, gdp, con) und die Gruppe (M1, tot, inv) vorgenommen (vgl. Warne (1990b), S.42f) und unterstellt, daß die Teilmatrix, die zu den Koeffizienten der ersten Variablengruppe gehört, invertierbar ist, ergibt sich

$$(7.3) \quad \text{pgd} = 1.90\text{M1} + 0.70\text{tot} - 0.66\text{inv}$$

$$(7.4) \quad \text{gdp} = 2.87\text{M1} + 0.75\text{tot} - 0.81\text{inv}$$

$$(7.5) \quad \text{con} = 2.24\text{M1} + 0.97\text{tot} - 1.41\text{inv}.$$

Zwar werden die Koeffizienten in dieser Form als Langfristkoeffizienten interpretiert (vgl. Park (1990)), doch unterstellt diese Interpretation, daß die stochastischen Trends einzelnen Variablen zugeordnet werden können. Evidenz für eine Zuordnung eines stochastischen Trends zu einer Variable konnte im vorangegangenen Abschnitt nicht gefunden werden. Außerdem sind es reduzierte-Form-Koeffizienten und nicht strukturelle Koeffizienten, die ökonomisch interpretiert werden.

Die restringierte ML-Schätzung mit $r = 3$ weicht nur geringfügig von der unrestringierten ML-Schätzung mir $r = 3$ ab (vgl. Tabelle 7.6). Es treten keine Vorzeichenwechsel der Koeffizienten auf, und die Größenordnung der Koeffizienten bleibt in der Regel erhalten. Von den ML-Schätzern der Koeffizienten der autoregressiven Darstellung haben 33 Parameter einen t-

Tabelle 7.6: Schätzergebnisse für das sechsdimensionale System

$\hat{C}'$

							$\hat{B}$					
M1	-30.6	-9.2	20.9	-7.7	-8.1	7.7	-.0033	.0013	.0016	-.0032	-.0005	.0000
pgd	44.2	-9.7	-17.8	-2.6	26.7	15.0	-.0032	-.0027	.0007	-.0006	.0008	.0000
tot	3.8	-20.6	24.9	18.2	-2.0	36.1	.0053	-.0023	.0035	-.0011	-.0003	-.0001
gdp	-50.8	57.8	-29.3	74.9	2.2	58.3	.0039	-.0001	-.0027	-.0024	.0001	-.0002
inv	16.4	6.3	2.1	-26.0	7.2	-3.1	.0210	.0066	-.0022	-.0076	.0065	-.0002
con	43.1	-19.1	-25.8	-32.9	-25.8	-80.7	.0021	-.0032	-.0023	-.0020	-.0011	-.0000

$\hat{\Pi}$ für $r=6$

							$\hat{\Pi}$ für $r=3$					
M1	.150	-.193	-.054	-.042	.036	-.052	.124	-.188	.002	.195	-.042	-.168
	(.039)	(.056)	(.050)	(.122)	(.031)	(.099)	(.039)	(.050)	(.033)	(.084)	(.018)	(.048)
pgd	.136	-.107	.048	-.054	-.048	-.088	.138	-.129	.060	-.011	-.069	-.088
	(.024)	(.034)	(.031)	(.075)	(.019)	(.061)	(.023)	(.029)	(.020)	(.050)	(.011)	(.029)
tot	-.056	.185	.134	-.592	.105	.321	-.066	.192	.155	-.505	.078	.271
	(.041)	(.059)	(.053)	(.128)	(.033)	(.104)	(.039)	(.050)	(.033)	(.085)	(.018)	(.048)
gdp	-.160	.228	-.099	-.312	.121	.258	-.175	.221	-.050	-.126	.058	.170
	(.051)	(.072)	(.065)	(.157)	(.041)	(.128)	(.049)	(.062)	(.041)	(.105)	(.023)	(.060)
inv	-.751	1.093	-.271	-1.191	.626	.882	-.751	.904	-.112	-.622	.381	.780
	(.164)	(.233)	(.210)	(.509)	(.132)	(.415)	(.159)	(.203)	(.136)	(.343)	(.074)	(.197)
con	-.060	.138	-.019	-.368	.052	.243	-.083	.164	.015	-.219	.009	.150
	(.038)	(.054)	(.048)	(.117)	(.030)	(.010)	(.037)	(.047)	(.031)	(.079)	(.017)	(.045)

	$\hat{\sigma}_{ii}10^{-6}$	$\widehat{Corr}$					$\hat{\sigma}_{ii}10^{-6}$	$\widehat{Corr}$				
M1	98.	1.0					108.	1.0				
pgd	37.	.25	1.0				38.	.26	1.0			
tot	108.	.23	.08	1.0			109.	.25	.09	1.0		
gdp	163.	.08	-.11	.24	1.0		169.	.13	-.10	.25	1.0	
inv	1707.	.09	-.01	.27	.66	1.0	1807.	.13	.03	.27	.67	1.0
con	90.	.22	-.02	.14	.53	.04	95.	.27	-.02	.15	.54	.06

Wert absolut größer 2. Anhand der t–Werte erkennt man keinen signifikanten Einfluß der Terms of Trade in dem System.

Die Erweiterung des Grundmodells wird unter der Annahme gemacht, daß die nominellen Variablen keinen Einfluß auf die realen Variablen haben. Diese Annahme kann mit Hilfe eines Granger–Kausalitätstests überprüft werden (vgl. Abschnitt 5.4.2). Die Variablen (M1, pgd) sollen nicht Granger–kausal zu den restlichen Variablen sein. Die Hypothese wird in dem Modell mit $r = 3$ getestet. Der Wert der Teststatistik beträgt 17.9 und kann auf üblichen Signifikanzniveaus nicht verworfen werden. Dieses Ergebnis erstaunt, da in der autoregressiven Darstellung signifikante Koeffizienten der nominellen Variablen in den Gleichungen der realen Variablen (tot, gdp, con, inv) zu erkennen sind. Aufgrund der vielen insignifikanten Koeffizienten hat der Wald–Test eine geringe Güte, so daß in so einem Fall ein hoher Fehler zweiter Art gemacht wird und schlecht zwischen Nullhypothese und Alternativhypothese diskriminiert werden kann. Eine Untersuchung der Einflüsse einer Variablen auf eine andere kann mit Hilfe der dynamischen Analyse durchgeführt werden, die im nächsten Abschnitt vorgenommen wird.

Tabelle 7.7: ML–Schätzungen in der autoregressiven Darstellung für $p = 4$ und $r = 1$ des 4–dim. Systems bzw. $r = 3$ des 6–dim. Systems

p		4-dim System				6-dim. System					
		tot	gdp	inv	con	M1	pgd	tot	gdp	inv	con
1	M1					**1.261**	.059	.015	-.189	.024	**.365**
						(.099)	(.165)	(.095)	(.122)	(.035)	(.127)
	pgd					-.127	**.714**	.054	.063	.020	.043
						(.059)	(.098)	(.057)	(.073)	(.021)	(.075)
	tot	**1.143**	**.475**	**-.147**	.016	**.325**	.066	**.995**	**.536**	-.183	-.122
		(.104)	(.144)	(.039)	(.141)	(.099)	(.166)	(.096)	(.123)	(.035)	(.128)
	gdp	-.113	**.387**	**.097**	.186	.152	-.109	-.126	**.420**	.041	.010
		(.115)	(.155)	(.043)	(.157)	(.123)	(.206)	(.119)	(.153)	(.044)	(.158)
	inv	-.313	-.313	**.763**	**1.117**	.333	.129	-.296	.005	**.477**	.098
		(.406)	(.547)	(.151)	(.553)	(.403)	(.674)	(.389)	(.500)	(.144)	(.518)
	con	.034	.177	.028	**.400**	.353	.003	-.077	**.255**	-.011	**.243**
		(.089)	(.120)	(.033)	(.121)	(.093)	(.155)	(.090)	(.115)	(.033)	(.119)
2	M1					**-.371**	-.125	.154	-.204	.008	.034
						(.164)	(.188)	(.131)	(.123)	(.040)	(.130)
	pgd					.179	.144	-.101	.026	.040	-.068
						(.097)	(.112)	(.078)	(.073)	(.024)	(.077)
	tot	.109	-.133	-.012	-.017	-.102	-.225	.043	.111	-.009	**-.282**
		(.154)	(.135)	(.047)	(.148)	(.165)	(.189)	(.132)	(.124)	(.040)	(.131)
	gdp	-.106	**-.441**	.060	.279	.054	.136	-.124	-.302	.042	.145
		(.171)	(.149)	(.052)	(.164)	(.204)	(.235)	(.164)	(.153)	(.049)	(.163)
	inv	-.084	-1.127	.239	.944	1.275	.498	-.381	-.644	.214	.347
		(.603)	(.526)	(.182)	(.578)	(.669)	(.769)	(.537)	(.502)	(.162)	(.532)
	con	.024	**-.446**	.046	**.580**	-.219	-.024	.037	-.245	.032	**.395**
		(.132)	(.115)	(.040)	(.127)	(.154)	(.177)	(.123)	(.115)	(.037)	(.122)
3	M1					-.085	-.245	-.048	.097	.004	.017
						(.168)	(.180)	(.128)	(.120)	(.040)	(.136)
	pgd					-.089	-.018	.047	.056	-.029	.073
						(.100)	(.107)	(.076)	(.071)	(.024)	(.081)
	tot	-.284	**-.338**	**.145**	**.373**	.102	**.407**	-.204	-.210	**.120**	**.514**
		(.150)	(.138)	(.046)	(.156)	(.167)	(.181)	(.128)	(.121)	(.040)	(.137)
	gdp	.229	-.080	.023	**.357**	.032	-.090	.221	.095	.021	**.372**
		(.166)	(.153)	(.052)	(.173)	(.209)	(.225)	(.159)	(.150)	(.049)	(.170)
	inv	.721	-.354	.201	.631	-.649	.119	.843	-.227	.154	.953
		(.584)	(.538)	(.181)	(.610)	(.685)	(.737)	(.521)	(.490)	(.162)	(.556)
	con	.069	-.037	.020	-.015	.159	-.036	.091	-.004	.016	.093
		(.128)	(.118)	(.040)	(.134)	(.158)	(.170)	(.120)	(.113)	(.037)	(.128)
4	M1					.072	**.498**	-.124	.102	.006	**-.249**
						(.114)	(.157)	(.093)	(.116)	(.034)	(.116)
	pgd					-.101	**.288**	-.060	-.134	.038	.040
						(.066)	(.093)	(.055)	(.069)	(.020)	(.069)
	tot	-.007	.058	-.019	**-.401**	**-.259**	**-.440**	.011	.068	-.007	**-.383**
		(.108)	(.133)	(.040)	(.136)	(.112)	(.158)	(.093)	(.117)	(.034)	(.117)
	gdp	-.016	**.982**	**-.184**	**-.826**	-.063	-.157	.078	**.912**	**-.163**	**-.697**
		(.120)	(.147)	(.044)	(.151)	(.139)	(.196)	(.116)	(.145)	(.043)	(.145)
	inv	-.458	**2.014**	**-.318**	**-2.797**	-.208	**-1.650**	-.054	**1.488**	-.227	**-2.178**
		(.422)	(.518)	(.156)	(.532)	(.455)	(.641)	(.378)	(.475)	(.139)	(.475)
	con	-.098	**.259**	**-.069**	.058	**-.210**	-.107	-.065	.213	-.046	.121
		(.092)	(.114)	(.034)	(.117)	(.105)	(.147)	(.087)	(.109)	(.032)	(.109)

Standardfehler in Klammern, fettgedruckte Parameter: $|t|$–Wert > 2.

7.3.4 Dynamische Analyse

Da die Korrelationen der Residuenmatrix groß sind, werden die orthogonalisierten Impulsantwortfolgen betrachtet. Die Variablen werden in folgender Reihenfolge $x' = $ (m1, pgd, tot, gdp, inv, con) untersucht (vgl. Abschnitt 5.6 und 7.2.4). Mit dieser Reihenfolge wird die Hypothese getestet, ob der monetäre Sektor Einfluß auf den realen Sektor hat. Die Analyse der Impulsantwortfolgen wird mit der Spezifikation $p = 4$ und $r = 3$ durchgeführt (Modell 7.3).

Die Impulsantwortfolgen, die für 31 Perioden berechnet werden, werden kurz beschrieben, wobei von einer positiven oder negativen Reaktion gesprochen wird, wenn die Reaktion signifikant von Null verschieden ist. Die Eigenimpulsantwortfolge der Geldmenge (M1) bleibt über alle Perioden positiv (vgl. Abbildung 7.7a). Aufgrund eines Schocks in der Geldmenge reagieren alle Variablen über mehrere Perioden positiv, wobei die Reaktionen der Preise nach 31 Perioden noch signifikant werden. Diese Verläufe überraschen angesichts des Ergebnisses des Granger-Kausalitätstests. Mit dem Granger-Kausalitätstests wird die Hypothese der Wirkungslosigkeit von nominellen Änderungen unterstützt. Durch die Impulsantwortfolgen ergibt sich ein anderes Bild. Dieser Zusammenhang kann damit erklärt werden, daß zum einen auch die gleichzeitige Korrelationen in den Variablen berücksichtigt werden. Zum anderen werden die Einflüsse von Geldmengeninnovationen untersucht. D.h. die Innovationen sind unvorhergesehene Änderungen, die zu realen Effekten führen.

Das Ergebnis, daß Geldmengenschocks Einflüsse auf reale Variablen haben, wird für die Bundesrepublik auch von anderen Autoren festgestellt. Hansen (1989) findet in seiner Untersuchung keine Evidenz, daß Geldmenge und Output unabhängig sind, sondern Evidenz für eine Feedbackbeziehung zwischen den Variablen. Einen Einfluß von der Geldmenge zum Output erhalten auch Krol und Ohanian (1990).

Bei einem Schock im Preisniveau wird die Eigenreaktion nach ungefähr 14 Perioden abgebaut (vgl. Abbildung 7.7b). Die Terms of Trade reagieren auf den Preisimpuls für mehrere Jahre negativ. Die restlichen Variablen zeigen keine Reaktionen. Auch in diesem System erzeugt ein Schock in den Terms of Trade keine Reaktion in den restlichen Variablen (vgl. Abbildung 7.7c). Dieses Ergebnis überrascht, da bekannt ist, daß nach den Ölpreisschocks, die die Terms of Trade beeinflußt haben, starke konjunkturelle Ausschläge stattfanden (zwei Rezessionen, ein Boom). Scheide (1989), der auch eine geringe Erklärungskraft der Terms of Trade findet, erklärt dies mit der Dominanz der Geldpolitik in der Bundesrepublik.

Die Eigenimpulsantwortfolge des Bruttoinlandsprodukts wird nach ungefähr 10 Perioden insignifikant und zeigt damit ein verändertes Bild im Vergleich zum vierdimensionalen System (vgl. Abbildung 7.7d). Im vierdimensionalen System ist die Eigenreaktion über alle Perioden positiv. Dies Ergebnis deutet daraufhin, daß jetzt andere Variablen diese Reaktionen erklären und somit das erste Modell tendenziell fehlspezifiziert war. Wenn die konjunkturelle Situation eines Landes in den Schwankungen des Bruttoinlandsprodukts gemessen wird, geben die Reaktionen der restlichen Variablen aufgrund eines Schocks im Bruttoinlandsprodukts Auskunft über ihr zyklisches Verhalten. In diesem System sind die Reaktionen der Variablen signifikant positiv. Diese Reaktionen bleiben aber nicht über alle Perioden erhalten, sondern die Reaktionen einiger Variablen reduzieren sich im Zeitablauf. Evidenz für ein antizyklischen Verhalten für das Preisniveau, wie es in realwirtschaftlichen Modellen postuliert wird (vgl. Temmeyer (1989), S. 67f), konnte somit nicht gefunden werden.

Ein Schock in den Investitionen hat im Gegensatz zum vierdimensionalen System nur wenige Perioden eine Eigenreaktion der Variable zur Folge (vgl. Abbildung 7.7e). Die Variablen Geldmenge, Bruttoinlandsprodukt und Konsum reagieren fast nicht, während die Reaktionen der Preise ungefähr 16 Perioden positiv sind und die der Terms of Trade überwiegend negativ sind. Eine überraschende Ausdehnung der Investitionen führen eher zu Preiseffekten als zu realen Effekten.

Analog zu den Impulsantwortfolgen des vierdimensionalen Systems fallen die starken signifikanten Reaktionen auf einen Schock im Konsum auf. Die Eigenimpulsantwortfolge des Konsums ist nach ungefähr 20 Perioden nicht mehr positiv (vgl. Abbildung 7.7f). Es zeigen sich andauernde positive Reaktionen der Geldmenge. Eine negative Reaktion der Terms of Trades setzt nach ungefähr 12 Perioden ein, während sich im Bruttoinlandsprodukt starke saisonale Schwankungen zeigen. Könnten im vierdimensionalen System die Reaktionen aufgrund von fehlenden Variablen aufgetreten sein, so ist mit der Erweiterung des Grundmodells um den monetären Sektor die Nachfrageseite stärker beachtet worden. Um so mehr erstaunen die positiven Reaktionen aufgrund der Konsuminnovationen, wenn diese im Sinne von Nachfrageinnovationen interpretiert werden, die in einem Modell der realen Konjunkturtheorie unbedeutend sein sollten. Das empirische Ergebnis der Bedeutung von Konsuminnovationen wird durch eine Untersuchung von Entorf (1990) unterstützt, der eine sektoralen Analyse für die BRD durchführt. Der Autor findet Evidenz, daß vom Konsumsektor wichtige konjunturelle Impulse ausgehen.

Insgesamt zeigt sich, daß trotz der Anwesenheit von stochastischen Trends im Modell nicht alle Reaktionen der Variablen über alle Perioden erhalten bleiben. Die Folgerung von Wolters (1990a) aus einer univariaten Analyse, daß die Annahme der Hypothese einer Einheitswurzel im Bruttosozialprodukt dazu führt, daß Innovationen zu permanenten Änderungen führen, kann im multivariaten Fall nicht für alle Innovationen bestätigt werden.

a) $M1 \rightarrow M1$

a) $M1 \rightarrow inv$

a) $M1 \rightarrow pgd$

a) $M1 \rightarrow con$

a) $M1 \rightarrow tot$

b) $pgd \rightarrow pgd$

a) $M1 \rightarrow gdp$

b) $pgd \rightarrow M1$

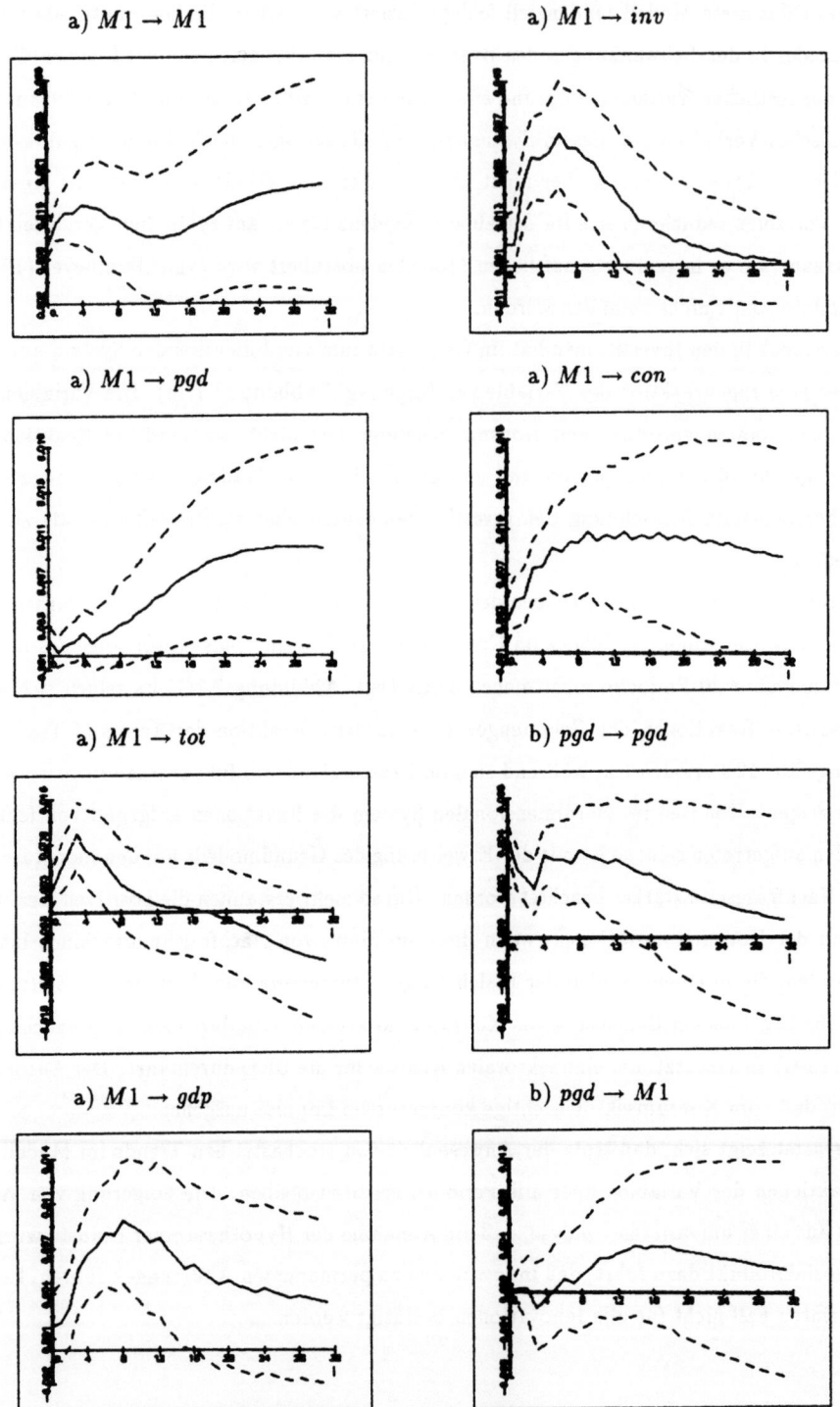

Abbildung 7.7: Schock → Reaktion, Modell 7.3
durchgezogene Linie: Reaktion
unterbrochene Linie: 2 Standardfehlerband.

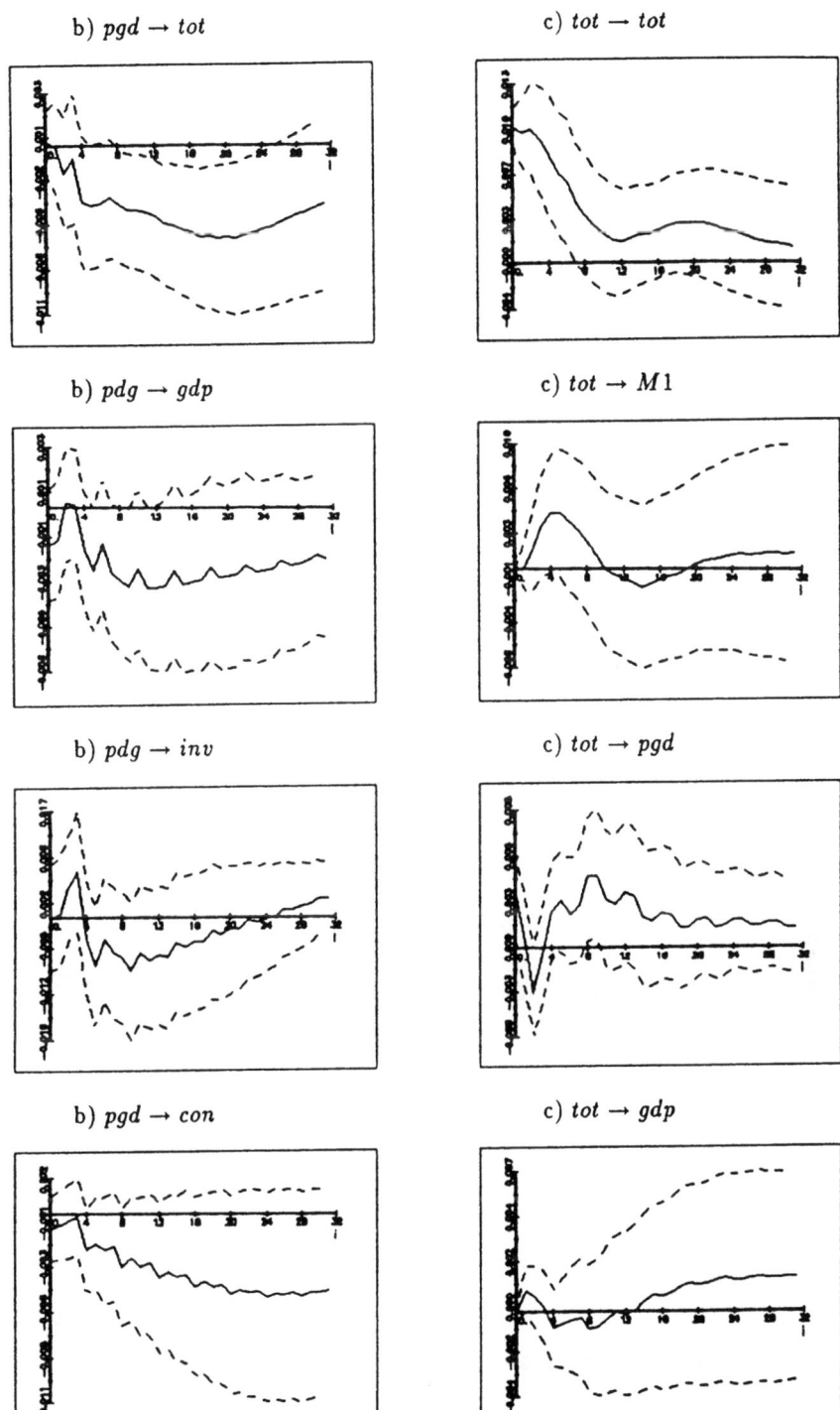

Abbildung 7.7: Schock → Reaktion, Modell 7.3
durchgezogene Linie: Reaktion
unterbrochene Linie: 2 Standardfehlerband.

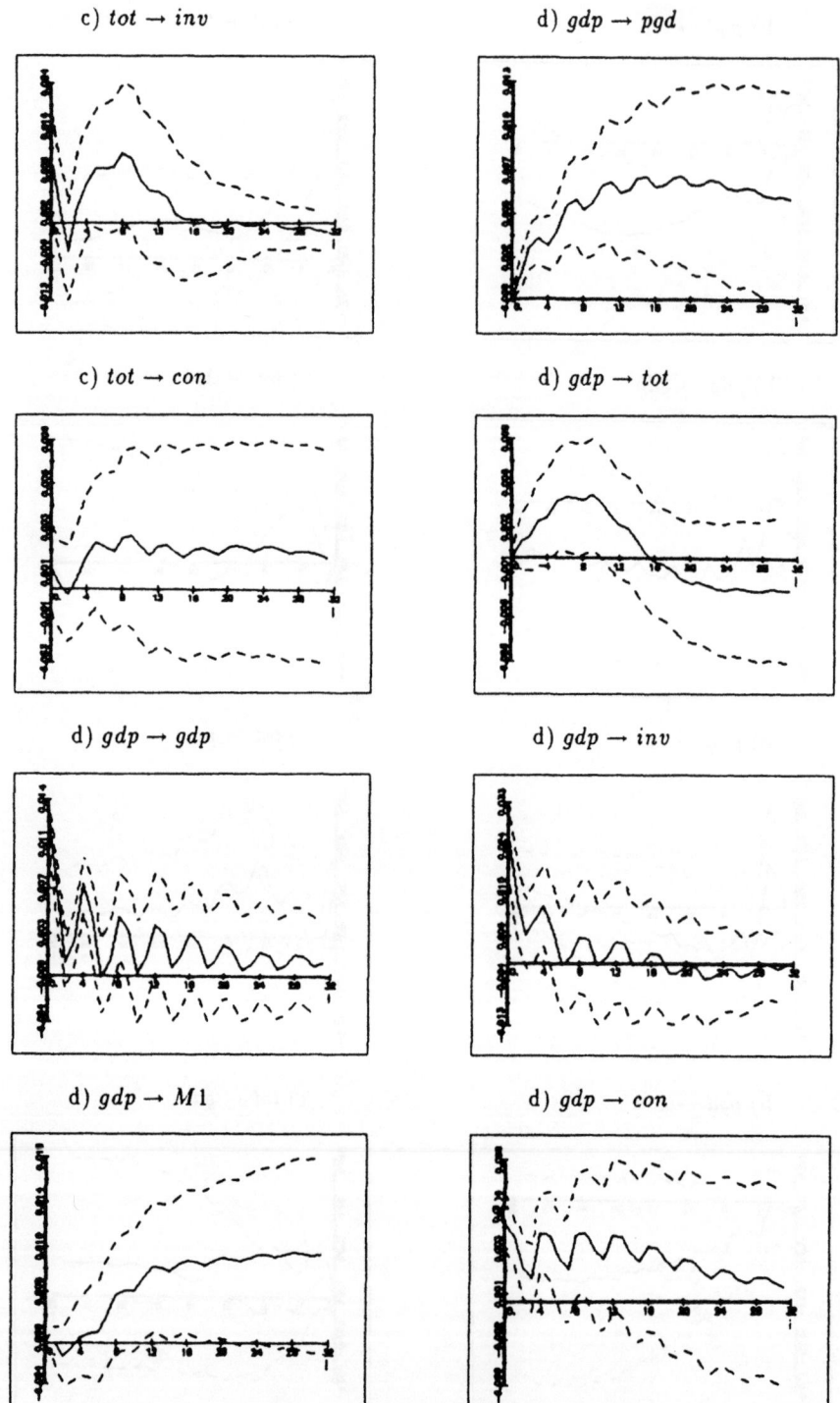

c) $tot \rightarrow inv$

d) $gdp \rightarrow pgd$

c) $tot \rightarrow con$

d) $gdp \rightarrow tot$

d) $gdp \rightarrow gdp$

d) $gdp \rightarrow inv$

d) $gdp \rightarrow M1$

d) $gdp \rightarrow con$

Abbildung 7.7: Schock $\rightarrow$ Reaktion, Modell 7.3
durchgezogene Linie: Reaktion
unterbrochene Linie: 2 Standardfehlerband.

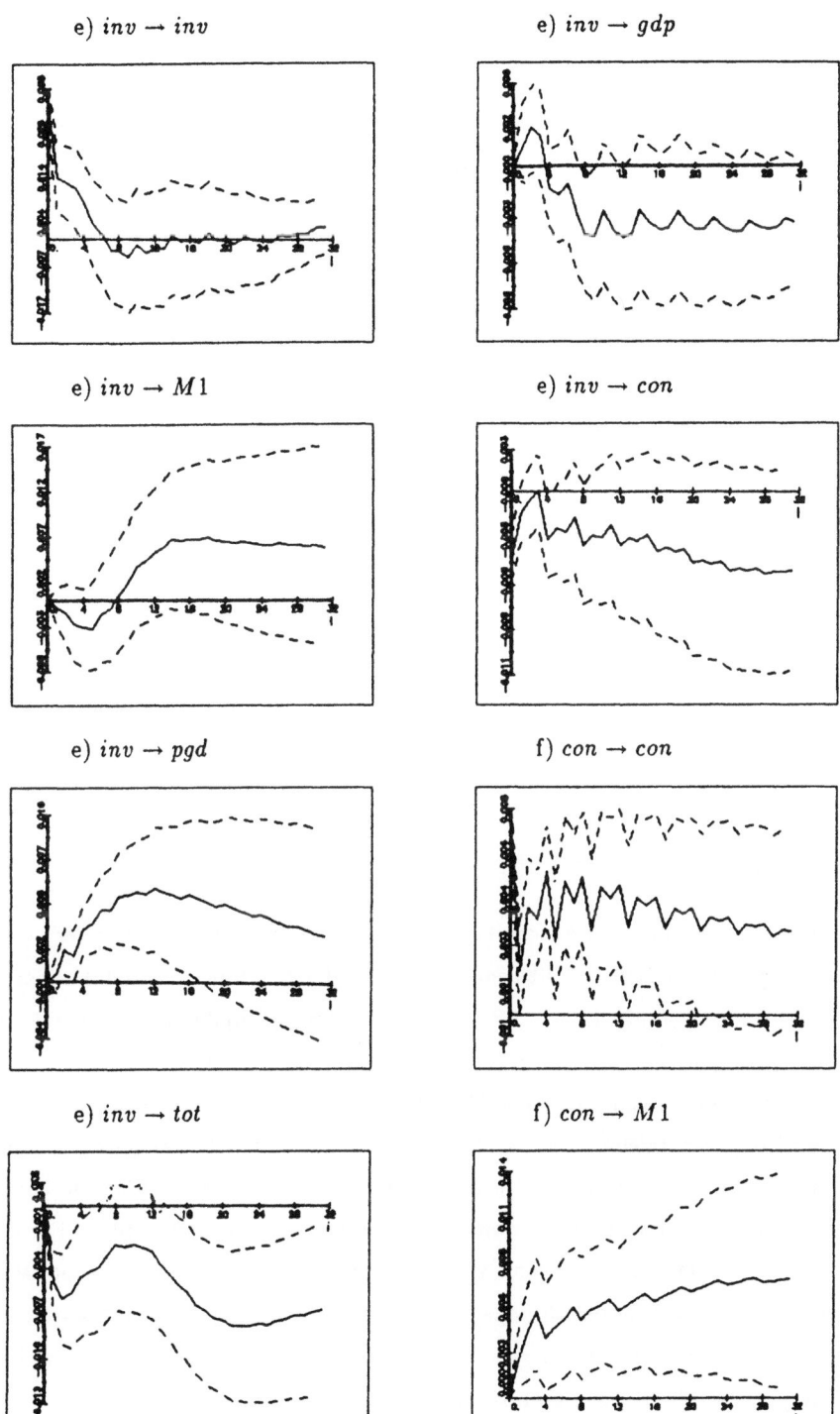

Abbildung 7.7: Schock → Reaktion, Modell 7.3
durchgezogene Linie: Reaktion
unterbrochene Linie: 2 Standardfehlerband.

f) $con \rightarrow pgd$ f) $con \rightarrow gdp$

f) $con \rightarrow tot$ f) $con \rightarrow inv$

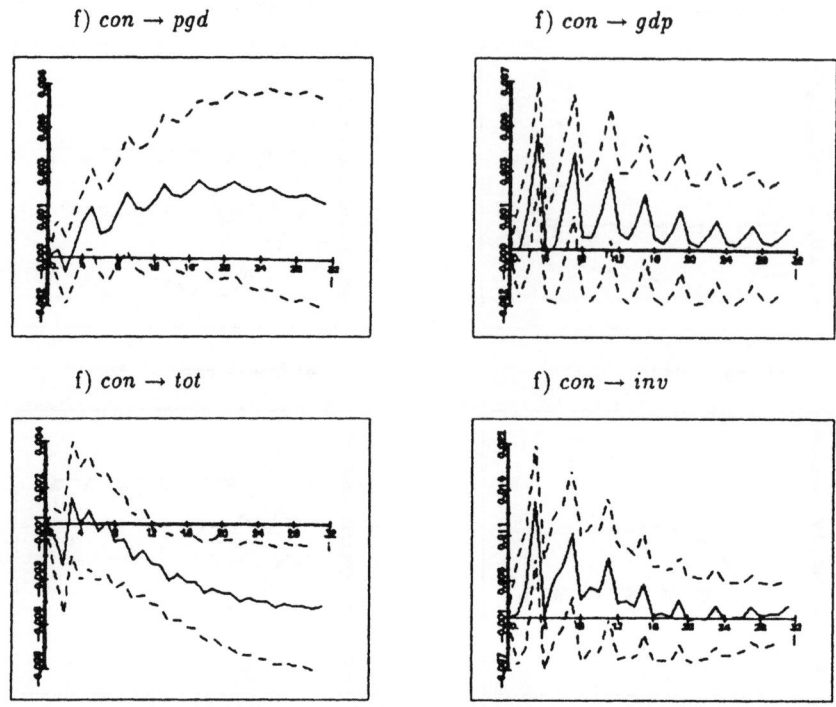

Abbildung 7.7: Schock → Reaktion, Modell 7.3
durchgezogene Linie: Reaktion
unterbrochene Linie: 2 Standardfehlerband.

7.3.5 Prognose

Wie schon im vorangegangenen Abschnitt wird mit dem geschätzten Modell in der autoregressiven Darstellung prognostiziert. Mit dem Modell wird das Bruttoinlandsprodukt überwiegend signifikant überschätzt (vgl. Tabelle 7.8). Bei der Geldmenge ergibt sich für $h \geq 6$ eine Unterschätzung, während das Preisniveau für $h \geq 9$ überschätzt wird. Die Prognoseintervalle sind etwas kleiner als beim vierdimensionalen Modell.

Für den Prognosevergleich wird ein Modell für $r = 6$ und $r = 0$ herangezogen. Weiterhin werden Modelle mit der Top–down–Strategie in der Johansen–Darstellung und in der autoregressiven Darstellung ermittelt, die für einen Prognosevergleich benutzt werden. Für die Subsetstrategie in der Johansen–Darstellung wird $r = 3$ vorgegeben. In der ersten Gruppe schneidet das Modell mit $r = 0$ am besten ab (vgl. Tabelle 7.9). Das Ergebnis erstaunt, da die meisten Kointegrationstests einen Rang von $r > 0$ empfehlen. Bei der Subsetstrategie erzielt in der zweiten Gruppe das Modell, das vom SC–Kriterium bestimmt wird, die geringsten Prognosefehlervarianzen, während in der dritten Gruppe das Modell, das mit HQ–Kriterium ausgewählt wird, für $h = 1$ bis 5 die kleinsten Prognosefehlervarianzen erreicht.

244

Tabelle 7.8: Punktprognose mit dem ML-geschätzten Modell mit $p = 4$ und $r = 3$ für das sechsdimensionale System

$h^\star$	M1 $\hat{x}_{T,k}(h)$ $x_{T+h,k}$	pgd $\hat{x}_{T,k}(h)$ $x_{T+h,k}$	tot $\hat{x}_{T,k}(h)$ $x_{T+h,k}$	gdp $\hat{x}_{T,k}(h)$ $x_{T+h,k}$	inv $\hat{x}_{T,k}(h)$ $x_{T+h,k}$	con $\hat{x}_{T,k}(h)$ $x_{T+h,k}$
1	8.618 [8.611]	4.792 [4.800]	4.698 [4.713]	8.782 [8.756]	7.282 [7.222]	8.455 [8.442]
	(.0176)	(.0076)	(.0162)	(.0147)	(.0472)	(.0117)
2	8.648 [8.652]	4.803 [4.802]	4.694 [4.701]	8.821 [8.789]	7.329 [7.206]	8.501 [8.493]
	(.0238)	(.0093)	(.0217)	(.0155)	(.0540)	(.0134)
3	8.655 [8.672]	4.804 [4.801]	4.691 [4.694]	8.862 [8.823]	7.521 [7.389]	8.511 [8.499]
	(.0292)	(.0106)	(.0268)	(.0176)	(.0653)	(.0157)
4	8.707 [8.728]	4.842 [4.838]	4.688 [4.706]	8.896 [8.855]	7.228 [7.092]	8.599 [8.586]
	(.0341)	(.0128)	(.0300)	(.0205)	(.0732)	(.0191)
5	8.661 [8.706]	4.814 [4.809]	4.679 [4.710]	8.840 [8.800]	7.400 [7.271]	8.496 [8.484]
	(.0384)	(.0148)	(.0326)	(.0227)	(.0809)	(.0219)
6	8.681 [8.743]	4.830 [4.815]	4.677 [4.708]	8.873 [8.818]	7.418 [7.311]	8.540 [8.505]
	(.0421)	(.0172)	(.0347)	(.0245)	(.0891)	(.0245)
7	8.683 [8.754]	4.836 [4.817]	4.683 [4.696]	8.907 [8.853]	7.582 [7.446]	8.547 [8.519]
	(.0451)	(.0194)	(.0359)	(.0266)	(.0958)	(.0268)
8	8.731 [8.814]	4.876 [4.857]	4.684 [4.712]	8.932 [8.878]	7.253 [7.171]	8.636 [8.600]
	(.0479)	(.0217)	(.0369)	(.0293)	(.1020)	(.0296)
9	8.687 [8.790]	4.852 [4.835]	4.684 [4.689]	8.871 [8.827]	7.411 [7.334]	8.530 [8.488]
	(.0504)	(.0238)	(.0377)	(.0316)	(.1072)	(.0321)
10	8.713 [8.791]	4.870 [4.839]	4.687 [4.676]	8.902 [8.850]	7.416 [7.376]	8.575 [8.513]
	(.0527)	(.0262)	(.0385)	(.0331)	(.1110)	(.0343)
11	8.724 [8.795]	4.879 [4.843]	4.699 [4.685]	8.934 [8.869]	7.576 [7.490]	8.582 [8.516]
	(.0550)	(.0283)	(.0391)	(.0347)	(.1140)	(.0363)
12	8.778 [8.846]	4.920 [4.880]	4.706 [4.690]	8.955 [8.897]	7.242 [7.304]	8.673 [8.597]
	(.0573)	(.0305)	(.0396)	(.0364)	(.1163)	(.0384)

$h^\star$: Prognosehorizont.

Tabelle 7.9: Prognoseergebnisse mit den ML-geschätzten Modellen und verschiedenen Subsetmodellen für das sechsdimensionale System

$h^\star$	ML-Schätzungen $r = 6$	$r = 3$	$r = 2$	$r = 0$	Johansen Subsetanalyse AIC	HQ	SC	Autoregressive Subsetanalyse AIC	HQ	SC
1	2.50	2.48	1.74	1.02	2.39	2.23	1.15	2.36	2.36	4.43
2	3.75	3.60	2.20	1.20	3.59	3.40	1.58	3.84	3.63	7.01
3	3.73	3.59	2.01	1.29	3.65	3.50	1.75	5.11	4.04	6.65
4	3.58	3.36	1.89	1.24	3.10	3.25	1.77	4.43	3.96	5.81
5	4.15	3.94	2.23	1.58	3.75	4.00	2.05	4.65	4.64	7.36
6	4.38	4.11	2.41	1.84	4.08	4.45	2.18	4.61	4.83	8.30
7	4.06	3.82	2.31	2.03	3.84	4.21	2.16	4.36	4.54	8.37
8	3.61	3.41	2.00	2.08	3.41	3.68	1.98	4.03	4.29	8.39

$h^\star$: Prognosehorizont.

Im Vergleich aller Modelle schneidet das Modell mit $r = 0$ am besten ab. Dieses Ergebnis weicht deutlich von dem Ergebnis des vierdimensionalen Systems ab, bei dem ein Modell ohne Nullrestriktionen die besten Prognosen lieferte. Für beide Systeme prognostizieren die Subsetmodelle der autoregressiven Darstellung am schlechtesten. Es scheint also wichtig zu sein, die Kointegrationsrangrestriktion explizit vorzugeben.

7.4 Zusammenfassung der empirischen Ergebnisse

Durch die empirische Untersuchung für die Bundesrepublik Deutschland kann die Annahme des Grundmodells der realen Konjunkturtheorie, daß gemeinsame Trends existieren, bestätigt werden. Die Hypothese des Modells, daß im vierdimensionalen System zwei gemeinsame Trends enthalten sind, wird hingegen verworfen.

Der geschätzte Kointegrationsvektor des vierdimensionalen Systems ist nicht mit der Hypothese vereinbar, daß nur eine proportionale Beziehung zwischen Konsum und Bruttoinlandsprodukt vorliegt. In der Untersuchung wird Evidenz gefunden, daß eine proportionale Beziehung zwischen dem Bruttoinlandsprodukt und den Investitionen existiert. Überraschend ist, daß die Kointegrationsbeziehung nicht in der Outputgleichung signifikant ist, obwohl die Investitionen und der Konsum wichtige Bestandteile des Inlandsprodukts sind. Dieses Ergebnis kann damit erklärt werden, daß im Grundmodell bestimmte funktionale Zusammenhänge angenommen worden sind, um eine explizite Lösung des Modells zu erreichen. Die funktionalen Formen können für die Bundesrepublik unzutreffend sein.

In der dynamischen Analyse zeigen sich vielfältige Wirkungskanäle als Reaktionen der Variablen aufgrund von Schocks in den Variablen. Auffällig ist, daß die Terms of Trade keine signifikanten Einflüsse auf die restlichen Variablen haben. Diese Ergebnisse widersprechen den Beobachtungen, daß nach den Erdölpreisanstiegen Rezessionen folgten. Nun ist es möglich, daß die Terms of Trade–Variable die Wichtigkeit der außenwirtschaftlichen Veränderung nicht abbildet. Vielleicht wäre eine Gewichtung der Terms of Trade mit dem Volumen der Handelsströme aussagefähiger gewesen, wie sie von Scheide (1989) vorgenommen worden ist. Außerdem folgert Scheide (1989), der einen geringen Einfluß seiner Terms of Trade–Variable findet, die Dominanz der Geldpolitik in der Bundesrepublik für die Erklärung von Konjunkturzyklen.

Ein direkter Vergleich mit den Ergebnissen von Temmeyer (1989), der monetäre und realwirtschaftliche Anätze zur Konjunkturerklärung für die Bundesrepublik von 1961.I bis 1987.IV untersucht, ist schwierig. Temmeyer führt in seiner Untersuchung unter anderem bivariate Granger-Kausalitätstests durch und transformiert jede Zeitreihe mit dem Filter $(1 - L)(1 - L^4)$ (vgl. Temmeyer (1989), S. 112). Diese Vorgehensweise birgt die Gefahr in sich, daß mögliche Kointegrationsbeziehungen nicht beachtet worden sind und die Modelle im Fall der Kointegration fehlspezifiziert sind.

Bei der Erweiterung des Systems um den monetären Sektor auf sechs Variablen sind die Testergebnisse auf Kointegrationsbeziehungen uneinheitlich. Von keiner Testprozedur wird die Hypothese der Stationarität in den Niveaus unterstützt. In dem System existieren gemeinsame Trends. Obwohl die unterschiedlichen Testprozeduren zur Kointegrationsrangbestimmung nicht eindeutig sind, wird der Kointegrationsrang $r = 3$ ausgewählt. In den Untersuchungen von Warne (1990b) für Schweden und Finnland sowie von King et al. (1987) für die USA wird ebenfalls Evidenz für die Existenz von Kointegrationsvektoren für entsprechende Variablensysteme gefunden.

In der Analyse für die BRD zeigt sich, daß keine Variable aus allen Kointegrationsvektoren ausgeschlossen werden kann und in jeder Gleichung mindestens eine Kointegrationsbeziehung signifikant ist. Die Zuordnung der Kointegrationsvektoren zu den im erweiterten Modell postulierten Kointegrationsbeziehungen ist nicht offensichtlich, so daß eine dynamische Analyse des autoregressiven Systems vorgenommen wird. Dieser Ansatz unterscheidet sich von der Vorgehensweise von Warne (1990b) und King et al. (1987), die eine dynamische Analyse mit identifizierten Common-Trend-Variablen vornehmen. Falls die identifizierenden Restriktionen richtig sind, kann die Bedeutung einzelner stochastischer Trends dargestellt werden. Dabei ist anzumerken, daß die Autoren nicht von technologischen, sondern von realen, außenwirtschaftlichen und monetären Trends sprechen.

Ohne eine Identifikation der Common-Trend-Variablen kann mit Hilfe der dynamischen Analyse eines autoregressiven Modells eine Reihe von interessanten Reaktionsverläufen sichtbar gemacht werden. Wenn die Variable des Bruttoinlandsprodukts als wichtigster Indikator für die konjunkturelle Situation eines Landes interpretiert werden kann, kann anhand der Reaktionsverläufe der restlichen Variablen aufgrund eines Schocks in der Variable des Bruttoinlandsprodukts ihr zyklischen Verhalten abgelesen werden. Vom Grundmodell wird ein prozyklisches Verhalten der realen Variablen postuliert. Diese Aussage kann für das geschätzte Modell bestätigt werden. Die signifikant positiven Reaktionen der Variablen bleiben aber nicht über alle Perioden erhalten, sondern werden im Zeitablauf für einige Variablen insignifikant. In einem Modell mit gemeinsamen Trends müssen die Reaktionen der Variablen nicht erhalten bleiben. In der Analyse zeigen sich reale Auswirkungen aufgrund von Geldmengenschocks. Dieses Ergebnis befindet sich im Einklang mit empirischen Resultaten zur Untersuchung der Neutralität des Geldes in der BRD (vgl. Hansen (1989)). Entsprechende Ergebnisse finden auch Buscher et al. (1990) in ihren Analysen für die BRD. Damit gibt es kaum eine empirische Evidenz für die Annahme des aufgeführten wirtschaftstheoretischen Modells, daß Geldmengenschocks keine reale Wirkungen haben sollten.

Kapitel 8

Zusammenfassung und Ausblick

Abschließend werden wesentliche Aspekte und Ergebnisse der Arbeit noch einmal aufgeführt. Die Arbeit beginnt mit Ausführungen zur univariaten Betrachtung von Zeitreihen, da es enge Beziehungen zwischen der univariaten und multivariaten Analyse von Zeitreihen gibt (vgl. Kapitel 2). Das wichtigste Ergebnis der Analyse univariater Zeitreihen mit einer Einheitswurzel ist, daß sich die statistischen Eigenschaften der Schätzer bestimmter Parameter ändern. Aufgrund dieser Eigenschaft sind bestimmte Parameter präziser schätzbar. Diese Erkenntnis führt zu neuen Testverfahren, um die Nichtstationarität in einer Zeitreihe zu ermitteln. Wenn die allgemeinere Klasse der fast integrierten Prozesse zugrunde gelegt wird, wird deutlich, daß die Unterschiede der asymptotischen Verteilungen von Koeffizienten stationärer und nichtstationärer Prozesse verschwinden. Dieses Ergebnis wird durch mehrere Simulationsstudien bestätigt, in denen eine geringe Güte der neuen Teststrategien erzielt wird.

Nichtstationäre Variablen können im multivariaten Kontext kointegriert sein. Wenn ein System kointegrierte Variablen enthält, ist eine Analyse in den ersten Differenzen nicht angemessen. Das System ist fehlspezifiziert (vgl. Abschnitt 3.2), so daß vor einer vorschnellen Übernahme univariater Ergebnisse gewarnt wird. Bei der Charakterisierung von kointegrierten Systemen wird die Verbindung zu dynamischen ökonometrischen Modellen deutlich. Mit der Theorie der kointegrierten Prozesse wird eine statistische Begründung für die gleichzeitige Verwendung von ersten Differenzen und Niveauvariablen in Schätzgleichungen aufgeführt.

Im multivariaten Zusammenhang besitzen die Kointegrationsvektoren veränderte statistische Eigenschaften. Die Kointegrationsparameter sind genauer schätzbar. Verschiedene Schätzansätze für Systeme mit kointegrierten Variablen werden zusammenhängend dargestellt. Neben dem Systemansatz von Johansen werden unterschiedliche Schätzansätze der Kointegrationsvektoren beschrieben, bei denen auf eine vollständige Systemspezifikation verzichtet wird. In einer kleinen Simulationsstudie wird sichtbar, daß die Schätzung der Dynamikkoeffizienten wenig von den Parametern der deterministischen Komponente beeinflußt wird (vgl. Abschnitt 3.6). In dem Experiment können asymptotische Verteilungsergebnisse für die Schätzer bei einem Stichprobenumfang von $T = 100$ erzielt werden. Die Kointegrationsvektorschätzungen mit dem ML-Ansatz von Johansen bleiben stabil, wenn die Lagordnung überschätzt wird und die Vektoren identifiziert sind. Bei diesen Experimenten ist der Systemansatz von Johansen den anderen Schätzansätzen überlegen.

Dem Kapitel über die Schätzung von Systemen mit kointegrierten Variablen schließen sich Kapitel über verschiedene Testverfahren an. In Kapitel 4 werden Kointegrationstests betrachtet, während in Kapitel 5 lineare Hypothesentests im Vordergrund stehen und damit die Interpretation der Koeffizienten kointegrierter Systeme. Die Leistungsfähigkeit unterschiedlicher multivariater Kointegrationstests wird anhand von Simulationsstudien analysiert. Es zeigt sich, daß die Konvergenz der empirischen Verteilungen zu asymptotischen Verteilungen unter der Nullhypothese stark von der richtigen Spezifikation der Lagordnung im Johansen-Ansatz bzw. der dynamischen Filterung im Stock & Watson-Ansatz abhängt. Wird eine zu große Lagordnung des Systems gewählt, verschlechtert sich die Konvergenzeigenschaft der Teststatistik. Die Spezifikationsabhängigkeit zeigt sich auch in den Experimenten zur Güte verschiedener Teststrategien für bivariate und trivariate Modelle.

Mit den Testansätzen, bei denen ein Fehler erster Art vorgegeben werden muß, können die Testansätze mit Ordnungskriterien konkurrieren, die eine Zielfunktion minimieren. Bei den Testansätzen mit Ordnungskriterien müssen keine neuen kritischen Werte für die jeweilige Spezifikation der deterministischen Komponenten ermittelt werden. Da sich keine Teststrategie in allen Situationen als überlegen erwiesen hat, sollten in empirischen Arbeiten zunächst eine sorgfältige Bestimmung der Lagordnung und anschließend mehrere Kointegrationstests durchgeführt werden. Die Schätzung der Lagordnung kann mit Hilfe von Ordnungskriterien oder Likelihoodverhältnistests erfolgen (vgl. Abschnitt 5.7). In einem Simulationsexperiment wird deutlich, daß mit den Ordnungskriterien die Lagordnung im Durchschnitt präziser geschätzt wird.

In Kapitel 5 werden unterschiedliche Testprozeduren für lineare Hypothesen über verschiedene Parameter dargestellt. Die linearen Hypothesen werden aus der Wirtschaftstheorie abgeleitet, so daß damit die interessierenden Parameter in kointegrierten Systemen bestimmt werden. Im Ansatz von Phillips sind die wichtigsten interpretierbaren Parameter die identifizierten Kointegrationsvektoren (vgl. Abschnitt 5.1). Im Johansen-Ansatz sind die Kointegrationsvektoren ebenfalls interessierende Parameter. Da die Kointegrationsvektoren nicht identifiziert sind, wird eine Interpretation der Kointegrationskoeffizienten mit linearen Restriktionen auf Ladungs- und Kointegrationsmatrix angestrebt (vgl. Abschnitt 5.2). Durch testbare Nullrestriktionen kann das System mit kointegrierten Variablen gegebenenfalls auf einen Einzelgleichungsansatz für Fehlerkorrekturmodelle reduziert werden. Weiterhin sind Granger-Kausalitätstests in der Johansen-Darstellung und in der autoregressiven Darstellung durchführbar. Im Systemansatz können lineare Restriktionsmatrizen mittels statistischer Subsetstrategien ermittelt werden. In einer Simulationsstudie zeigt sich, daß die Prognosen von geschätzten Modellen in der Johansen–Darstellung, die mit Hilfe von Subsetstrategien bestimmt werden, zum Teil besser sind als Prognosen von unrestringierten Modellschätzungen.

Eine Alternative zur Interpretation der Koeffizienten autoregressiver Terme ist die Analyse der Impulsantwortfolgen des autoregressiven Systems, die sich vom Fall mit stationären Variablen auf den Fall mit kointegrierten Variablen verallgemeinern läßt (vgl. Abschnitt 5.6). Die Impulsantwortfolgen illustrieren die dynamische Entwicklung und zeigen gegebenenfalls die treibenden nichtstationären Variablen des Systems. Nachteilig ist für diese Koeffizientenfolgen, daß die Verläufe von der gleichzeitigen Korrelation der Variablen abhängen. In dem Fall ist die Reihenfolge entscheidend, in der die Variablen analysiert werden.

Neben der Schätzung und dem Testen beeinflußt die Existenz von kointegrierten Variablen die Prognoseleistungen der geschätzten Modelle sowohl in der kurzen als auch in der langen Frist (vgl. Kapitel 6). Wenn eine normierte Maßzahl verwendet wird, besitzen in allen Simulationsexperimenten die geschätzten Modelle die kleineren Prognosefehler, bei denen der wahre Kointegrationsrang spezifiziert worden ist. Eine Fehlspezifikation hat steigende Prognosefehler zur Folge. In dem Simulationsexperiment für die Intervallschätzung wird deutlich, daß die Bestimmung eines Korrekturterms, der die Fehler der Schätzung der Parameter erfaßt, notwendig ist. Bei der Ableitung eines Korrekturterms werden die Zusammenhänge für stationäre autoregressive Modelle verallgemeinert. Mit dem Korrekturterm verbessert sich die Approximation der Prognoseintervalle in den Simulationsexperimenten bei der Spezifikation des wahren Kointegrationsranges.

Bei den methodischen Kapiteln ist darauf hinzuweisen, daß noch keine leicht zugängige Verteilungstheorie für die geschätzten Kointegrationvektoren gefunden worden ist. Eine einheitliche Darstellung der meisten Schätzansätze wurde vor kurzem von Park (1990) durchgeführt, ohne daß die Verteilungstheorie vereinfacht worden ist. Außerdem liegt ein Schwerpunkt der Arbeit auf der Überprüfung von Eigenschaften in kleinen Stichproben mit Hilfe von Simulationsexperimenten, die auf wenige Parameter– und Verteilungskonstellationen beschränkt sind. Es besteht bei den Simulationsexperimenten die Gefahr, daß durch einen bestimmten Simulationsaufbau ein Ansatz bevorzugt wird. Verallgemeinerungen der Ergebnisse auf andere Fälle, bzw. Empfehlungen für empirische Untersuchungen können sich deshalb als falsch erweisen.

Nach den methodischen Untersuchungen wird eine empirische Analyse der realen Konjunkturtheorie beipielhaft für die Bundesrepublik Deutschland durchgeführt. In den Modellen kann Evidenz für Kointegrationsbeziehungen gefunden werden. Eine Interpretation der Koeffizienten erfolgt mit Hilfe der Impulsantwortfolgen. Einige Variablen besitzen Eigenimpulsfolgen, die nicht von Null verschieden sind. Diese Variablen haben keine eigenständige Nichtstationarität, sondern werden von anderen nichtstationären Variablen getrieben. In der Analyse wird deutlich, daß ein Schock in der Konsumvariable signifikante Reaktionen in anderen realen Variablen hervorruft und daß aufgrund von Schocks in nominellen Variablen reale Größen reagieren. Diese empirischen Befunde widersprechen den Annahmen der realen Konjunkturtheorie.

Die empirische Untersuchung gibt Hinweise auf Problemstellungen, die weitere Forschungsfelder eröffnen. In diesem Zusammenhang ist die Behandlung der Saisonkomponente, die Begrenzung auf I(1)- und I(0)-Prozesse sowie die Modellüberprüfung zu nennen. In der empirischen Analyse wird eine deterministische Saisonfigur unterstellt. Dies kann zu restriktiv sein, und in der univariaten Analyse werden häufig saisonale Differenzenfilter verwendet (vgl. Box & Jenkins (1976)). Im multivariaten Kontext kann saisonale Kointegration existieren (vgl. Hylleberg, Engle, Granger & Yoo (1990); Engle, Granger, Hylleberg & Lee (1990)). In diesen Arbeiten wird das mehrstufige Verfahren von Engle & Granger auf saisonale Kointegrationsmodelle verallgemeinert.

Weiterhin wird in der empirischen Analyse die Annahme unterstellt, daß die Zeitreihen höchstens I(1)-Prozesse sind, ohne daß auf I(2)-Prozesse getestet wird. Die Entwicklung auf dem Gebiet der Schätzung und Tests für I(2)-Prozesse steht am Anfang. Für die Charakterisierung von kointegrierten Modellen im I(2)-Fall gibt es erste Arbeiten (vgl. Davidson (1986); Johansen (1985); d'Autume (1990) und Charpin (1990)). Für die Schätzung dieser Systeme liegen Arbeiten von Stock & Watson (1989b) und Sims, Stock & Watson (1990) vor. Sims, Stock und Watson (1990) empfehlen die unrestringierte Schätzung dieser Modelle in den Niveauvariablen, da die Kointegrationsbeziehungen aufgrund ihrer höheren Konvergenzgeschwindigkeit implizit geschätzt werden. Für den mehrstufigen Ansatz von Engle & Granger gibt es eine erste empirische Arbeit (vgl. Granger & Lee (1989)).

Neben diesen neuen Entwicklungen auf dem Gebiet der Kointegrationstheorie sind Bemühungen zur Überprüfung weiterer Annahmen der Systeme in den Hintergrund gedrängt worden. Bisher ist wenig bekannt, wie die Autokorrelationsfolge der geschätzten Residuen verteilt ist und wie die Normalverteilungsannahme für den Rauschprozeß getestet werden kann. Für die Normalverteilungsannahme empfehlen Lütkepohl und Schneider (1989) im univariaten autoregressiven Modell Tests mit den geschätzten Residuen. In kointegrierten Modellen ist die Analyse von Strukturbrüchen nicht vorgenommen worden. In der empirischen Kointegrationsanalyse werden möglichst lange Untersuchungsperioden verwendet, so daß die Gefahr von Strukturbrüchen wächst. Lütkepohl (1991) schlägt die Verwendung von Strukturbruchtests vor, die für stationäre Modelle entwickelt worden sind (vgl Lütkepohl (1991), Kapitel 11).

Insgesamt betrachtet, wird auch durch die Untersuchung zur realen Konjunkturtheorie die empirische Relevanz von kointegrierten Variablen bestätigt. Mit dieser Sichtweise kann eine bestimmte Form der Nichtstationarität von ökonomischen Zeitreihen modelliert werden. Die

Modellierung von kointegrierten Variablen verringert die Distanz zwischen der Zeitreihenanalyse und der traditionellen Ökonometrie in bezug auf die Verwendung von wirtschaftstheoretischen Hypothesen. Da sich die Theorie für kointegrierte Variablen erst am Anfang ihrer Entwicklung befindet, wird die Hoffnung ausgedrückt, daß sie noch viele theoretische Einsichten ermöglicht und einen breiten Eingang in die empirische Wirtschaftforschung findet.

Literaturverzeichnis

Ahn, S.K. & G.C. Reinsel (1988): "Nested Reduced-Rank Autoregressive Models for Multiple Time Series", Journal of the American Statistical Association, 83, S. 849-856.

Ahn, S.K. & G.C. Reinsel (1989): "Estimation for Partially Nonstationary Multivariate Autoregressive Models", Technical Report, Department of Statistics, University of Wisconsin, Madison.

Arnold, L. (1974): Stochastische Differentialgleichungen - Theorie und Anwendungen, Oldenbourg–Verlag: München.

d'Autume, A. (1990): "Cointegration of Higher Orders: A Clarification", DELTA, Document de travail No. 90-22, Paris.

Basu, A.K. & S. Sen Roy (1986): "Some Asymptotic Results for Multivariate Autoregressive Models with Estimated Parameters", Calcutta Statistical Association Bulletin, 35, S. 123-132.

Basu, A.K. & S. Sen Roy (1987): "On Asymptotic Prediction Problems for Multivariate Autoregressive Models in the Unstable Nonexplosive Case", Calcutta Statistical Association Bulletin, 36, S. 29-37.

Basu, P. (1990): "Business Cycles with Endogenous Growth: A Parametric Example", Journal of Macroeconomics, 12, S. 475-481.

Bewley, R.; L. Fischer & T. Parry (1989): "Multi Co–integrating Equations and Parameter Reduction Techniques in Vector Autoregressive Modelling", Discussion paper, University of New South Wales, Australia.

Blangiewircz, M. & W.W. Charemza (1990): "Cointegration in Small Samples: Empirical Percentiles, Drifting Moments and Customized Testing", Oxford Bulletin of Economics and Statistics, 52, S. 303-315.

Bierens, H.J. (1989): "Testing Stationarity Against the Unit Root Hypothesis", Research Memorandum 89–81, Vrije Universität, Amsterdam.

Blanchard, O.J. & S. Fischer (1989): Lectures on Macroeconomics, MIT Press, Cambridge, USA.

Blough, S.R. (1989): "The Relationship Between Power and Level for Generic Unit Root Tests in Finite Samples", Working paper No. 232, The Johns Hopkins University, Baltimore.

Blough, S.R. (1990): "Unit Roots, Stationarity and Persistance in Finite Sample Macroeconometrics", Working paper No. 241, The Johns Hopkins University, Baltimore.

Box, G.E.P. & G.M. Jenkins (1976): Time Series Analysis, Forecasting and Control, 2. Auflage, Holden–Day: San Francisco.

Brandner, P. & R.M. Kunst (1990): "Forecasting Vector Autoregressions - The Influence of Cointegration", Research Memorandum Nr. 265, Institut für Höhere Studien, Wien.

Buscher, H.S.; P. Kuhbier & J. Wolters (1990): "Vergleich ausgewählter Modelle", in: Die konjunkturelle Entwicklung in der Bundesrepublik, J. Wolters, P. Kuhbier & H.S. Buscher (Hrsg.), S. 207-225, Campus Verlag: Frankfurt am Main.

Campbell, J.Y. & N.G. Mankiw (1987a): "Are Output Fluctuations Transitory?" The Quarterly Journal of Economics, 102, S. 857-880.

Campbell, J.Y. & N.G. Mankiw (1987b): "Permanent and Transitory Components in Macroeconomic Fluctuations", American Economic Review Papers and Proceedings, 77, S. 111-117.

Campbell, J.Y. & R.J. Shiller (1988): "Interpreting Cointegrated Models", Journal of Economic Dynamics and Control, 12, S. 505-522.

Chan, K.H.; J.C. Hayya & J.K. Ord (1977): "A Note on Trend Removal Methods: The Case of Polynomial Regression versus Variate Differencing", Econometrica, 45, S. 737-744.

Chan, N.H. (1988): "The Parameter Inference for Nearly Nonstationary Time Series", Journal of the American Statistical Association, 83, S. 857-862.

Chan, N.H. & C.Z. Wei (1987): "Asymptotic Inference for Nearly Nonstationary AR(1) Processes", The Annals of Statistics, 15, S. 1050-1063.

Charpin F. (1990): "Error Correction Representation of Order k", Document de travail, n°90-02, Observatoire Français des Conjonctures Economiques.

Christano, L.J. & M. Eichenbaum (1989): "Unit Roots in Real GNP. Do We Know, and Do We Care?", NBER Working Paper No. 3130.

Cochrane, J.H. (1988): "How Big is the Random Walk in GNP?" Journal of Political Economy, 96, S. 893-919.

Cooley, T. & S. LeRoy (1985): "Atheoretical Macroeconometrics: A Critique", Journal of Monetary Economics, 16, S. 283-308.

Davidson, J.E.H. (1986): "Cointegration in Linear Dynamic Systems", Discussion paper No. 86/144, London School of Economics.

Davidson, J.E.H.; D.F. Hendry; R. Srba & S. Yoo (1978): "Econometric Modelling of the Aggregate Time–Series Relationship between Consumers' Expenditure and Income in the United Kingdom", The Economic Journal, 88, S. 661-692.

Davidson, J.E.H. & S. Hall (1989): "Cointegration in Recursive Systems: The Structure of Wage and Price Determination in the United Kingdom", Discussion paper No. EM/89/191, London School of Economics.

Davis, H.T. (1963): The Analysis of Economic Time Series, The Principia Press of Trinity University: San Antonio.

DeLong, J.B. & L.H. Summers (1988): "On the Existence and Interpretation of a Unit Root in U.S. GNP", NBER Working paper No. 2716.

Dickey, D.A.; W.R. Bell & R.B. Miller (1986): "Unit Roots in Time Series Models: Tests and Implications", The American Statistician, 40, S. 12-26.

Dickey, D.A. & W.A. Fuller (1981): "Likelihood Ratio Statistics for Autoregressive Time Series With a Unit Root", Econometrica, 49, S. 1057-1072.

Dickey, D.A. & S.G. Pantula (1987): "Determining the Order of Differencing in Autoregressive Processes", Journal of Business & Economic Statistics, 5, S. 455-461.

Diebold, F.X. & M. Nerlove (1988): "Unit Roots in Economic Time Series: A Selective Survey", Finance and Economics Discussion Series Z.11, Federal Reserve Board, Washington D.C. No. 49.

Diebold, F.X. & D. Rudebusch (1989): "Long Memory and Persistance in Aggregate Output", Journal of Monetary Economics, 24, S. 189-209.

Dolado, J.J.; T. Jenkinson & S. Sosvilla–Rivero (1990): "Cointegration and Unit Roots", Journal of Economic Survey, 4, S. 249-273.

Doob, J.L. (1953): Stochastic Processes, John Wiley: New York.

Dornbusch, R. & S. Fischer (1984): Macroeconomics, 3. Auflage, McGraw–Hill: New York.

Dotsey, M. & R.G. King (1987): "Business Cycles", in: The New Palgrave, Vol. 1, S. 302-310.

Durlauf, S.N. & P.C.B. Phillips (1988): "Trends versus Random Walks in Time Series Analysis", Econometrica, 56, S. 1333-1354.

Engle, R.F. & C.W.J. Granger (1987): "Co–Integration and Error–Correction: Representation, Estimation and Testing", Econometrica, 55, S. 251-276.

Engle, R.F.; C.W.J. Granger; S. Hylleberg & H.S. Lee (1990): "Seasonal Cointegration: The Japanese Consumption Function 1961.1 - 1987.4", Memo 1990-10, Institute of Economics, University of Aarhus, Dänemark.

Engle, R.F. & B.S. Yoo (1987): "Forecasting and Testing in Cointegrated Systems", Journal of Econometrics, 37, S. 143-159.

Escribano, A. (1987): "Co–Integration, Time Co–Trend and Error–Correction Systems: An Alternative Approach", CORE Discussion paper 87-15.

Entorf, H. (1989): "Real Business Cycles: Is Neglecting Demand Shocks Justified", Discussion Paper No. 396–89, Universität Mannheim.

Fuller, W.A. (1976): Introduction to Statistical Time Series, New York: John Wiley.

Granger, C.W.J. (1969): "Investigating Causal Relations by Econometric Models", Econometrica, 37, S. 424-438.

Granger, C.W.J. (1980): "On the Synthesis of Time Series and Econometric Models", in: New Directions in Time Series, D.R. Brillinger & G.C. Tiao (Hrsg.), S. 149-167, Institute of Mathematical Statistics, Iowa State University, Ames.

Granger, C.W.J. (1986): "Developments in the Study of Cointegrated Economic Variables", Oxford Bulletin of Economics and Statistics, 48, S. 213-228.

Granger, C.W.J. (1990): "Recent Developments in the Study of Cointegrated Variables", Vortrag in Kiel, (nicht veröffentlicht).

Granger, C.W.J. & T.H. Lee (1989): "Investigation of Production, Sales and Inventory Relationships Using Multicointegration and Nonsymmetric Error Correction Models", Journal of Applied Econometrics, 4, S. S145-S159.

Granger, C.W.J. & P. Newbold (1986): Forecasting Economic Time Series, 2. Auflage, San Diego: Academic Press.

Gregory, A.W. (1990): "Testing for Cointegration in Linear Quadratic Models", Discussion paper, Queen's University, Kingston, Ontario.

v. Hagen, J. (1989): "Relative Commodity Prices and Cointegration", Journal of Business & Economic Statistics, 7, S. 497-503.

Haldrup, J. (1990): "Tests for Unit Roots with a Maintained Trend when the True Data Generating Process is a Random Walk with Drift", Memo 1990–22, Institute of Economics, University of Aarhus, Dänemark.

Haldrup, J. & S. Hylleberg (1989): "Unit Roots and Deterministic Trends with Yet Another Comment on the Existence and Interpretation of a Unit Root in U.S. GNP", Institute of Economics, University of Aarhus, Memo 89-3, vorgetragen auf der ESEM, München.

Hansen, B.E. (1990): "A Powerful, Simple Test for Cointegration Using Cochrane–Orcutt", Working paper No. 230, University of Rochester.

Hansen, G. (1988): "Cointegrierte Zeitreihen und Arbeitsmarktgleichgewicht", Arbeiten aus dem Institut für Statistik und Ökonometrie der Universität Kiel Nr. 40.

Hansen, G. (1989): "Testing for Money Neutrality", European Journal of Political Economy, 5, S. 89-112.

Harvey, A.C. (1989): Forecasting, Structural Time Series Models and the Kalman Filter, Cambridge University Press: Cambridge.

Hendry, D.F. (1983): "Econometric Modelling: The 'Consumption Function' in Retrospect"; Scottish Journal of Political Economy, 30, S. 193-220.

Hendry, D.F. (1984): "Monte Carlo Experimentation in Econometrics", in: Handbook of Econometrics, Vol. II, S. 937-976, North–Holland.

Hendry, D.F. (1987): "Econometric Methodology: A Personal Perspective", in: Fifth World Congress, R. Bewley (Hrsg.), Vol. 2, S. 29-48.

Hendry, D.F.; A.R. Pagan & J.D. Sargan (1984): "Dynamic Specification", in: Handbook of Econometrics, Vol. II, S. 1024-1100, North–Holland.

Hendry, D.F. & T. von Ungern–Sternberg (1981): "Liquidity and Inflation Effects on Consumers' Expenditure", Essays in the Theory and Measurement of Consumer Behaviour, A. Deaton (Hrsg.), Cambrige University Press, S. 237-259.

Hosking, J.R.M. (1980): "The Portmanteau Statistic", Journal of the American Statistical Association, 75, S. 602-608.

Hsiao, C. (1979): "Causality Tests in Econometrics", Journal of Economic Dynamics and Control, 1, S. 321-346.

Hylleberg, S.; R.F. Engle; C.W.J. Granger & B.S. Yoo (1990): "Seasonal Integration and Co–Integration", Journal of Econometrics, 44, S. 215-238.

Hylleberg, S. & G.E. Mizon (1989a): "A Note on the Distribution of the Least Squares Estimator of a Random Walk with Drift", Economics Letters, 29, S. 225-230.

Hylleberg, S. & G.E. Mizon (1989b): "Cointegration and Error Correction Mechanisms", Economic Journal, 99, S. S113-S125.

Jacobson, T. (1990): "On the Determination of Lag Order in Vector Auto Regressions of Cointegrated Systems", Discussion paper, Department of Statistics, University of Uppsala, Schweden.

Jäger, A. & R. Kunst (1990): "Seasonal Adjustment and Measuring Persistance in Output", Journal of Applied Econometrics, 5, S. 47-58.

Johansen, S. (1985): "The Mathematical Structure of Error Correction Modells", Discussion paper, Institute of Mathematical Statistics, University of Copenhagen.

Johansen, S. (1988): "Statistical Analysis of Cointegration Vectors", Journal of Economic Dynamics and Control, 12, S. 231-254.

Johansen, S. (1989a): "Estimation and Hypothesis Testing of Cointegration Vector Autoregressive Models", Preprint Institute of Mathematical Statistics, University of Copenhagen.

Johansen, S. (1989b): "Likelihood Based Inference on Cointegration. Theory and Applications", Lecture notes for a cource on cointegration held at the Seminario Estivo di Econometrica, Venezia, Italien.

Johansen, S. (1989c): "The Power Function of the Likelihood Ratio Test for Cointegration", Preprint 8, Institute of Mathematical Statistics, University of Copenhagen, Dänemark.

Johansen, S. (1991): "Determination of Cointegration Rank in the Presence of a Linear Trend", Discussion paper, Institute of Mathematical Statistics, University of Copenhagen.

Johansen, S. & K. Juselius (1990a): "Maximum Likelihood Estimation and Inference on Cointegration - with Applications to the Demand for Money", Oxford Bulletin of Economics and Statistics, 52, S. 169-210.

Johansen, S. & K. Juselius (1990b): "Some Structural Hypotheses in a Multivariate Cointegration Analysis of the Purchasing Power Parity and the Uncovered Interest Parity for UK", Preprint 90.1, Institute of Mathematical Statistics, University of Copenhagen.

Judge, G.G.; W.E. Griffiths; R.C. Hill; H. Lütkepohl & T.-C. Lee (1985): The Theory and Practice of Econometrics, 2. Auflage, John Wiley: New York.

Juselius, K. (1989): "Stationary Equilibrium Error Processes in the Danish Money Market: An Application of ML Cointegration", Discussion paper, University of Copenhagen, vorgetragen auf der ESEM, München.

Juselius, K. (1990): "Long-run Relations in a Well Defined Statistical Model for Data Generating Process. Cointegration Analysis of the PPP and the UIP Relations", Discussion papers 90–11, Institute of Economics, University of Copenhagen.

Kim, K. & P. Schmidt (1990): "Some Evidence on the Accuracy of Phillips–Perron–Tests Using Alternative Estimates of Nuisance Parameters", Economics Letters, 34, S. 345-350.

King, K.; C. Plosser; J. Stock & M. Watson (1987): "Stochastic Trends and Economic Fluctuations", NBER Working Paper Series No. 2229, Cambridge MA.

Kohn, W. (1989): "Tests auf Einheitswurzeln", Arbeiten aus dem Institut für Statistik und Ökonometrie der Universität Kiel Nr. 49.

Kohn, W. (1991): Eine ökonometrische Analyse von Wechselkursmodellen unter Berücksichtigung nichtstationärer Zeitreihen, Dissertation, Universität Kiel.

Krol, R. & L.E. Ohanian (1990): "The Impact of Stochastic and Deterministic Trends on Money–Output Causality", Journal of Econometrics, 45, S. 291-308.

Kunst, R. & K. Neusser (1990): "Cointegration in a Macroeconomic System", Journal of Applied Economics, 5, S. 351-365. ESEM.

Kydland, F.E. & E.C. Prescott (1982): "Time to Build and Aggregate Fluctuations", Econometrica, 50, S. 1343-1370.

Ljung, G.M. & G.E.P. Box (1978): "On a Measure of Lack of Fit in Time Series Models", Biometrika, 65, S. 297-303.

Long, J.B. & C.J. Plosser (1982): "Real Business Cycles", Journal of Political Economy, 91, S. 39-69.

Lütkepohl, H. (1982): "Differencing Multiple Time Series: Another Look at Canadian Money and Income Data", Journal of Time Series Analysis, 3, S. 235-243.

Lütkepohl, H. (1985): "Comparison of Criteria for Estimation the Order of a Vector Autoregressive Process", Journal of Time Series Analysis, 6, S. 35-52.

Lütkepohl, H. (1990a): "Testing for Causation Between Two Variables in Higher Dimensional VAR Models", Arbeiten aus dem Institut für Statistik und Ökonometrie der Universität Kiel, vorgetragen auf dem 6. ökonometrischen Weltkongress, Barcelona.

Lütkepohl, H. (1990b): "Asymptotic Distribution of Impulse Response Functions and Forecast Error Variance Decomposition of Vector Autoregressive Models", The Review of Economics and Statistics, 72, S. 116-125.

Lütkepohl, H. (1990c): "Prognose und Interpretation cointegrierter Systeme" in: Anwendungsaspekte von Prognoseverfahren, Beiträge zum 2. Karlsruher Ökonometrie–Workshop, G. Nakhaeizadeh & K.-H. Vollmer (Hrsg.), Physica–Verlag: Heidelberg.

Lütkepohl, H. (1991): Introduction to Multiple Time Series Analysis, Springer Verlag.

Lütkepohl, H. & W. Schneider (1989): "Testing for Normality of Autoregressive Time Series", Computational Statistics Quarterly, 5, S. 151-168.

Lütkepohl, H. & H.-E. Reimers (1989): "Impulse Response Analysis of Co-Integrated Systems", Arbeiten aus dem Institut für Statistik und Ökonometrie der Universität Kiel, Nr. 46.

McCallum, B.T. (1989): "Real Business Cycle Models", in: Modern Business Cycle Theory, R.J. Barro (Hrsg.), Blackwell: Oxford.

Magnus, J.R. & H. Neudecker (1988): Matrix Differential Calculus with Applications in Statistics and Econometrics, Chichester: John Wiley.

Mann, H.B. & A. Wald (1943): "On the Statistical Treatment of Linear Stochastic Difference Equations", Econometrica, 11, S. 173-220.

Mohr, W. (1984): Neue Identifikationsstrategien für uni– und multivariate Zeitreihen, Habilitationsschrift, Universität Kiel, (nicht veröffentlicht).

Mohr, W. (1985): "ARUMA-Modelle und Möglichkeiten ihrer Automatisierung", Arbeiten aus dem Institut für Statistik und Ökonometrie der Universität Kiel Nr. 27.

Mosconi, R. & C. Giannini (1990): "Non–Causality in Cointegrated Systems: Representation, Estimation and Testing", Discussion paper, vorgetragen auf dem 6. ökonometrischen Weltkongress, Barcelona.

Muirhead, R.J. (1982): Aspects of Multivariate Statistical Theory, John–Wiley: New York.

Nelson, C.R. & C.J. Plosser (1982): "Trends and Random Walks in Macroeconomic Time Series: Some Evidence and Implications", Journal of Monetary Economics, 10, S. 139-162.

Nerlove, M. (1989): "Unit Roots in Economic Time Series: An Introduction", Discussion paper No. A-268, Universität Bonn SFB 303.

Neusser, K. (1989): "Testing the Neoclassical Growth Model by Means of Cointegration", Diskussionspapier Nr. 8903, Universität Wien.

Newey, W.K. & K.D. West (1987): "A Simple, Positive Semi–Definite, Heteroskedasticity and Autocorrelation Consistent Covariance Matrix", Econometrica, 55, S. 703-708.

Ogaki, M. & J.Y. Park (1989): "A Cointegration Approach to Estimating Preference Parameters", Discussion paper, Cornwell University.

Osterwald–Lenum, M. (1990): "Recalculated and Extended Tables of the Asymptotic Distribution of Some Important Maximum Likelihood Cointegration Test Statistics", Discussion paper, Institute of Economics, University of Copenhagen.

Ouliaris, S.; J.Y. Park & P.C.B. Phillips (1989): "Testing for a Unit Root in the Presence of Maintained Trend", in: Advances in Econometrics and Modelling, B. Raj (Hrsg.), S. 7-28, Kluwer Academic Publishers: Needham Massachusetts.

Pagan, A.R. & M.R. Wickens (1989): "A Survey of Some Recent Econometric Methods", The Economic Journal, 99, S. 962-1025.

Pantula, S.G. (1989): "Testing for Unit Roots in Time Series Data", Econometric Theory, 5, S. 256-271.

Park, J.Y. (1990): "Maximum Likelihood Estimation of Simultaneous Cointegrated Models", Memo 1990–18, University of Aarhus, Dänemark.

Park, J.Y. & P.C.B. Phillips (1988): "Statistical Inference in Regressions with Integrated Processes: Part 1", Econometric Theory, 4, S. 468-497.

Park, J.Y. & P.C.B. Phillips (1989): "Statistical Inference in Regressions with Integrated Processes: Part 2", Econometric Theory, 5, S. 95-131.

Parzen, E. (1982): "ARARMA Models for Time Series Analysis and Forecasting", Journal of Forecasting, 1, S. 67-82.

Paulsen, J. (1984): "Order Determination of Multivariate Autoregressive Time Series with Unit Roots", Journal of Time Series Analysis, 5, S. 115-127.

Perron, P. (1989): "Testing for a Random Walk: A Simulation Experiment of Power when the Sampling Interval is Varied",in: Advances in Econometrics and Modelling, B. Raj (ed.), S. 47-68, Kluwer Academic Publishers, Needham Massachusetts.

Perron, P. & P.C.B. Phillips (1987): "Does GNP Have a Unit Root? A Re–evaluation", Economics Letters, 23, S. 139-145.

Phillips, A.W. (1954): "Stabilisation Policy in a Closed Economy", Economic Journal, 64, S. 290-323.

Phillips, P.C.B. (1987a): "Time Series Regression with a Unit Root", Econometrica, 55, S. 277-301.

Phillips, P.C.B. (1987b): "Towards a Unified Asymptotic Theory for Autoregression", Biometrika, 74, S. 535-547.

Phillips, P.C.B. (1988a): "Multiple Regression with Integrated Time Series", Contemporary Mathematics, 80, S. 79-105.

Phillips, P.C.B. (1988b): "Regression Theory for Near–Integrated Time Series", Econometrica, 56, S. 1021-1043.

Phillips, P.C.B. (1989): "Optimal Inference in Cointegrated Systems", Cowles Foundation Discussion Paper No. 866R, Yale University.

Phillips, P.C.B. & S.N. Durlauf (1986): "Multiple Time Series Regressions with Integrated Processes", Review of Economic Studies, 53, S. 473-495.

Phillips, P.C.B. & B.E. Hansen (1990): "Statistical Inference in Instrumental Variables Regression with I(1) Processes", Review of Economic Studies, 57, S. 99-125.

Phillips, P.C.B. & S. Ouliaris (1988): "Testing for Cointegration Using Principal Component Methods", Journal of Economic Dynamics and Control, 12, S. 205-230.

Phillips, P.C.B. & S. Ouliaris (1990): "Asymptotic Properties of Residual Based Tests for Cointegration", Econometrica, 58, S. 165-193.

Phillips, P.C.B. & P. Perron (1988): "Testing for a Unit Root in Time Series Regression", Biometrika, 75, S. 335-346.

Priestley, M.B. (1981): Spectral Analysis and Time Series, Volume 1, London: Academic Press.

Quah, D. (1987): "What Do We Learn from Unit Roots in Macroeconomic Time Series?" NBER Working paper No. 2450.

Quah, D. (1990): "The Relative Importance of Permanent and Transitory Components: Identification and Some Theoretical Bounds", Discussion paper, Department of Economics, MIT and NBER.

Reinsel, G.C. (1980): "Asymptotic Properties of Prediction Errors for the Multivariate Autoregressive Model Using Estimated Parameters", Journal of the Royal Statistical Society B, 42, S. 328-333.

Reinsel, G.C. & S.K. Ahn (1988): "Asymptotic Distribution of the Likelihood Ratio Test for Cointegration in the Nonstationary Vector AR Model", Technical Report, University of Wisconsin, Madison.

Rüdel, T. (1989): "Kointegration und Fehlerkorrekturmodelle - Mit einer empirischen Untersuchung zur Geldnachfrage in der Bundesrepublik Deutschland", Physica–Verlag, Heidelberg.

Rohatgi, V.K. (1976): An Introduction to Probability Theory and Mathematical Statistics, New York: John Wiley.

Rohatgi, V.K. (1984): Statistical Inference, New York: John Wiley.

Said, S.E. & D.A. Dickey (1984): "Testing for Unit Roots in Autoregressive Moving Average Models of Unkown Order", Biometrika, 71, S. 599-607.

Sargent, T.J. (1987): Macroeconomic Theory, 2. Auflage, Academic Press.

Scheide, J. (1989): "On Real and Monetary Explanations of Business Cycles in West Germany", Schweizerische Zeitschrift für Volkswirtschaft und Statistik, 125, S. 584-595.

Schlittgen, R. & B.H.J. Streitberg (1987): Zeitreihenanalyse, 2. Auflage, Oldenbourg Verlag: München.

Schotman, P. & H.K van Dijk (1989): "A Bayesian Analysis of the Unit Root Hypothesis", Discussion paper, University of Erasmus, vorgetragen auf der ESEM, München.

Schwert, G.W. (1987): "Effects of Model Specification on Tests for Unit Roots in Macroeconomic Data", Journal of Monetary Economics, 20, S. 73-103.

Schwert, G.W. (1988): "Tests for Unit Roots: A Monte Carlo Investigation", NBER Technical Working paper No. 73.

Sen, D.L. & D.A. Dickey (1987): "Symmetric Test for Second Differencing in Univariate Time Series", Journal of Business & Economic Statistics, 5, S. 463-473.

Sims, C.A. (1980): "Macroeconomic and Reality", Econometrica, 44, S. 1-48.

Sims, C.A. (1988): "Bayesian Skepticism on Unit Root Econometrics", Journal of Economic Dynamics and Control, 12, S. 463-474.

Sims, C.A.; J.H. Stock & M.W. Watson (1990): "Inference in Linear Time Series Models with Some Unit Roots", Econometrica, 58, S. 113-144.

Sims, C.A. & H. Uhlig (1988): "Understanding Unit Rooters: A Helicopter Tour", Discussion paper 4, Federal Reserve Bank of Minneapolis, University of Minnesota.

Spanos, A. (1986): Statistical Foundation of Econometric Modelling, Cambridge University Press, Cambridge.

Stock, J.H. (1987): "Asymptotic Properties of Least Squares Estimators of Cointegrating Vectors", Econometrica, 55, S. 1035-1056.

Stock, J.H. & M.W. Watson (1986): "Does GNP Have a Unit Root?", Economics Letters, 22, S. 147-151.

Stock, J.H. & M.W. Watson (1988a): "Testing for Common Trends", Journal of the American Statistical Association, 83, S. 1097-1107.

Stock, J.H. & M.W. Watson (1988b): "Variable Trends in Ecomomic Time Series", Journal of Economic Perspectives, 2, S. 147-174.

Stock, J.H. & M.W. Watson (1989a): "Interpretating the Evidence on Money–Income Causality", Journal of Econometrics, 40, S. 161-181.

Stock, J.H. & M.W. Watson (1989b): "A Simple MLE of Cointegration Vectors in Higher Order Integrated Systems", NBER Technical Working Paper No. 83.

Taylor, H. (1982): "Brownian Motion", in Encyclopeida of Statistical Sciences, Vol. 1, S. Kotz & N.L. Johnson (Hrsg.), John Wiley: New York.

Temmeyer, H. (1989): Monetäre und realwirtschaftliche Ansätze der Konjunkturanalyse, Volkswirtschaftliche Forschung und Entwicklung, Band 50, München.

Tso, M.K.S. (1981): "Reduced-rank Regression and Canonical Analysis", Journal of the Royal Statistical Society B, 43, S. 183-189.

Warne, A. (1990a): "Estimating and Analysing the Dynamic Properties of a Common Trend Model", Discussion paper, Stockholm School of Economics.

Warne, A. (1990b): Vector Autoregressions and Common Trends in Macro and Financial Economics, Ph.D. Thesis, Stockholm School of Economics.

Warne, A. & A. Vredin (1989): "Current Account and Business Cycles: Stylized Facts for Sweden", Diskussionspapier, Stockholm School of Economics.

Watson, M.W. (1986): "Univariate Detrending Methods with Stochastic Trends", Journal of Monetary Economics, 18, S.49-75.

West, K.D. (1988a): "Asymptotic Normality, when Regressors Have a Unit Root", Econometrica, 56, S. 1397-1414.

West, K.D. (1988b): "On the Interpretation of Near Random-Walk Behavior in GNP", American Economic Review, 78, S. 202-209.

Wickens, M.R. & T.S. Breusch (1988): "Dynamic Specification, The Long-Run and the Estimation of Transformed Regression Models", The Economic Journal, 98, S. 189-205.

Withers, C.S. (1981): "Conditions for Linear Processes to be Strong-Mixing", Zeitschrift für Wahrscheinlichkeit und verwandte Gebiete, 57, S. 477-480.

Wolters, J. (1990a): "Alternative Ansätze zur Messung der Persistenz in ökonomischen Zeitreihen", Diskussionsarbeit Nr.8/1990, Freie Universität Berlin.

Wolters, J. (1990b): "Vektorautoregressive Modelle", in: Die konjunkturelle Entwicklung in der Bundesrepublik, J. Wolters. P. Kuhbier & H.S. Buscher (Hrgs.), S. 81-97, Campus Verlag, Frankfurt am Main.

Wolters, J.; P. Kuhbier & H.S. Buscher (1990): Die konjunkturelle Entwicklung in der Bundesrepublik, Campus Verlag, Frankfurt am Main.

Yoo, B.S. (1987): Co-integrated Time Series: Structure, Forecasting and Testing, Dissertation, University of California, San Diego (unveröffentlicht) .

MIX
Papier aus verantwortungsvollen Quellen
Paper from responsible sources
FSC® C105338

If you have any concerns about our products,
you can contact us on
ProductSafety@springernature.com

In case Publisher is established outside the EU,
the EU authorized representative is:
Springer Nature Customer Service Center GmbH
Europaplatz 3, 69115 Heidelberg, Germany

Printed by Libri Plureos GmbH
in Hamburg, Germany